D1726792

Bernd Gottschalk und Ralf Kalmbach (Hg.)

Mastering the Automotive Challenges

Bernd Gottschalk und Ralf Kalmbach (Hg.)

Mastering the Automotive Challenges

Bibliografische Information der Deutschen Nationalbibliothek
Die Deutsche Nationalbibliothek verzeichnet diese Publikation in der Deutschen Nationalbibliografie. Detaillierte bibliografische Daten sind im Internet über http://dnb.d-nb.de abrufbar.

ISBN 10:3–937889-20-5
ISBN 13:978-3-937889-20-7

Wir danken den Co-Autoren, die beim Erstellen des Buches beteiligt waren:
Axel Koch, Dr. Sari Abwa, Norbert Dressler, Thorsten Mattig,
Roland Berger Strategy Consultants GmbH.

Ein Unternehmen von Süddeutscher Verlag | Mediengruppe.
www.sv-corporate-media.de

Lektorat: Werner Beuse, München
Umschlaggestaltung: Manfred Zech, Landsberg am Lech
Satz: abavo GmbH, Buchloe
Druck: Himmer Augsburg
Printed in Germany

Inhalt

Vorwort 7

Teil 1

Prof. Dr. Bernd Gottschalk: Automobilindustrie als Leitindustrie in der globalen Wirtschaft. 9

Ralf Kalmbach: Die nächste Runde im automobilen Powerplay 31

Dr. Thomas Sedran: Herausforderung Globalisierung – Erzieht die Automobilindustrie die Sieger von morgen?. 51

Marcus Berret: Herausforderung Wertschöpfung – Erfolgreich durch Kooperation 73

Silvio Schindler: Herausforderung Technologie – Fortschritt oder Falle?. 105

Jürgen Reers: Herausforderung Markt – Wer erobert die strategische Kontrolle? 145

Max Blanchet und Jaques Rade: Herausforderungen und Wertschöpfungspotenzial für Vertrieb und Kundendienst im Autolebenszyklus 169

Teil 2

Dr. Franz Fehrenbach: „Partnerschaft als Erfolgsmodell" – Zur Zusammenarbeit zwischen Herstellern und Zulieferern in der Automobilindustrie. 211

Dr. Bernd Pischetsrieder: Markendifferenzierung auf Basis der Plattform- und Modulstrategie. 231

Dr. Heinz Pfannschmid: Visteon Corporation – Umgestaltung der Geschäftsprozesse vom Automobilhersteller zum Zulieferer 237

Carl-Peter Forster: Neuer Schub für General Motors in Europa. 249

Peter Bauer: Wie Elektronik die Automobilindustrie verändert – Vom Komponentenlieferanten mit klarer Strategie zum Systempartner....... 267

Siegfried Wolf: Der nächste Evolutionsschritt der Automobilindustrie steht kurz bevor – Faktoren für tragfähigen Erfolg im Zusammenspiel von OEMs und Zulieferern 285

Dr. Thomas Weber: BLUETEC – Der Weg zum saubersten Diesel der Welt..... 309

Babasaheb N. Kalyani: Bharat Forge – Neue Anbieter aus Emerging Markets .. 327

Teil 3

Ralf Kalmbach: Zusammenfassung................................. 339

Vorwort

Bernd Gottschalk, Präsident OICA, VDA
Ralf Kalmbach, Partner Roland Berger Strategy Consultants

Die Automobilindustrie ist in nahezu allen entwickelten Volkswirtschaften Schlüsselindustrie.

Sie zählt zu den treibenden Kräften der Globalisierung. Gesamtwirtschaftliche Faktoren wie Wirtschaftswachstum, Technologieentwicklung und Innovationsgeschwindigkeit werden von der Automobilindustrie in starkem Maße beeinflusst. Das Automobil findet nicht nur weltweit Kunden, sondern wird auch im globalen Produktionsverbund gefertigt.

Mit der Globalisierung sind aber auch fundamentale Veränderungen und damit neue Herausforderungen für die Automobilindustrie verbunden.

Die Produktion in den Wachstumsmärkten in Osteuropa und Asien nimmt stetig zu, die Aufteilung der Wertschöpfung orientiert sich verstärkt an der jeweiligen Kosteneffizienz. Traditionelle Produktionsstandorte, aber auch bislang bewährte Entwicklungs- oder Fertigungsstrukturen geraten unter Druck. Gleichzeitig schaffen politische Entwicklungen wie die EU-Osterweiterung Möglichkeiten, die Wertschöpfung unter Nutzung der sich eröffnenden Standortvorteile neu zu strukturieren.

Zulieferer übernehmen mehr und mehr Wertschöpfung und Kompetenzen. Einige sind bereits heute in der Lage, komplette Fahrzeuge zu entwickeln und herzustellen. Diese Fähigkeiten nutzen sie konsequent. Damit verringert sich der Know-how-Vorsprung der Hersteller.

Partnerschaften zwischen Automobilherstellern gehen einher mit einem intensiven Austausch wichtiger Fahrzeugmodule wie Motor oder Getriebe. Dadurch wird neuen Wettbewerbern ihr Einstieg in den Markt oder aber ihre Repositionierung deutlich erleichtert.

Die Automobilindustrie entwickelt und produziert hochkomplexe Produkte. Dieser neue Grad an Komplexität, hervorgerufen durch die Innovationsdynamik der letzten Jahre, erfordert einen neuen Umgang, um sie überhaupt handhabbar zu machen.

Klassische und traditionelle Verhaltensmuster der Kunden verändern sich spürbar. Neben den Mobilitätsaspekten ordnen Kunden Fahrzeugen zunehmend Lifestyle-Aspekte zu. Auch darauf stellen sich die Unternehmen mit ihrer Produktpolitik ein.

Auch der Vertrieb in der Automobilindustrie befindet sich inmitten eines weitreichenden Umbruchs. Im immer intensiveren Wettbewerb – und angesichts hart umkämpfter Märkte – nimmt die Bedeutung von Vertrieb, Service und Finanzdienstleistungen zu. Der Handel ist die Schnittstelle zum Kunden, hier werden wesentliche Grundlagen für Markenwahrnehmung und Profitabilität gelegt. Spätestens mit der Neuregelung der

Gruppenfreistellungsverordnung (GVO) sind Automobilhersteller ohnehin gezwungen, ihre Retailstrategien auf den Prüfstand zu stellen und zu überarbeiten.

Hersteller und Zulieferer investieren vermehrt in umweltrelevante Technologien. In Umwelt- und Sicherheitsfragen erhöhen die Hersteller ihre Entwicklungsanstrengungen, um auf Kundenwünsche und nicht zuletzt auf gesetzgeberische Initiativen der EU und einzelner Staaten (zum Beispiel des US-Staats Kalifornien) reagieren zu können. Zugleich entstehen damit auch neue Felder für technologischen Wettbewerb.

Herausforderungen ähnlicher Art hat die Automobilindustrie auch bisher angenommen und gemeistert: Ölkrise, schwaches Wirtschaftswachstum sowie schwierige Marktlagen für einzelne Hersteller. Doch die jetzige Situation ist anders: Es scheint, als veränderten sich viele der wirtschaftlichen, politischen und ökologischen Rahmenbedingungen gleichzeitig.

Publikationen zum Thema Automobilmanagement beschäftigen sich meist nur mit einzelnen Aspekten und Themenstellungen aus der Agenda des Managements. Eine gesamthafte Betrachtung fehlt bislang.

Diese Lücke zu schließen, ist Ziel dieses Buches. Es soll Automobil-Managern Orientierungshilfe geben und für die Managementpraxis durch Best-Practice-Beispiele und Handlungsempfehlungen konkreten Nutzen bieten.

Der erste Teil behandelt in mehreren Beiträgen die zentralen Aufgabenstellungen, zu denen Automobil-Manager befriedigende Antworten für ihre Unternehmen finden müssen.

Im zweiten Teil beschreiben Top-Manager bedeutender Automobilunternehmen anhand von Fallstudien ihre weltweit anerkannten Erfolgsstrategien zu den skizzierten Herausforderungen.

Der abschließende Teil fasst die Kernelemente zur erfolgreichen Bewältigung der aktuellen Herausforderungen zusammen und leitet konkrete Handlungsempfehlungen für die Praxis ab.

Somit hoffen wir, dass dieses Buch entschieden dazu beitragen kann, die Herausforderungen in der Automobilindustrie zu bewältigen.

Automobilindustrie als Leitindustrie in der globalen Wirtschaft

Prof. Dr. Bernd Gottschalk, Präsident des Weltautomobilverbandes (OICA),
Präsident des Verbandes der Automobilindustrie (VDA)

Weltautomobilindustrie – die sechstgrößte Wirtschaft

Die Wachstumsaussichten einer Volkswirtschaft werden entscheidend geprägt von der Dynamik ihrer Schlüsselbranchen. Im Verlauf der letzten Dekaden hat die Automobilindustrie in vielen Ländern der Triade bewiesen, dass sie einer der stärksten Treiber von Technologie, Wachstum und Beschäftigung ist. Ein Gesamtumsatz von circa 1.900 Milliarden Euro würde die Weltautomobilindustrie – als eine gesamte Volkswirtschaft dargestellt – als sechstgrößte Volkswirtschaft in der gesamten Welt ausweisen. Über 8 Millionen Menschen sind allein direkt im Prozess der Herstellung von Fahrzeugen und Teilen beschäftigt. Das sind weit über 5 Prozent aller direkt in der industriellen Herstellung beschäftigten Menschen und einschließlich der indirekt Beschäftigten ein Vielfaches davon. Noch wichtiger ist aber, dass die Automobilindustrie sich inzwischen zum weltgrößten Innovator entwickelt hat, der jährlich schätzungsweise knapp 70 Milliarden Euro in Forschung und Entwicklung investiert und damit eine Schlüsselrolle als Treiber des technischen Fortschritts und originärer Faktor für eine immer breiter werdende Verflechtung der Technologien mit anderen Industriebereichen einnimmt. Dass die Automobilhersteller darüber hinaus einen Hauptbeitrag zu den Staatseinnahmen liefern, und allein in 26 erfassten Ländern jährlich rund 450 Milliarden Euro in die Staatskassen fließen, beweist nur, dass sie als Schlüsselindustrie von Rang auch gesellschaftspolitische Verantwortung übernommen hat und für die Zukunftsentwicklung unserer Volkswirtschaften im Vergleich zu praktisch allen anderen Branchen die höchsten Beiträge liefert. Das Automobil ist unentbehrlich für die Menschen; die Automobilindustrien sind es für die Entwicklung unserer Gemeinwesen.

Der Standort Deutschland – Tradition und Zukunft

Deutschland ist ein Autoland wie kein anderes Land auf der Welt, nicht nur als Land, in dem das Auto erfunden wurde, sondern auch als Standort und Absatzmarkt. Zum Umsatz des verarbeitenden Gewerbes von 1.300 Milliarden Euro im Jahre 2005 trug die Automobilindustrie allein 236 Milliarden Euro bei, und dabei sind die Umsätze in den vorgelagerten Industriebereichen – von der Kunststoff- bis zur Stahlerzeugung – noch gar nicht einmal mitgerechnet. Zu dem Exportüberschuss von 162 Milliarden Euro, den die Bundesrepublik 2005 erzielen konnte, hat die Automobilindustrie allein

89 Milliarden Euro beigetragen. Das bedeutet angesichts der Tatsache, dass die außenwirtschaftliche Komponente 0,7 Prozentpunkte des 0,9%igen „Wachstums" des BIP im Jahre 2005 beigesteuert hat, dass Wachstum in einer Größenordnung von 0,3 Prozentpunkten – beziehungsweise ein Drittel des Zuwachses des vergangenen Jahres – ohne den Erfolg der Automobilindustrie auf den ausländischen Märkten nicht zustande gekommen wäre. Mit 766.600 Beschäftigten ist die Automobilindustrie zugleich einer der wichtigsten Arbeitgeber in Deutschland. Rechnet man die indirekten Bereiche der vor- und nachgelagerten Industrien mit Automobilbezug hinzu, sind es 5,3 Millionen Arbeitsplätze.

Gerade weil die deutsche Wirtschafts- und Industriestruktur so stark vom Automobil abhängig ist, sind natürlich die Rahmenbedingungen am hiesigen Standort entscheidend für den künftigen Erfolg dieser Industrie. Nicht zuletzt vor dem Hintergrund eines zunehmenden Wettbewerbs von Standorten nach der Osterweiterung der EU sind erste erfreuliche Signale der Verbesserung zu konstatieren:

- Die Lohnstückkosten konnten gerade in den letzten drei Jahren merklich gesenkt werden – vor allem durch eine nachhaltig gesteigerte Produktivität, aber auch dadurch, dass Deutschland in der Dynamik der Entgelterhöhungen seinen „Spitzenplatz" endlich abgegeben hat und in den letzten Jahren „nur" noch bei der absoluten Höhe, nicht aber bei den Lohnsteigerungen an der Spitze liegt. Dies war ein dringend notwendiger Schritt der Tarifpartner, um die kostenmäßige Wettbewerbsfähigkeit schrittweise zu verbessern.
- Zugleich konnten die durchschnittlichen Betriebslaufzeiten in der deutschen Metall- und Elektroindustrie gegenüber 1989 von 45 auf knapp 59 Stunden im Jahr 2004 gesteigert werden.
- Durch die Tarif-Vereinbarung von Pforzheim 2004 in der deutschen Automobilindustrie ist es gelungen, das Fenster für flexiblere Lösungen, für eine betrieblich angepasste Verlängerung der Arbeitszeit und deren Flexibilisierung durch Sonderregelungen, gerade im Forschungs- und Entwicklungsbereich, zu öffnen.
- Standortsicherungsvereinbarungen zwischen Unternehmen der Hersteller oder Zulieferer mit ihren Arbeitnehmervertretungen enthalten darüber hinaus wichtige Schritte in Richtung auf eine wieder verbesserte Wettbewerbsfähigkeit.

Allerdings bleibt zu bedenken, dass diese positiven Veränderungen spät kommen und in einem Wettbewerbsumfeld stattfinden, in dem die Konkurrenten im Standortwettbewerb eben gerade nicht in ihren Anstrengungen nachlassen, wettbewerbsfähiger zu werden. Deshalb muss zu einer Zielstrategie und konsistenten Standortpolitik neben den Restrukturierungsbeiträgen der Unternehmen und der Verbesserung der Rahmenbedingungen auf der Seite der Steuern, des Bürokratie- und Regulierungsabbaus, des Arbeitsmarktes und der Lohnnebenkosten auch die Verantwortung der Tarifparteien gehören. Tarifpolitik muss heute mehr denn je Standortsicherungspolitik sein.

Dabei entscheidet – und dies ist ein schwieriger Aspekt der öffentlichen Diskussionen in Deutschland – nicht allein der Umfang als solcher, in dem Fehlentwicklungen korrigiert, die Unternehmen von unzeitgemäßen Belastungen, für die der Markt nicht mehr zu zahlen bereit ist, befreit und die Bedingungen der Tarifverträge flexibilisiert werden. Entscheidend ist vor allem die relative Geschwindigkeit, mit der die Rahmenbedingungen in Deutschland sich im Vergleich zu alternativen Standorten verändern. Es geht darum, wie schnell es gelingt, im Vergleich zu neuen, attraktiven Standorten in Osteuropa wettbewerbsfähig zu bleiben, die langfristig vielleicht ihre Kostenvorteile im Zuge der Annäherung der Lohn- und Preisniveaus an den westeuropäischen Standard – wenn auch sehr langsam – einbüßen, die aber genau erkannt haben, dass es darauf ankommt, einen geringeren Abstand bei den Arbeitskosten durch umso stärkere Anstrengungen bei der Höherqualifizierung des Beschäftigungspotenzials, bei der Stärkung ihrer Kapazitäten in Forschung & Entwicklung (F&E), beim Ausbau ihrer Infrastruktur, bei der Verbesserung der Rahmenbedingungen für die Produktionslogistik zu kompensieren.

Aus diesem Grund entscheidet über die relative Wettbewerbsposition in Deutschland eben auch nicht allein der nächste Tarifabschluss, sondern das gesamte Paket aus politischen Weichenstellungen: Wird Deutschland in Zukunft einen Vorsprung durch eine erstklassige Straßen- und Verkehrsinfrastruktur halten können? Bleiben die deutschen Hochschulen und ihre Absolventen im internationalen Vergleich erstklassig? Und gelingt es Herstellern und Zulieferern auch künftig, gemeinsam technologische Spitzenpositionen im Automobilmarkt zu halten, die sie sich in den letzten Jahrzehnten erarbeitet haben? Es ist nicht allein das „Geschäftsmodell Automobilindustrie“, das über die künftigen Wertschöpfungsanteile dieser Industrie am Standort Deutschland entscheidet, sondern ein umfassendes „Geschäftsmodell Deutschland“.

Eines ist dabei sicher: Politische Versuche, etwa die osteuropäischen Länder zu höheren Steuern und Löhnen zu „überreden“ oder Auslandsinvestitionen der deutschen Industrie, die auf eine globale Vernetzung dringend angewiesen ist, als „unpatriotisch“ zu werten, sind genauso wenig geeignet, Beschäftigung in Deutschland zu sichern, wie Strafabgaben auf ausländische Wertschöpfungsbeiträge. Das sind Rezepte für Länder, die den Kampf um die Wettbewerbsfähigkeit verloren gegeben haben – Deutschland hat das nicht nötig.

Kapazitäten und neue Wettbewerber

Der Druck auf den Automobilstandort Deutschland steigt gegenwärtig deutlich an und zwar aus einer Kombination von Faktoren:

- Von einer optimalen Kapazitätsauslastung der Pkw-Standorte sind wir in Deutschland ein gutes Stück entfernt. Zugleich werden bis 2011 in Europa die Fertigungskapazitäten von 18,6 auf 20 Millionen Pkw, also um 8 % steigen.

- Vor allem die neuen Standorte der französisch-japanischen und der koreanischen Hersteller in Mittel- und Osteuropa (mit zusätzlichen Kapazitäten von über 1 Million Pkw jährlich) bedeuten eine neue Herausforderung für die Wettbewerbsfähigkeit der deutschen Automobilindustrie gerade in den unteren und mittleren Preissegmenten.
- Nationale Grenzen verschwimmen, Wertschöpfungsinhalte, die früher zweifelsfrei national zugeordnet werden konnten, werden „multidomestic".

Der Kostenwettbewerb betrifft die automobilen Kernländer Europas nach der „europäischen Globalisierung" im Zuge der Erweiterung der EU und der damit einhergehenden Intensivierung des Standortwettbewerbs. Er betrifft aber auch die nordamerikanischen Hersteller, die sich massivem Wettbewerb der Japaner und Koreaner – aber auch der Deutschen – gegenübersehen. Morgen und übermorgen wird die Präsenz chinesischer oder indischer Hersteller und Marken auf anderen Automobilmärkten der Welt nochmals eine neue Runde der Verschärfung des Wettbewerbs einläuten, wie allerdings auch die Präsenz deutscher Produkte in China oder Indien neue Marktchancen für unsere Industrie eröffnet.

Die deutsche Automobilindustrie als eine der weltweit größten mit einem Anteil der Produktion ihrer weltweiten Konzernmarken an der Weltproduktion von rund 22 Prozent ist exemplarisch für die beschriebenen Merkmale einer Wachstumsindustrie im Umbruch. Während noch die Krise 1992/1993 eher eine „Entwicklungs- und Produktionsprozess-Krise" war, die mit einem umfassenden Re-Engineering eine Konzentration auf die Kernfertigung und eine Reorganisation der Prozesse nach sich zog, kann man heute eher von „globalisierungsbedingten Anpassungsprozessen" sprechen. Allerdings – und das macht die strategischen Antworten nicht leichter – mischen sich in den Anpassungsdruck aus der Globalisierung andere Herausforderungen, die zwar nicht neu, aber in der Gesamtheit eine Vielfalt unterschiedlicher unternehmensindividueller Antworten erfordern.

China und Indien – die neuen „Wachstumschampions"

Gerade das Jahr 2005 mit seinen harten Preis- und Konditionenkämpfen, den extrem schnellen Umschichtungen von Marktanteilen hat gezeigt, wie schwierig die Entwicklung der Emerging Markets zu berechnen ist, wie schnell bisher erfolgreiche Strategien unter hohem Zeitdruck angepasst und massive Effizienzsteigerungsprogramme gerade auch in einem Markt wie China erreicht werden müssen, der doch vermeintlich den Rückenwind steigender Volumina bietet.

Deutsche Hersteller waren die Türöffner für den chinesischen Markt und deutsche Zulieferer waren unter den ersten, die sich – lange bevor dieser Markt „abgehoben" hat – in China engagiert haben. Die strukturellen Verschiebungen im chinesischen Markt, die rasante Ausdifferenzierung der Marktsegmente und natürlich auch die Attraktivität von neuen Anbietern haben jedoch dazu geführt, dass die Marktanteile der Deutschen in China in den letzten Jahren gesunken sind. Das ist allerdings ein tendenziell durchaus nachvollziehbarer Prozess, denn hohe Marktanteile in einem noch abgeschotteten Markt lassen sich nach der Öffnung in der ursprünglichen Dimension nicht halten. Der neuen Herausforderung stellen sie sich aber entschlossen mit der Erneuerung ihrer Produktpalette, strukturellen Anpassungen in Beschaffung und Vertrieb sowie in der Organisation ihrer Zusammenarbeit mit den chinesischen Partnern und auch ihrer deutschen Partner auf der Zulieferseite.

Der indische Markt hat in puncto Volumen mit über 1 Million Pkw inzwischen den Stellenwert Mexikos oder Russlands erreicht. Beim Absatz von Nutzfahrzeugen ist Indien bereits an der Türkei und Russland vorbeigezogen. Anders als in China hat das Engagement der deutschen Hersteller auf dem Markt Indien erst später begonnen; es ist aber heute mitten in der „Hochlaufphase“.

Ein anderer Unterschied zu China ist vielleicht noch wichtiger: Während China letztlich Schauplatz einer heftigen Auseinandersetzung um den chinesischen Binnenmarkt ist, der Export von Fahrzeugen und Teilen aus China heraus bisher aber noch keine nennenswerte Größenordnung angenommen hat, ist Indien derzeit dabei, gerade in der Zulieferindustrie zu einem echten und relevanten Global Player zu werden: Die Tatsache, dass heute bereits aus Indien Teile „just in sequence“ an deutsche Automobilstandorte geliefert werden und viele weitere Beispiele – einschließlich der Lieferung von Fahrzeugen japanischer und koreanischer Marken aus indischer Fertigung in die EU –, zeigen die konsequente globale Orientierung und Herstellung der Exportfähigkeit, kurzum das Mitspielen im weltweiten Automobilgeschäft. Dies wird getragen von einer konsequenten Ausrichtung auf die Kombination von wettbewerbsfähigen Preisen und beachtlicher F&E-Orientierung, die nicht mehr nur an der weltweiten Vormachtstellung im IT-Bereich festzumachen ist. Indien ist damit – schneller als dies viele geahnt haben – nicht nur dabei, zu einem wichtigen und schnell wachsenden Markt zu werden, sondern nutzt deutlicher, als das bei allen anderen asiatischen Wachstumsmärkten gegenwärtig der Fall ist, die Chancen, die der globale Weltmarkt und die Märkte in Europa und auch in Deutschland für ihre eigenen Hersteller und Zulieferer bieten.

Die deutsche Automobilindustrie hat die Herausforderungen des indischen Marktes angenommen: Mit Skoda ist schon heute ein Unternehmen aus einem deutschen Konzern führend im Premiumsegment des indischen Marktes, im Top-Segment engagiert sich nach DaimlerChrysler jetzt auch BMW. Dabei wird es nicht bleiben. Der Einstieg von MAN in den indischen Nutzfahrzeugmarkt ist ein Signal für das Wachstum des Marktes für technisch anspruchsvolle „State-of-the-Art“-Fahrzeuge.

Die Tatsache, dass 15 Prozent des Umsatzes der Teileindustrie in Indien auf deutsche Unternehmen und ihre Partner entfallen und diese ein Umsatzwachstum von 20 Prozent im vergangenen Jahr erwirtschaften konnten, beweist, welche Chancen dieses Land für die deutsche Automobilzulieferindustrie bietet. Diese werden genutzt, das zeigen die Kontakte gerade auch zwischen mittelständischen Unternehmen, die sich in den kommenden Jahren deutlich intensivieren werden.

Allerdings ist in den nächsten Jahren auch mit einer systematischen Steigerung der Exporte nach China zu rechnen. Der elfte Fünfjahresplan sieht die Automobilindustrie nicht nur als Schlüsselindustrie, sondern auch als wachsende automobile Exportnation. Darüber hinaus ist damit zu rechnen, dass sich China ehrgeizige Pläne in Bezug auf moderne, umweltfreundliche Antriebskonzepte setzt. Damit würden China und Indien künftig zu ernst zu nehmenden Global Playern – und damit zu Herausforderern für jeden etablierten Wettbewerber.

Exportstrategie und globale Standortstrategie – der eigene Weg der deutschen Automobilindustrie

71 Prozent der Pkw-Produktion in Deutschland gehen in den Export. In den letzten 10 Jahren hat die deutsche Automobilindustrie ihren Export um 54 Prozent gesteigert. Das klingt nach dem traditionellen Modell des „Exportweltmeisters Deutschland“, ist aber schon heute nur ein Teil des Gesamtbildes, das in Zukunft noch mehr als jetzt von einer zweiten Komponente globaler Präsenz, nämlich dem direkten Engagement mit Fertigungsstätten an ausländischen Standorten und einer engen Vernetzung mit der heimischen Entwicklung und Fertigung ergänzt wird.

- Gegenüber Anfang der 90er Jahre hat sich die Zahl der ausländischen Fertigungsbetriebe und Lizenznehmer deutscher Automobilunternehmen mehr als verzweieinhalbfacht und ist auf über 2.000 Betriebe gestiegen.
- Allein die deutschen Zulieferer sind an 600 Fertigungsstätten in Westeuropa und jeweils 300 Standorten in Mittel- und Osteuropa und im NAFTA-Raum engagiert.
- Aber auch ihre Präsenz in China und im übrigen Asien ist in den letzten Jahren sprunghaft gestiegen.

Diese Entwicklung bleibt nicht ohne Folgen für die Wertschöpfungsstruktur. So sind heute nicht nur 40 % der im Export fakturierten Wertschöpfung auf Vorleistungen zurückzuführen, die zuvor – vornehmlich aus Niedriglohnstandorten – importiert wurden. Dieses Importvolumen – und hier liegt das eigentliche Indiz – ist in den letzten zehn Jahren um 143 % gestiegen. Auch die Dynamik der Einfuhren von Motoren und Automobilteilen war im vergangenen Jahr mit einem Zuwachs von 9 % (rund 32 Milliarden Euro) mehr als doppelt so stark wie die nur um 4 % gestiegene Ausfuhr von Teilen. Das zeigt, dass der Stellenwert international beschaffter Vorleistungen weiter steigt; und es wird umso stärker steigen, je langsamer sich die Rahmenbedingungen am Standort Deutschland verbessern. Positiv gesagt: Es gibt keinen „automatischen Deindustrialisierungsprozess“ in Deutschland, solange wir aktiv die Wettbewerbsfaktoren Arbeitskosten, Arbeitszeit, Flexibilität und Lohnnebenkosten zu unseren Gunsten verbessern können.

Wenn in Deutschland seit Mitte der 90er Jahre 130.000 neue Arbeitsplätze in der Automobilindustrie entstanden, dann ist dabei vor allem hervorzuheben, dass gleichzeitig durch 16.000 neue Jobs bei unseren Herstellern und Zulieferern in Osteuropa ein globaler Fertigungsverbund realisiert werden konnte, der in der Kombination zwischen den Vorteilen Deutschlands und den niedrigen Kosten – vor allem in Osteuropa – wettbewerbsfähige Produktkosten ermöglicht hat.

Mit anderen Worten: Durch ihr frühzeitiges, konsequentes und schnelles Engagement in den Ländern Mittel- und Osteuropas haben sich die deutschen Unternehmen einen Vorteil im globalen Wettbewerb verschafft, ohne den sie – allein angewiesen auf Wertschöpfung in Deutschland – ihre kostenmäßige Wettbewerbsfähigkeit schon längst verloren hätten. In keiner Industrie ist deshalb die Annahme, neue Arbeitsplätze in Niedrigkostenstandorten vernichteten Jobs in Deutschland, so falsch wie in der Automobilindustrie.

Richtig ist, dass derzeit Restrukturierungsprogramme eine unmittelbare Fortsetzung des Aufwärtstrends in der Beschäftigung an heimischen Standorten nicht erwarten lassen, um rasch Produktivitätsverbesserugnen zu realisieren. Dabei ist allerdings zu berücksichtigen, dass im verarbeitenden Gewerbe bereits im letzten Jahrzehnt 15 Prozent der Arbeitsplätze abgebaut worden sind, die deutsche Automobilindustrie sich dagegen als „Job-Maschine" erwies. Zugleich wurde die Produktivität durch Investitionen in Technologie und Kapitalstock deutlich erhöht – der Umsatz je Beschäftigtenstunde stieg um 66 Prozent. Der Produktionszuwachs in der Automobilindustrie ist im letzten Jahrzehnt gerade nicht Rationalisierungsinvestitionen zu verdanken, sondern einer Verdoppelung des realen Umsatzes.

Der deutsche Markt

Dafür, dass der relative Stellenwert des Automobilmarktes Deutschland und der Produktion hier am Standort selbst unter Druck gerät, ist natürlich auch das schwache Marktumfeld der letzten fünf Jahre ein wesentlicher Faktor. Und auch die Tatsache, dass 2004 und 2005 erstmals wieder ein kleiner Zuwachs erzielt werden konnte, darf kein Anlass zur Entwarnung sein: Er wurde ausschließlich über Zuwächse im gewerblichen Kundensegment generiert. Bei der Konsumzurückhaltung der privaten Halter, also bei der Entscheidung, lieber noch weiter zu sparen statt ein neues Auto zu kaufen, bei dem Trend zu einer weiteren Alterung des Fahrzeugbestands, ist bisher keine grundlegende Umkehr in Sicht. Dass die deutschen Automobilhersteller und ihre Zulieferer dennoch in puncto Umsatz und Ertrag in Deutschland zulegen konnten, ist deshalb nicht auf Rückenwind bei den Volumina, sondern allein auf die Wertsteigerung je Fahrzeug, auf das qualitative Wachstum zurückzuführen. Das Premiumsegment, vor allen Dingen aber auch die gewachsenen Anteile des Diesels und natürlich auch höhere Ansprüche an Fahrkomfort und Sicherheit haben dazu geführt, dass Wertzuwächse im deutschen Markt deutlich über die geringe Volumenentwicklung hinaus erwirtschaftet werden konnten.

Echtes Wachstum im deutschen Markt gab es dagegen bei den Nutzfahrzeugen. Die vom Export getriebene Investitionsdynamik in der deutschen Industrie hat auch das Investitionsgut Nutzfahrzeug voll erfasst. In Deutschland befindet sich der Nutzfahrzeugmarkt im zweiten Jahr infolge im kräftigen Aufschwung. In den letzten zwei Jahren stiegen die Neuzulassungen um 20 Prozent. 2005 wurden – getragen von der anziehenden Nachfrage nach schadstoffarmen Fahrzeugen, der Einführung des Digitalen Tachographen und neuen Fahrzeugkonzepten – 85.500 Nfz über 6 t in Deutschland abgesetzt. Im Ausland erzielten die deutschen Hersteller 2005 mit 115.800 Nfz über 6 t einen neuen Exportrekord. Dank des starken Auslandsgeschäfts sowie des anhaltend positiven Absatzergebnisses im Inland steigerten die Hersteller von Nfz über 6 t ihre Produktion 2005 um weitere 5 Prozent auf das Rekordvolumen von 168.800 Fahrzeugen. Mit insgesamt 407.500 in Deutschland hergestellten Nutzfahrzeugen wurde damit erstmals die Marke von 400.000 Einheiten überschritten. Auch im Ausland fertigten die deutschen Hersteller 2005 so viele Nutzfahrzeuge wie nie zuvor.

Die aus den steigenden Anforderungen einer transeuropäischen Logistik resultierenden Anforderungen an eine Erneuerung der Nutzfahrzeugflotten, auch unterstützt durch den Bedarf für moderne Nutzfahrzeuge, die vorzeitig den neuesten Abgasstandards entsprechen, haben dazu geführt, dass die deutschen Nutzfahrzeughersteller überdurchschnittlich erfolgreich waren. Auch im Nutzfahrzeugmarkt hat sich die konsequente Orientierung auf technologische Führerschaft ausgezahlt.

Die deutsche Zulieferindustrie – ein Wettbewerbsfavorit

Die konsequente Orientierung auf Technologieführerschaft hat auch die deutsche Zulieferindustrie stark gemacht; sowohl Groß- als auch mittelständische Unternehmen gehören heute zu den weltweiten Technologieführern. Eine Exportquote von 42 Prozent und die hohe Präsenz mit eigenen Fertigungsstätten und Joint Ventures weltweit – deutsche Zulieferer unterhalten knapp 1.800 Engagements in 74 Ländern – unterstreichen diese Feststellung.

Mit einem Umsatz von 68 Milliarden Euro im Jahr 2005 liegt die deutsche Zulieferindustrie hinter Japan und den USA weltweit an dritter Stelle. Dabei hat sie sich in den letzten zehn Jahren als Wachstumsmotor erwiesen: Seit 1994 konnten die Erlöse jahresdurchschnittlich um mehr als acht Prozent gesteigert werden. Gleichzeitig wurden netto 90.000 Mitarbeiter neu eingestellt. Die Zulieferindustrie hat in den letzten zehn Jahren in erster Linie dazu beigetragen, dass die Automobilindustrie ein Gegengewicht zu den gegenläufigen Entwicklungen anderer Branchen am Arbeitsmarkt setzen konnte. Sie erhöhten zwischen 1995 und 2005 ihre Beschäftigung um 31 %, und dies mit einer mehr oder weniger kontinuierlichen jährlichen Steigerungsrate von 3 %.

Die Verdoppelung der Auslandsengagements im gleichen Zeitraum hat also keineswegs zu einer Beeinträchtigung der Beschäftigungsentwicklung im Inland geführt. Sie hat im Gegenteil mittels Verbesserung der Wettbewerbsfähigkeit die inländischen Standorte gestärkt. Nur so ist der überdurchschnittliche Anstieg des Exportumsatzes erklärbar. Aber auch im Inland konnten die Erlöse überdurchschnittlich im Vergleich zu denen der Kunden gesteigert werden.

Neben der erheblichen Verbesserung der Fahrzeugausstattung, insbesondere zur Verbesserung von Sicherheit, Komfort und Umweltverträglichkeit, ist dies auf die stärkere Integration der Zulieferer in die Wertschöpfungsprozesse zurückzuführen. Seit 1994 haben die deutschen Fahrzeughersteller durch Outsourcing ihre Fertigungstiefe um zehn Prozentpunkte zurückgeführt. Damit wurde ein Drittel der damaligen Wertschöpfung von den Fahrzeughersteller zu ihren Lieferanten verlagert. Der Wertschöpfungsanteil der Zulieferindustrie hat in Deutschland mehr als 75 Prozent erreicht.

Alle Prognosen gehen davon aus, dass sich der Outsourcing-Prozess weltweit in den nächsten Jahren fortsetzen wird. Dies birgt weiterhin gute Wachstumschancen auch für die deutsche Zulieferindustrie: sowohl auf den Wachstumsmärkten, auf denen sie sich in verstärktem Maße engagiert, als auch am Standort Deutschland. Mögliche kurzfristige Einbußen ändern nichts an der Einschätzung, dass die deutsche Zulieferindustrie mittel- und langfristig ein stabilisierender Faktor der Wirtschaftsentwicklung sein wird, ganz zu schweigen von ihrer Rolle als Treiber technologischer Innovationen.

Dennoch ist viel von Konsolidierungstendenzen in der Industrie zu lesen. Nachdem dieser Prozess bei den Automobilherstellern weitgehend abgeschlossen ist, bietet die Zulieferindustrie angesichts ihres hohen Anteils mittelständischer Unternehmen tatsächlich hierfür viel Raum – national, aber auch international. Die Öffnung der Märkte und die mögliche Verknüpfung internationaler Aktivitäten verstärken solche Tendenzen. Dies wird etwa an dem zunehmenden Engagement internationaler Kapitalfonds, durchaus auch bei mittelständischen Zulieferern, deutlich. Eine signifikante Verringerung der Zahl der Zulieferunternehmen ist dennoch nicht feststellbar.

Angesichts der Attraktivität der Branche scheint dies auch nicht weiter erstaunlich. Beachtliches Wachstum und technologische Fortschritte, vor allem im Bereich der Elektronik, üben Anziehungskraft für Unternehmen benachbarter Branchen aus. Keine Industrie ist vom Material- und Produktspektrum her so vielfältig wie die Zulieferindustrie. Vom Stahl bis zur Software tragen nahezu alle Wirtschaftsbereiche zur Erstehung des Automobils bei. Die Branche ist heterogen – was sie eint, sind die Herausforderungen, vor die sie der Wettbewerb, die Kunden und wirtschaftlichen Rahmenbedingungen stellen.

Für die deutsche Zulieferindustrie ist der Erhalt der Technologieführerschaft der ausschlaggebende Wettbewerbsfaktor. Nur dieser erlaubt auch zukünftig die Fertigung in einem Hochlohnland, das zusätzlich von hoher Steuerbelastung gekennzeichnet ist. Dass angesichts des beinharten Wettbewerbs auf den Automobilmärkten der Kostendruck seitens der Kunden weiter zunimmt, gleichzeitig erhöhte Materialkosten zur Zangenbewegung bei den Erträgen beitragen, stellt eine weitere zentrale Herausforderung dar. Im internationalen Maßstab ist die Eigenkapitalquote deutscher Unternehmen gering; das erschwert die Position zusätzlich. Investitionen in neue Produkte und Prozessverbesserungen, Aufwendungen für Forschung und Entwicklung sind hoch und müssen finanziert werden. Letztlich sind Zulieferer und Fahrzeughersteller gemeinsam gefragt, am Erhalt ihrer Wettbewerbsposition zu arbeiten.

Erfolgsstrategien im Härtetest

Richtig ist, dass „Endzeitprognosen" wie vom Club of Rome, oder „Gewinner-Verlierer-Prognosen", wie sie die Autoren von „The Machine that changed the World" entwickelt haben, von der Wirklichkeit überholt wurden. So richtig ist aber auch, dass die von der Globalisierung ausgelösten Veränderungen andere ökonomische und politische Rahmensetzungen erfordern, herkömmliche Standortstrukturen infrage stellen und in den Automobilunternehmen neue Geschäftsmodelle notwendig machen.

Deshalb stehen gegenwärtig in der deutschen Automobilindustrie so viele Strategien, so viele Standortentscheidungen, so viele gewachsene Liefer- und Produktionsstrukturen auf dem Prüfstand. Und deshalb sind vielfältige Kostensenkungs- und Restrukturierungsprogramme letztlich die Antwort auf Herausforderungen, die von der Globalisierung auf uns zukommen. Unabhängig davon, welche Strategie dabei jeweils für das einzelne Unternehmen die beste ist, gibt es einige klare Entwicklungslinien, die die kommenden Jahre bestimmen werden:

1. Die Produktivität an den traditionellen Heimatstandorten muss gesteigert werden, um die – insgesamt sehr wohl attraktive – Basis des Standorts Deutschland abzusichern und den Trend der Verlagerung von Produktion in Niedriglohnländer zumindest abzumildern. Alle Effizienzsteigerungsmaßnahmen, die gegenwärtig in den Unternehmen durchgeführt werden, dienen dazu, den Kostenabstand pro Stück, der uns von alternativen Standorten in der Summe aller Kostenfaktoren trennt, zu minimieren. Die Stärken der deutschen Automobilstandorte – technologische Spitzenleistung und Flexibilität in Verbindung mit direkter Anbindung an den Innovationsprozess – können nur dann die Ansiedlung großer Produktionsvolumina auch in Zukunft rechtfertigen, wenn alle Potenziale ausgeschöpft werden, um die Fertigungskosten zu senken und die Arbeitszeiten weiter zu flexibilisieren. Diese Prozesse sind schwierig und – insbesondere für die Belegschaften in Deutschland – zum Teil schmerzlich. Interessant ist dabei, dass so genannte Traditionsstandorte – zum Teil mit Haustarif, zumindest aber mit hohen übertariflichen Bestandteilen – gegenüber modernen, schlanken Fabriken oder effizienten Arbeitsmodellen, wie etwa 5000 x 5000 bei Volkswagen, stärker unter Druck geraten. Die Anpassungsprozesse zeigen, dass diese Industrie nicht abwartet, dass sie den Handlungsbedarf erkannt hat und in einem deutlich härter werdenden globalen Wettbewerbsumfeld ihre Aufstellung optimiert. Einzelne Unternehmen treten heute schon wieder

den positiven Beweis an, dass sie nach einem solchen Restrukturierungsprozess wieder Marktanteile gewinnen und an Ertragsstärke zulegen. Gleichzeitig ist aber auch klar: Auch die Auslandsproduktion wird weiter gesteigert, sie wird weiter schneller wachsen als die im Inland. Die deutsche Automobilindustrie wird ihre globale Präsenz erhöhen. Bereits 2005 produzierten die deutschen Hersteller weltweit so viele Kraftwagen wie nie zuvor. In 23 Ländern fertigte sie 10,7 Millionen. Kraftwagen. Das waren 3 % mehr als vor einem Jahr. Dabei konnte im Pkw-Bereich das letztjährige Rekordergebnis um 2 % auf 9,6 Millionen Personenkraftwagen gesteigert werden. Die Fertigung von Nutzfahrzeugen zog kräftig um 16 % auf über 1,1 Millionen Einheiten an. Inklusive Chrysler erhöhten die deutschen Hersteller 2005 ihre Produktion um 3 % auf 13,45 Millionen Fahrzeuge. Gut jedes fünfte weltweit gefertigte Fahrzeug (21 %) wurde damit in den Fertigungshallen eines deutschen Automobilkonzerns gebaut. Die Strategie der Automobilindustrie ist im Grundsatz eine „Netzwerkstrategie“: Auf der Basis einer starken Stellung am Heimatstandort Deutschland ist sie stark im Export, sichert dadurch zusätzliche Arbeitsplätze und hat sich zugleich mit einem Netz von Standorten in Niedriglohnländern zur dortigen Markterschließung wie auch zur Fertigung mit dem Ziel des besseren Kostenniveaus abgesichert. So erklärt sich, dass im Rahmen der verbesserten Wettbewerbsfähigkeit heute bereits 40 % des fakturierten Exportes aus Zulieferungen von Niedriglohnländern an traditionelle deutsche Standorte stammen.

2. Die deutschen Hersteller werden ihre Weltmeisterrolle beim Diesel verteidigen. An dem inzwischen bei 49,5 % angekommenen Anteil des Diesels am westeuropäischen Markt halten die Deutschen 51 %. Das bedeutet, dass 63 % des Marktzuwachses der letzten zehn Jahre von 4,1 Millionen Einheiten auf die deutschen Marken entfallen. Mit 47,4 % der Pkw-Produktion in Deutschland hat der Diesel zugleich deutlich an Stellenwert für den Produktionsstandort gewonnen. Er ist heute der entscheidende technologische Wettbewerbsvorteil der Deutschen gegenüber ihren Wettbewerbern, zumal gerade auf diesem Sektor die Nachfrage wächst.

Die Tatsache, dass ihr Marktanteil an Fahrzeugen mit Dieselpartikelfilter in Deutschland mittlerweile bei 82 % liegt, unterstreicht den Beitrag, den gerade auch Technologien zur Abgasreinigung zur künftigen Wettbewerbsfähigkeit leisten. Mit der Technologie der „Selective Catalytic Reduction“ (SCR) ist zugleich der nächste technologische Sprung zur Reduzierung von Stickoxiden (NO_X) vorbereitet, der den Diesel auch auf anderen Märkten, vor allem auch im US-Markt, zum entscheidenden Durchbruch verhelfen kann. „Clean Diesel“ ist schließlich auch das wichtigste Stichwort, um in denjenigen Emerging Markets, die bislang noch kein wichtiges Dieselsegment aufweisen, wie zum Beispiel China, die Präsenz dieser Technologie zu steigern. Dass der Wachstumsmarkt Indien bereits heute einen hohen Dieselanteil aufweist, ist eine Chance, die die deutschen Automobilhersteller nutzen werden. Wenn unsere globalen Wettbewerber zum Teil auf andere Antriebe setzen und daraus – zugegebenermaßen – auch Imagevorteile eines „Frühstarts“ erzielen, dann auch deshalb, weil sie weder bei den Herstellern noch auf der Zulieferseite über vergleichbares technologisches Potenzial beim Diesel verfügen. Die SCR-Technologie in Verbindung mit dem Additiv AdBlue® (die VDA-Marke „AdBlue“ ist inzwischen weltweit angemeldet als Treibstoffmarke und damit verbundene Fahrzeugtechnologie) beziehungsweise der BlueTec-Technologie sind Beispiele dafür, dass das schwierige Thema der Denoxierung – eigentlich das letzte verbliebene „ökologische Fragezeichen“ des Diesels – ebenfalls von der deutschen Automobilindustrie als erster angepackt wurde.

3. Der Markt für Premiumprodukte weltweit ist seit dem Jahr 2000 mit 10 Prozent doppelt so schnell gewachsen wie der gesamte Weltautomobilmarkt. Ein Marktpotenzial im Jahr 2010 von knapp 10 Millionen. Fahrzeugen weltweit scheint nicht unrealistisch. Dieses Wachstum ist vor allem auf die immer stärkere Verbreitung von Modellen mit Premiumanspruch außerhalb der traditionellen „Premiumdomäne“ der Oberklasse und oberen Mittelklasse sowie des Sportwagenbereichs zurückzuführen. Premiumangebote sind zunehmend auch in der Kompaktklasse und im Bereich der Sports Utility Vehicles (SUV) erfolgreich. Dieses Wachstum dürfte sich auch in den kommenden Jahren fortsetzen.
4. Kein anderer Industriesektor investiert so viel in neue Technologien wie die deutsche Automobilindustrie. Mit 16 Milliarden Euro und 86.000 Beschäftigten im Forschungs- und Entwicklungsbereich, mit einem Fünftel aller Ingenieure der deutschen Industrie – vor allem aber mit Platz eins der internationalen Patentanmeldungen im Automobilbereich – setzen die deutschen Hersteller und Zulieferer weiter auf technologische Führerschaft. Ein Verzicht auf diese Position, ein Gegeneinander-Ausspielen von Kosten, Qualität und Technologieführerschaft kann es für sie nicht geben. Abgesehen davon, dass mit Hilfe der Elektronik vor allem Sicherheits-Ausstattungen realisiert werden – ABS, ESP, Airbag, Abstandswarnradar, Night Vision und andere –, würde ein Verzicht auf Elektronik geradewegs zur Einfachsttechnologie führen. Diese erleichtert zwar stabile Prozesse – eine Grundvoraussetzung für die Qualität –, aber den gewachsenen Ansprüchen der Kunden entspräche sie genauso wenig wie den Rahmenbedingungen im Hochlohnland Deutschland. Diesen Weg zu gehen, wäre nicht nur für die deutsche, sondern auch für die europäische oder nordamerikanische Automobilindustrie heute schon sehr schwierig, morgen wäre uns dieser Weg aufgrund der neuen Wettbewerber aus China oder Indien völlig verbaut und würde in der Sackgasse enden, wenn diese ihre Kostenvorteile voll gegen uns ausspielen. Der Premiumanspruch der deutschen Hersteller bedingt, technologisch einen Schritt vor dem Markt zu sein und dies bei gesicherter Qualität und vertretbaren Kosten.

5. Homogene Autokonjunkturen, wie wir sie in den siebziger und achtziger Jahren kannten, gibt es heute kaum noch. Hauskonjunkturen – geprägt durch Modellzyklen oder Innovationen – ersetzen sie. So erklärt sich, dass 2005 in Deutschland 30 bis 50 Prozent der Marktnachfrage auf neue Fahrzeuge und Motoren zurückzuführen ist. Die Erneuerung der Modelle ist deshalb das eine, Konzeptinnovation ist der entscheidende Schritt darüber hinaus. Sie wird für die deutsche Automobilindustrie auch in Zukunft einen hohen und wahrscheinlich steigenden Stellenwert haben. Gesellschaftliche Veränderungen – ob aus der Altersstruktur, der Bevölkerung oder aus veränderten Konsumgewohnheiten – haben eine Fragmentierung und Individualisierung des Angebots und eine Differenzierung der Produktpalette gebracht: Während 1990 in Deutschland 340 Modelle im Angebot waren, sind es 2005 bereits 510. Das Segment der Kleinstwagen nimmt – vor allem getrieben durch ein erweitertes Modellangebot – zu. Auch die untere Mittelklasse gewinnt an Gewicht, während sich der Bereich der klassischen Mittelklasse leicht abschwächt. Gewinner sind vor allem SUV, Geländewagen, innovative Raumkonzepte, 4-sitzige Cabriolets, neue Modelle an der Schnittstelle von Pkw und Nutzfahrzeugen sowie die neue Kategorie der Cross Utilities. Während der Anteil von so genannten Nischenfahrzeugen noch vor fünf Jahren erst gut 15 Prozent der gesamten Zulassung ausmachte, sind es heute nahezu 27 Prozent.

Dies hat auch zur Folge, dass die Komplexität, der sich die Hersteller im Zuge der Reduzierung der Fertigungstiefe 1992/1993 entledigt hatten, auf diesem Umweg wieder eingekehrt ist – mit allen Folgen für die Kostenentwicklung, insbesondere bei den Overheads. Es stellt sich deshalb die Frage, wie angesichts einer wachsenden Vielfalt an unterschiedlichen Nischenfahrzeugen die so genannten Economies of Scale noch dargestellt werden können. Ein weiteres Instrument neben dem oben angesprochenen intelligenten Standortmix, um angesichts der steigenden Komplexität sowie ausdifferenzierter Nischenprodukte die Kosten im Griff zu halten, ist die so genannte Modul-, Plattform- oder Baukastenstrategie. Diese ermöglicht kleinere und dennoch wirtschaftliche Losgrößen, die aber andererseits auch wiederum nur mit einer noch höheren Flexibilität gemeistert werden können. Intelligentes Outsourcing und die Integration von verschiedenen Partnern – bis hin zur Logistik – sind ein geeignetes Mittel, die Komplexität in Grenzen zu halten und dennoch Produktvielfalt und das internationale Beschaffungs- und Standortmanagement zu beherrschen.

6. Der Markt für Fahrzeuge unter 10.000 Euro wächst in Europa, aber natürlich vor allem auch im globalen Maßstab. Und in vielen Märkten der Welt, wie Indien, wird es immer stärker um die Schwelle von 5.000-Euro-, vielleicht auch 2.000-Euro-Fahrzeugen gehen. Diese Kategorien sind auf der Kostenseite nur darstellbar, wenn in entschieden höherem Maße als heute Wertschöpfungsanteile in Niedrigkostenstandorten generiert werden. Die Tatsache, dass dieses Marktseg-

ment aber auch in Deutschland zu über 50 Prozent von deutschen Produkten – wenn auch zum Teil aus Brasilien – bedient wird, zeigt aber, dass hier erhebliche Chancen liegen. Hinter dieser Entwicklung verbirgt sich die grundsätzliche Frage, ob künftig nur noch Premiumfahrzeuge und nicht mehr Volumenfahrzeuge am Standort Deutschland gefertigt werden können.

7. Finanzierung und Leasing sind im Autogeschäft ein unverzichtbarer Faktor, um den Wunsch nach dem eigenen Automobil für breite Bevölkerungsschichten zu erfüllen. Günstige Finanzierungsbedingungen sind Treibsätze gerade auch für die neuen Wachstumsmärkte. Etwa 75 Prozent der Neuzulassungen in Deutschland werden über Leasing oder Finanzierung auf die Straße gebracht, davon über 50 Prozent von den Herstellerbanken. Damit wird ein wichtiges Potenzial an Wachstum und Beschäftigung in dieser Schlüsselindustrie aktiviert, die mehr und mehr auf Dienstleistungen rund ums Auto setzt. Zu den 770.000 Beschäftigten, die in Deutschland direkt bei den Herstellern und Zulieferern beschäftigt sind, kommen noch einmal rund 18.000 Mitarbeiter der deutschen Finanzierungstöchter, davon allein 11.000 von den Banken und Leasinggesellschaften der Hersteller.

Finanzdienstleistungen sind so zu einem wichtigen Ergebnisträger geworden. Selbst in Zeiten zäher Autokonjunktur haben die Herstellerbanken deutliche Zuwachsraten verzeichnet – die Autobanken und Leasinggesellschaften haben ihre Bilanzsumme in den vergangenen zehn Jahren auf knapp 80 Milliarden Euro mehr als verdoppelt. Allein die Bilanzsumme der fünf deutschen Autobanken und Leasinggesellschaften lag 2004 bei mehr als 63 Milliarden Euro. Mehr als 70 % des Finanzdienstleistungs-Umsatzes entfallen auf herstellerverbundene Banken, davon allein 85 % auf das Leasinggeschäft. Eine weitere tragende Säule der automobilen Finanzdienstleistungen ist mit einem Jahresumsatz von mehr als 22 Milliarden Euro die Kfz-Versicherung, der drittgrößte Bereich der Assekuranz. Das Vermittlungsgeschäft über das Autohaus macht inzwischen etwa 30 % der Policen – mit steigender Tendenz – aus. Dienstleistungen rund um das Auto sind einer der wichtigsten Trends, die von der deutschen Automobilindustrie frühzeitig erkannt wurden. Ein weiterer Trend ist die zunehmende Trennung von Eigentum und Nutzung beim Automobil. Die Anzahl der bei Car-Sharing-Anbietern angemeldeten Personen war im Jahr 2005 mit 76.000 über 10 % höher als im Jahr zuvor. Dieser Markt wächst somit deutlich überproportional, bleibt aber dennoch vorerst nur ein kleines Segment des Gesamtmarktes.

Politische Rahmenbedingungen – CARS 21

Der Erfolg von Strategien entscheidet sich nicht aus dem Markt allein. Das Automobil ist in den entwickelten Volkswirtschaften inzwischen das Produkt mit der höchsten Regulierungsdichte – und in den Emerging Markets wächst die Regulierung meist noch schneller als es die Märkte tun. Während früher weitgehend selbst gesetzte Normen und die Kreativität der Ingenieure dem Automobil in immer kürzeren Abständen Technologieschübe beschert haben, ist es heute die politische Grenzwertsetzung, mit der die Entscheidungsträger glauben, schnellere Fortschritte im Bereich der Kraftstoffverbrauchsreduzierung oder der Reduktion von Emissionen zu erzielen.

Gerade in dem extrem wettbewerbsintensiven europäischen Markt bedeuten neue Regulierungen in Sachen Umwelt und Sicherheit, die nicht mit den Innovationszyklen der Automobilindustrie synchronisiert sind, die – wie etwa die Anforderungen an zusätzliche Sicherheitsausstattung auf der einen Seite, Gewichtsreduktionen und CO_2-Minderungen auf der anderen Seite – zum Teil nicht miteinander abgestimmt sind, einen gravierenden Wettbewerbsnachteil im Vergleich zu Konkurrenten, die aus Heimatmärkten mit wesentlich geringerer Wettbewerbsintensität – wie Japan oder Korea – heraus agieren können und bei denen oft staatliche Unterstützung im Technologiebereich noch im Spiel ist.

Mit dem CARS-21-Prozess unter Regie von EU-Kommissionsvizepräsident Verheugen sind Weichen dafür gestellt worden, künftig die industrielle Wettbewerbsfähigkeit im globalen Vergleich zum Kernkriterium bei Ausrichtung und Geschwindigkeit neuer europäischer Regulierungen zu machen. Die CARS-21-Gruppe bestand aus hochrangigen Vertretern der EU-Kommission, der Ministerien der Mitgliedsstaaten, des Europäischen Parlaments, der Automobil- und der Ölindustrie sowie weiterer Nichtregierungsorganisationen wie beispielsweise des Verbraucherschutzes. Ergebnis ist eine Reihe von gemeinsamen Empfehlungen, die auf eine Verbesserung der weltweiten Wettbewerbsfähigkeit der europäischen Automobilindustrie abzielen, jedoch gleichzeitig die weitere Verbesserung der Sicherheit im Straßenverkehr sowie der Umweltverträglichkeit des Automobils unterstützen. CARS 21 hat hierzu einen integralen Ansatz („Integrated Approach") definiert: Die unterschiedlichen Forderungen, die bislang häufig erst im Pflichtenheft der Entwickler zusammentreffen, sollen bereits im Gesetzgebungsverfahren miteinander abgeglichen und in ihren Folgen bewertet werden.

Die Empfehlungen der Gruppe sehen konkret die Verbesserung der Gesetzgebung auf dem Gebiet der Fahrzeugzulassungsvorschriften durch Vereinfachung der Prozesse vor. Dies beinhaltet beispielsweise die Übernahme von ECE-Regelungen ins europäische Recht, das bis dato zum Teil nahezu wortgleiche und parallel geltende EU-Richtlinien vorsieht. 38 EU-Richtlinien sollen so durch ECE-Regelungen ersetzt werden. Auch soll für einige ausgewählte Vorschriften das Instrument des Selbsttestens durch die Fahrzeug- und Teile-Hersteller und auch die Nutzung so genannter virtueller Tests (wie etwa Computer-Simulation) zugelassen werden. Die internationale Harmonisierung fahrzeugtechnischer Vorschriften soll ebenfalls intensiviert, Schlüssel- und Wachstumsmärkte sollen stärker in die Harmonisierung einbezogen werden. Darüber hinaus bedeutet der gesamthafte Ansatz auch, bei Einführung neuer oder geänderter Vorschriften Übergangsbestimmungen zu definieren, die sich an den Produktlebenszyklen orientieren. Zugleich sollen einmal eingeführte Vorschriften nach Ablauf bestimmter Fristen auf ihre Auswirkungen hin retrospektiv überprüft werden.

Im Themenbereich Umweltschutz hat die Gruppe Vorschläge zur Verringerung der Abgasemissionen für leichte (Euro 5) sowie für schwere Fahrzeuge (Euro 6) diskutiert. Geplant sind für beide Vorschriften Kommissionsvorschläge, die in 2006 (leichte Fahrzeuge) beziehungsweise in 2007 vorgelegt werden sollen.

Bei der Verringerung der CO_2-Emmissionen wird der integrierte Ansatz besonders konsequent durchbuchstabiert und alle Betroffenen (Fahrzeug- und Mineralölindustrie, die Werkstätten sowie die Autofahrer und die Behörden) werden adressiert. Zu den angesprochenen Lösungsansätzen gehört neben fahrzeugtechnischen Maßnahmen zur Effizienzverbesserung auch die Einführung von Informationssystemen wie Getriebeschaltanzeigen und Verbrauchsanzeigen, darüber hinaus aber auch die Fahrerschulung (Eco Driving). Eine Schlüsselrolle sollen Biokraftstoffe (im Wesentlichen durch Beimischung zu den herkömmlichen Kraftstoffen) spielen, wobei die so genannten Biokraftstoffe der zweiten Generation wie Biomass-to-Liquid (BTL) besonders herausgestellt werden, da hier die größten Potenziale bei vertretbaren Kosten zu erwarten sind.

Die Empfehlungen der Gruppe CARS 21 sind somit eine neue Basis dafür, das politische Umfeld in Europa mit dem Ziel zu optimieren, die Wettbewerbsfähigkeit der europäischen Automobilindustrie zu sichern und gleichzeitig die Sicherheit und den Umweltschutz im Straßenverkehr unter Nutzung eines gesamthaften und integralen Ansatzes weiter zu verbessern. Die bei CARS 21 definierte „Roadmap" der kommenden Gesetzesinitiativen der EU im Automobilbereich bietet die Chance für mehr Verlässlichkeit und Berechenbarkeit des europäischen Gesetzgebers. Der Praxistest in der realen Gesetzgebungstätigkeit der EU steht jetzt an.

Erfreulicher Trend in der Verbesserung der Verkehrssicherheit

Der Automobilindustrie ist es gelungen, die Auswirkungen der Automobilität auf Sicherheit und Umwelt kontinuierlich zu verbessern. Trotz zunehmenden Verkehrs auf unseren Straßen sank die Anzahl der bei Straßenverkehrsunfällen Getöteten seit 1991 um gut die Hälfte auf knapp 5.400 Personen im Jahre 2005 und befindet sich weiter in der Abwärtsbewegung.

Allerdings zeigt sich auch hier immer stärker, dass die wichtigsten Potenziale für die noch weitere Steigerung der Verkehrsicherheit nur noch in einer intelligenten Arbeitsteilung mehrerer Partner realisiert werden können. Deshalb votiert CARS 21 auch hier für einen integralen Ansatz, der neben der Fahrzeugtechnik auch die Straßeninfrastruktur sowie die Verkehrsteilnehmer einbindet. Die Kommission wird Vorschläge zur sukzessiven Einführung von fahrzeugtechnischen Vorschriften unterbreiten. Hierzu gehören beispielsweise das Elektronische Stabiliäts-Programm ESP, der Gurtwarner, der Bremsassistent sowie die direkte und indirekte Sicht, ISOFIX-Kinderrückhaltesysteme und das Tagfahrlicht. Hinsichtlich der Straßeninfrastruktur wird ein Monitoring- und Bewertungssystem empfohlen, das helfen soll, den gesamten Straßenbereich den gestiegenen Anforderungen anzupassen. Auch soll die Strafverfolgung mit Blick auf Alkohol- oder Drogenmissbrauch oder auch die Geschwindigkeitsübertretung einbezogen werden, zumal gerade diese Delikte zu den Hauptunfallursachen gehören. Schließlich sollen die Chancen, die Systeme wie e-Call, genutzt werden, um den Notruf der Rettungsdienste entscheidend zu verbessern, denn der Versorgung von Unfallopfern ist gerade innerhalb der ersten Stunde nach dem Unfall die größte Bedeutung zuzumessen.

Es waren gerade deutsche Hersteller und Zulieferer, die in der Vergangenheit eine Schrittmacherfunktion in der Verkehrssicherheit wahrgenommen haben. Sie ist zugleich zu einem wichtigen Differenzierungsmerkmal, zu einem Beleg für technologische Führerschaft und damit für die Position der Marken geworden. Deshalb gehört der Einsatz für mehr Sicherheit auch in Zukunft zu ihren strategischen Prioritäten.

Deutsche Automobilindustrie setzt auf Bio-Kraftstoffe

Die zukünftige Energieversorgung unserer Gesellschaft ist eine der großen Herausforderungen. Es ist unverzichtbar, die Abhängigkeit vom Erdöl zu reduzieren. Das ist auch eine Verantwortung dieser Industrie für den Klimaschutz – national und im globalen Maßstab. Die Ressourcen langfristig verfügbar und bezahlbar zu halten, ist zugleich entscheidend für die Wettbewerbsfähigkeit. Geringere Versorgungsabhängigkeit und damit höhere Versorgungssicherheit sowie Preisstabilität werden damit zu langfristigen, herausragenden Zielen. Innovation ist dabei die Alternative der Industrie zu Reglementierung und Verteuerung, zu neuen Grenzwerten und Belastungen der Autofahrer.

Die deutschen Hersteller werden nicht alles auf eine Karte setzen in der Hoffnung, dass diese sich als Joker entpuppt. Ihr Weg ist vielfältiger:

- Verstärkter Einsatz von Biokraftstoffen der ersten Generation, wie Biodiesel und Bioethanol und Beimischung von bis zu 10 % – also weitergehender als die EU-Zielsetzung von 5,75 % bis 2010
- Einführung von alternativen Kraftstoffen aus Biomasse (BTL) der zweiten Generation
- Weitere Effizienzsteigerung von hocheffizienten Clean-Diesel- und Ottomotoren
- Maßgeschneiderte Nutzung aller Optionen der Hybrid-Technologie
- Nutzung von Erdgas als Kraftstoff
- Entwicklung und Einführung von alternativen Antriebssystemen sowie
- Wasserstoff als Langfristperspektive.

Die Deutschen beginnen nicht bei Null – im Gegenteil: Durch die steigende Effizienz der Motoren verringern sie seit Jahren stetig die Abhängigkeit vom Öl. Der durchschnittliche Kraftstoffverbrauch deutscher Neufahrzeuge wurde gegenüber 1990 um ein Viertel und seit 1970 sogar um 40 Prozent gesenkt. Von den im Jahr 2004 neu zugelassenen Pkw deutscher Hersteller verbraucht jedes zweite Fahrzeug weniger als 6,5 Liter pro 100 Kilometer. Mehr als 250 Modelle von deutschen Wagen verbrauchen weniger als 6,5 Liter und davon benötigen 48 Modelle sogar weniger als 5 Liter. Sie haben damit entscheidend dazu beigetragen, dass die CO_2-Emissionen des Straßenverkehrs seit 1999 kontinuierlich sinken. Bis zum Jahr 2004 wurde so eine Reduzierung von deutlich mehr als 15 Millionen Tonnen gegenüber 1999 erreicht. Damit ist der Straßenverkehr der Sektor mit der größten CO_2-Reduktion in diesem Zeitraum gewesen. Darüber hinaus wurden auch die Abgasemissionen um bis zu 97 Prozent reduziert.

Die Hybrid-Technologie ist ein weiterer Fokus für die Entwicklung der nächsten Jahre. Die deutsche Automobilindustrie sieht den Hybrid vor allem dort, wo er seine Vorteile ausspielen kann. Bei einem hohen Anteil von wechselnden Fahrgeschwindigkeiten, wie zum Beispiel im Stadtverkehr, können Kraftstoff gespart und Emissionen reduziert werden. Die USA und Japan werden Vorreitermärkte beim Einsatz von Hybridfahrzeugen sein. Bis zum Jahr 2015 ist ein Anteil von Hybridfahrzeugen in den USA von rund 15 Prozent zu erwarten. In Europa trifft der Hybrid auf einen starken Dieselanteil und hat es dadurch ungleich schwerer.

Die deutschen Hersteller sind hier mit ihren Partnerschaften untereinander und in der Kooperation mit globalen Partnern eingestiegen. Die Behauptung, dieser Einstieg sei verspätet, ist verfehlt. Wenn es um strategische Prioritätensetzung geht, zeigt vielmehr die Tatsache, dass etwa in den USA auf jeden Hybrid zwei bis drei Dieselfahrzeuge kommen, dass sich die Frage nach dem Zuspätkommen eigentlich vor allen Dingen diejenigen stellen müssen, die im Dieselsegment unterproportional vertreten sind.

Langfristig soll der umweltfreundlich aus regenerativen Quellen gewonnene Wasserstoff die Rolle des Energieträgers übernehmen. Kurz- und mittelfristig setzt die deutsche Automobilindustrie auf die Bündelung einer breit gefächerten Palette von Technologien. Der Weg „weg vom Öl" führt über das Fahrzeug hinaus zwangsläufig zur Betrachtung der Kraftstoffe. Die deutsche Automobilindustrie treibt deshalb den Einsatz alternativer, nachwachsender Kraftstoffen voran.

Eine 10-prozentige Beimischung von Biokraftstoffen kann die CO_2-Emissionen der derzeit im Feld befindlichen Fahrzeuge um über 15 g/km senken. Aus diesem Grund hat die deutsche Automobilindustrie schon heute damit begonnen, Fahrzeuge für eine Beimischungsquote von bis zu 10 Prozent vorzubereiten. So macht die deutsche Automobilindustrie schon heute ihre Hausaufgaben der Zukunft. Parallel müssen die Kraftstoffnormen weiterentwickelt werden.

Die deutsche Automobilindustrie wird auch weiterhin Fahrzeuge anbieten, die mit noch höheren Beimischungsmengen betrieben werden können. Deutsche Hersteller sind weltweit führend bei Bioethanol-Fahrzeugen. Mit ihren so genannten Flex-Fuel-

Fahrzeugen sind sie mit einem Anteil von fast 70 Prozent Marktführer in Brasilien, dem größten Bioethanol-Markt der Welt. Aber auch in Europa und Deutschland werden diese Fahrzeuge von einzelnen Herstellern angeboten.

Damit diese Potenziale für den Klimaschutz genutzt werden können, müssen jetzt die Herausforderungen auf der Rohstoffseite angepackt werden:

- In Deutschland beträgt der Anteil der Biokraftstoffe bereits heute 3 Prozent. Die deutsche Landwirtschaft allein wird bei entsprechender Ausrichtung und entsprechenden Produktionsverfahren bis 2020 bereits 10 Prozent und bis 2030 bereits über 15 Prozent der fossilen Kraftstoffe substituieren können. Umgerechnet in CO_2 bedeutet dies bis 2030 für Deutschland allein ein Einsparungspotenzial von über 10 Millionen Tonnen.
- Berechnungen der Europäischen Kommission gehen davon aus, dass in der EU bereits heute knapp 10 Prozent des Kraftstoffes in Europa über Biomasse substituiert werden kann. Im Jahr 2040 sollen sogar über 35 Prozent möglich werden.
- Der weltweite Markt birgt durch die große Bandbreite nutzbarer Flächen und durch gegebenenfalls klimatisch günstigere Bedingungen noch höhere Substitutionspotenziale.

Eine CO_2-Einsparung von 80 bis 90 Prozent ist bei zukünftigen Kraftstoffen realistisch. Entscheidend bei dieser Betrachtung ist die Ertragsstärke bei der Kultivierung von Energiepflanzen, die Nutzungsbreite von Rohstoffen und Rohstoffabfällen sowie der Konversionsgrad – das heißt die Effizienz der Kraftstoffproduktion aus Biomasse. Hier zeichnen sich insbesondere synthetische BTL-Kraftstoffe und Kraftstoffe auf Ligno-Cellulose-Basis aus. Durch den Anbau von Energiepflanzen kann der Flächenertrag optimiert werden. Diese Kraftstoffe sind zudem in der Lage, eine große Bandbreite von Biomasseprodukten zu verarbeiten. Hinzu kommt eine effektive Umsetzung der Biomasse in den Kraftstoff – besonders weil die gesamte Pflanze verwendet werden kann.

Technologische Eignung und eine gute Umweltbilanz allein reichen aber nicht. Hinzu kommen muss die wirtschaftliche Wettbewerbsfähigkeit. Einige Biokraftstoffe können bereits heute zu einem Preisniveau produziert werden, das vergleichbar mit fossilen Kraftstoffen ist. In der Regel und vor allem in Europa sind Biokraftstoffe heute lediglich durch die Steuerbefreiung konkurrenzfähig. Fast alle Biokraftstoffe weisen jedoch das Potenzial auf, das Preisniveau der fossilen Kraftstoffe zu erreichen.

Bereits heute ist Ethanol – wenn man das Weltmarktpreisniveau betrachtet – mindestens ebenso günstig wie vergleichbares Benzin. Biodiesel kann ebenfalls bereits heute wettbewerbsfähig produziert werden, wenn zum Beispiel Altfette verarbeitet werden, die ansonsten kostenintensiv entsorgt werden müssten.

Entscheidend für Biokraftstoffe ist der Rohstoffmarkt. Die Rohstoffe für Biokraftstoffe können nicht nur aus Deutschland bezogen werden. Daher ist der Rohstoffmarkt sowohl national als auch zunehmend global zu betrachten. Die Rohstoffwirtschaft muss sukzessive auf diesen neuen Bedarf vorbereitet werden. Ein nicht zu verachtender Vorteil liegt in der steigenden Zahl möglicher Rohstofflieferanten – von der heimischen Landwirtschaft angefangen bis hin zu den Agrarmärkten der Welt. Dies stellt unsere Energieversorgung langfristig auf eine breitere Basis und macht uns dadurch unabhängiger von politischen Krisen oder von Kartellen nach Art der OPEC.

Schließlich müssen die rechtlichen und vor allem die fiskalischen Rahmenbedingungen stimmen: Der Fokus muss auf eine verlässliche und an klaren Kriterien, wie etwa dem CO_2-Einsparungspotenzial, ausgerichtete Förderpolitik gelegt werden. Eine Steuerung allein über Quoten und Zwangsbeimischung kann das nicht leisten und führt mit hoher Wahrscheinlichkeit zu steigenden Preisen für den Autofahrer. Eine an der CO_2-Effizienz und an Nachhaltigkeitskriterien orientierte Besteuerung, die damit die für die Biokraftstoffe der zweiten Generation notwendigen Markteintrittsvoraussetzungen schafft und zukünftige Fehlallokationen bei der Förderung CO_2-unwirksamer Biokraftstoffe ausschließt, ist der sinnvollste Weg.

Die deutsche Automobilindustrie: gut gerüstet für die Zukunft

Nachhaltiger Erfolg in der Automobilindustrie wird in Zukunft nur noch als Ergebnis einer umfassenden und hochkomplexen Integrationsleistung zu erreichen sein, die das Management von Herstellern und Zulieferern massiv herausfordert:

- Integration der Forderungen von Märkten in völlig verschiedenen Entwicklungsstadien und mit unterschiedlichen Strukturen.
- Steuerung eines globalen Produktions- und Liefernetzwerks, das nicht mehr nach dem Muster von Heimat- und Exportmärkten organisiert werden kann.
- Integration der Forderungen nach immer weiteren Innovationsleistungen in der Lieferkette und der Sicherung einer verlässlichen Qualität auf Spitzenniveau.
- Erhaltung der Kernkompetenzen am Standort Deutschland von der Forschung und Entwicklung bis hin zur Produktion bei gleichzeitiger Optimierung der Effizienz.
- Fähigkeit zur gleichzeitigen Entwicklung von mehreren Technologien zur Senkung von Emissionen und Verbrauch und für mehr Sicherheit, die Synergien und Überschneidungen, aber eben auch Zielantinomien und Konkurrenzen aufweisen können.
- Frühzeitige Berücksichtigung sich verändernder Erwartungen in Gesellschaft und Politik in den Produktentwicklungsprozess und umgekehrt die proaktive Mitwirkung an der Gestaltung der Rahmenbedingungen.

Wenn jetzt in den Unternehmen noch schneller als in den vergangenen Jahren die etablierten Organisationsstrukturen und Prozesse überprüft und angepasst werden, dann vor allem auch, um diesen Anforderungen an die Zukunft gerecht zu werden. Die deutsche Automobilindustrie ist hellwach und für den international härter werdenden Wettbewerb trotz aller Herausforderungen gut gerüstet.

Die nächste Runde im automobilen Powerplay

Ralf Kalmbach, Roland Berger Strategy Consultants

Die Automobilindustrie zählt in nahezu allen entwickelten Volkswirtschaften zu den Schlüsselindustrien: Sie beeinflusst die Wirtschaftsleistung, Beschäftigung, Technologieentwicklung und weitere für die volkswirtschaftliche Leistungsfähigkeit entscheidende Faktoren ganz erheblich. Auch zählt sie zu den treibenden Kräften der Globalisierung: Seit jeher werden die Produkte der Automobilhersteller weltweit angeboten und verkauft, die Branche ist daher in ihrer globalen Vernetzung und Präsenz vielen anderen Branchen voraus.

Aber auch für den Einzelnen sind Automobile besondere Produkte: Technisch hoch komplex, erfüllen sie das Grundbedürfnis der Menschen nach Mobilität und ermöglichen überhaupt erst intensiven Güteraustausch. Autos sind aber auch Statussymbol, wecken Begehrlichkeiten und erfüllen Träume. Sie sind Bestandteil und Ausdruck des „Lifestyles“ ihres Besitzers. Sie sind teuer – häufig stellen sie für ihre Besitzer eine der größten Anschaffungen im Leben dar.

Die hohe Bedeutung der Automobilindustrie sowohl für die entwickelten Volkswirtschaften als auch für den einzelnen Autofahrer macht sie für Veränderungen extrem anfällig. Wenn sich die Investitionsneigung in einzelnen Märkten auch nur geringfügig verschiebt, wenn sich Käuferpräferenzen ändern, wenn die Betriebskosten steigen oder Regierungen die Rahmenbedingungen durch Regulierung verändern, wirkt sich das auf die komplexen Geschäfts- und Wertschöpfungssysteme der Automobilindustrie unmittelbar aus. Das an sich bedeutet schon eine Herausforderung für eine Industrie, die aufgrund ihrer Kapitalintensität und ihrer systembedingt geringen Reaktionsgeschwindigkeit ein hohes Maß an Planbarkeit und Stabilität braucht, um erfolgreich arbeiten zu können.

Seit jeher haben tiefgreifende Veränderungen die Branche herausgefordert: die Ölkrise in den siebziger Jahren; die japanische Überlegenheit Anfang der neunziger Jahre, welche die europäischen und amerikanischen Hersteller massiv bedrohte; die tiefgreifende politische und wirtschaftliche Krise in Südamerika, die all die hochfliegenden Absatzerwartungen Makulatur werden ließ ... Die Liste ließe sich noch lange fortsetzen.

Doch heute ist eine neue Qualität der Herausforderungen zu beobachten: Grundlegende politische und wirtschaftliche Veränderungen fallen zeitlich zusammen und wirken geballt auf die Unternehmen ein. Traditionelle Strukturen und Spielregeln gelten nicht mehr. Die ganze Branche verändert sich weltweit.

Die nächste Runde im automobilen Powerplay hat begonnen. In den kommenden ein bis zwei Jahren müssen die Automobilmanager die Basis für das Überleben und den künftigen Erfolg ihrer Unternehmen legen. Es gilt, die richtigen strategischen

Antworten zu finden und die Geschäftssysteme auf die neuen Anforderungen hin auszurichten. Doch zunächst gilt es zu verstehen, welche Änderungen die Branche derzeit durchläuft.

Globale Verschiebungen in den Automobilmärkten

Noch vor wenigen Jahren war klar, welche Märkte für die Automobilindustrie relevant waren: die Triademärkte. Die USA, Japan und Westeuropa standen im Mittelpunkt aller Strategien und Planungen von Fahrzeugherstellern und Zulieferern. Angesichts von 70 Prozent Anteil am Welt-Fahrzeugabsatz im Jahr 2000 war diese Fokussierung durchaus gerechtfertigt. Zwar weckten neue Märkte wie Südamerika in der Vergangenheit häufig hohe Erwartungen, die sich jedoch selten in erfolgreiche Strategien umsetzen ließen. Viele Hersteller mussten „Lehrgeld" bezahlen und leiden teilweise noch immer unter den damals getätigten Investitionen.

Doch die Triademärkte stagnieren seit Jahren. So sieht sich die Automobilindustrie gezwungen, ihre strategischen Schwerpunkte auf die aufsteigenden Wirtschaftsräume und Länder auszurichten: auf China, Indien, die asiatischen Tigerstaaten und Osteuropa. Diese Märkte sind in den letzten Jahren rapide gewachsen und werden auch in Zukunft die einzigen sein, die nennenswerte Wachstumsraten aufweisen werden (Abbildung 1).

Fahrzeughersteller und Zulieferer, die sich diesen neuen Märkten zuwenden, werden allerdings nur erfolgreich sein, wenn sie diese Märkte nicht nur als neue Absatzregion betrachten. Denn jeder dieser Märkte verfügt über sehr spezielle

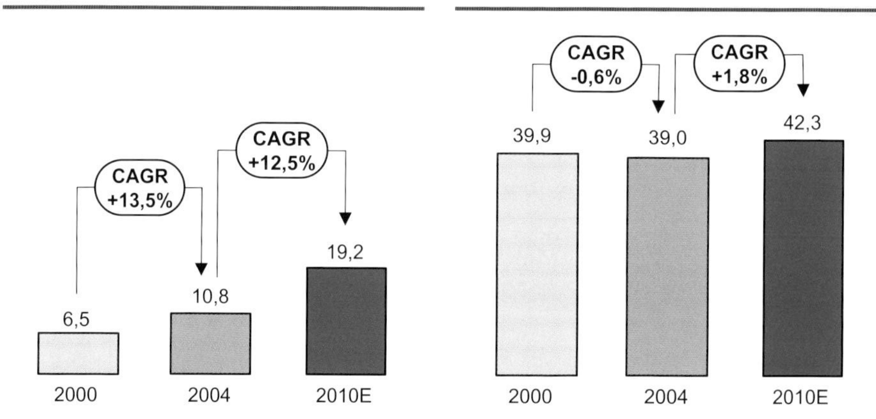

Abbildung 1: Fahrzeugabsatz in ausgewählten Regionen 2000–2010 (in Millionen Einheiten)
Quelle: J. D. Power; Roland Berger Strategy Consultants

Wirtschaftsstrukturen, soziodemografische Schichtungen und Bedürfnisse der Kunden. Das Beispiel der vier Tigerstaaten Indonesien, Malaysia, Philippinen und Thailand zeigt dies deutlich (Abbildung 2). Die Vorliebe für Fahrzeugtypen variiert beträchtlich (so stellen Pickups in Thailand, SUV-Minivans in Indonesien und den Philippinen die größte Gruppe) und außer bei Malaysia liegt die Importquote bei allen Ländern über 80 Prozent (Abbildung 3 und 4).

	Bevölkerung 2004 (Mio.)	BSP/Kopf 2004 (US-Dollar)	BSP-Wachstum 2004 (%)	Autos pro 1.000 Einwohner
Indonesien	242	970	5,1	15
Malaysia	24	4.601	7,0	207
Philippinen	87	975	6,1	9
Thailand	65	2.490	6,2	39

Abbildung 2: Rahmendaten ostasiatischer Länder
Quelle: CIA World Factbook; Deutsche Bank Research

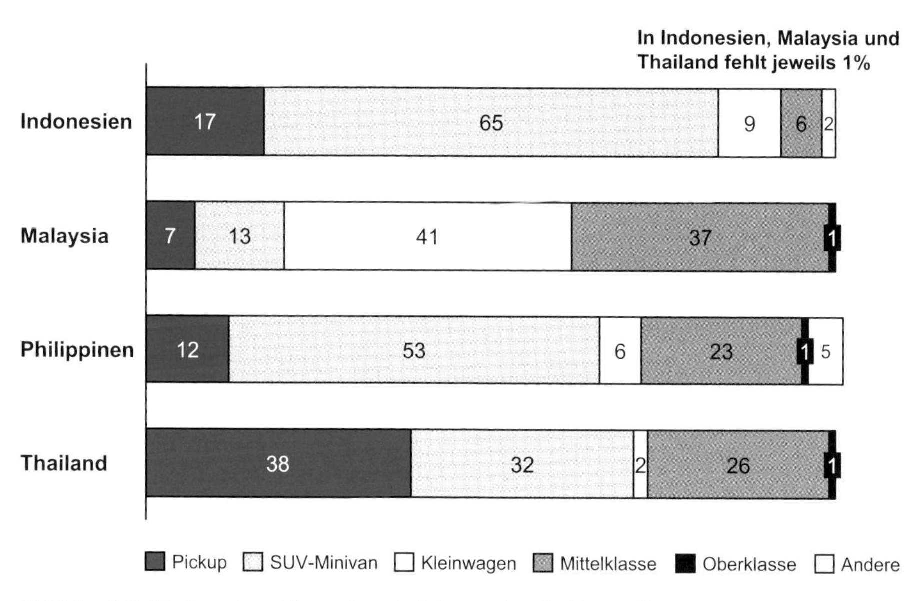

Abbildung 3: Marktsegmentierung nach Fahrzeugtyp (in Prozent)
Quelle: J. D. Power

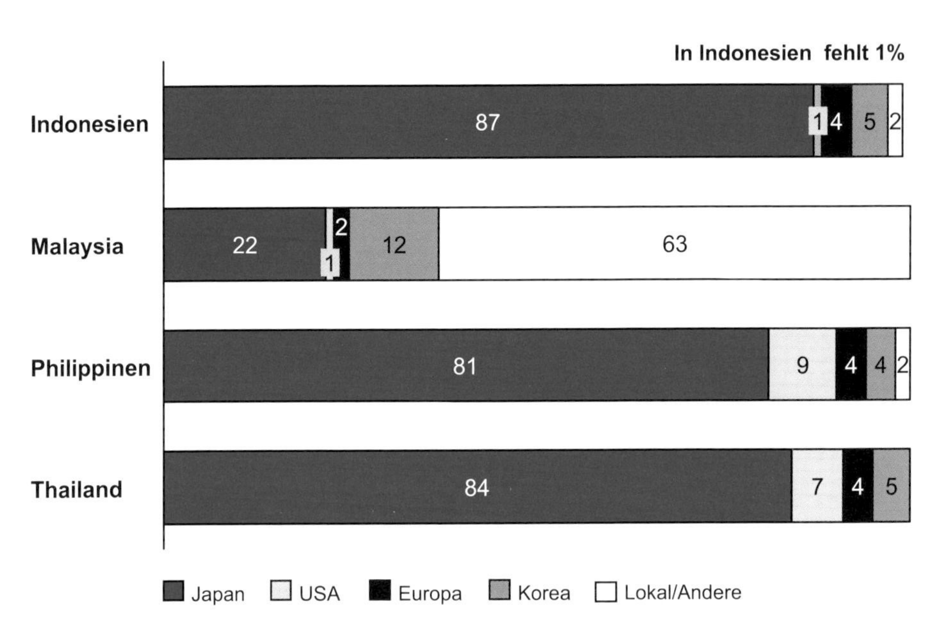

Abbildung 4: Marktanteile nach Herstellerland (in Prozent)
Quelle: J. D. Power

Erfolgversprechende Strategien für diese Märkte setzen also spezifische Produkte für Länder und Regionen, geeignete Vertriebswege und die richtige Kommunikation mit den Käufern voraus. Es gilt, die Bedürfnisstrukturen und Kaufentscheidungsfaktoren zu antizipieren und maßgeschneiderte Produkte zur Verfügung zu stellen. In den aufstrebenden Ländern Asiens sind zumeist technisch weniger aufwändige Fahrzeuge gefragt, die allerdings nicht technisch veraltet sein dürfen und die funktional und modern gestaltet sein müssen. Denn in allen Emerging Markets überwiegt – aufgrund der geringen verfügbaren Einkommen – das Käufer-Grundmuster „Value for Money". Damit wachsen insbesondere die Einstiegssegmente überproportional und erzeugen zudem einen erheblichen Kostendruck für die Hersteller.

Besonders in China lässt sich dieser Trend beobachten. Die unteren Segmente werden auch in den nächsten Jahren überdurchschnittlich wachsen, wodurch die Fahrzeuge der A00- bis A-Klasse bis 2010 insgesamt auf einen Marktanteil von 70 Prozent kommen werden (Abbildung 5).

In diesem Segment ist die lokale Fahrzeugindustrie in China besonders gut aufgestellt. Sie hat sich in den letzten Jahren rasant entwickelt, beansprucht mit Nachdruck ihren Platz im chinesischen Markt und zielt darüber hinaus auf Export ab. Die chinesischen OEMs können aufgrund ihrer Zusammenarbeit mit den etablierten Fahrzeugherstellern attraktive Produkte technisch schnell entwickeln und zügig bauen, da sie auf die gleichen externen Wertschöpfungspartner (Zulieferer, Entwicklungsdienstleister und andere) wie die ausländischen OEMs zugreifen. Zudem können sie in

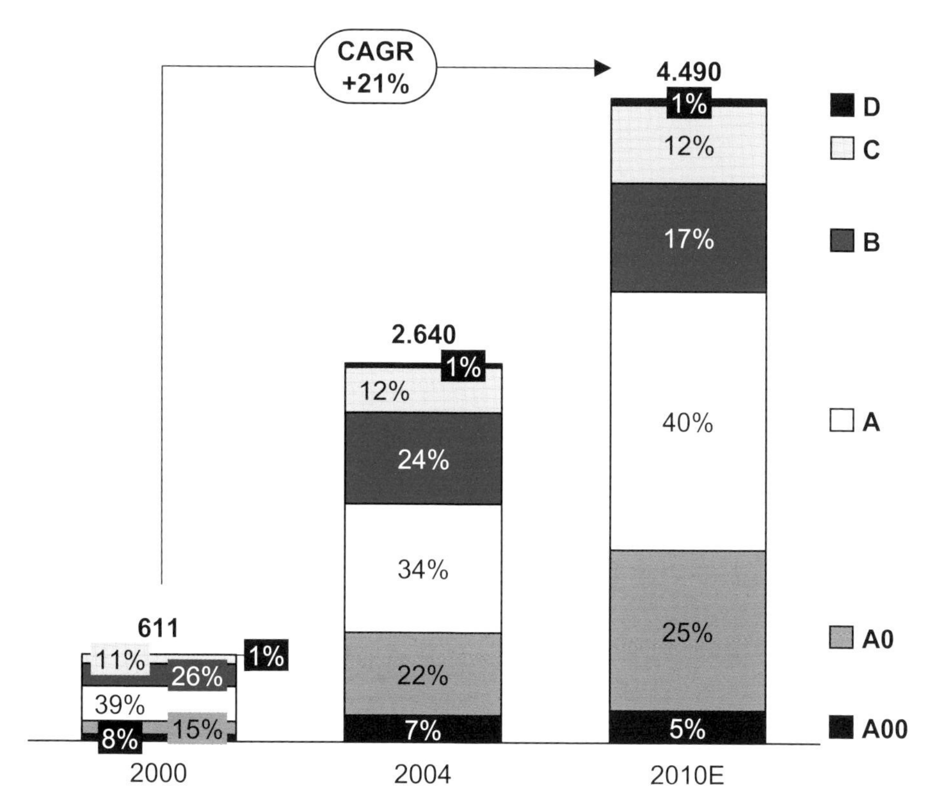

Abbildung 5: Absatz von Personenwagen in China 2000–2010 (in Millionen Einheiten)
Quelle: CAAM; Roland Berger Strategy Consultants

der Regel die erheblichen Kostenvorteile von lokaler Produktion und Sourcing nutzen. Damit bieten sie attraktive Produkte, noch dazu zu Preisen, die weit unterhalb der Kosten der importierten Produkte liegen (Abbildung 6).

Am Beispiel des Chery QQ in China lässt sich zeigen, wie solche Angebote sehr erfolgreich positioniert werden und gleichzeitig zur Preiserosion in ganzen Marktsegmenten führen können. Der Kleinwagen wird für umgerechnet weniger als 3.000 Euro angeboten; im ersten Quartal 2005 war er das meistverkaufte Auto in China. Das zurzeit günstigste Modell von VW, der in Brasilien gebaute Fox, ist mit umgerechnet 7.000 Euro doppelt so teuer.

Die Hoffnung europäischer und amerikanischer OEMs, ihre Produkte in den neuen Wachstumsmärkten abzusetzen und ihre Kapazitäten auszulasten, wird sich daher nicht erfüllen. Das Problem der Überkapazitäten in den traditionellen Märkten muss an Ort und Stelle gelöst werden, für die neuen Märkte sind neue Geschäftsmodelle erforderlich (Abbildung 7). Ohne lokale Entwicklung und Produktion sind sie nicht zu erschließen.

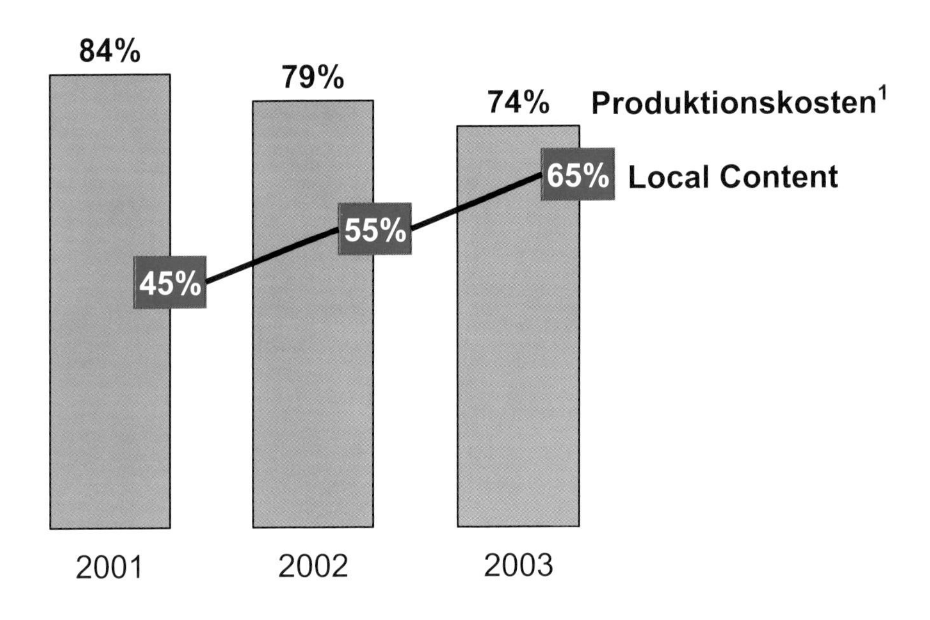

1) Annahme: Produktionskosten = 100%, wenn Local Content = 0

Abbildung 6: Abhängigkeit der Produktionskosten vom Local Content
Quelle: Roland Berger Strategy Consultants

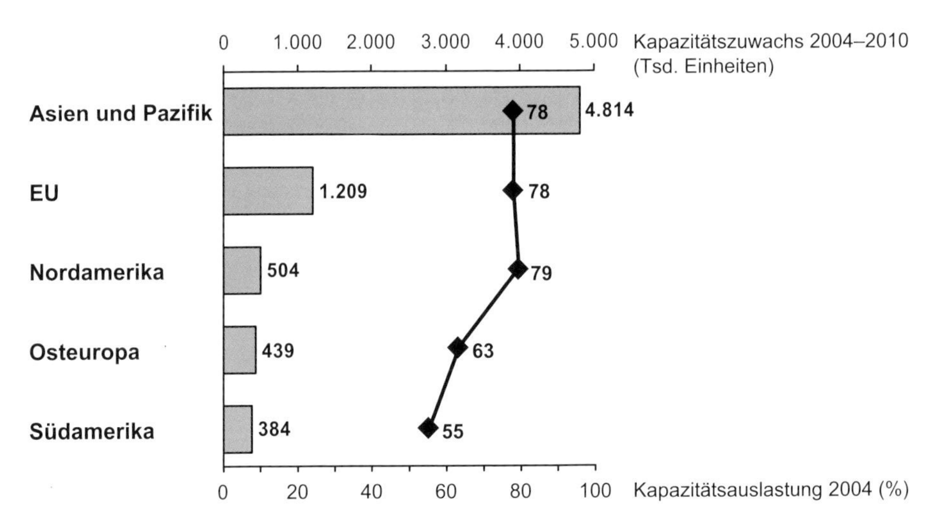

Abbildung 7: Globaler Kapazitätszuwachs bis 2010 und Kapazitätsauslastung 2004
Quelle: PricewaterhouseCoopers; Roland Berger Strategy Consultants

Damit ist der Kampf um die Emerging Markets völlig offen. Etablierte Fahrzeughersteller werden nur dann erfolgreich in diesen Märkten agieren können, wenn sie in der Lage sind, angepasste Geschäftsmodelle (Markenpositionierung, Produktportfolio, Preisstrategie, Vertriebssystem) zu definieren und konsequent umzusetzen. Nur wenige Automobilunternehmen werden in diesem Wettlauf gewinnen.

Veränderungen der Kräfteverhältnisse in der Automobilindustrie

Nicht nur die neuen Märkte setzen die Automobilindustrie unter erheblichen Anpassungsdruck. Auch die Kräfteverhältnisse innerhalb der Branche verändern sich massiv:

- Neue Anbieter definieren neue Spielregeln.
- Klassische Kundensegmentierungen lösen sich auf.
- Die Abhängigkeit zwischen Fahrzeugherstellern und -zulieferern nimmt aufgrund steigenden Outsourcings drastisch zu.
- Die Rahmenbedingungen (höheres Umweltbewusstsein, limitierte Verfügbarkeit fossiler Energieträger, stärkere politische Einflussnahme durch Regulierung, Steuern und Maut) zwingen der Automobilindustrie neue Themen auf.

Neue Anbieter definieren neue Spielregeln

Die Automobilindustrie misst ihre Kräfte seit jeher global. In den achtziger Jahren stellten die „billigen" Fahrzeuge japanischer Herkunft für die etablierten amerikanischen und europäischen Hersteller die Bedrohung schlechthin dar. Mit den sehr erfolgreichen koreanischen Anbietern kamen Mitte der neunziger Jahren neue Herausforderer hinzu, die innerhalb weniger Jahre einen Marktanteil von vier Prozent in Nordamerika und drei Prozent in Westeuropa gewinnen konnten.

Mit dem Aufbau von Produktionskapazitäten in ihren Zielmärkten Nordamerika, West- und Osteuropa sowie China und Indien legen diese Anbieter den Grundstein für weitere Expansion. So werden sie sukzessive zu lokalen Produzenten, die häufig durch überlegene Geschäftsmodelle oder Produktionssysteme preislich und qualitativ attraktivere Angebote zur Verfügung stellen und den lokalen Anbietern ihren Marktanteil streitig machen. Ja mehr noch: Sie definieren neue Erfolgsfaktoren auf den Märkten. Die lokalen Anbieter haben keine Wahl, als sich den neuen Konkurrenten zu stellen und die veränderten Spielregeln des Wettbewerbs zu akzeptieren.

So erobert derzeit Toyota einen Markt nach dem anderen und ist auf dem Weg, der weltweit führende Automobilhersteller zu werden. In den USA werden selbst GM und Ford zur Seite gedrängt (Abbildung 8).

Hyundai ist ebenfalls dabei, einer der führenden Anbieter in Nordamerika und Europa zu werden, mit prognostizierten jährlichen Wachstumsraten von 6 beziehungsweise 10 Prozent in den nächsten drei Jahren. Vor allem im Zukunftsmarkt China ist das

Unternehmen stark präsent: In nur drei Jahren konnte Hyundai einen Marktanteil von 8 Prozent erobern. Das erwartete jährliche Wachstum von durchschnittlich 40 Prozent in den nächsten drei Jahren wird die Präsenz von Hyundai weiter verstärken.

Zahlreiche weitere Hersteller stehen in den Startlöchern, und es ist nur eine Frage der Zeit, bis chinesische OEMs als Preisbrecher auch in den Triademärkten auftreten oder die Konsumenten Fahrzeuge aus indischer oder ASEAN-Produktion als die günstigere Alternative betrachten.

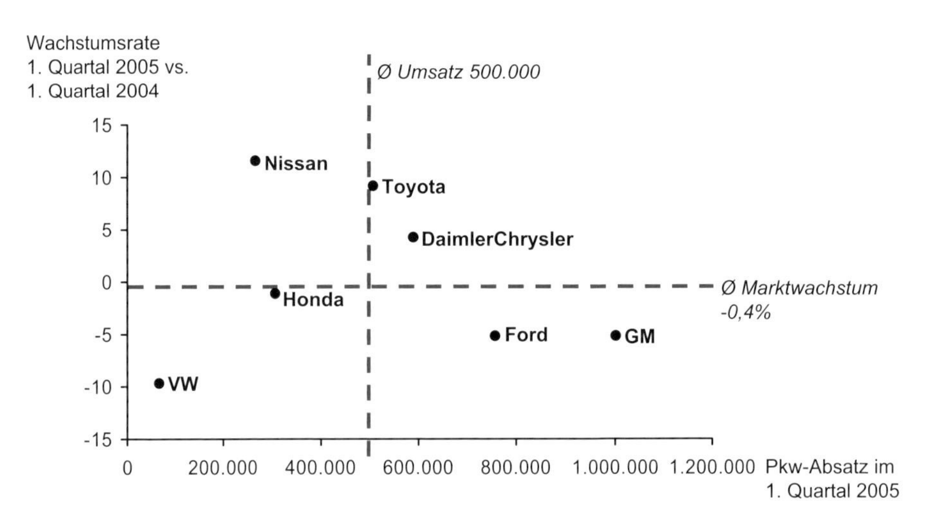

Abbildung 8: Pkw-Absatz und Wachstumsrate der größten OEMs in den USA im 1. Quartal 2005
Quelle: Roland Berger Strategy Consultants

Klassische Kundensegmente lösen sich auf

Noch vor wenigen Jahren konnten die Marketingexperten der Automobilindustrie ihre Zielgruppen einigermaßen eindeutig über soziale Milieus und Kaufkraft bestimmen. Heute ist es nicht mehr möglich, das Kundenverhalten mittels klarer Verhaltens- und Kaufentscheidungsmuster zu beschreiben oder gar vorherzusagen. Denn die klassischen Segmente gelten nicht mehr.

Zur Erosion der klassischen Kundensegmente haben zwei Entwicklungen geführt, die ineinander greifen: das zunehmende Smart Shopping der Käufer und das steigende Angebot von Nischenprodukten durch die Hersteller.

Smart Shopping ist zu einer umfassenden Disziplin der Käufer geworden, die auch – oder gerade – vor großen Investitionen wie dem Kauf eines Autos keinen Halt macht. Smart Shopper informieren sich umfassend aus mehreren Quellen über die gewünschten Produkte und ihre Marktpreise. Immer auf der Suche nach dem besten Preis-Leistungs-Verhältnis lassen sie sich von bisherigen Kaufentscheidungen wenig beeinflussen. So verliert Kundenloyalität an Bedeutung, und die Hersteller müssen ständig neue, attraktive Angebote kreieren, wenn sie ihre Kunden auch für Nachfolgemodelle gewinnen wollen.

Im harten Wettbewerb um neue Marktsegmente und -nischen sehen sich die Automobilhersteller gezwungen, ihr Fahrzeugangebot zu differenzieren und neue, kreative Konzepte zu verfolgen. Um ihre Kunden zu halten oder neue zu gewinnen, bieten sie eine Vielzahl von Nischenprodukten an, die individuelle Mobilitäts- und Lifestyle-Lösungen jenseits standardisierter Produkte bieten und Käufer unabhängig von Status und Kaufkraft ansprechen. Solche erfolgreichen Nischenprodukte sind beispielsweise der BMW Mini oder der Toyota Prius.

Doch lässt sich immer weniger voraussagen, ob und wie die Käufer neue Produkte akzeptieren. Nicht jede Kaufentscheidung ist rational nachvollziehbar. Autos sind eben immer noch hoch emotionale Produkte, deren Nutzen weit über das Grundversprechen „Mobilität" hinausgeht. Damit ähnelt jede geplante Markteinführung in gewissem Sinne einer Wette, deren Erfolgs- und Misserfolgswahrscheinlichkeit sich nur ansatzweise berechnen lässt. Auf Sieg zu setzen, kann ein hohes Risiko bedeuten.

Die zunehmende ökonomische Tragweite dieses Risikos stellt für die Automobilhersteller ein ernstes Problem dar. Ein oder zwei fehlgeschlagene Fahrzeugprojekte können angesichts des harten Wettbewerbs und der niedrigen Gewinnmargen schon das unternehmerische „Aus" bedeuten. Ohne die finanzielle Unterstützung von DaimlerChrysler hätte beispielsweise das Tochterunternehmen Smart dieses Schicksal bereits erfahren.

Es kommt also darauf an, mit Weitsicht Marken- und Produktstrategien für oft wenig berechenbare Märkte zu entwickeln. Solide Planungsstrukturen und -prozesse sind sicherlich ein Muss, doch wer die wirksamen Trends antizipieren und in die richtigen Produkte umsetzen möchte, braucht auch Gespür, unternehmerische Entscheidungsfähigkeit – und ein gewisses Maß an Fortune.

Im Mittelpunkt sollte allerdings die klare Antwort auf die Frage stehen, für was genau eine Marke steht und welche Attribute heutige und potenzielle Käufer damit assoziieren können und wollen. Häufig wurde dies in der Vergangenheit außer Acht gelassen. So musste Jaguar leidvoll erfahren, dass „British Luxury" nicht beliebig auf Volumensegmente übertragen werden kann, selbst wenn die Marke den Premiumanspruch zu Recht für sich reklamieren kann. Umgekehrt zeigt das Beispiel des VW Phaeton, wie schwer und langwierig der Einstieg in neue „markenferne" Premiumsegmente sein kann. Interessant ist, dass die Kunden den ebenfalls hochpreisigen, luxuriösen Geländewagen VW Touareg offensichtlich als authentischer und zur Marke passender wahrnehmen. So feiert der Touareg, der mit dem Phaeton einen großen Teil der Technik teilt, beachtliche Verkaufserfolge.

Auch wenn es keine einfachen Lösungen gibt: Eine erfolgreiche Marken- und Produktportfoliostrategie ist und bleibt die zentrale Herausforderung für die Automobilhersteller.

Die Abhängigkeit zwischen Fahrzeugherstellern und -zulieferern nimmt zu

Die Arbeitsteilung in der Automobilindustrie hat eine lange Tradition. Im heute hoch integrierten und vernetzten Wertschöpfungssystem sind Automobilhersteller für Entwicklung und Produktion der Fahrzeuge zuständig. Doch gut 70 Prozent der Wertschöpfung steuern Zulieferer bei.

Der anhaltende Kosten- und Innovationsdruck in der Branche wird den Anteil zugekaufter Wertschöpfung weiter erhöhen. Spezialisierte Zulieferer können durch Konzentration auf ihre Kernkompetenzen Qualitätsvorteile und Volumeneffekte erzielen, die der Gesamtwertschöpfung zugute kommen.

Für Automobilhersteller ergeben sich aus diesem Zwang zu weiterer Arbeitsteilung eine Reihe strategischer Fragen, die klar beantwortet und konsequent umgesetzt werden müssen:

- Wofür steht die Marke?
- Welche technische Differenzierung erfordert die Marke?
- Mit welchen Systemen, Modulen und Komponenten kann diese Differenzierung erreicht werden?
- Welchen Teil der Wertschöpfung muss das Unternehmen selbst erbringen?
- Welche Zulieferer und Partner können die übrigen Teile der Wertschöpfung erbringen?
- Wie ist die Zusammenarbeit mit den Zulieferern und Partnern zu gestalten?

Allerdings hat die starke Verlagerung von Wertschöpfung bereits zu beträchtlicher Konsolidierung des Zulieferermarkts geführt. Viele der heutigen Unternehmen stellen hinsichtlich Größe, globaler Aufstellung, Kompetenz und Innovationskraft mindestens

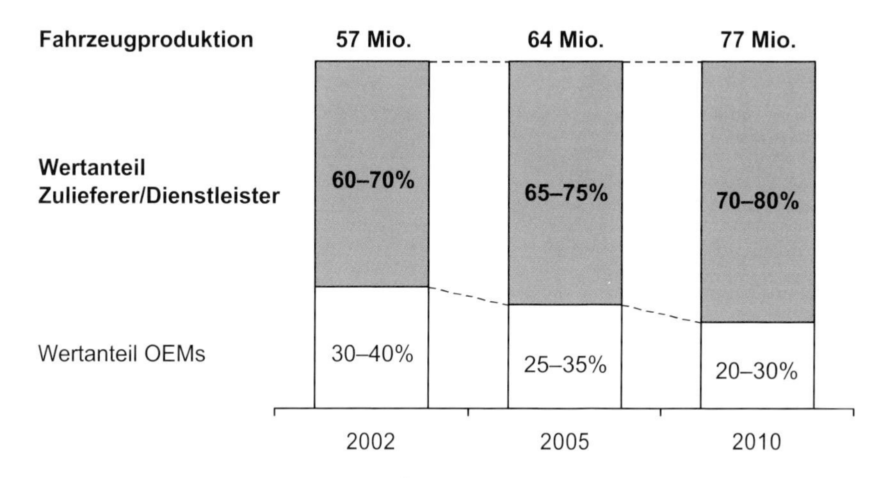

Abbildung 9: Entwicklung der Wertschöpfung in der Automobilproduktion 2002–2010
Quelle: Roland Berger Strategy Consultants

gleichwertige Partner dar. Häufig dominieren sie Systeme, Funktionsumfänge und Technologien, sodass den OEMs keine andere Wahl bleibt, als die entstandenen Abhängigkeiten zu akzeptieren (Abbildung 9 und 10).

Dennoch werden die künftigen Geschäftsmodelle der Automobilhersteller die relevanten Zulieferer noch stärker als bisher einbeziehen müssen. Neben ihren Kernkompetenzen in Entwicklung und Produktion wird es eine der Hauptaufgaben von OEMs sein, strategische Partnerschaften zu schmieden und die Prozesse und Strukturen der Zusammenarbeit effizient zu gestalten. Erfolge werden zukünftig nur noch gemeinsam erreicht werden können.

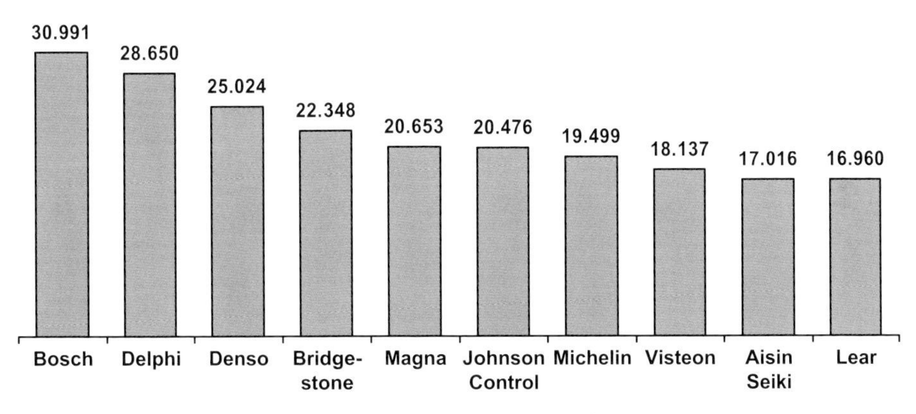

Anm.: Währungsumrechnung mit dem Kurs des Stichtags des Jahresabschlusses.
Visteon wird 2005 aus den Top 10 ausscheiden, da 24 Werke an Ford zurückgegeben wurden.

Abbildung 10: Die zehn größten Automobilzulieferer 2004/2005 (Umsatz in Millionen US-Dollar)
Quelle: Bloomberg

Strengere Rahmenbedingungen setzen Grenzen und eröffnen Chancen

Die Zukunft der individuellen Mobilität entscheidet sich nicht in erster Linie durch schnellere oder leistungsfähigere Fahrzeuge, sondern durch die sozialen und ökologischen Rahmenbedingungen. Vielfach sind bereits heute Grenzwerte der Verkehrsdichte und Schadstoffemissionen erreicht oder überschritten (Abbildung 11). Regelungen wie die City-Maut in London zeugen vom Kampf der Politik gegen den Verkehrsinfarkt. Andere Großstädte und Ballungsräume werden diesem Beispiel folgen.

Politische Regulierung erfolgt über die Verabschiedung von Schadstoffnormen und Sicherheitsvorschriften, über Besteuerung oder Verbote. Aber auch die Konsumenten fragen sparsamere und umweltfreundlichere Fahrzeuge nach und sorgen damit für eine stärkere Umweltorientierung der Automobilkonzerne.

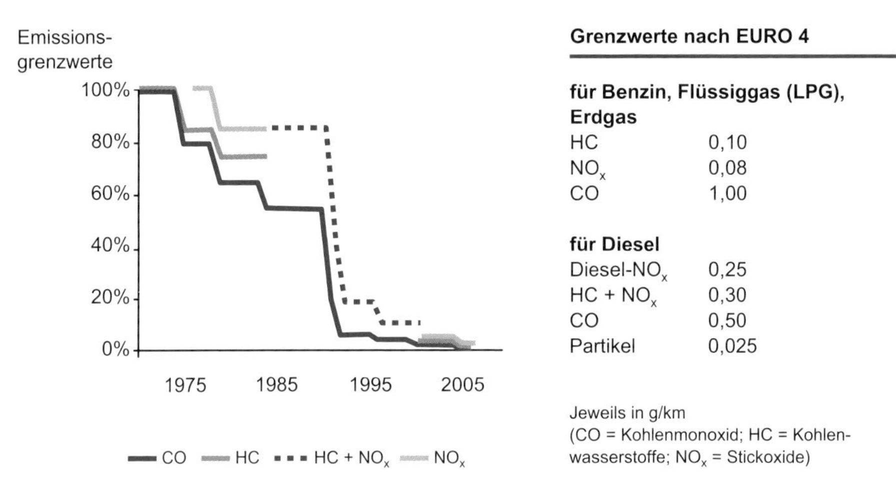

Abbildung 11: Entwicklung der Emissionsgrenzwerte in Europa 1975–2005
Quelle: VW, VDA Website

Die Branche hat diese politische Einflussnahme längst akzeptiert. Neben den bisher wettbewerbsdifferenzierenden Faktoren wie Leistung, Design und Preis setzt sie vermehrt auf Umwelt und Sicherheit. Grundlegende Innovationen heute optimieren den Treibstoff-Verbrauch, verringern die Schadstoffemissionen und erhöhen die Sicherheit der Fahrzeuge.

Da jedoch zunehmende Fahrzeugdichte und gestiegenes Verkehrsaufkommen insbesondere in Ballungsräumen die mildernden Effekte der Innovationen häufig überkompensieren, wird man von weiteren Normen, Vorgaben und Richtlinien ausgehen müssen. Die aktuelle Feinstaub-Richtlinie der EU ist nur eines der Beispiele.

Der Automobilindustrie wird diese Entwicklung akzeptieren, ja sogar fördern müssen. Denn schließlich profitiert die Branche auch von den regelmäßigen gesetzlichen Auflagen, die Autofahrer zu neuen Investitionen zwingen, wenn sie keine Strafsteuern wegen veralteter Autotechnologie bezahlen wollen. Die Themen Sicherheit und Umwelt eröffnen aber auch neue Chancen für die Automobilhersteller, sich über Innovationen zu differenzieren und ihre Marke strategisch neu zu positionieren. So hat es Toyota geschafft, durch den Prius ein Image als umweltfreundliche Marke aufzubauen und die Wettbewerber weltweit in Zugzwang zu bringen. Dabei macht der Prius allenfalls ein Prozent der Produktion von Toyota aus. Einen ähnlichen Erfolg erzielte Peugeot mit seiner sehr frühen und gezielten Einführung des Diesel-Partikelfilters.

The winner takes it all

Industrielle Umbruchphasen verändern Branchen tiefgreifend. Nicht allen Unternehmen gelingt es, mit den Chancen, aber auch den Risiken solcher Veränderungen umzugehen und sie gar zu antizipieren. Nur wenige haben die Fähigkeit, sich den neuen Rahmenbedingungen anzupassen und ihre Geschäftssysteme auf sie einzustellen.

Der aktuelle Umbruch wird die Automobilbranche nachhaltig verändern. Es wird Gewinner und Verlierer geben. Unternehmen werden ihre Eigenständigkeit verlieren oder aufgeben müssen, andere werden schneller denn je und vor allem erfolgreich wachsen. Der Abstand zwischen „gut" und „schlecht" wird größer werden. Mittelmäßige Unternehmen werden als erste aus dem Wettbewerb ausscheiden – und das betrifft Fahrzeughersteller wie Zulieferer (Abbildung 12).

Die Konzentration in der Automobilindustrie wird sich weiter fortsetzen. Kurzfristig mögen zwar neue Unternehmen, insbesondere aus den Emerging Markets, als neue Spieler die Bühne betreten. Mittelfristig werden aber auch hier die global geltenden Marktmechanismen ihre Wirkung entfalten und die Spreu vom Weizen trennen.

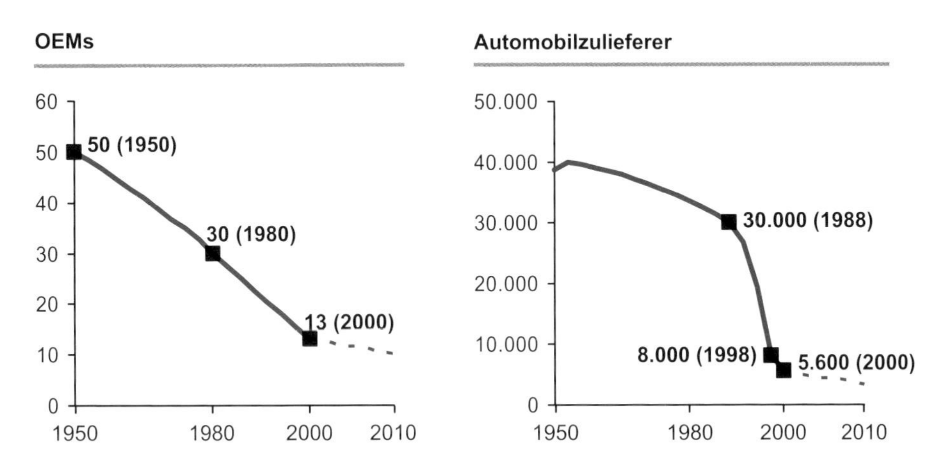

Abbildung 12: Anzahl unabhängiger OEMs und unabhängiger Automobilzulieferer 1950–2010
Quelle: Automobilproduktion

Beispiel China

Am Beispiel der chinesischen Automobilindustrie lässt sich diese Entwicklung im Anfangstadium beobachten. Die neue chinesische Automobilrichtlinie vom April 2005 wird die Marktkonzentration entschieden beschleunigen. Kleine lokale OEMs werden unter den neuen Bestimmungen nicht mehr wettbewerbsfähig sein und entweder in größere, international wettbewerbsfähige lokale Unternehmen integriert werden oder aus dem Markt ausscheiden. Merger nehmen zu, wie die Akquisition der China

National Automotive Industry Corporation durch SAIC oder die Gespräche zwischen Hafei und Changhe zeigen.

Die globalen OEMs werden Teil dieser Entwicklung sein und diese vorantreiben. Um nicht in der Konsolidierungswelle unterzugehen, werden sie die bestehenden Partnerschaften hinsichtlich Überlebensfähigkeit und Wettbewerbsfähigkeit überprüfen und gegebenenfalls neue Partnerschaften bilden müssen.

Die Konsolidierung der Branche wird voraussichtlich etwa vier oder fünf Big Player schaffen, die den Markt dominieren werden. Hunderte kleinerer Unternehmen werden diese Entwicklung nicht überleben. Das gilt auch für die anderen „neuen" Märkte wie Indien und ASEAN, auch hier werden nur wenige Unternehmen dominieren. Dies müssen nicht zwingend die heute etablierten Unternehmen sein. Einige der neuen Spieler haben das Potenzial, um traditionelle, häufig nicht mehr veränderungsfähige Unternehmen zu überholen und in ihren etablierten Märkten und Geschäften auszumanövrieren.

Die Geschichte erinnert an das Aussterben der Saurier – mit einem Unterschied. Damals haben die kleinen und wendigen Säugetiere überlebt. Das globale Automobilgeschäft hingegen erfordert eine Mindestgröße, um profitabel arbeiten zu können. Nur große Unternehmen können Kostendegressionseffekte ausnutzen, ihre Produktionskapazitäten auslasten, kostenintensive und flächendeckende Vertriebs- und Servicestrukturen aufbauen und mit dem nötigen Volumen versorgen. Überleben werden daher diejenigen Unternehmen, die Größe und Wendigkeit zu verbinden wissen.

Das zeigt ein Vergleich von Toyota und GM. Toyota ist mittlerweile zur Nummer zwei im globalen Automobilgeschäft aufgestiegen und macht GM die Position an der Spitze streitig. Trotz annähernd gleicher Größe könnte der Unterschied in der Performance beider Unternehmen nicht größer sein: GM kämpft ums Überleben, während Toyota von Rekord zu Rekord eilt.

Trotz seiner Größe hat GM aus heutiger Sicht schlechte Chancen, im harten Wettbewerb zu bestehen. Betriebsrenten und Pensionsverpflichtung bürden dem Unternehmen Mehrkosten von 1.600 US-Dollar pro Fahrzeug auf. Durch seine verfehlte Modellpolitik kann GM seine Autos selbst im Heimatmarkt USA nur noch zu hohen Rabatten absetzen. Selbst diese Vertriebsstrategie zahlt sich nicht aus: 2004 wurden lediglich 50.000 Fahrzeuge mehr als im Jahr zuvor verkauft, der Marktanteil in den USA sinkt in Richtung 20 Prozent, die Margen schrumpfen und der Cashflow ist negativ. Der Autogigant aus Detroit kann sich so weder mit den Koreanern im Preis, noch mit den Japanern in der Qualität und mit den Europäern in technischer Performance messen.

Toyota hingegen ist es gelungen, sich als Qualitäts- und Umwelttechnologieführer zu positionieren und Fahrzeuge anzubieten, die beim Kunden ankommen. Das Unternehmen wächst erfolgreich, 2004 konnte es gegenüber dem Vorjahr seinen Fahrzeugabsatz um 10,5 Prozent und seinen Umsatz um 7,3 Prozent steigern. Demnächst ist der Bau einer weiteren Fabrik in den USA geplant, um die steigende Nachfrage befriedigen zu können (Abbildung 13).

	GM	Toyota
Gründungsjahr	1908	1937
Mitarbeiter 2004 (Tsd.)	321	260
Verkaufte Fahrzeuge 2004 (Mio.)	8,1	6,7
Anzahl Marken 2005	13 (Chevrolet, Pontiac, Buick, Cadillac, GMC, Saturn, Hummer, Saab, Holden, Opel, Vauxhall, Daewoo, Isuzu)	5 (Lexus, Toyota, Hino, Daihatsu, Scion)
Umsatz 2004/2005 (Mrd. US-Dollar)[1]	162[2]	165[3]
EBT 2004/2005 (Mrd. US-Dollar)[1]	-6,6[2]	15,1[3]
Börsenkapitalisierung 15.6.2005 (Mrd. USD)	20,3	128,9
Rating Juni 2005 (S&P)	Junk Bond	AAA

1) Geschäftsjahr endete am 31.12.2004 (GM) bzw. 31.3.2005 (Toyota)
2) Automotive And Other Operations
3) Non-Financial Services Business

Abbildung 13: Vergleich GM und Toyota
Quelle: Unternehmensangaben; Bloomberg; Roland Berger Strategy Consultants

Top- und Low-Performer

Toyota ist zwar ein Paradebeispiel für ein erfolgreiches Unternehmen, jedoch kein Einzelfall. Vielen Unternehmen – Automobilherstellern und Zulieferern – gelingt es offensichtlich, Geschäftssysteme zu etablieren und fortzuentwickeln, die unternehmerischen Erfolg über längere Zeiträume ermöglichen. Andere Unternehmen scheitern hingegen daran (Abbildung 14 und 15).

Was unterscheidet aber die Top- von den Low-Performern? Was sind die Gemeinsamkeiten, was die offensichtlichen Erfolgsfaktoren? Welche Geschäftssysteme sind überlegen, welche müssen überarbeitet werden, um das Abdriften in die Bedeutungslosigkeit zu verhindern?

Erfolgsfaktoren von Top-Performern

Roland Berger hat in zahlreichen Projekten gewisse Gemeinsamkeiten von Top-Performern feststellen können:

- Fundiertes Wissen über die Kunden
- Klare unternehmerische Visionen und Ziele
- Langfristige Perspektiven
- Starker Fokus auf Kundenbindung

- Konsequentes Einlösen des Leistungsversprechens „Value for Money“ im Niedrigpreis- und im Premiumsegment
- Konstant hohe Qualität
- Globale Präsenz, aber regionale Orientierung
- Unternehmergeist

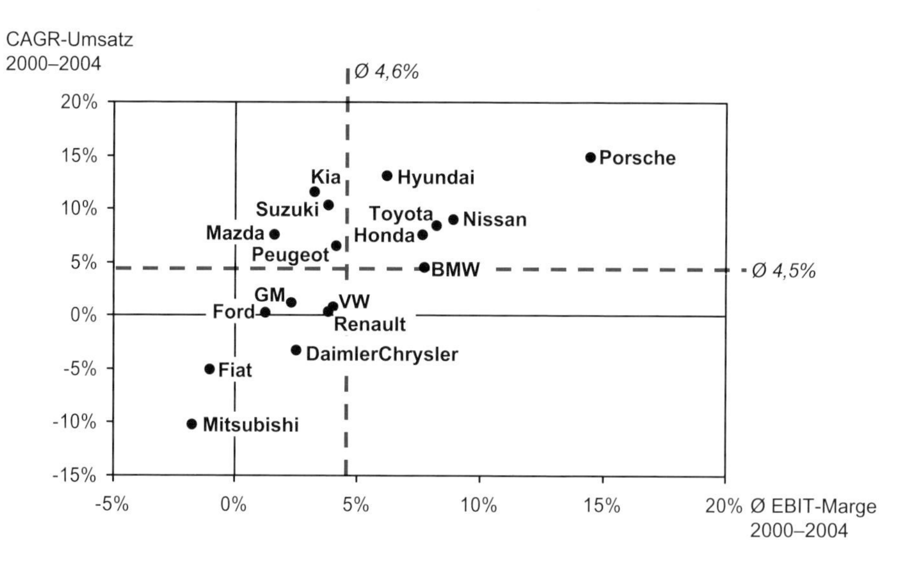

Abbildung 14: Umsatz- und Gewinnentwicklung ausgewählter OEMs 2000–2004
Quelle: Bloomberg; Roland Berger Strategy Consultants

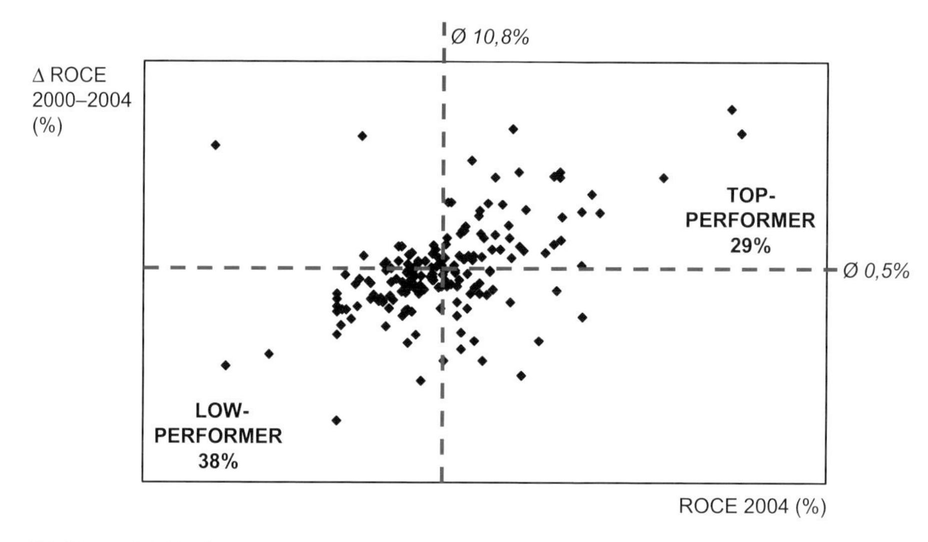

Abbildung 15: Veränderung des ROCE 2000–2004 und ROCE 2004 der größten Zulieferer
Quelle: Bloomberg; Roland Berger Strategy Consultants

Toyota ist bereits als Paradebeispiel für einen Top-Performer angesprochen worden, aber auch BMW gehört in diese Klasse. Seit sich das Unternehmen von Rover getrennt hat, erzielt es konstant eine EBIT-Marge von über 8 Prozent, der Umsatz ist gegenüber 2001 um 15 Prozent gestiegen, der Absatz der Konzernmarken gar um 33 Prozent.

Die primäre Stärken von BMW liegen in seiner Innovationskraft und seiner erfolgreichen Premiumstrategie. Das Unternehmen deckt alle Premiumsegmente von Kleinwagen bis zu Luxuslimousinen ab und profitiert von den hohen Margen. Die Marke BMW steht stellvertretend für das Besondere, was sich in den Fahrzeugkonzepten widerspiegelt. Die typischen BMW-Werte Dynamik, Agilität, Freude am Fahren bei außergewöhnlichem Design und sehr hohem technischem Anspruch kommen beim Kunden an: Seit Jahren belegt BMW im ADAC-AutoMarxX den ersten Platz bei Fahreigenschaften und Design.

Ziele und Visionen von BMW sind von der klaren Fokussierung auf das Premiumsegment bestimmt. Die Langfristigkeit der Ziele und Entscheidungen ist vor allem durch die Aktionärsstruktur gewährleistet, 47 Prozent der BMW-Aktien befinden sich in Familienbesitz. Das Unternehmen orientiert sich konsequent an den Anforderungen der Kunden, die hohe Ansprüche an Technik, Qualität und Sicherheit stellen. Die Zielgruppen werden genau analysiert und die Produkte auf diese Zielgruppen spezifisch zugeschnitten (wenige Ausnahmen wie das iDrive-System bestätigen die Regel). Die Zufriedenheit der BMW-Kunden zeigt sich in einer überdurchschnittlichen Loyalität, die Car-Online-Studie von Cap Gemini hat dies 2005 erneut belegt.

Probleme der Low-Performer

Die Low-Performer tun sich schwer damit, die Erfolgsfaktoren umzusetzen, und scheitern häufig an ähnlichen Problemen:

- Verpassen grundlegender Trends
- Keine oder zu späte Umgestaltung des Geschäftssystems
- Keine nachhaltige Unternehmensstrategie
- Fehlende Visionen
- Kurzfristige Profitorientierung
- Kein eigenständiges Profil
- Kein „Value for Money“
- Keine konsequente Markenführung
- Fehlender unternehmerischer Mut
- Kein Frühwarnsystem

Zu den Unternehmen mit unterdurchschnittlicher Börsen-Performance zählen DaimlerChrysler, Fiat, Ford, GM, Mitsubishi und VW. Die jüngste Geschichte dieser Firmen zeigt die Problemfelder deutlich auf.

Die globale Strategie von DaimlerChrysler ist nicht aufgegangen. Die Fusion mit Chrysler und die Zukäufe in Asien haben Werte vernichtet, anstatt neue zu schaffen. Kostspielige Kurskorrekturen waren und sind die Folge. Seit der Fusion mit Chrysler ist der Unternehmenswert um 60 Prozent gesunken.

Fiat hat seit Jahren mit Qualitäts-, Marken- und Imageproblemen zu kämpfen, zudem ist sein Händlernetz im Vergleich zur Konkurrenz nicht sehr tragfähig. Seit 2002 schreibt das Unternehmen rote Zahlen, in der Presse wird die Möglichkeit einer Übernahme durch chinesische OEMs diskutiert.

Ford trägt die Lasten der Ausgliederung von Visteon, von einfallslosen Modellen (vor allem in den USA) und der Unrentabilität von Jaguar. Die Werke, die Visteon 2005 an Ford zurückgegeben hat, verursachen zusätzliche Kosten von etwa zwei Milliarden US-Dollar. Die Autos in den USA werden mit durchschnittlich 3.500 US-Dollar subventioniert, trotzdem sinkt der Marktanteil. Die PAG-Tochter Jaguar erhielt 2004 einen Zuschuss von 750 Millionen US-Dollar. Weitere Finanzspritzen sind notwendig: Das Erreichen der Rentabilität ist erst für 2007 geplant. Fords Marktkapitalisierung beträgt nur noch 20,6 Milliarden US-Dollar, Standard & Poors hat das Rating auf Junk Bond abgesenkt.

Die Marken der GM-Gruppe sind nicht eindeutig profiliert – weder in der Wahrnehmung des Kunden noch in der Abgrenzung zwischen den Konzernmarken. Die optisch und auch im Image sehr ähnlichen Fahrzeuge liefern keine Kaufargumente für die Kunden: Der Marktanteil von GM in den USA ist mittlerweile auf 25 Prozent gesunken.

Mitsubishi hat versucht, sich als Volumenanbieter zu profilieren, während die anderen japanischen Hersteller Nischenpositionen in Europa besetzt haben. Seit 1998 hat Mitsubishi einen Absatzrückgang in Westeuropa von etwa 28 Prozent zu verzeichnen; im gleichen Zeitraum sind die vier anderen großen japanischen OEMs um 14 Prozent gewachsen.

VW hat zukunftsfähige Nischensegmente zu spät besetzt. Die Marke VW hatte bis vor kurzem keine SUVs im Angebot, nur MPVs, und keine attraktiven Cabriolets. In China hat VW an Boden verloren, weil es für die lokale Entwicklung keine schnelle und flexible Lösung parat hatte. Nachdem andere westliche und japanische OEMs den chinesischen Markt mit aktuellen Modellen überschwemmt haben, konnte das überalterte Erfolgsmodell Santana die einst hohen Marktanteile nicht mehr verteidigen. 2005 tragen nur noch 17 Prozent der neuen Fahrzeuge auf chinesischen Straßen das VW-Emblem, 2000 waren es noch 46 Prozent.

Erfolgsfaktoren für Zulieferer

Die genannten Erfolgsfaktoren gelten weitgehend sowohl für Fahrzeughersteller wie auch für Zulieferer. Spezifische Anforderungen an die Zulieferindustrie hat Roland Berger 2004 in der Studie „Erfolgsmuster für Automobilzulieferer“ untersucht. Top-

und Low-Performer wurden anhand ihrer Kapitalrendite (ROCE) von 1997 bis 2002 bestimmt und ihre strategische Ausrichtung untersucht. Ergebnis dieser Studie ist, dass erfolgreiche Zulieferer sich in fünf unternehmerischen Gestaltungsfeldern anders verhalten:

- Unternehmensgröße: Die größten Unternehmen sind aufgrund der Skaleneffekte und ihrer starken Verhandlungsposition erfolgreich, die kleinsten aufgrund der besetzten Nischenpositionen.
- Produktportfolio: Die Top-Performer decken im Durchschnitt mit nur einer Produktgruppe 90 Prozent des Umsatzes ab.
- Kundenportfolio: Die Top-Zulieferunternehmen erwirtschaften durchschnittlich 66 Prozent des Umsatzes mit den drei größten Kunden, die Low-Performer hingegen nur 45 Prozent.
- Forschungs- und Entwicklungsaufwand: Erfolgreiche Zulieferer investieren 70 Prozent mehr in Forschung und Entwicklung als die Low-Performer.
- Wertschöpfungstiefe: Erfolgreiche Zulieferer erbringen mehr Leistungen selbst (Abbildung 16).

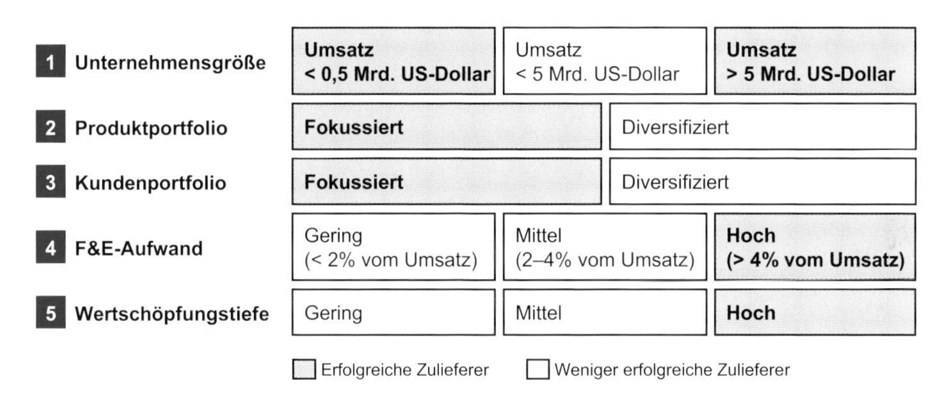

Abbildung 16: Gestaltungsfelder für Zulieferer
Quelle: Roland Berger Strategy Consultants

Wie aber lassen sich nun diese Erfolgsfaktoren in einen Rahmen fassen, der Automobilmanagern Orientierung geben kann? Diesen Fragen ist dieses Buch gewidmet.

Der erste Teil stellt die zentralen Herausforderungen vor, auf die Automobilmanager heute für und mit ihren Unternehmen Antworten finden müssen:

- Herausforderung Globalisierung – Erzieht die Automobilindustrie die Sieger von morgen?
- Herausforderung Wertschöpfung – Erfolgreich durch Kooperation

- Herausforderung Technologie – Fortschritt oder Falle?
- Herausforderung Markt – Wer erobert die strategische Kontrolle?
- The Sales & After Sales Challenge – Who will capture the value along the car lifecycle
- Herausforderung Gesellschaft – Die gesellschaftliche und politische Akzeptanz des Automobils erhöhen

Im zweiten Teil beschreiben Topmanager bedeutender Automobilunternehmen in Fallstudien, wie sie diese Herausforderungen meistern, welche Probleme zu überwinden sind und welche Chancen sich eröffnen.

Herausforderung Globalisierung – Erzieht die Automobilindustrie die Sieger von morgen?

Dr. Thomas Sedran, Roland Berger Strategy Consultants

General Motors, Ford und Chrysler haben seit Anfang der achtziger Jahre über 15 Prozentpunkte des Marktanteils in Nordamerika verloren – vor allem an Toyota und die anderen japanischen Hersteller, aber auch an die koreanischen Anbieter. Und offensichtlich haben die ehemaligen „Big Three" den japanischen Herstellern nach wie vor selbst auf ihrem US-Heimmarkt nicht viel entgegenzuhalten, da sie weiterhin Markanteile verlieren. Auch in Europa haben die asiatischen Marken mittlerweile einen Marktanteil von über 17 Prozent erreicht.

Nun kündigen chinesische und indische Hersteller wie Geely und Tata an, die automobilen Kernmärkte erobern zu wollen. Auch auf der Zuliefererseite entstehen in den so genannten Chancenmärkten neue Wettbewerber, die über Joint Ventures und Akquisitionen sehr schnell wachsen, moderne Technologien einkaufen und etablierten Anbietern Aufträge streitig machen.

Erzieht die Automobilindustrie im Rahmen der Globalisierung die Sieger von morgen? Wer wird zu den Gewinnern der Globalisierung gehören – nur die Käufer und Nutzer von Automobilen? Was sind die wesentlichen Herausforderungen der Globalisierung für die etablierten Anbieter und für die Newcomer, und wie können beide diese meistern?

Globalisierung im Wandel der Zeit

Wenngleich Globalisierung in den letzten Jahren verstärkt an Bedeutung gewonnen hat, ist das Thema im Sinne der Erschließung neuer Absatz-, Produktions- und Beschaffungsmärkte so alt wie die Industrialisierung der Wirtschaft. Ein gutes Beispiel dafür ist die englische Ostindien-Kompanie, die am 31. Dezember 1600 das Recht erwarb, sämtlichen Handel zwischen dem Kap der Guten Hoffnung und der Magellanstraße abzuwickeln. Obwohl oder vielleicht gerade weil es zur Ausübung dieses Rechts zum Teil langwieriger und heftiger Kämpfe gegen andere Kolonialmächte bedurfte, entwickelte sich die Ostindien-Kompanie über die folgenden Jahrhunderte zum wesentlichen Wohlstands- und Machtfaktor für das englische Königreich, dessen Wirkung zum Teil bis heute reicht. In ähnlichem Maße trugen beispielsweise die Globalisierungsaktivitäten der Venezianer im 17. und 18. Jahrhundert zum Wohlstand und zur Machtposition Venedigs bei.

Die Automobilbranche – eine traditionell globale Industrie

Die Automobilindustrie war, vielleicht abgesehen von den allerersten Pioniertagen gegen Ende des 19. Jahrhunderts, bereits in den sehr frühen Phasen ihrer Entstehung eine globale Industrie. Vorreiter dieser Globalisierung waren General Motors (siehe Abbildung 1) und die Ford Motor Company, die zu Beginn des 20. Jahrhunderts Vertriebsgesellschaften in zahlreichen Ländern gründeten und im Laufe der zwanziger und dreißiger Jahre nach und nach Produktionsstandorte in Europa und Asien aufbauten oder aufkauften, um diese „fernen" Absatzmärkte besser bedienen zu können. Treiber dieser Globalisierung waren damals wie heute drei wesentliche Motive:

- Erschließung von Absatzpotenzialen in wachsenden Märkten
- Ausschöpfung von Lohn- und Faktorkostenvorteilen
- „Hebeln" der hohen Fixkosten in der Entwicklung und Produktion von Automobilen

Ford, General Motors und Chrysler erarbeiteten sich mit dieser globalen Präsenz Wettbewerbsvorteile und beherrschten Mitte der sechziger Jahre mit zusammen circa 10 Millionen produzierten Fahrzeugen 52 Prozent des Weltmarktes. Allerdings konzentrierte sich die weltweite Automobilnachfrage damals mit über 90 Prozent Marktanteil noch hauptsächlich auf Nordamerika und Westeuropa.

1912	• Gründung GM Export Company, um Verkäufe außerhalb der USA abzuwickeln
1920	• Niederlassung in Manila zur Vermarktung im Fernen Osten (1922 Umzug nach Shanghai)
1924	• Produktion Chevrolet in Kopenhagen zur Belieferung der Märkte in Skandinavien, Ost- und Westeuropa
1925	• Kauf Vauxhall Motors Ltd., England • Gründung General Motors do Brasil in São Paulo • Weitere Vertriebsniederlassungen in Europa
1926	• Niederlassung in Südafrika • Aufbau von fünf Produktionsstätten in Australien
1927	• Aufbau von Werken in Berlin und in Osaka, Japan
1928	• Eröffnung des ersten Automobilwerks in Indien
1929	• Übernahme der Adam Opel AG
1930	• Gründung GM Overseas Operations (GMOO) zur Koordination aller Produktions- und Marketingaktivitäten außerhalb Nordamerikas

Abbildung 1: Meilensteine in der Globalisierung von General Motors 1912–1930
Quelle: General Motors

Mit der wachsenden Nachfrage nach Fahrzeugen in Japan, Korea, Brasilien, China und anderen Ländern haben sich diese regionalen Schwerpunkte stark verändert. Heute repräsentieren Japan und die neuen Absatzmärkte über 35 Prozent des Weltmarkts, mit stark steigender Tendenz, wenn man die Wachstumsraten in China, Indien, Russland und ASEAN berücksichtigt.

Darüber hinaus verdeutlicht Abbildung 2 den steigenden Grad der Vernetzung der Automobilindustrie über die Regionen hinweg: Während Mitte der sechziger Jahre nur 8,7 Prozent der weltweiten Nachfrage regionenübergreifend gehandelt wurden, sind es heute bereits über 15 Prozent. Mit den wachsenden Überkapazitäten in China und Osteuropa wird diese Quote mit Sicherheit in den nächsten Jahren noch steigen.

Japaner und Koreaner erobern Nordamerika und Europa

Mit der steigenden Nachfrage vor allem in Asien hat sich in den letzten Jahrzehnten auch das Kräftegleichgewicht in der globalen Automobilindustrie deutlich verschoben. Die Gewinner waren vor allem die japanischen und koreanischen Automobilhersteller. Unterstützt wurde diese Entwicklung durch die Energiekrise Anfang der achtziger Jahre, als Toyota und die anderen japanischen Hersteller mit preislich attraktiven, qualitativ hochwertigen und verbrauchsgünstigen Fahrzeugen viele neue Kunden auch außerhalb ihrer Heimatmärkte gewinnen konnten.

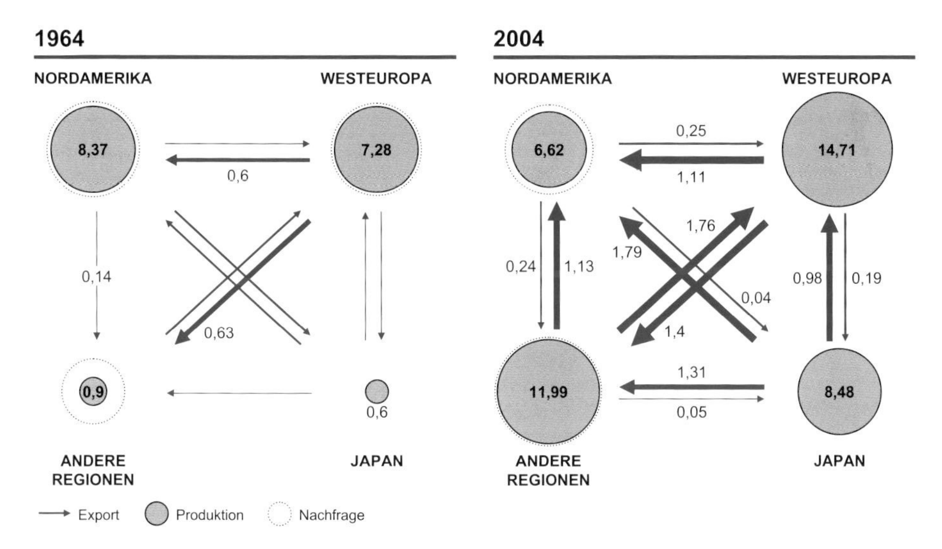

Abbildung 2: Regionale Verteilung der PKW-Produktion/-Nachfrage weltweit 1964–2004 (Millionen Fahrzeuge)
Quelle: R. L. Polk Marketing Systems; Global Insight; VDA; Roland Berger Strategy Consultants

„Einfaches Spiel in Nordamerika"

Die etablierten Anbieter hatten zu dieser Zeit speziell in Nordamerika kein wettbewerbsfähiges Angebot in diesen Segmenten und zogen es vor, auf die Segmente der größeren Fahrzeuge (vor allem Pickups, Geländewagen und Vans) auszuweichen, die zu diesem Zeitpunkt noch sehr gute Margen und erhebliches Wachstum aufwiesen. Von welcher strategischen Bedeutung diese Angebotslücken jedoch damals waren und noch heute sind, zeigen die Marktanteilsentwicklungen der letzten zehn Jahre. Aufgrund der guten Erfahrungen der Kunden und eines zunehmend auf den amerikanischen Geschmack angepassten Fahrzeugangebots konnten die asiatischen Hersteller ihren Marktanteil in Nordamerika mittlerweile auf über 30 Prozent erhöhen (Abbildung 3).

Ihre Erfolge erreichen asiatische Hersteller dabei mittlerweile schon längst nicht mehr über den Preis, wie es noch Anfang der neunziger Jahre der Fall war, als ihre „billigen" Fahrzeuge die „Big Three" das Fürchten lehrten. Sukzessive nutzten sie den über das in Amerika extrem wichtige Qualitätsimage entstehenden Spielraum und hoben die Preise an. Toyota und Co. können es sich heute leisten, an den existenzgefährdenden Rabattschlachten nicht teilzunehmen – dennoch gewinnen sie Marktanteile.

Ähnlich der bereits erfolgreich umgesetzten Strategie der japanischen OEMs gelang es den koreanischen Marken, mit günstigen Fahrzeugen im amerikanischen Markt Fuß zu fassen und ihre Position schnell auszubauen. Kia und Hyundai sind aktuell mit über 30 Prozent respektive über 10 Prozent (CAGR zwischen 1994 und 2004) die am schnellsten wachsenden Marken in den USA. Analog zu Toyota verfolgen auch die Koreaner die Strategie eines qualitätsinduzierten Upgrades in der Markenwahrnehmung und konsequenterweise auch im Preis. Kia und Hyundai sind in Bezug auf den

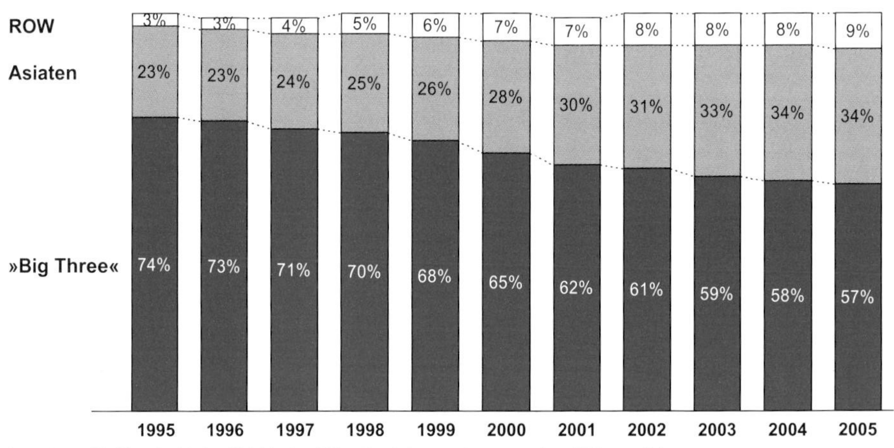

Abbildung 3: Marktanteile nach Marken in Nordamerika 1995–2005
Quelle: J. D. Power; Roland Berger Strategy Consultants

Preis bereits im unteren Mittelfeld angekommen. Die „freigegebenen“ Einstiegssegmente im Markt sind eine Einladung für die im Aufbau befindlichen chinesischen Automobilhersteller, die nach den bewährten Mustern schon bald beginnen werden, ihre Präsenz im amerikanischen Markt aufzubauen. Neben den steigenden Marktchancen aufgrund des preislichen Auftriebs der nun etablierten asiatischen Hersteller wirken die in China aktuell vorhandenen Überkapazitäten von 2,5 bis 3 Millionen Fahrzeugen (mit steigender Tendenz) und das hinter den Erwartungen zurückbleibende Marktwachstum in China zusätzlich beschleunigend. Erste Ankündigungen, chinesische Fahrzeuge in Stückzahlen von mehreren Hunderttausend in die USA importieren und dort vertreiben zu wollen, haben dazu den Startschuss gegeben.

Steigender Druck auf Bastionen in Europa

Auch in Europa greifen die japanischen und koreanischen Marken auf breiter Front an. Kein Segment ist ausgenommen. Selbst im Premium-Bereich – einer klassischen Domäne europäischer Hersteller – wird aktuell Lexus komplett neu positioniert und mit der Hybrid-Automobiltechnologie ein neuer inhaltlicher Kern für die Marke definiert. Nissans Premiummarke Infinity steht nach Pressemeldungen unmittelbar vor dem Markteinstieg in Europa, und Nissan plant, so mittelfristig das aktuelle Niveau von Lexus in Bezug auf Marktanteile zu übertreffen. Damit wird die Wettbewerbsintensität auch im Premiumsegment weiter ansteigen. Und eine „Flucht nach vorn“ in immer höhere Technisierung scheint auf Basis der aktuellen Erfahrungen – etwa bei Mercedes-Benz, aber auch anderen – heute nicht mehr zu funktionieren.

Die asiatischen Fahrzeughersteller haben sich damit als feste Größe auch im europäischen Markt etabliert. Gegenüber den USA gibt es allerdings einige wesentliche Unterschiede, die ihren Erfolg in diesem zweitgrößten Wirtschaftsraum der Welt bislang in Grenzen hielten:

- Es gibt eine starke lokale Fahrzeugindustrie mit hoher Markenbindung und Kundenloyalität.
- Europa ist die „Home Base“ der wichtigsten Premiumhersteller.
- Die europäischen Volumenhersteller sind in den Entry-Level-Segmenten stark vertreten und verteidigen ihre Marktpositionen mit Produktoffensiven und teilweise sehr erfolgreichen Kostensenkungsprogrammen.
- Innovation und Markenbewusstsein sind bei der Kaufentscheidung immer noch von signifikanter Bedeutung.

Seit allerdings die wirtschaftliche Entwicklung in Europa lahmt und die großen Volkswirtschaften ihre Sozialsysteme reformieren, haben sich das Konsumklima und die Prioritäten der Kunden hin zu günstigeren Angeboten verschoben. Die asiatischen OEMs profitieren zudem von der mittlerweile gescheiterten Strategie einiger europäi-

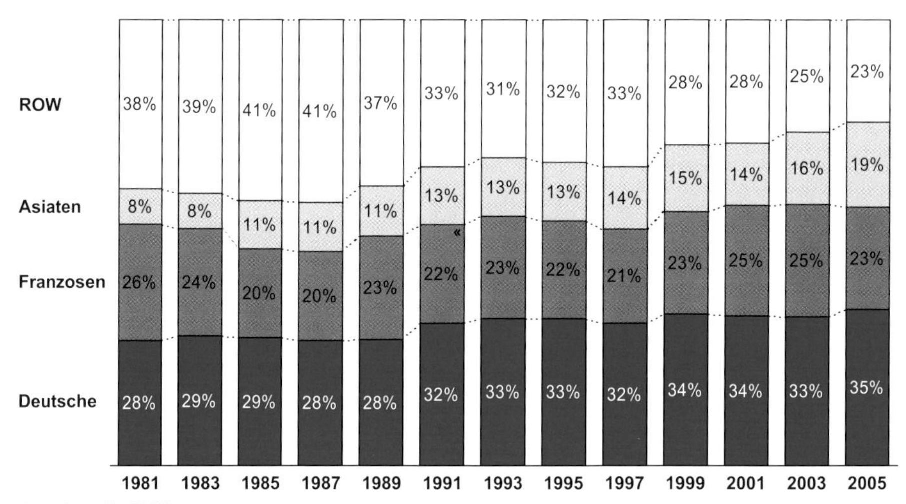

Anmerkung: Nur PKW

Abbildung 4: Marktanteile nach Herkunft der OEMs in Europa
Quelle: VDA; J. D. Power; Roland Berger Strategy Consultants

scher OEMs wie Volkswagen, die immer mehr Technik zu immer höheren Preisen verkaufen wollten. Durch solche Strategien ist nun teilweise ein Dilemma entstanden, weil kostenintensive Ausstattungsmerkmale zwar vom Kunden gefordert werden, aber nur geringe Bereitschaft besteht, dafür einen Mehrpreis zu bezahlen (Beispiel Airbags).

Hinzu kommt, dass es die asiatischen Unternehmen geschickt verstanden haben, das Design ihrer Produkte dem europäischen Geschmack anzupassen – häufig unter Nutzung der italienischen „Karosserieschneider" wie Pininfarina, die seit vielen Jahren die Trends im Automobildesign stark beeinflussen. Flankierend beflügelt die Asiaten die wiederum überlegene Qualitätspositionierung, die im umkämpften Volumensegment oft den entscheidenden Kaufimpuls gibt. Als Resultat dieser Faktoren und Entwicklungen konnten die asiatischen OEMs nach einem Einbruch im Jahr 2001 ihren Marktanteil in Europa auf mittlerweile 19 Prozent im Jahr 2005 ausbauen (Abbildung 4).

Analog zu den USA laufen die koreanischen OEMs den japanischen in ihrem Markteintritt zeitlich nach, entfachen jedoch in jüngster Vergangenheit eine erhebliche Dynamik. Kia und Hyundai sind auch in Europa die Marken mit dem höchsten Wachstum. Doch auch Toyota als weltweit betrachtet schärfster Wettbewerber der europäischen und US-amerikanischen OEMs wächst in Europa ungebremst weiterhin mit circa 8 Prozent über die nächsten Jahre.

In einem stagnierenden Markt bedeutet dies konsequenterweise Verdrängung. Als Folge sind heute vier asiatische Automobilhersteller unter den weltweiten Top 10 vertreten. Toyota wird 2006 mit großer Wahrscheinlichkeit GM als den größten Anbieter ablösen und übersteigt in der Börsenkapitalisierung von über 150 Milliarden Euro die kumulierten Unternehmenswerte von GM, Ford und DaimlerChrysler. Aber auch die anderen führenden asiatischen Anbieter sind auf der Überholspur: Hyundai beispielsweise erzielte 2005 mit einem Absatz von 2,5 Millionen Fahrzeugen (plus 11 Prozent zum Vorjahr) und einem Reingewinn von 1,9 Milliarden Euro (7 Prozent) ein neues Rekordergebnis. Und weiteres Wachstum ist geplant – mindestens noch einmal 10 Prozent im Jahr 2006.

„Déjà-vu“ mit Herstellern aus China, Indien und Osteuropa?

Mit dem rapiden Wachstum der Automobilmärkte in China und Indien entstehen neue Anbieter, die zudem auch noch industriepolitisch gefördert werden. Welche Chancen haben diese Newcomer im globalen Wettbewerb der Automobilkonzerne? Kommt nach dem japanisch-koreanischen Aufstieg nun das chinesisch-indische Jahrzehnt?

Einige Argumente sprechen dafür: Mit der wachsenden Akzeptanz der japanischen und koreanischen Marken in Nordamerika und Europa nutzen diese auch die Möglichkeiten, ihre Preise nach oben anzupassen. Dadurch entstand in den letzten Jahren bereits eine Angebotslücke im Preisspektrum, in die nun die neuen Anbieter aus China, Indien oder Zentral- und Osteuropa hineinstoßen können. Erste Anzeichen sind erkennbar:

Der größte chinesische Hersteller SAIC hat sich die wesentlichen Technologie- und Markenrechte von Rover gesichert, Nanjing Automobile kaufte die Fabrikanlagen von Rover mit den noch vorhandenen automobilerfahrenen englischen Arbeitskräften. Der Joint-Venture-Partner von BMW in China, Brilliance, wird sein Flagschiff „ZhongHua“, das auf die C- beziehungsweise D-Klasse zielt, für unglaublich günstige 19.000 Euro auf dem deutschen Markt anbieten. Der in Rumänien gebaute Dacia Logan verkaufte sich in Westeuropa mit knapp 13.000 Einheiten im ersten Jahr deutlich über den Erwartungen von Renault. Gleichzeitig verfügen chinesische und indische Anbieter – zumindest theoretisch – über sehr kostengünstige Produktionsfaktoren, speziell bei Personalkosten, aber auch in anderen Kostenarten, weil die gesetzlichen Anforderungen, etwa an die Ausstattung und die Sicherheit von Arbeitsplätzen, gering sind. Auch die indischen Anbieter Tata und Maruti bereiten sich auf einen Markteinstieg in Europa vor.

Ein weiterer Katalysator für einen schnellen Aufstieg chinesischer und indischer Hersteller ist die gute Verfügbarkeit von Know-how für diese Anbieter: Teilweise erzwungen über staatliche Regelungen (etwa Lizenzauflagen) und gestützt durch die herausragenden Wachstumsaussichten in sich entwickelnden Märkten ohne eingefahrene Markenbindungen, finden die neuen Anbieter aus den Chancenmärkten zu relativ geringen Kosten Partner, mit deren Hilfe und unter deren Anleitung sie kostengünstig gute Autos produzieren können, die auch für etablierte Märkte geeignet sind. Die aktuelle Stagnation in den Märkten der Triade gibt noch einen zusätzlichen Anstoß, da die wachsende Nachfrage in China und Indien dazu beiträgt, dass hochkompetente Mitarbeiter kurzfristig zu ordentlichen Preisen weiterbeschäftigt werden können.

Gegen ein schnelles Aufschließen der chinesischen, indischen und zentraleuropäischen Newcomer spricht auf den ersten Blick betrachtet nur wenig – vor allem, wenn man sich die großen Fortschritte der letzten Jahre vor Augen führt und sich den Willen zum Aufstieg in eine bessere Zukunft vergegenwärtigt. Andererseits sind in der Vergangenheit viele ambitionierte Anbieter mit ihren Expansionsstrategien kläglich gescheitert. Mit Ausnahme von Hyundai hat es in den letzten 20 Jahren kein Newcomer mehr geschafft, sich in die erste Liga hochzuarbeiten. Die Liste der „Gestrandeten" ist lang: Proton aus Malaysia, Avtovaz/Lada aus Russland, Kia und Daewoo aus Korea, Mahindra aus Indien. Viele andere wurden übernommen oder spielen lediglich regional eine gewisse Rolle.

Welche besonderen Herausforderungen müssen die Newcomer also überwinden, um im globalen Wettbewerb eine bedeutende Rolle einzunehmen? Wie können die etablierten Anbieter die Chancen der Wachstumsmärkte nutzen, ohne dabei unliebsame Konkurrenten heranzuziehen? Und welche Möglichkeiten haben etablierte Anbieter in Europa und den USA, den erweiterten Angriff asiatischer Hersteller auf ihre jeweiligen Heimmärkte abzuwehren und ihre Marktanteile zu sichern? Können etablierte Anbieter die neuen Märkte dazu nutzen, ihre Kosten- und damit ihre Wettbewerbsposition im globalen Wettbewerb zu verbessern?

Überleben durch Erfolg in den neuen „Chancenmärkten"

In einer liberalisierten Welt ohne große Handelsrestriktionen wird die Zukunft der Automobilhersteller und -zulieferer in den neuen, entstehenden Märkten in Asien und Osteuropa entschieden. Nur dort wird im Wesentlichen das Nachfragewachstum in absolutem Volumen und Umsätzen stattfinden, nur dort gibt es die günstigen Arbeitskräfte, die man im globalen Wettbewerb benötigt, um im Zuge einer Mischkalkulation auch in den traditionellen Heimatmärkten der Triade kostenseitig wettbewerbsfähig zu bleiben. Wer die Chancen in diesen boomenden Märkten verschläft, hat nur wenig Gestaltungsspielraum in der anhaltenden Konsolidierung der Automobilindustrie.

Wachsende Nachfrage nur in den Chancenmärkten

Während die Automobilnachfrage in Nordamerika, Westeuropa und Japan auf hohem Niveau stagniert, wird die Nachfrage in den Chancenmärkten wie vor allem China und Indien, aber auch in Brasilien und Russland in den nächsten Jahren deutlich steigen. Wesentliche Treiber für diese Entwicklung sind die steigenden Haushaltseinkommen der Bevölkerung, die Stabilisierung der wirtschaftlichen Basisindikatoren sowie der nachhaltige Ausbau der (Straßen-) Infrastruktur, wie das Beispiel Indien zeigt (Abbildung 5). Hinzu kommt ein starkes Bedürfnis der Bevölkerung, sich durch den Kauf eines Fahrzeugs nicht nur individuelle Mobilitätswünsche zu erfüllen, sondern auch den neu

Wirtschaftliche Basisindikatoren Indien

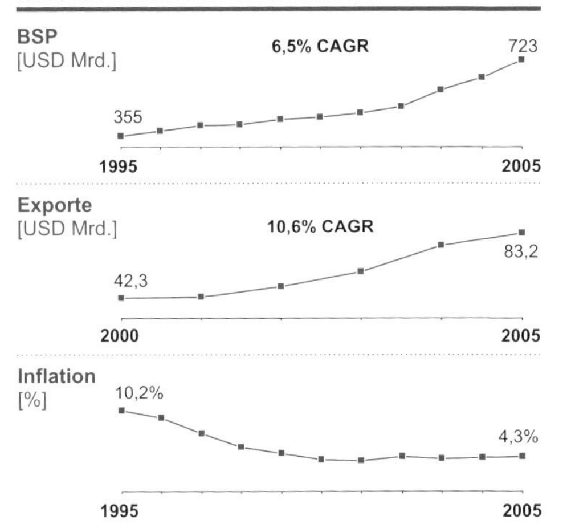

Indiens Straßeninfrastruktur-Projekt

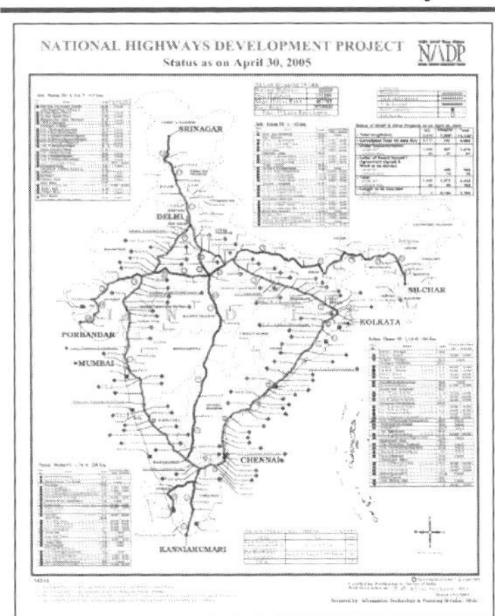

Abbildung 5: Entwicklung der Basisindikatoren und der Straßeninfrastruktur am Beispiel Indien
Quelle: Economist Intelligence Unit; Investment Brief (Indische Botschaft)

erworbenen Wohlstand zum Ausdruck zu bringen. In Summe führen diese Faktoren zu Wachstumsraten in den Chancenmärkten von durchschnittlich über 7 Prozent bis 2015.

Nachhaltige Kostenvorteile in den Chancenmärkten

Neben der Erschließung lokaler Absatzpotenziale sind erhebliche Lohnkostenvorteile in der Größenordnung des Faktors 10 bis 20 ein wesentlicher Treiber dafür, industrielle Wertschöpfung in die Chancenmärkte zu verlagern beziehungsweise dort aufzubauen. Allerdings kompensieren Unterschiede im Ausbildungsniveau verfügbarer Mitarbeiter, Infrastrukturdefizite (etwa die Gewährleistung von Stromversorgung), zusätzliche Logistikkosten und auch Maßnahmen zur Absicherung von Rechtspositionen (beispielsweise Schutz von Eigentumsrechten) den Einfluss der Lohnkostenvorteile auf die Produktherstellungskosten erheblich. Dennoch: Selbst wenn man all diese Faktoren und Risiken berücksichtigt, zeigen Klientenprojekte immer wieder Einsparungspotenziale von 15 bis 20 Prozent gegenüber den Gesamtkosten von Produktions- und Entwicklungsstandorten in den etablierten Märkten. Eine vollständige Verlagerung nach China oder Indien ist dabei aus westeuropäischer oder nordamerikanischer Sicht nur selten zwingend und sinnvoll. Häufig ist es wirtschaftlich am sinnvollsten, Standorte in Zentral- und Osteuropa beziehungsweise Zentral- und Südamerika aufzubauen, da der zusätzliche Lohnkostenvorteil – beispielsweise von Zentralchina gegenüber Ostrumänien von absolut lediglich 50 Cent pro Stunde – durch höhere Logistikkosten überkompensiert wird.

Experten schätzen, dass sich der Abstand der Stundenlöhne selbst bei anhaltender Dynamik der Lohnsteigerungen auch mittelfristig kaum verändern wird, weil aufgrund des höheren Ausgangsniveaus die absolute Dynamik auch bisher schon in den Industriestaaten höher lag als in den Chancenmärkten. In einem Szenario der EIU (siehe Abbildung 6) steigt der absolute Unterschied der Stundenlöhne über die nächsten Jahre sogar noch an. Darüber hinaus wird der erwartete Produktivitätsfortschritt in den Chancenmärkten deutlich über dem in den Triademärkten liegen, sodass die Produktkostenvorteile sich weiterhin zu Gunsten der Chancenmärkte verschieben werden.

Herausforderungen für etablierte Hersteller und Newcomer

Es ist nicht einfach, die komparativen Wachstums- und Kostenvorteile der Chancenmärkte nachhaltig zu erschließen. Sowohl etablierte Hersteller wie auch die Newcomer haben diverse Herausforderungen zu bewältigen:

- Hohe Anzahl an Erstkäufern und geringe Markenloyalität
- Hohe Preissensitivität und Heterogenität der regionalen Märkte
- Hohe Fixkosten und unterkritische Betriebsgrößen
- Volatilität der Nachfrage, Wechselkursschwankungen und Handelsbarrieren

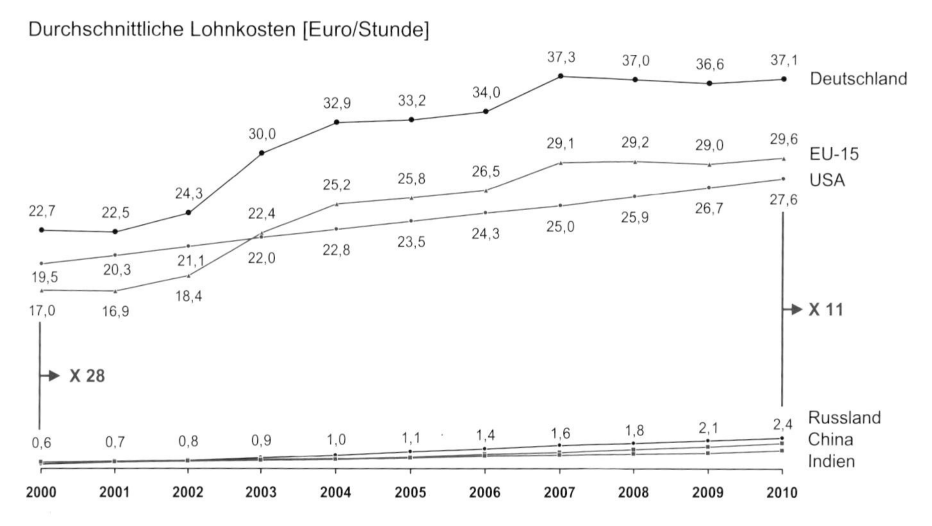

Abbildung 6: Vergleich der Lohnkostenentwicklung zwischen Industriestaaten und Chancenmärkten
Quelle: Economist Intelligence Unit (EIU)

Hohe Anzahl an Erstkäufern und geringe Markenloyalität

Die überwiegende Mehrheit der Käufer in den Chancenmärkten sind Erstkäufer, viele davon haben keinerlei Erfahrungen mit Automobilen. Davon ausgenommen sind Erstkäufer, die von Zweirädern auf PKW umsteigen. Hierbei handelt es sich allerdings um ein relativ großes Marktsegment: So werden etwa in Indien jährlich mehr als fünf Millionen Zweiräder verkauft. Etwa ein Viertel dieser Kunden plant, sich in den nächsten Jahren ein Auto zu kaufen, woraus sich ein Marktvolumen von mehr als einer Million Autos ableitet. Insgesamt werden im Jahr 2007 in Indien 80 Millionen Menschen die Finanzkraft besitzen, sich ein Auto zu kaufen (Abbildung 7).

Sehr ähnlich wie die Käufer in Ostdeutschland nach der Wiedervereinigung sind die Erstkäufer in den Chancenmärkten zwar markenorientiert, aber noch nicht so markenfixiert wie in den etablierten Märkten. Und da das verfügbare Einkommen zwar deutlich gestiegen, aber dennoch begrenzt ist, kauft man das Auto, das zum individuellen Preislimit die beste Schnittmenge aus günstigen Unterhaltskosten und modernem Design/Ausstattung bietet. Wiederverkaufswerte für gebrauchte Fahrzeuge spielen in den Kaufentscheidungen heute noch eine untergeordnete Rolle (Abbildung 8).

Dieses Käuferverhalten eröffnet gleichwertige Absatzchancen selbst für Marken, die in den automobilen Kernmärkten heute keine führende Position haben. Ein gutes Beispiel ist der Erfolg von Buick in China, eine Marke von GM mit nur schwacher Marktausschöpfung in Nordamerika, die in China aber mit frischer, moderner Positionierung und gutem Produkt-Leistungsangebot der Maßstab im Mittelklasse-Premiumsegment ist.

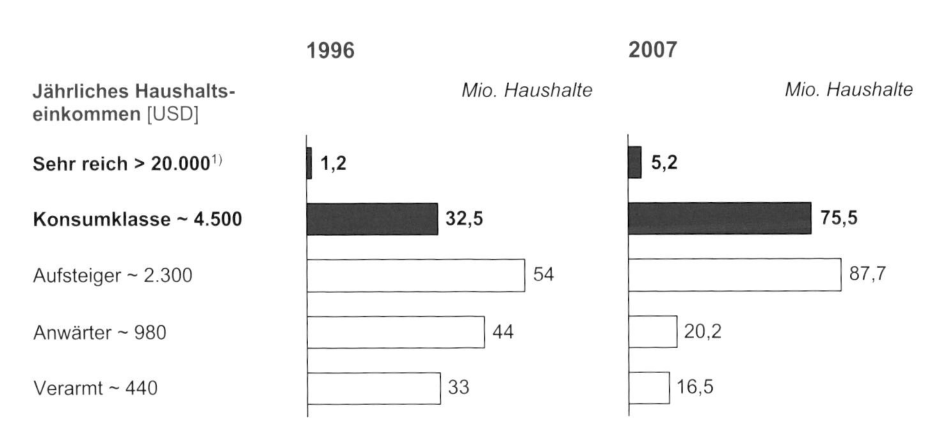

- Im Jahr 2007 werden über 80 Millionen Haushalte über ausreichend Einkommen verfügen, um sich ein Auto kaufen zu können
- Die Auswirkungen eines steigenden verfügbaren Einkommens sind bei Konsumgütermärkten zu erkennen

1) Bei Kaufkraftparität entspricht dies 100.000 USD/Haushalt

Abbildung 7: Demografische Struktur und verfügbares Einkommen in Indien
Quelle: Economist Corporate Network; Roland Berger Strategy Consultants

EIGENSCHAFT	RANG[1)]	
Fahrkomfort	1	
Wartung	2	*Gesamtkosten Lebenszyklus*
After-Sales-Service	3	*Gesamtkosten Lebenszyklus*
Kraftstoffverbrauch	4	*Gesamtkosten Lebenszyklus*
Preis	5	
Ausstattung	6	
Erscheinung	7	
Sonstige	8	
Restwert	9	

- Die **Gesamtkosten im Lebenszyklus** des Fahrzeugs sind ein wichtiges Entscheidungskriterium
- Ein typischer indischer Käufer erwartet europäische Qualität zu Preisen asiatischer Hersteller
- Der Wiederverkaufswert spielt nur eine untergeordnete Rolle, da die Autos sehr lange im Besitz des 1. Halters verbleiben. Dennoch **beginnt der Gebrauchtwagenmarkt zu wachsen**
- **Fahrkomfort** ist **unerlässlich,** da große **Verzögerungen** im Verkehr üblich sind und die **Infrastruktur nur unzureichend ausgebaut ist**
- Nur Herstellern mit **starker Präsenz** im Land betonen Fahrzeugwartung und **After-Sales-Service**

1) Rediff.com-Umfrage, 2004; 8841 Antworten aus 25 Städten in Indien

Abbildung 8: Kaufentscheidende Faktoren im Mittelklassesegment in Indien
Quelle: Rediff; Roland Berger Strategy Consultants

Hohe Preissensitivität und Heterogenität der regionalen Märkte

Auch wenn Mercedes-Benz, BMW und Audi Montage- und Produktionsstandorte in den Chancenmärkten aufbauen, wird die überwiegende Mehrheit der Fahrzeuge in den Chancenmärkten für unter 8.000 Euro verkauft. In Indien sind dies beispielsweise über 60 Prozent des Gesamtmarktes. Natürlich sind Fahrleistungen und Ausstattungsmerkmale dieser Fahrzeuge nicht identisch mit denen teurerer Modelle, die auch in den Triademärkten verkauft werden. Dennoch: Speziell in Design und Komfortausstattung muss – zumindest optisch – das Niveau der etablierten Wettbewerber erreicht werden.

Dabei ist mit dem wachsenden Modellangebot und den steigenden lokalen Produktionskapazitäten auch der Preisdruck in China angekommen. Selbst in den mittleren und höheren Preissegmenten kam es in den letzten 12 Monaten zu einem Verfall der Listen- und Transaktionspreise von teilweise über 20 Prozent.

Welche speziellen Fahrzeugmerkmale nun über den Kauf entscheiden, hängt wiederum nicht nur von einzelnen Käufersegmenten ab, sondern variiert auch sehr stark nach regionalen Absatzmärkten. Ganz im Sinne des Ausspruchs „China ist nicht China" achten Käufer im Nordosten eher auf Fahrzeuge und Marken, die besonders haltbar und zuverlässig sind, während zum Beispiel Käufer im Süden und Südosten eher internationale Marken bevorzugen (Abbildungen 9 und 10).

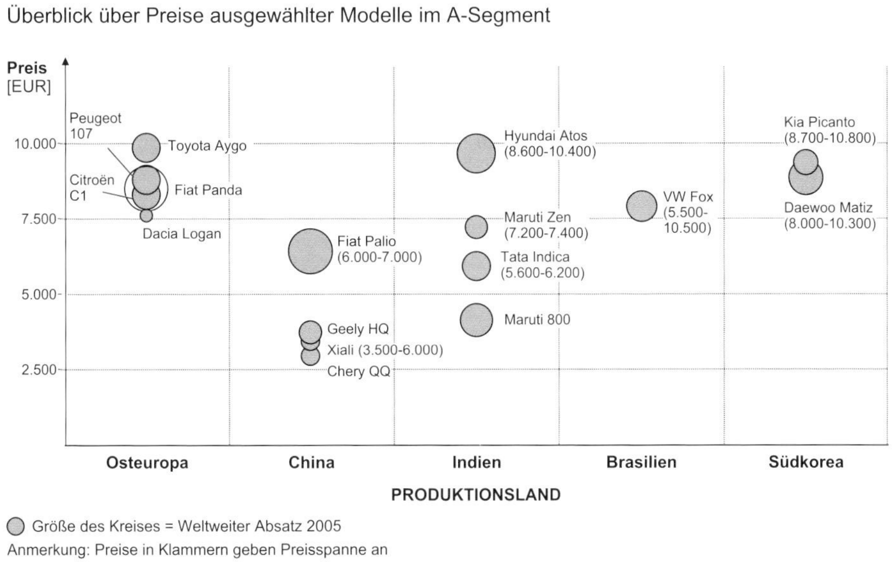

Überblick über Preise ausgewählter Modelle im A-Segment

Preis
[EUR]

10.000
7.500
5.000
2.500

Peugeot 107
Toyota Aygo
Citroën C1
Fiat Panda
Dacia Logan
Fiat Palio (6.000-7.000)
Geely HQ
Xiali (3.500-6.000)
Chery QQ
Hyundai Atos (8.600-10.400)
Maruti Zen (7.200-7.400)
Tata Indica (5.600-6.200)
Maruti 800
VW Fox (5.500-10.500)
Kia Picanto (8.700-10.800)
Daewoo Matiz (8.000-10.300)

Osteuropa | China | Indien | Brasilien | Südkorea

PRODUKTIONSLAND

Größe des Kreises = Weltweiter Absatz 2005
Anmerkung: Preise in Klammern geben Preisspanne an

Abbildung 9: Preise von Volumen-PKW in wesentlichen Chancenmärkten
Quelle: J. D. Power, Roland Berger Strategy Consultants

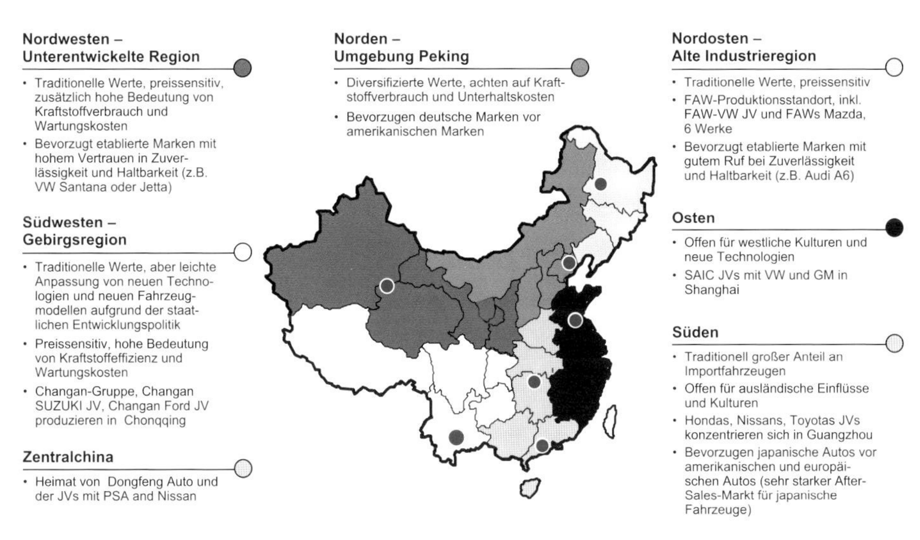

Abbildung 10: Regionale Käuferpräferenzen in China
Quelle: Roland Berger Strategy Consultants

Hohe Fixkosten und unterkritische Betriebsgrößen

Entwicklung, Produktion, Vertrieb und Service von Automobilen sind und bleiben ein kapitalintensives Geschäft. Selbst wenn Produktionsverfahren von vollautomatisierten Fertigungsstraßen auf mehr manuelle Prozesse umgestellt werden, um die Lohnkostenvorteile in den Chancenmärkten auszuschöpfen, bedarf es Investitionen im dreistelligen Millionen-Euro-Bereich, um kosten- und qualitätsseitig wettbewerbsfähig zu produzieren. Dies erfordert dann allerdings auch jährliche Produktionsvolumina von mindestens 100.000, idealerweise sogar 200.000 Fahrzeugen eines Modells oder einer Modellfamilie. Da nicht einmal China als der größte der Chancenmärkte – mit circa 4 Millionen Fahrzeugen Absatz im Jahr 2005 und starkem Wettbewerb – in der Lage ist, diese Mengen eines Modells aufzunehmen, können Fabriken in den Chancenmärkten nur wettbewerbsfähig sein, wenn gleichzeitig Exportstrategien dieser Fahrzeuge in benachbarte Länder und die Triademärkte entwickelt werden.

Auch im Vertrieb und im Service sind erhebliche Investitionen erforderlich, um die Fahrzeuge markengerecht zu präsentieren und zu warten. Selbst wenn diese Investitionen in der Regel nicht von den Automobilherstellern getätigt werden, sondern von selbstständigen Handelsunternehmen, bedarf es auch hier gewisser Mindestvolumina, um diese Investitionen zu rechtfertigen. Eine besondere finanzielle und operative Herausforderung ist es dabei vor allem, Service-Stützpunkte und Ersatzteilversorgung in Flächenstaaten wie China und Indien zu gewährleisten.

Während die wirtschaftlichen Mindestvolumina in protektionierten Märkten unkritisch sind, da Preise und Margen deutlich über Weltmarktniveau liegen, steigen die erforderlichen Absatzmengen drastisch an, wenn Märkte liberalisiert werden. Sehr gut ist dies derzeit in China zu beobachten, wo die Preise stark fallen, während gleichzeitig die Vertriebsstandards für den Verkauf und Service von Fahrzeugen steigen, um sich im Wettbewerb vor Kunden zu differenzieren.

Volatilität der Nachfrage, Wechselkursschwankungen und Handelsbarrieren

Junge, dynamische Volkswirtschaften bergen auch immer besondere Risiken, die aus kaum vorhersehbaren Verschiebungen im Finanzsystem und in der Politik resultieren. Infolge solcher erheblicher Verschiebungen kann es zu drastischen Nachfrageeinbrüchen sowie zu erheblichen Veränderungen bei Wechselkursen und staatlichen Handelsauflagen kommen (Importzölle, Local-Content-Vorgaben), welche die Rentabilität von Investitionsentscheidungen gravierend beeinflussen. In einer zunehmend vernetzten, globalisierten Welt sind Domino-Effekte zudem nicht auszuschließen: Die Asienkrise 1998 und in weiterer Folge die allgemeine Abwertung verschiedener Währungen führte beispielsweise dazu, dass die Nachfrage Ende der neunziger Jahre in Brasilien um bis zu 40 Prozent einbrach.

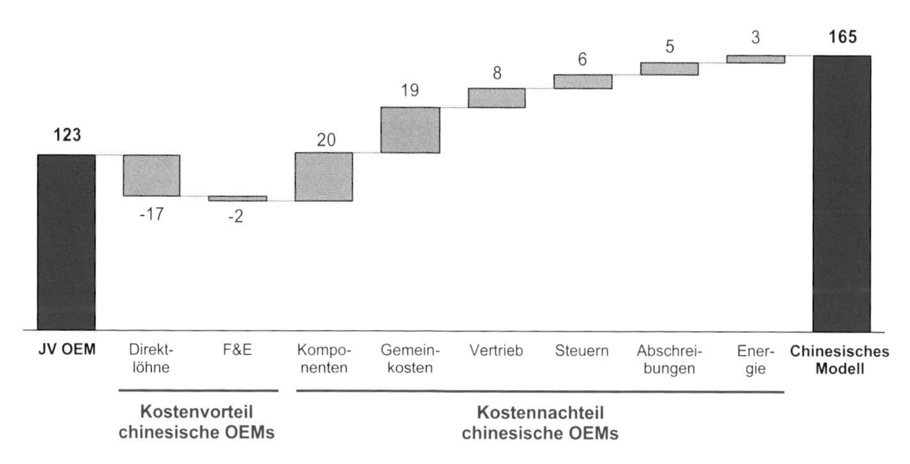

Abbildung 11: Kostennachteil in China im Vergleich zu globalem Benchmark (in Tsd. CNY)
Quelle: Experten-Interviews; Roland Berger Strategy Consultants

Erfolgsstrategien für die etablierten Automobilhersteller

Um die Potenziale aus den Chancenmärkten erfolgreich zu erschließen, müssen etablierte Anbieter eine Reihe spezifischer Herausforderungen meistern. Hierzu gehören vor allem ein tiefgründiges Verständnis der lokalen Marktgegebenheiten und Kundenanforderungen, der Aufbau spezifischer Low-Cost-Kompetenzen, die operative Einbindung der Aktivitäten in den Chancenmärkten in einen globalen Entwicklungs-, Fertigungs- und Beschaffungsverbund sowie vor allem die Absicherung des geistigen Eigentums. All diese Aspekte müssen darüber hinaus in Managementstrukturen und Personalentwicklungssysteme eingebettet sein, die mit Blick auf die besonderen Herausforderungen der Globalisierung modernisiert wurden.

Lokale Marktanforderungen verstehen und erfüllen

Bis vor wenigen Jahren war es durchaus ausreichend und sehr lukrativ, die Chancenmärkte wie Brasilien, China oder auch Südafrika mit Fahrzeugmodellen zu bearbeiten, die in den hart umkämpften Märkten der Triade aus Gründen des Designs und der technischen Ausstattung nicht mehr wettbewerbsfähig waren. Volkswagen hat dies jahrelang sehr erfolgreich mit dem Käfer in Brasilien und Mexiko demonstriert und tut es bis heute, beispielsweise mit dem City Golf, einem Derivat des Golf I, der in Südafrika produziert und verkauft wird. Aus einer reinen Kosten- und Liquiditätssicht ist diese Strategie mitunter sinnvoll, weil aufgrund der deutlich geringeren Produktkomplexität früherer Modelle die Produktionskosten geringer sind und somit die marktspezifischen Zielvorgaben einfacher erreicht werden können. Darüber hinaus sind die Kapitalbedarfe einer solchen Strategie natürlich niedriger, da bereits abgeschriebene Maschinen und Werkzeuge weiter verwendet werden.

In Zeiten liberalisierter Märkte scheint eine solche Strategie jedoch mehr und mehr zum Scheitern verurteilt zu sein. Im Premiumsegment war dieser Trend schon früher zu erkennen: So war der Versuch von Mercedes-Benz, die in Europa nicht mehr produzierte E-Klasse vom Bautyp W124 (Laufzeit in Kernmärkten: 1985 bis 1994) Mitte der neunziger Jahre in Indien weiterzubauen, kläglich gescheitert. Käufer, die den immer noch hohen Preis für eine solche E-Klasse aufbringen konnten, wollten schließlich nicht mit einem Auslaufmodell herumfahren, sondern dasselbe aktuelle Modell haben, das sie bei ihren Auslandsbesuchen in Europa gesehen hatten.

Insgesamt stehen die etablierten Anbieter also – vor allem im Volumensegment – vor der Herausforderung, die technisch sehr anspruchsvollen Produkte aus den Heimatmärkten für die Chancenmärkte zwar technisch zu „entschlacken", um die Kosten den lokalen Kaufbereitschaften anzupassen. Andererseits müssen sie aber speziell im Design und in der Ausstattung dafür sorgen, dass die Kunden dort nicht das Gefühl haben, in einem Auslaufmodell zu fahren. Dabei sind Anpassungen an die lokalen Kundenpräferenzen von höchster Bedeutung. Die Marktanteilsverluste von Volkswagen in China resultieren auch daraus, dass man die Vorlieben der chinesischen Kunden schlichtweg ignoriert hat: Jetta statt Golf und Fox statt Polo wären für diesen boomenden Markt die richtigen Antworten gewesen.

Aufbau von Low-Cost-Kompetenzen

Für Anbieter im Volumensegment ist der Aufbau spezifischer Low-Cost-Kompetenzen absolut zwingend, um mittelfristig in den Chancenmärkten eine führende Rolle einzunehmen. Denn wer kein wettbewerbsfähiges Einstiegsmodell in der Preisspanne von 5.000 bis 8.000 Euro zu bieten hat, wird viele Erstkäufer an andere Marken/Hersteller verlieren. Darüber hinaus verzichtet man auf Volumen-, Umsatz- und Margenpotenziale, um die notwendigen dichteren Vertriebs- und Servicenetze zu finanzieren. Und von den Erstkäufern, die später genug verdienen, um in höhere Preissegmente aufsteigen zu können, werden sich viele entweder innerhalb derselben Marke verbessern oder auf Marken mit Premiumcharakter umsteigen.

Wie aber baut man ein solches Low-Cost-/Low-Price-Einstiegsmodell, wenn schon die reinen Herstellungskosten der gängigen Einstiegsmodelle (ohne Vertriebskosten/Overhead) in den Triademärkten bei über 7.000 Euro liegen, häufig sogar noch deutlich darüber? Mit kosmetischen „De-Contenting"-Maßnahmen wie dem Verzicht auf Airbags, Xenonlicht oder einen geregelten Katalysator wird man nicht weit kommen. Unsere Erfahrungen zeigen, dass etablierte Automobilhersteller derartige Fahrzeuge nur mit radikalen Ansätzen realisieren können:

- Keine Rücksicht auf unnötig kostentreibende Konzernstrukturen und -prozesse
- Konzentration auf das technisch Machbare, das vom Kunden auch bezahlt wird

- Konsequente Nutzung von Kostenvorteilen aus Teile-/Modul-Baukästen sowie Entwicklung, Sourcing und Produktion in Low-Cost-Standorten
- Dediziertes, multifunktionales Team, das weitgehend unabhängig von Konzernstrukturen agiert
- Gezielte Einbindung von Zulieferern, die ebenso die ersten vier genannten Anforderungen erfüllen

Renault hat mit dem Dacia Logan hervorragend demonstriert, wie ein solcher Ansatz in die Praxis umgesetzt wird. Zwar wurde auf der Plattform des Renault 19 aufgesetzt, der Rest des Fahrzeugs wurde jedoch strikt unter dem Aspekt der Kostenoptimierung neu entwickelt. Zum Teil konnte man auf Bauteilgruppen aus laufenden Serienmodellen zurückgreifen, zum Teil wurden aber auch neue Ansätze gewählt, um der Vorgabe zu entsprechen. Dieser stringente „Design-to-Cost“-Ansatz führte dazu, dass der Anteil der manuellen Tätigkeiten in der Fertigung auf ein deutlich höheres Niveau gesetzt wurde, als dies in modernen Automobilwerken üblich ist. Chassis-Strukturen mit geringerer Komplexität und größeren Toleranzen waren die Folge. Da dies aber nicht im Widerspruch zu den Kundenanforderungen in diesem Marktsegment steht, konnten auf dieser Basis substanzielle Einsparungen erzielt werden.

Globaler Entwicklungs-, Produktions- und Beschaffungsverbund

Die lokale Bedienung von Chancenmärkten aus reinen CKD-Montagewerken ist in vielen Fällen ein erster Schritt einer intensiveren Marktbearbeitung. Mit dem Rückgang von Handelsbarrieren (etwa durch WTO-Beitritt) und den daraus resultierenden höheren Nachfragevolumina steigt häufig auch die Rentabilität von größeren Wertschöpfungsumfängen in den Chancenmärkten. Aufgrund der hohen Kapitalintensität einzelner Wertschöpfungsumfänge wie Presswerk oder Lackieranlage ist es jedoch in vielen Fällen immer noch relativ unwirtschaftlich, Markt für Markt isoliert zu bearbeiten. Um solche Anlagen optimal auszulasten, gibt es bereits heute eine ganze Reihe von Automobilwerken in Brasilien, China, Indien und Südafrika, aus denen im Rahmen eines weltweiten Produktionsverbundes weitgehend komplette Fahrzeuge oder auch teure Aggregate wie Motoren, Getriebe oder Achsen exportiert werden.

Der derzeit wohl aggressivste Automobilhersteller im Aufbau von Produktionsstandorten in Chancenmärkten ist Hyundai. Die neuen Werke in China, Russland, Indien, Tschechien und der Slowakei liefern einen substanziellen Beitrag zum Wachstum des Konzerns. In Russland gehört Hyundai zu den Anbietern mit dem stärksten Wachstum, in Indien hat sich das Produktionsvolumen zwischen 2002 und 2004 mehr als verdoppelt. Mittlerweile geht ein Drittel davon (circa 75.000 Fahrzeuge) in den Export, vorwiegend nach Afrika, in die USA und nach Lateinamerika. Indien wird also nicht nur als Produktionsstandort für den lokalen Markt, sondern auch als Hub für andere Märkte genutzt.

Unter dem Stichwort „Global Sourcing" wurden in den letzten Jahren auch große Anstrengungen unternommen, die Kostenpotenziale der Zulieferer in den Chancenmärkten zu nutzen. Zunächst betraf dies in den meisten Fällen Tochterunternehmen der etablierten Zulieferer. Mit der zunehmenden Konsolidierung der Zulieferindustrie einerseits und den wachsenden Automobilindustrien in China und Indien andererseits versucht man in letzter Zeit, verstärkt die Kostensenkungspotenziale dieser neuen Spieler im Zulieferermarkt zu nutzen. Einige wenige von ihnen – zum Beispiel Bharat Forge – haben es hier zu beachtlichen Erfolgen gebracht.

Mit dem Rückgang der Zahl von Studienabgängern an technischen Universitäten und dem steigenden Kostendruck auch in der Entwicklung werden die Chancenmärkte zunehmend auch interessant als Standorte in globalen Entwicklungsverbünden. Brasilien ist heute schon ein wichtiger Lieferant von Entwicklungsdienstleistungen, beispielsweise im Volkswagen-Konzern; Indien wird hier in den kommenden Jahren für alle etablierten Automobilhersteller eine wichtige Rolle einnehmen, auch bei den Premiumherstellern wie DaimlerChrysler, die seit 1997 Entwicklungsaktivitäten in Bangalore angesiedelt haben.

Know-how absichern

Je tiefer die Vernetzung mit lokalen Entwicklungs- und Fertigungspartnern betrieben wird, desto höher ist das Risiko, damit auch wertvolles und über Jahre aufgebautes Wissen nach außen zu geben. Führt man sich vor Augen, dass sich viele der neuen Märkte in einem sehr langfristigen Aufholprozess befinden und dabei einen heterogenen Zustand erreicht haben, erfordert es mitunter einen intensiven Know-how-Transfer, um Fertigungs- und Entwicklungsressourcen aufzubauen sowie neue Lieferanten zu entwickeln. Dieser Transfer muss einerseits geplant und gewollt sein, weil ansonsten im Tagesgeschäft zum Teil unüberwindbare Hürden entstehen. Umgekehrt muss aber auch klar sein, dass damit das Risiko verbunden ist, kritisches Wissen an Partner zu verteilen, die den Umgang mit und den Schutz von fremdem geistigem Eigentum erst lernen müssen. Nicht vorhandene Rechtssicherheit und gegebenenfalls auch Protektionismus können mitunter dazu führen, dass Vertraulichkeits- und Verschwiegenheitspflichten unverbindlichen Charakter erhalten. Ziel muss es daher sein, den „richtigen" Grad an Wissenstransfer zu finden, der für den Aufbau des Geschäfts erforderlich ist, ohne dabei die eigene Know-how-Basis zu schwächen.

„Globalisierung" von Managementstrukturen und Personalentwicklung

Bedeutung und Herausforderungen einer erfolgreichen Bearbeitung der Chancenmärkte müssen auch in den Managementstrukturen und den Personalentwicklungssystemen abgebildet werden. Mit der Liberalisierung der Chancenmärkte ist es mittlerweile keineswegs mehr ausreichend, die „zweite Wahl" in diesen Ländern einzusetzen.

Darüber hinaus ist sicherzustellen, dass Führungskräfte nicht zu schnell auf neue Positionen rotiert werden. Gerade in den asiatischen Kulturen bedarf es langjähriger Beziehungen, um Verträge mit Geschäftspartnern erfolgreich zu verhandeln und vor allem auch erfolgreich umzusetzen. Im Recruiting, der Personalplanung und Personalentwicklung sollten auch verstärkt Mitarbeiter und Führungskräfte aus den Chancenmärkten integriert werden. Die Wertigkeit der Chancenmärkte muss in der Konzernhierarchie reflektiert werden, indem die Managementpositionen entsprechend eingestuft werden. Die Verantwortung für die operativen Geschäfte in den Chancenmärkten wie China und Indien sind in jedem Fall auf Vorstandsebene anzusiedeln.

Erfolgsstrategien für die Newcomer

Newcomer wie Chery, FAW, Geely, SAIC und Tata haben sich in den letzten Jahren mit Joint Ventures und immer mehr auch eigenständig gute Marktpositionen in ihren jeweiligen Heimatmärkten erobert. Diese Entwicklung wurde und wird gefördert durch die lokalen Regierungen. Mit der zunehmenden Liberalisierung der Märkte werden jedoch auch die Newcomer stärker dem harten Wettbewerb des Weltmarktes ausgesetzt. Um in der langfristigen Konsolidierung der Automobilbranche als eigenständiges Unternehmen zu überleben, müssen diese Newcomer eine Reihe von spezifischen Herausforderungen meistern: Sie müssen

- eigenständige Marken aufbauen,
- weltmarktfähige Produkte und eigene Technologiekompetenz entwickeln,
- Exportstrategien umsetzen.

Aufbau eigenständiger Marken

Nur wenige asiatische Hersteller haben es bis heute in Europa und Nordamerika geschafft, ein Markenbewusstsein zu erzeugen und damit eine emotionale Bindung zu den Kunden aufzubauen. Trotz jahrelanger Präsenz belegen in Europa asiatische Hersteller nach wie vor die hintersten Plätze, wenn es um die Frage der Sympathie für eine bestimmte Marke geht. Dennoch hat dies den Erfolg der Asiaten nicht behindert, weil sie mit rationalen Argumenten punkten konnten. Mittlerweile stehen die Japaner, aber auch Hyundai für gute Qualität und ein gutes Preis-Leistungs-Verhältnis. Dieses Image müssen sich die neuen Wettbewerber erst erarbeiten, dennoch aber parallel an einer differenzierten Markenwahrnehmung arbeiten. Als „preiswert und qualitativ in Ordnung" wahrgenommen zu werden, wird allein auch in den Chancenmärkten nicht ausreichen. Welchen Stellenwert eine Marke haben kann, zeigt der plötzliche Verkaufsanstieg von ursprünglichen Daewoo-Fahrzeugen, seit sie unter der Chevrolet-Marke verkauft werden. In jedem Fall muss klar sein, dass der Aufbau eines echten Markenwertes ein Prozess ist, der sich in der Automobilindustrie über viele Jahre und sogar Jahrzehnte hinziehen kann.

Entwicklung weltmarktfähiger Produkte und Aufbau eigener Technologiekompetenz

Unbestritten haben die Hersteller aus Indien, China oder Russland heute noch nicht die technologische Kompetenz, um mit Herstellern aus Europa oder Asien in deren Kernmärkten konkurrieren zu können. Öffentlichkeitswirksame Misserfolge wie der Crashtest des chinesischen Geländewagens Landwind oder die niedrigen Absatzzahlen von Tata in England verdeutlichen dies. Um künftig jedoch in dem zunehmend liberalisierten, globalen Wettbewerb als eigenständige Anbieter mitzuhalten, müssen die Newcomer diese Kompetenzlücken schließen. Der Kauf von Patenten und Produktionsanlagen wie im Falle von SAIC und Nanjing Motors, die damit ehemalige Rover-Kompetenzen legal erworben haben, wird wohl eher die Ausnahme bleiben.

Der wohl attraktivste Weg, Kompetenzlücken zu schließen, liegt unserer Einschätzung nach darin, Entwicklungsdienstleister wie AVL, EDAG, Karmann, Magna-Steyr, Pininfarina und andere intensiv einzubinden und zu nutzen. In diesen Geschäftsbeziehungen liegt der Schwerpunkt des Know-how-Transfers in erster Linie auf Karosserie- und Gesamtfahrzeugkompetenzen. Darüber hinaus werden strategische Partnerschaften mit großen, technologiestarken Zulieferern wie Bosch, Continental, Delphi oder Siemens VDO bei Elektronik- und Sicherheitsthemen helfen, ebenso wie dabei, Lücken im Motoren- und Fahrwerksbereich zu schließen.

Vergleicht man die rasante Entwicklung führender Newcomer mit den historischen Entwicklungen der japanischen und koreanischen Anbieter in der Vergangenheit, so ist davon auszugehen, dass einige der neuen Spieler bereits in zehn Jahren die wesentlichen Kompetenzlücken geschlossen haben werden.

Export in die automobilen Kernmärkte

Um all diese Investitionen in die Entwicklung weltmarktfähiger Fahrzeuge und den Aufbau wettbewerbsfähiger Fabriken finanzieren zu können, müssen die Newcomer aus den Chancenmärkten auch Exportmärkte aufbauen, wobei natürlich nur Fahrzeuge exportiert werden können, bei denen keine rechtlichen Beschränkungen wie etwa Lizenzfertigungsabkommen vorliegen. Aktuell bedienen eigenständige Anbieter fast ausschließlich Exportmärkte, in denen die Gesetzes- und Kundenanforderungen auf relativ niedrigem Niveau liegen. Die in diesen Märkten erzielbaren Absatzvolumina werden mittelfristig nicht ausreichen, um dem Konsolidierungsdruck der Branche zu entgehen. Die ambitionierten Newcomer aus den Chancenmärkten werden also gezwungen sein, auch in die automobilen Kernmärkte zu exportieren.

Trotz der langfristig guten Perspektiven für einige der Newcomer werden wir angesichts deutlich höherer Sicherheits-, Emissions- und Verbrauchsnormen sowie vor allem wegen der noch zu entwickelnden Vertriebs- und Servicenetze in den Kernmärkten keine erdrutschartigen Marktanteilsverschiebungen erleben.

Eine aktuelle Studie von Roland Berger Strategy Consultants unterstreicht diese Einschätzung: Während in den USA mehr als 40 Millionen Menschen über ein Jahreseinkommen zwischen 15.000 und 50.000 US-Dollar verfügen und damit die ideale Zielgruppe für Billigfahrzeuge aus China bilden würden, haben sich Autos in dieser Kategorie in den letzten Jahren kaum verkauft. Lediglich Hyundai ist es gelungen, mit zwei Modellen in jeweils einem Jahr die Grenze von 100.000 Fahrzeugen zu überspringen. Vor dem Hintergrund steigender Benzinpreise und damit gestiegener Bedeutung von Unterhaltskosten für die Kaufentscheidung wird unseren Befragungen nach in den USA jedoch ein neuer Markt für Billigfahrzeuge unter 10.000 US-Dollar entstehen. Chinesische Hersteller wie Chery und Geely sind dafür gut positioniert, werden ihre Fahrzeuge aber aufgrund der noch erforderlichen Anpassung der Modelle an US-Gesetzesvorschriften sowie der zusätzlich anfallenden Vertriebs- und Marketingkosten auch für mindestens 7.500 US-Dollar anbieten müssen.

Die Hürden durch das heute noch fehlende Vertriebs- und Servicenetz in den automobilen Kernmärkten sind unserer Einschätzung nach zwar hoch, aber keinesfalls unüberwindbar. Freie Händler und Fast-Fit-Ketten warten auf ihre Chance. Die Automotive News Europe machte am 8. August 2005 mit dem Titel „Some German Opel Dealers will sell Chinese Cars" auf. Demnach gibt es schon sehr konkrete Planungen, das durch Überkapazitäten leidende Opel-Vertriebsnetz mit neuen Marken zu nutzen.

Fazit

Herausforderung Globalisierung – Erzieht die Automobilindustrie die Sieger von morgen? Die Ausführungen in diesem Beitrag zeigen, dass die Antwort auf diese Frage vielschichtig ist. In jedem Fall leisten die heute führenden Hersteller und Zulieferer der Automobilindustrie Entwicklungshilfe für neue Anbieter aus den Chancenmärkten. Einige von diesen neuen Anbietern werden zu relevanten Wettbewerbern heranwachsen. Auf Zuliefererseite gehört Bharat Forge mit Sicherheit schon in die erste Liga.

Viele der neuen Anbieter werden jedoch genauso der anhaltenden Industriekonsolidierung zum Opfer fallen wie heute noch führende Anbieter aus den etablierten Kernmärkten, die zu langsam und nicht konsequent genug die notwendigen Restrukturierungsmaßnahmen umsetzen. Die aktuellen Schieflagen bei Fiat, Ford und GM, aber auch bei Delphi und anderen Zulieferern verdeutlichen die dramatisch negativen Konsequenzen, wenn zu lange an überkommenen Pfründen der Vergangenheit festgehalten wird.

Letztlich wird die voranschreitende Globalisierung der Automobilindustrie die Fahrzeuge für uns Kunden und Nutzer preiswerter und besser machen.

Herausforderung Wertschöpfung – Erfolgreich durch Kooperation

Marcus Berret, Roland Berger Strategy Consultants

Als eine der weltweiten Schlüsselbranchen treibt die Automobilindustrie neue Produkt- und Prozesstechnologien voran wie kaum eine andere. Gleichzeitig zählt die Branche zu den wettbewerbsintensivsten, seit Hersteller und Zulieferer weltweit enorme Überkapazitäten aufgebaut haben. So haben sich Kosten- und Leistungsdruck auf die automobile Wertschöpfungskette in den letzten Jahren permanent verstärkt.

Automobilhersteller und ihre Zulieferer waren daher gezwungen, ihre Wertschöpfungsprozesse regelmäßig neu zu erfinden. In den siebziger Jahren stand die Perfektionierung der Fließfertigung im Mittelpunkt, in den achtziger Jahren lag der Schwerpunkt auf Effizienzsteigerung durch die Einführung von „Lean"-Konzepten in Entwicklung und Fertigung. Die neunziger Jahre wiederum waren geprägt durch die fortschreitende Globalisierung der Wertschöpfung, wie die Errichtung von Fertigungsstätten oder die Ausweitung von Einkaufsaktivitäten in Niedriglohnregionen.

In der ersten Dekade des 21. Jahrhunderts haben sich die Anforderungen abermals verschärft. Um trotz stagnierender Märkte wachsen zu können und um den immer individuelleren Kundenwünschen gerecht zu werden, haben die Hersteller ihre Modellpaletten dramatisch erweitert. Innerhalb von nur zehn Jahren hat sich die Anzahl

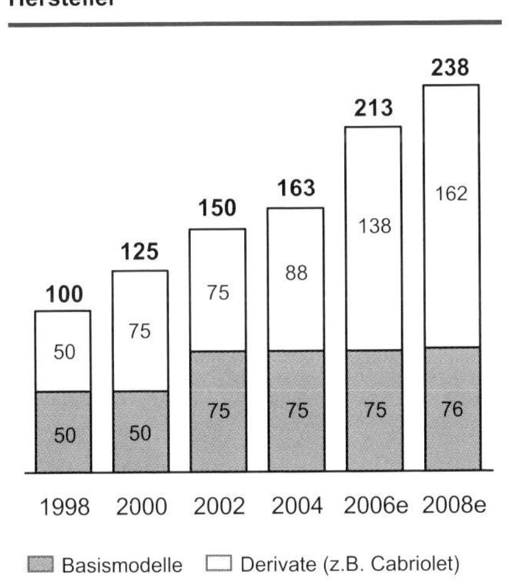

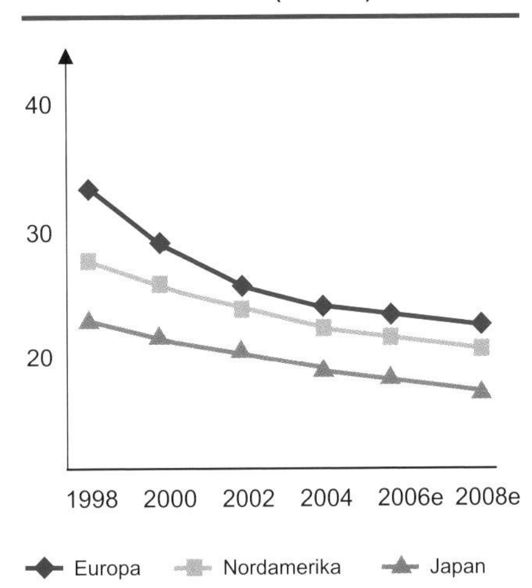

Abbildung 1: Ausweitung der Modellpaletten bei gleichzeitiger Reduzierung der Entwicklungszeiten
Quelle: Roland Berger Strategy Consultants

der angebotenen Modelle europäischer Hersteller mehr als verdoppelt (Abbildung 1). Parallel hierzu wurden die Entwicklungszeiten um circa 10 bis 20 Prozent reduziert – bei gleichzeitigem Anstieg der technischen Fahrzeugkomplexität.

Auch auf der Kostenseite wurde der Druck durch die Marktanteilsgewinne asiatischer Anbieter und die auf mittlerweile circa 20 Millionen Einheiten weiter gestiegenen Überkapazitäten abermals verschärft. Das Resultat dieser Entwicklung ist unter anderem die unbefriedigende Ergebnissituation zahlreicher Automobilhersteller wie Ford, GM, Fiat oder DaimlerChrysler sowie vieler Zulieferer.

Aus unserer Sicht müssen Hersteller, Zulieferer, Entwicklungs- und Produktionsdienstleister deshalb gemeinschaftlich drei zentrale Hebel zur übergreifenden Optimierung der automobilen Wertschöpfung in Bewegung setzen (Abbildung 2):

- Hebel 1: Wertschöpfungsverteilung („Was?") – Optimierung der Rollen aller Beteiligten im Wertschöpfungsverbund (Hersteller, Zulieferer, Entwicklungsdienstleister, Produktionsdienstleister)
- Hebel 2: Physische Leistungserbringung („Wo?") – Optimierung der physischen Entwicklungs- und Fertigungsnetzwerke aller beteiligten Unternehmen
- Hebel 3: Geschäftsmodell („Wie?") – Optimierung der Kooperation zwischen allen Beteiligten der Wertschöpfungskette, beispielsweise durch Joint Ventures oder strategische Partnerschaften

Hebel I: Wertschöpfungsverteilung

- **OEM:** Fokus auf markenprägende Entwicklungs- und Fertigungsaktivitäten
- **Zulieferer:** Profilierung als Integrator oder kostenorientierter Komponentenhersteller
- **Entwicklungsdienstleister:** Potenziale im Bereich Projektmanagement und Standardisierung
- **Produktionsdienstleiter:** Potenziale als Spitzenbrecher und beim Eintritt in neue Märkte

Hebel II: Physische Leistungserbringung

- Weiter anhaltende **Verlagerung** der Wertschöpfung in Niedriglohnländer
- **Herausforderungen:**
  - Auswahl der richtigen Produkte/Leistungen für Verlagerung
  - Standortauswahl
- **Überleben** der bestehenden Werke in **Hochlohnländern** durchaus **möglich**, z.B. durch Verbesserung der Flexibilität und Reduzierung der Personalkosten

Hebel III: Geschäftsmodell

- Deutliche Produktivitätssteigerung nur möglich durch verbesserte Kooperation zwischen
  - OEM/OEM
  - OEM/Zulieferer
  - Zulieferer/Zulieferer
- **Herausforderungen:**
  - Auswahl der passenden Kooperationsform
  - Anpassung des Kompetenzprofils
  - Auswahl der richtigen Partner
  - Faire Chancen- und Risikoverteilung

Abbildung 2: Hebel zur Steigerung der Wertschöpfungseffizienz
Quelle: Roland Berger Strategy Consultants

Hebel 1: Wertschöpfungsverteilung – Stärkere Fokussierung auf Kernkompetenzen

Seit Jahrzehnten haben die Fahrzeughersteller ihren Anteil an der Gesamtwertschöpfung kontinuierlich gesenkt: Lag er in den sechziger Jahren noch bei 70 Prozent, so betrug er im Jahr 2004 nur noch etwa 34 Prozent. Die Lieferung komplett vormontierter Module und Systeme direkt ans Montageband der Hersteller – und sogar die Endmontage der Module in den Fahrzeugrohbau durch den Zulieferer – ist heute eine absolute Selbstverständlichkeit. Dies bedeutet für die Zulieferer einen deutlichen Zuwachs an Geschäftspotenzial – aber auch an Verantwortung, erforderlichen Kompetenzen und Risiko.

Doch nicht nur Teileproduktion, sondern auch die Entwicklung und Fertigung ganzer Fahrzeuge wurde in den vergangenen Jahren zunehmend ausgelagert. Davon profitierten Entwicklungsdienstleister wie EDAG oder Pinifarina und Produktionsdienstleister wie Karmann oder MagnaSteyr, die ihren Umsatz seit Mitte der neunziger Jahre im Schnitt um nahezu 15 Prozent pro Jahr steigern konnten.

Die bisherige Rollenverteilung im Wertschöpfungsverbund ist jedoch alles andere als optimal. Häufig wird die Verlagerung – und insbesondere der damit verbundene Abbau von Kapazitäten bei den Herstellern – nicht konsequent umgesetzt. Dies führt dazu, dass am Ende beide Beteiligten – Hersteller und Zulieferer – die Kapazitäten vorhalten und der Hersteller spätestens bei der nächsten Vergabe-Entscheidung wieder zur Eigenfertigung tendiert, um die eigenen Ressourcen auszulasten.

Auf der anderen Seite haben die Fahrzeughersteller in einigen Bereichen, beispielsweise der Elektronik, bereits zu viel Kompetenz an ihre Zulieferer abgegeben. Infolgedessen sind die Hersteller von ihren Zulieferern abhängiger als je zuvor – insbesondere auch hinsichtlich des Qualitätsstandards der Belieferung.

In den letzten Monaten war die gesunkene Zuverlässigkeit deutscher Fahrzeuge ein stark diskutiertes Thema. Fakt ist: Nach einer ADAC-Studie wurden in Deutschland 2004 251.000 Fahrzeugpannen registriert, 1999 waren es noch 216.000. Dies entspricht einem Wachstum von drei Prozent pro Jahr. Die Zahl der zurückgelegten Kilometer dagegen blieb im Betrachtungszeitraum annähernd konstant (Abbildung 3).

Der Anteil der Elektronikprobleme als Ursache ist von 50 auf nahezu 60 Prozent angestiegen. Dies liegt nicht nur an der allgemein gestiegenen Bedeutung der Elektronik für verschiedenste Fahrzeugfunktionen, wie zumindest der direkte Vergleich europäischer Hersteller mit den deutlich besser abschneidenden asiatischen Herstellern zeigt. Auch die Anzahl an Rückrufen hat sich gemäß deutschem Kraftfahrt-Bundesamt (KBA) im Zeitraum von 1994 bis 2004 mehr als vervierfacht.

Zudem beklagen sich bereits heute zahlreiche Fahrzeughersteller, die in den vergangenen Jahren das Management der Tier-2- und Tier-3-Zulieferer komplett an ihre Systemintegratoren verlagert hatten, über den Verlust des direkten Kontaktes zu den

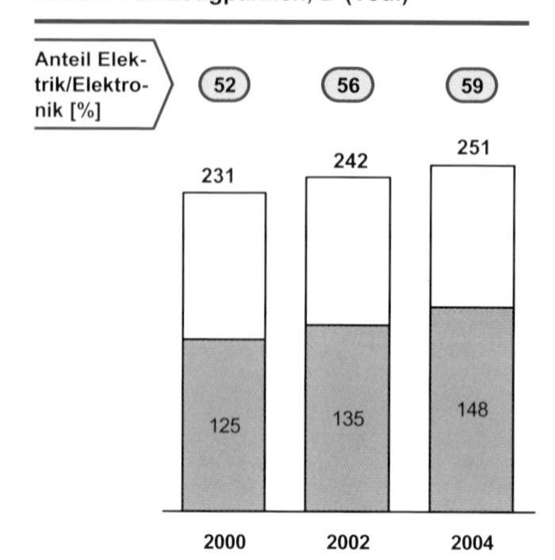

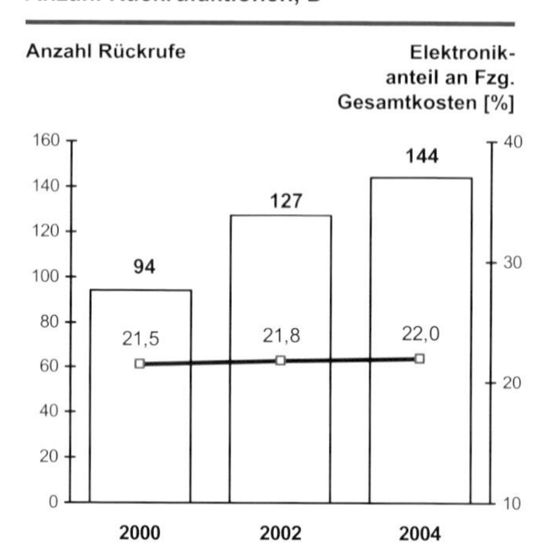

Abbildung 3: Pannen- und Rückrufstatistik 2000–2004
Quelle: ADAC; Roland Berger Strategy Consultants

kleineren Zulieferern – und der damit einhergehenden Abnahme an Innovationsdynamik.

So stellt sich die Frage, wie sich die Rolle aller an der Entwicklung und Fertigung von Fahrzeugen Beteiligten – und damit die erforderlichen Kompetenzprofile dieser Unternehmen – in Zukunft entwickeln werden.

Die zentrale Frage für die Fahrzeughersteller lautet: Welche Kompetenzen müssen in welcher Tiefe selbst abgedeckt werden und in welchen Bereichen will man sich zukünftig noch stärker auf Zulieferer verlassen? Zulieferer, Entwicklungs- und Produktionsdienstleister dagegen müssen ein klares Verständnis ihrer zukünftigen Geschäftschancen und der erforderlichen Kompetenzen gewinnen.

Fahrzeughersteller: Fokus auf markenrelevante Kernkompetenzen

Fahrzeughersteller werden in den nächsten Jahren gezwungen sein, einen noch größeren Teil ihrer knappen Finanzmittel in die Bereiche Design, Entwicklung und Vertrieb/Marketing sowie in die Erschließung neuer Wachstumsmärkte wie China, Indien, Russland oder den Nahen Osten zu investieren. Für kapitalintensive Produktionsbereiche wie Gießereien oder Spritzgussanlagen stehen folglich immer weniger eigene Ressourcen zur Verfügung.

Vor diesem Hintergrund erwarten wir, dass der Wertschöpfungsanteil der Hersteller konstant weiter sinken und bis zum Jahr 2015 – bezogen auf die reinen Entwicklungs- und Produktionskosten – bei circa 20 bis 25 Prozent liegen wird.

Die meisten Hersteller treffen Make-or-buy-Entscheidungen heute nach wie vor isoliert voneinander. Häufig fehlt ein Gesamtkonzept, wie die zukünftige Wertschöpfung genau aussehen soll. Mit anderen Worten: Hersteller müssen ihre gesamte eigene Wertschöpfung systematisch durchforsten und klar definieren, welche Leistungen zukünftig intern erbracht und welche mittel- bis langfristig nach außen vergeben werden sollen. Eine solche Analyse muss zudem klar differenziert nach Baugruppen, Systemen/Modulen und sogar einzelnen Komponenten erfolgen – und gegebenenfalls auch nach regionalen Märkten unterscheiden.

Empfehlenswert ist daher eine Vorgehensweise in drei Schritten:

- Schritt 1: Klare Definition der Untersuchungseinheiten („Kandidaten") als Kombination aus Systemen, Modulen oder Komponenten sowie einzelnen Prozessschritten (Pressen Karosserieteile, Endmontage Cockpit).
- Schritt 2: Beantwortung der Frage, welchen Einfluss die einzelnen Kandidaten auf die Erfüllung des Markenversprechens durch den Hersteller besitzen (beispielsweise Fahrdynamik bei BMW, Sicherheit bei Mercedes-Benz) und inwieweit auf dem Markt überhaupt potenzielle Anbieter für diesen „Verlagerungskandidaten" zur Verfügung stehen (Abbildung 4).
- Schritt 3: Falls es sich aus Sicht der Marke nicht um eine Kernkompetenz handelt, muss in einem letzten Schritt der mögliche Kostenvorteil einer Verlagerung detailliert berechnet werden. Zentral ist hierbei die Berücksichtigung folgender Positionen: erhöhter Transport- und Handling-Aufwand, erwartete Gewinnmarge des Zulieferers und insbesondere die Bewertung der trotz Verlagerung im Hause

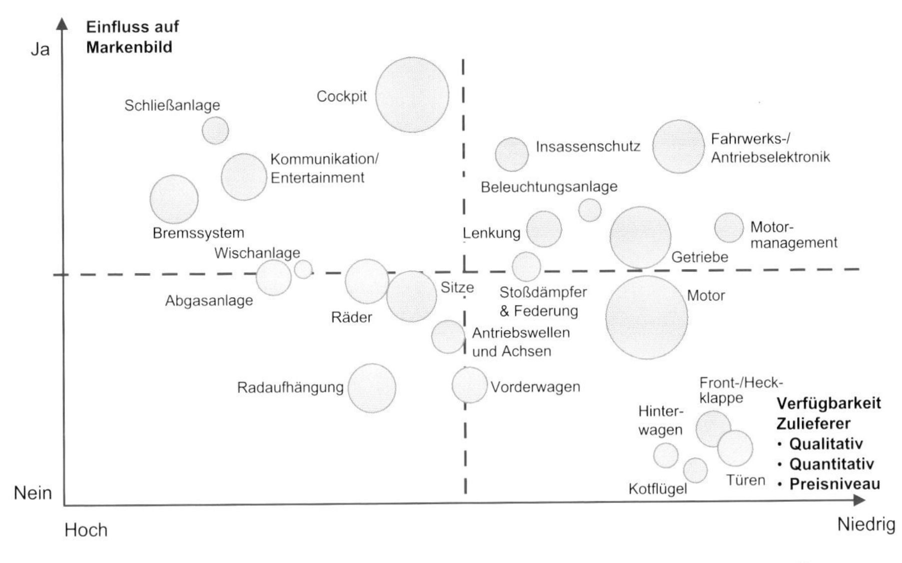

Abbildung 4: Beispiel für die Festlegung von Kernkompetenzen für einen Hersteller
Quelle: Roland Berger Strategy Consultants

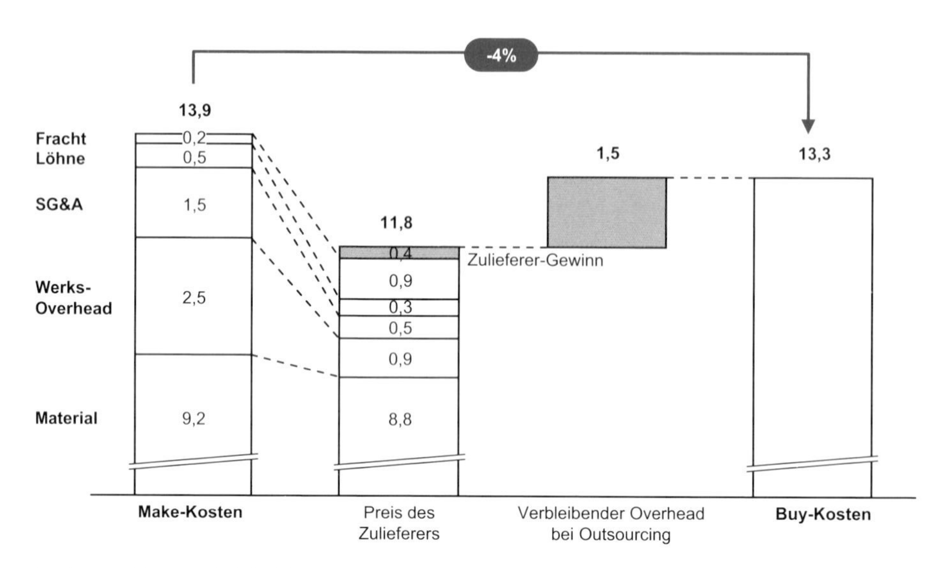

Abbildung 5: Beispiel für Kostenvergleichsrechnung Make-or-buy (in Euro)
Quelle: Roland Berger Strategy Consultants

verbleibenden Overhead-Kosten. In der Praxis werden genau an dieser Stelle häufig Fehler gemacht: Entweder es wird angenommen, dass der Overhead durch die Verlagerung komplett entfällt, was in der Regel dazu führt, dass die tatsächlichen finanziellen Ergebnisse der Verlagerung hinter den gesteckten Zielen zurückbleiben. Oder aber es wird davon ausgegangen, dass die Overhead-Kosten trotz Verlagerung unverändert bleiben, was ebenfalls nicht der Realität entsprechen dürfte und in vielen Fällen fälschlicherweise zum Inhouse-Verbleib führt (Abbildung 5).

Neben dem Vergleich der laufenden Kosten sind natürlich auch die Einmalaufwendungen für das Outsourcing (wie Maschinentransfer, Sozialplan für Mitarbeiterabbau, Abschreibungen auf nicht mehr benötigte Anlagen) in die Betrachtung einzubeziehen.

Nach Festlegung der zukünftigen Kernkompetenzen müssen in weiteren Schritten das zukünftige Kompetenzprofil bestimmt und Maßnahmen zum Schließen bestehender Lücken eingeleitet werden (Abbildung 6).

Zulieferer: Fokus auf Komponenten oder Fokus auf Integration

Der Markt für Automobilzulieferer ist in den letzten Jahren kontinuierlich um circa 3 bis 4 Prozent pro Jahr gewachsen. Noch erfreulicher ist die Tatsache, dass dieses Wachstum profitabel war. So haben die 500 größten börsennotierten Zulieferer der Welt ihren ROCE nach einem Einbruch in den Jahren 1997 bis 2001 seit 2002 wieder deutlich steigern können (Abbildung 7).

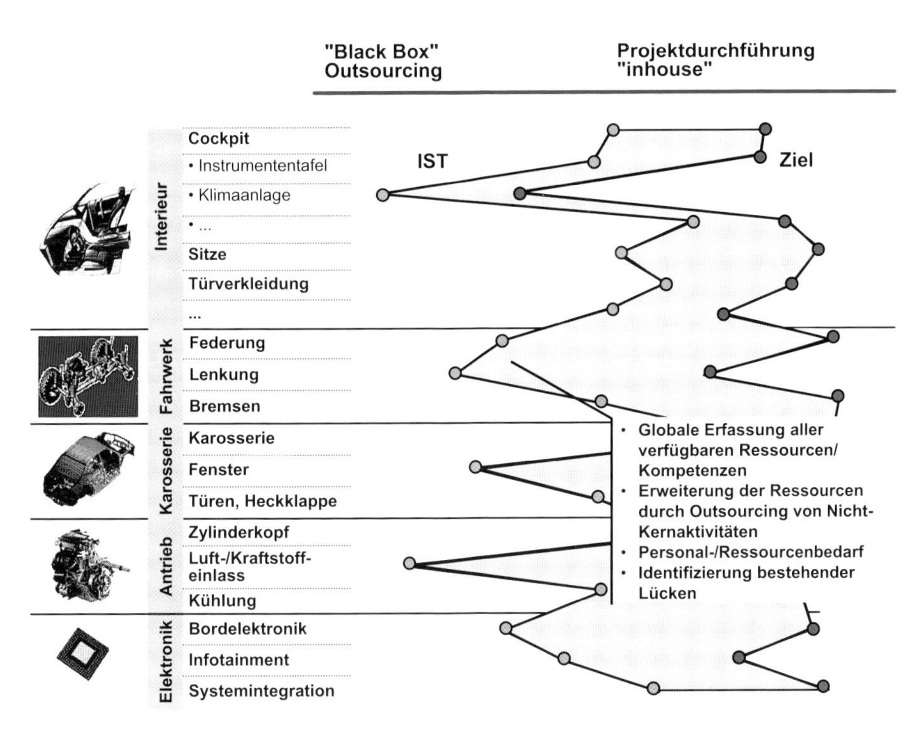

Abbildung 6: Beispiel zur Bestimmung des künftigen Kompetenzprofils
Quelle: Roland Berger Strategy Consultants

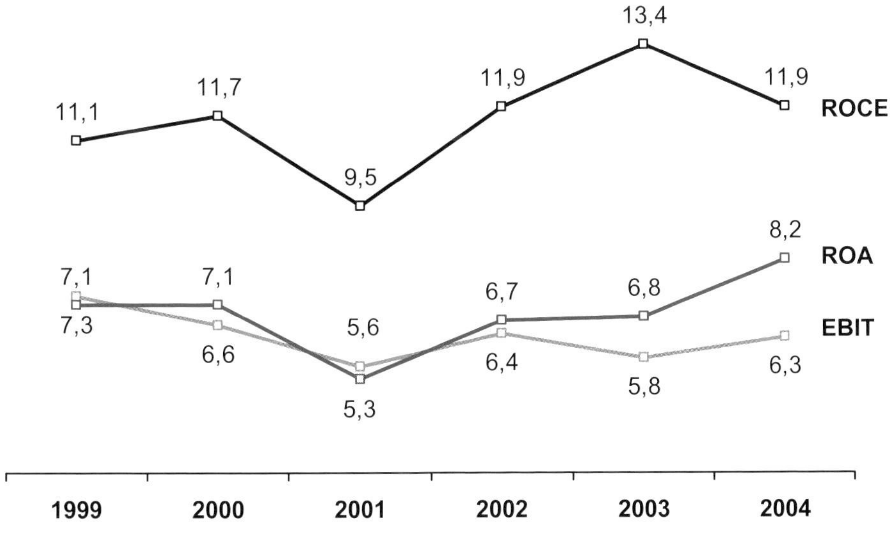

Abbildung 7: Profitabilitätsentwicklung der 500 größten börsennotierten Zulieferunternehmen weltweit
Quelle: Bloomberg; Roland Berger Strategy Consultants

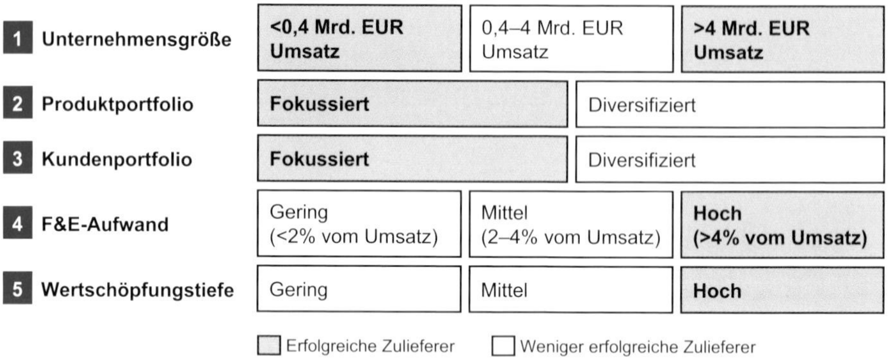

1 Unternehmensgröße	**<0,4 Mrd. EUR Umsatz**	0,4–4 Mrd. EUR Umsatz	**>4 Mrd. EUR Umsatz**
2 Produktportfolio	**Fokussiert**		Diversifiziert
3 Kundenportfolio	**Fokussiert**		Diversifiziert
4 F&E-Aufwand	Gering (<2% vom Umsatz)	Mittel (2–4% vom Umsatz)	**Hoch (>4% vom Umsatz)**
5 Wertschöpfungstiefe	Gering	Mittel	**Hoch**

Erfolgreiche Zulieferer   Weniger erfolgreiche Zulieferer

Abbildung 8: Erfolgsmuster für Automobilzulieferer
Quelle: Roland Berger Strategy Consultants

Durch die fortgesetzte Verlagerung von Aktivitäten und Kompetenzen vom Hersteller an die Zulieferer bietet der Markt für Zulieferprodukte auch in den nächsten Jahren attraktive Wachstumschancen – die Frage ist, mit welcher Strategie die einzelnen Zulieferer davon am besten profitieren können.

Zur Klärung dieser Frage haben wir die weltweite Zulieferindustrie nach besonders erfolgreichen und weniger erfolgreichen Unternehmen durchsucht und deren Strategien der letzten fünf Jahre miteinander verglichen (Abbildung 8). Das Ergebnis: Erfolgreiche Zulieferer haben sich in fünf unternehmerischen Gestaltungsfeldern im Durchschnitt anders verhalten als ihre weniger erfolgreichen Wettbewerber. Diese Gestaltungsfelder sind: die Unternehmensgröße, das Produktportfolio, das Kundenportfolio, der F&E-Aufwand sowie die Wertschöpfungstiefe.

Zwischen Unternehmensgröße und Ertragskraft beispielsweise besteht ein eindeutiger statistischer Zusammenhang – jedoch kein proportionaler, wie noch zu Zeiten des bedingungslosen „big is beautiful" vermutet. Gemäß unserer Analyse arbeiten nämlich neben den sehr großen auch die kleinen Zulieferer im Durchschnitt deutlich profitabler als mittelgroße Zulieferer (Abbildung 9).

Hierfür gibt es mehrere Erklärungen. So bedienen zahlreiche kleine Zulieferer hochprofitable Nischen, die durch Patente ausreichend abgesichert sind. Zudem standen diese Zulieferer in der Vergangenheit – angesichts der recht geringen Umsätze – nicht im Fokus der Einkaufsinitiativen ihrer Kunden. Viele der untersuchten mittelgroßen Unternehmen befinden sich dagegen in einem Übergangsprozess vom Familienunternehmen zum Großunternehmen. Infolgedessen verfügen sie oft nicht über die erforderlichen Strukturen und Management-Ressourcen oder bedienen zu viele Produktgruppen gleichzeitig.

Auch zwischen der Profitabilität und der Ausrichtung des Produkt-/Kundenportfolios lässt sich ein klarer Zusammenhang nachweisen. So machen die Top-Performer mit ihrer größten Produktgruppe 86 Prozent und mit ihren drei größten Kunden 58 Prozent

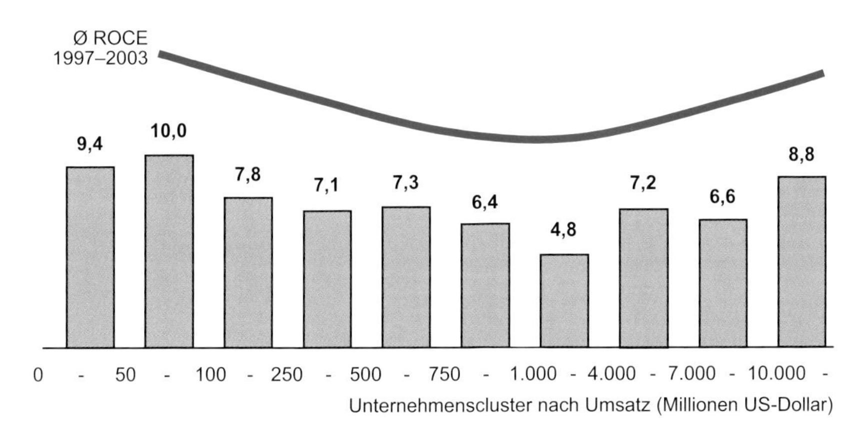

Abbildung 9: Zusammenhang zwischen Profitabilität und Unternehmensgröße
Quelle: Roland Berger Strategy Consultants

ihres Umsatzes. Leistungsschwächere Zulieferer sind demgegenüber im Produkt- und Kundenportfolio wesentlich weniger fokussiert.

Mit Sicherheit keine Überraschung ist, dass die Top-Performer unter den Zulieferern auch überdurchschnittlich stark in Forschung und Entwicklung investieren. Auch bezüglich der eigenen Wertschöpfungstiefe liegen die Top-Performer oberhalb der Low-Performer. Anscheinend hat sich so manche Initiative zur Reduzierung der Wertschöpfung (noch) nicht positiv in den Jahresabschlüssen niedergeschlagen.

Viele der erfolgreichen kleineren und mittelgroßen Zulieferer haben einen starken Fokus auf die perfekte Beherrschung einzelner Komponenten. Je größer die Zulieferer jedoch werden, desto wichtiger wird die Kompetenz zur Integration einzelner Submodule oder Komponenten zu einem Gesamtsystem oder -modul. Nur diese Eigenschaft ermöglicht es, die Anforderungen der Hersteller zu erfüllen, die nach einem „ganzheitlichen Wertschöpfungspartner" mit umfassenden Kompetenzen verlangen: in der Wertschöpfung (Konstruktion, Simulation, Fertigung, Montage sowie Prüf-, Rollen- und Straßentests), im Prozessmanagement, im Unterlieferantenmanagement und in der Logistik.

Ein Musterbeispiel für den systematischen Aufbau von Integrationskompetenz ist die Brose Fahrzeugteile GmbH & Co. KG mit Sitz im fränkischen Coburg. Seit der Gründung im Jahr 1919 hat sich Brose systematisch und zielstrebig vom Komponentenhersteller zum Modul- und Systemintegrator entwickelt (Abbildung 10).

Bereits 1928 fertigte Brose die ersten manuellen Fensterheber überhaupt. 1963 war man bei elektrischen und 1986 schließlich bei den ersten elektronisch gesteuerten Fensterhebern angekommen. 1987 wurde das erste Türmodul, bestehend aus Fensterheber, Scheibe, Scheibenführung und Aufprallschutz, in einen Audi 80 Coupé montiert. In der Zwischenzeit hat sich viel getan: Heute besteht ein Brose-Türmodul aus einer Vielzahl zusätzlicher Komponenten, zum Beispiel Lautsprechern, Schließsys-

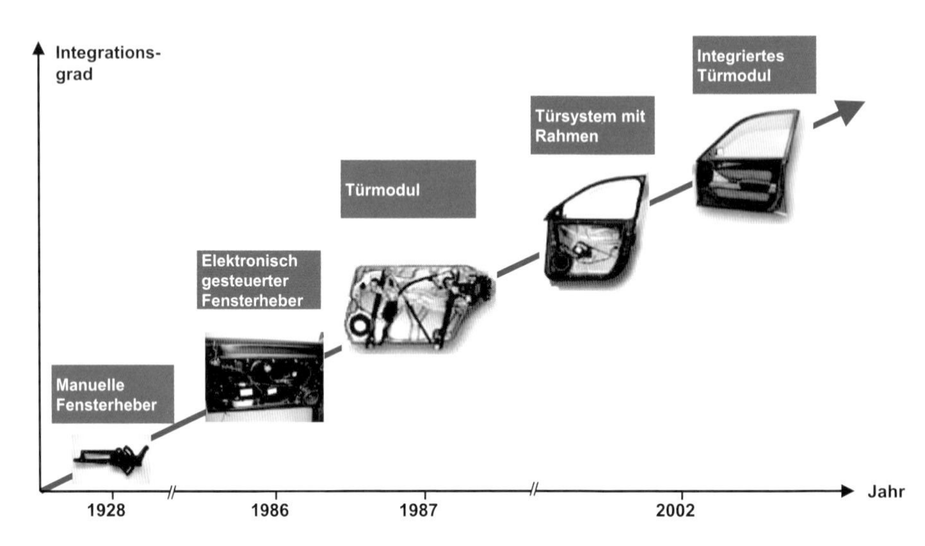

Abbildung 10: Erfolgreiche Entwicklung zum Modullieferanten: das Beispiel Brose Fahrzeugteile
Quelle: Brose Fahrzeugteile GmbH & Co. KG

temen, Dichtungen oder Steuerungselementen für die Außenspiegel. Als weitere Geschäftsfelder neben Fensterhebern und Türmodulen wurden im Laufe der Zeit Sitzverstellungen und Schließsysteme aufgebaut. Der Lohn für diesen systematischen und kontinuierlichen Kompetenzaufbau: Brose ist mit 13 Prozent Wachstum pro Jahr innerhalb der letzten 50 Jahre so schnell und nachhaltig gewachsen wie kaum ein anderer Automobilzulieferer.

Die zentralen Erfolgsfaktoren von Brose sind neben dem langfristig orientierten Führungsstil der Gesellschafter insbesondere die optimale Verknüpfung von Mechanik, Elektrik und Elektronik, die hohe Reaktionsgeschwindigkeit auf veränderte Marktbedingungen und Kundenanforderungen sowie die gute Mischung aus Technologie- und Kostenführerschaft.

Entwicklungsdienstleister: Am Anfang der Fokussierung

Als Teil des Zuliefernetzwerks konnte die sehr heterogene Gruppe der Entwicklungsdienstleister (Abbildung 11) im letzten Jahrzehnt weit überdurchschnittliche Wachstumsraten verzeichnen – sie hat im Schnitt seit 1996 um circa 15 Prozent pro Jahr zugelegt.

Spätestens seit Anfang 2004 zeichnen sich jedoch dunkle Wolken am Himmel ab: Die Nachfrage nach externen Entwicklungsdienstleistungen ist rückläufig. Hierfür gibt es verschiedene Gründe. Zum einen verfolgen zahlreiche Hersteller-Entwicklungsabteilungen angesichts eigener Überkapazitäten eine strenge Insourcing-Politik. Auch die

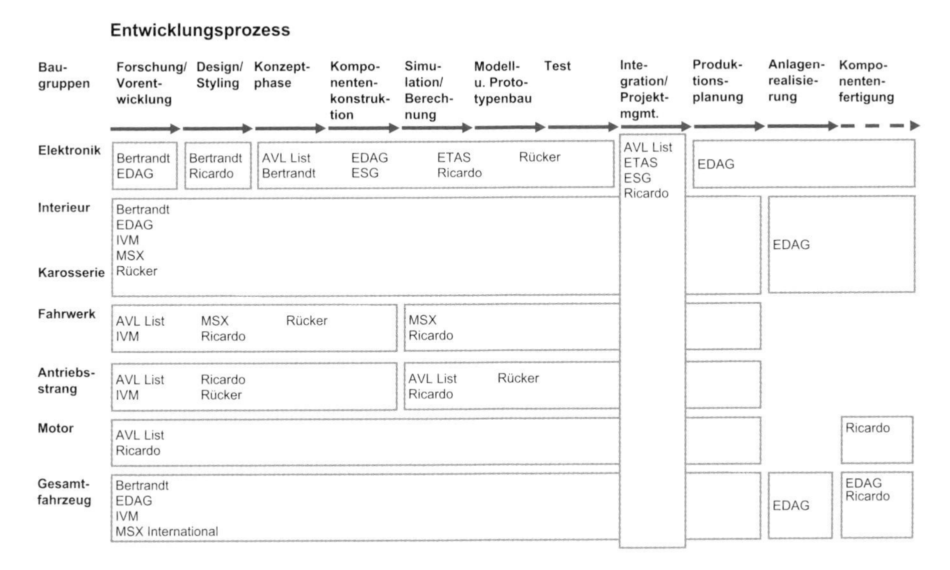

Abbildung 11: Serviceumfang von Entwicklungsdienstleistern
Quelle: Roland Berger Strategy Consultants

Tatsache, dass sich Hersteller wieder verstärkt bemühen, markenkritische Kompetenzen inhouse zu verstärken (zum Beispiel im Bereich Elektronik), schwächt die Nachfrage. Des Weiteren ist abzusehen, dass einer der wesentlichen Outsourcing-Treiber, nämlich die stark zunehmende Modellvielfalt, innerhalb der nächsten ein bis zwei Jahre ihren Zenit erreicht haben wird. Negativ wirkt sich auch aus, dass Hersteller komplette Systeme und Module in die Verantwortung ihrer Tier-1-Lieferanten geben – in der Erwartung, dass diese auch den erforderlichen Entwicklungsaufwand betreiben und finanzieren.

Dennoch ist davon auszugehen, dass der Markt für Entwicklungsdienstleistungen mittel- bis langfristig gute Geschäftschancen bietet. Hierfür sorgen die nach wie vor steigende technische Komplexität der Fahrzeuge, insbesondere im Bereich Elektronik, sowie das Bestreben der Hersteller, gewisse Technologien (wie Softwareentwicklung), Module oder Komponenten aus Gründen der Kostenreduzierung über verschiedene Hersteller hinweg zu standardisieren oder zumindest einander anzugleichen. Genau hier liegt eine der großen Chancen für Entwicklungsdienstleister.

Voraussetzung wird jedoch sein, dass sich die Dienstleister ein schärferes Profil verschaffen. In Jahren des wilden Wachstums haben viele Unternehmen versucht, von der Vorentwicklung bis zum Anlagenbau alles abzudecken – und dies über sämtliche Produktgruppen hinweg. Das hat dazu geführt, dass sie sich am Markt sehr diffus positionierten und viele ihrer Geschäftsfelder die kritische Größe nicht erreichten. Zentrale Herausforderung wird deshalb sein, die zukünftigen Tätigkeitsschwerpunkte festzulegen und die Ressourcen hinsichtlich Qualität und auch

Quantität an die neue Ausrichtung anzupassen. Auf Basis unserer Erfahrung schlummern bei vielen Entwicklungsdienstleistern Effizienzressourcen im zweistelligen Prozentbereich, die insbesondere durch ein optimiertes Kapazitätsmanagement gehoben werden können. Eine weitere Herausforderung für die nächsten Jahre ist die Anpassung des eigenen Standort-Netzwerks an die Erwartungen der Kunden – und somit insbesondere der Auf- und Ausbau von Kapazitäten in Niedriglohnregionen wie China oder Indien.

Full-Service-Provider und reine Produktionsdienstleister: Auffangen von Engpässen und Katalysator beim Eintritt in neue Märkte

In den letzten Jahren ist eine Reihe von Full-Service-Providern für Automobilhersteller entstanden (Abbildung 12). Unternehmen wie Karmann oder MagnaSteyr können heute komplette Fahrzeuge nicht nur entwickeln und für die Produktion vorbereiten, sondern auch in Serie fertigen – wie den BMW X3, den Mercedes CLK oder den Jeep Grand Cherokee. Zusätzlich konnten sich auch reine Produktionsdienstleister wie Valmet (Porsche Boxster) am Markt halten.

Für die Fahrzeughersteller ist die Einbindung solcher Unternehmen durchaus sehr sinnvoll: Kapazitätsengpässe können abgefedert werden, Kleinserien und Nischenmodelle können trotz geringer Stückzahlen auf den hochflexiblen Anlagen effizient gefertigt werden – und nicht zuletzt sinkt der Kapitaleinsatz in Entwicklung und Fertigung dramatisch.

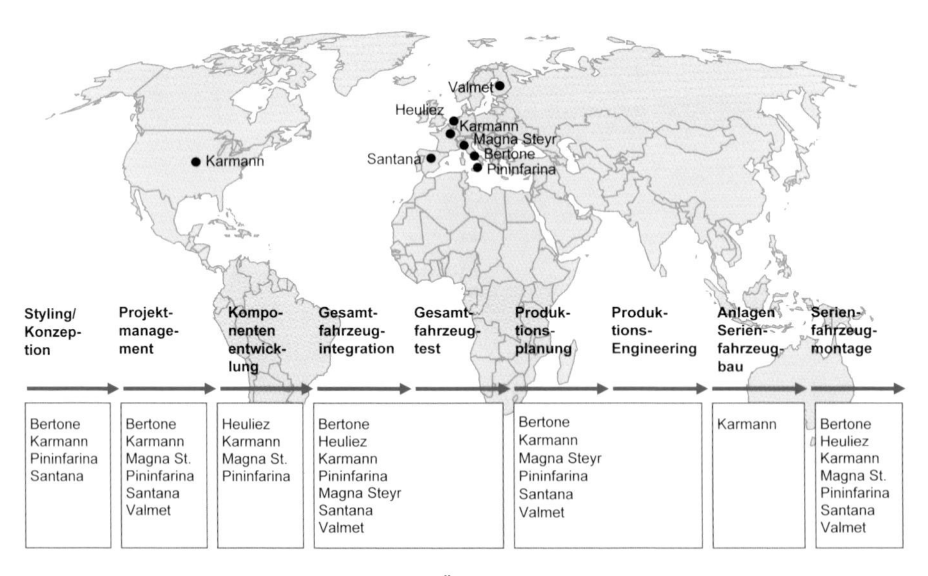

Abbildung 12: Produktionsdienstleister im Überblick
Quelle: Roland Berger Strategy Consultants

Auch in diesem Segment ist jedoch nach dem Boom der letzten Jahre mittlerweile Ernüchterung eingetreten. Zahlreiche neue Nischenmodelle wie das VW Cabrio oder der aktuelle BMW 6er wurden beziehungsweise werden wieder intern gefertigt. Die Hersteller lasten wieder ihre freien Kapazitäten aus und versuchen, verlorene Fertigkeiten zurückzugewinnen. Die derzeitigen Überkapazitäten in Höhe von circa 20 Millionen Fahrzeugeinheiten werden angesichts zahlreicher neuer Werke in Wachstumsmärkten ohne gleichzeitigen Rückbau der Kapazitäten in den Triade-Märkten auch über 2010 hinaus bestehen bleiben. Hinzu kommt, dass in der Zwischenzeit auch die Hersteller selbst flexiblere Fertigungsanlagen installiert haben. Als Folge hiervon ist die Durchschnittsrendite der Produktionsdienstleister zwischen 2001 und 2003 bereits um zwei bis drei Prozentpunkte gesunken.

Dennoch gibt es auch in Zukunft attraktive Betätigungsfelder für Produktionsdienstleister. Hierzu zählt beispielsweise die Begleitung der Hersteller in die neuen Wachstumsregionen China, Russland, Indien und Iran. Ebenso scheint sich das Konzept markenübergreifender „Spitzenbrecherwerke“ zu bewähren. Hierzu müssten die Produktionsdienstleister ihre Fertigungsprozesse und -anlagen jedoch noch stärker flexibilisieren.

Zwischenfazit: Attraktive Wachstumschancen für Modul- und Systemzulieferer – Große Herausforderungen für Entwicklungs- und Produktionsdienstleister

Da sich die Hersteller wieder stärker auf markenrelevante Kompetenzen konzentrieren, ist mit sehr attraktivem Wachstum für viele Teilezulieferer zu rechnen, insbesondere in den Produktbereichen Antrieb und Fahrwerk. Insgesamt rechnen wir damit, dass der Anteil der Zulieferer an der Gesamtwertschöpfung von heute circa 64 Prozent auf circa 73 Prozent im Jahr 2015 steigen wird (Abbildung 13).

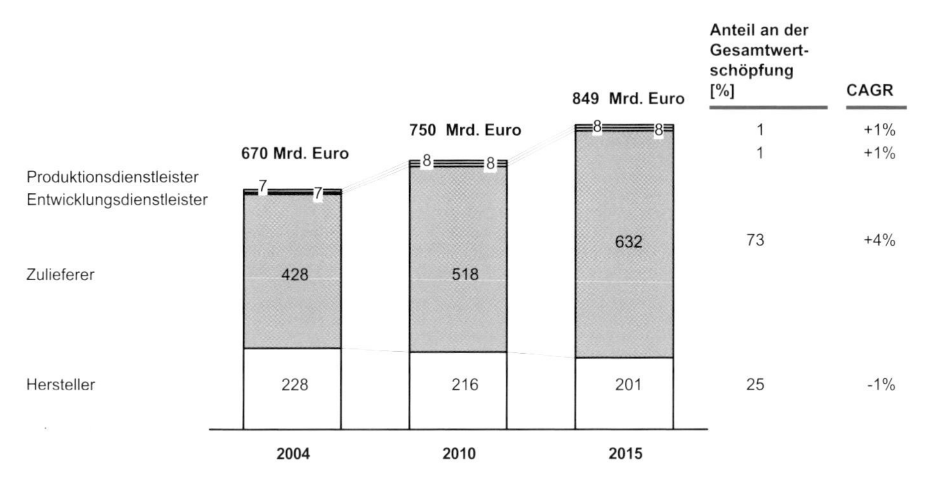

Abbildung 13: Entwicklung der Wertschöpfungsanteile in der weltweiten Automobilindustrie
Quelle: Roland Berger Strategy Consultants

Entwicklungs- und Produktionsdienstleister hingegen sehen weniger rosigen Zeiten entgegen. Sie bedienen Geschäftsfelder, die meist näher im Bereich der Kernkompetenzen der Hersteller liegen als die Geschäftsfelder der Teilezulieferer, und werden daher von den Insourcing-Tendenzen der Hersteller stärker betroffen sein.

Hebel 2: Physische Leistungserbringung – Steigender Druck auf bestehende Standorte

Der zweite Hebel zur Steigerung der Wertschöpfungseffizienz ist die Optimierung der physischen Leistungserbringung, also die Frage, an welchen Standorten Leistungen am effizientesten erbracht werden können.

Innerhalb der letzten Jahre hat sich der Investitionsschwerpunkt der Automobilindustrie mit dramatischer Geschwindigkeit in die neuen Wachstumsregionen Asien und Osteuropa verlagert. Allein in Osteuropa bauen Hersteller wie Hyundai, Kia, PSA oder VW derzeit für über 4 Milliarden Euro neue Montagewerke. Die klassischen Triade-Märkte geraten dabei ins Hintertreffen (Abbildung 14).

Dies betrifft in erster Linie Arbeitsplätze in der Fertigung, doch die Auswirkungen auf die Entwicklungsbereiche sind bereits heute abzusehen: Auch hier entstehen innerhalb der nächsten zehn Jahre neue Jobs lediglich in Osteuropa (+ 2.000), China (+ 4.500) und Indien/Pazifik (+ 4.000) (Abbildung 15). Fahrzeughersteller werden in

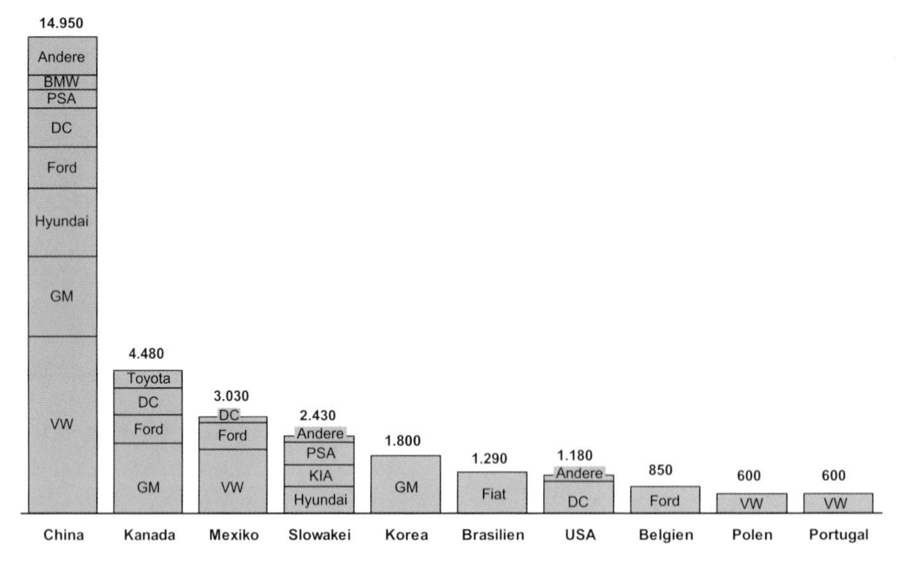

Abbildung 14: Angekündigte Investitionen der Hersteller nach Ländern (in Millionen Euro)
Quelle: Roland Berger Strategy Consultants; Presseveröffentlichungen Fahrzeughersteller

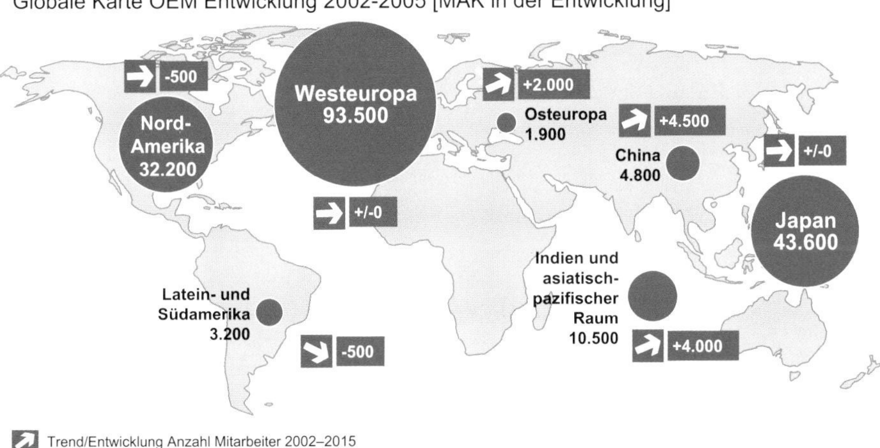

Abbildung 15: Bestehende und geplante Entwicklungsressourcen der Hersteller (in Mitarbeiter-Kapazitäten)
Quelle: Roland Berger Strategy Consultants; Interviews Fahrzeughersteller

den nächsten Jahren die Aufgaben ganzer Entwicklungsteams in Niedriglohnländer verlagern. Auch hier liegt China in der Präferenz der Hersteller ganz vorne, vor Osteuropa und Indien. Insbesondere betroffen sind Tätigkeiten wie Simulation, Werkzeugbau, Modellbau und Dokumentation.

Die gleiche Entwicklung ist bei Automobilzulieferern und Entwicklungsdienstleistern zu beobachten: Keine Woche vergeht, ohne dass neue Investitionen in Osteuropa und die gleichzeitige Reduzierung der Kapazitäten in westeuropäischen Ländern angekündigt werden. Italien, England und Spanien stehen bei der Streichung lokaler Herstellerkapazitäten an erster Stelle, während Werke in Frankreich oder Deutschland meist gehalten werden, wenn auch mit geringeren Kapazitäten.

Aufbau von Niedriglohn-Standorten als Überlebensfrage

Die weit verbreitete Meinung, dass die Vorteile osteuropäischer oder anderer Standorte in Niedriglohnländern durch deutlich höhere jährliche Lohnkostenzuwächse in den nächsten fünf bis zehn Jahren nahezu aufgehoben werden, ist ein Irrglaube. Zwar sind in zahlreichen osteuropäischen Ländern jährliche Lohnsteigerungen bis zu 10 oder 15 Prozent keine Seltenheit. Doch aufgrund der deutlich niedrigeren Ausgangsbasis werden die absoluten Abstände konstant bleiben (Abbildung 16).

Trotz geringerer Arbeitsproduktivität in den Niedriglohnstandorten lassen sich somit dauerhaft bis zu 75 Prozent der Personalkosten einsparen. Bei einem durchschnittlichen Anteil der Personalkosten an den gesamten Produktionskosten von 25 bis 30 Prozent heißt dies für einen Zulieferer, dass durch die Fertigung in Osteuropa –

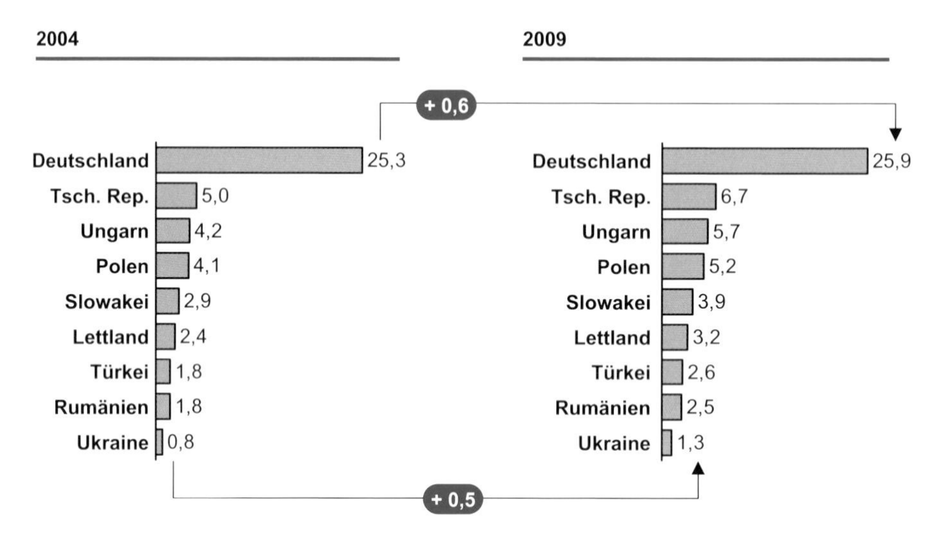

Abbildung 16: Lohnkosten eines ungelernten Arbeiters inklusive Lohnnebenkosten in Deutschland und Osteuropa (in Euro pro Stunde)
Quelle: EIU; CE-Research; Roland Berger Strategy Consultants

selbst nach Berücksichtigung gestiegener Logistik- und Komplexitätskosten sowie geringerer Arbeitsproduktivität – die Gesamtkosten um 10 bis 15 Prozent reduziert werden können. Im wettbewerbsintensiven Zuliefierergeschäft ist dies entscheidend für das Überleben am Markt. (Abbildung 17).

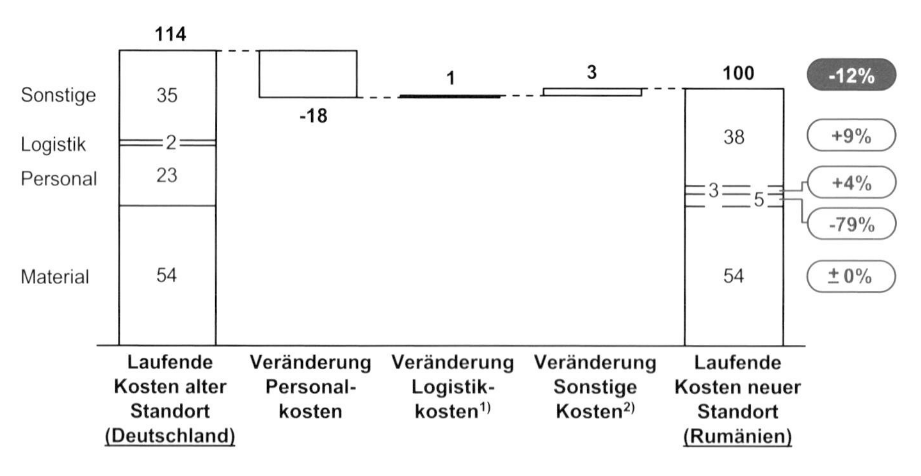

Abbildung 17: Vergleich der durchschnittlichen Kosten eines Zuliefererwerks mit circa 170 Millionen Euro Umsatz (in Millionen Euro)
Quelle: Roland Berger Strategy Consultants

Der Trend zum Aufbau von Kapazitäten in Niedriglohnländern wird sich daher auch in den nächsten Jahren fortsetzen – und sogar weiter beschleunigen, wie eine aktuelle Untersuchung von Roland Berger Strategy Consultants von 2004 zeigt. 90 Prozent der befragten mittelgroßen Industrieunternehmen planen, in den nächsten fünf Jahren weitere Teile ihrer Wertschöpfung ins Ausland zu verlagern. Zum Vergleich: Nur 69 Prozent der befragten Unternehmen haben bereits in der Vergangenheit Wertschöpfung in Niedriglohnländer verlagert. In zunehmendem Maße betrifft dies auch technologisch hochkomplexe Teile.

Häufig haben die Zulieferer auch gar keine andere Wahl: Wenn einer ihrer OEM-Kunden sie bittet, ein neues Niedriglohn-Werk lokal zu beliefern, dann stellt sich nur noch die Frage, ob die Stückzahlen und Preise eine lokale Investition in China oder Russland rechtfertigen.

Mit deutlich mehr Entscheidungs- und Vorbereitungsaufwand ist hingegen der Aufbau von Standorten verbunden, die dem Import kostengünstig gefertigter Teile in Hochlohnländer dienen. Bei der Vorbereitung und Planung einer Produktverlagerung in Niedriglohnländer sind drei zentrale Entscheidungen zu treffen:

1. Auswahl der geeigneten Produkte
2. Auswahl des geeigneten Produktionsstandorts
3. Detaillierte Verlagerungsplanung

Auswahl der geeigneten Produkte

Die Frage nach dem genauen Verlagerungsumfang ist die Frage schlechthin. Hierbei hat sich ein Vorgehen in fünf Schritten bewährt (Abbildung 18).

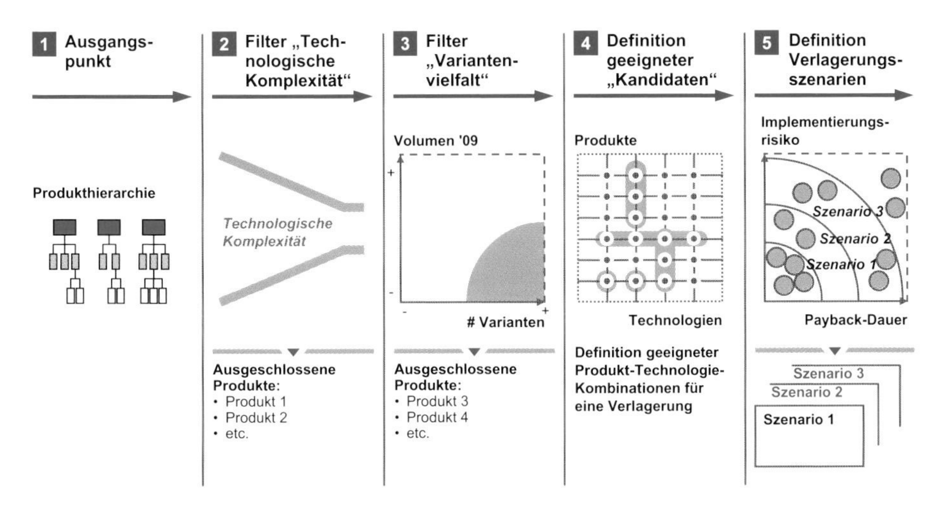

Abbildung 18: Vorgehen zur Bestimmung des Verlagerungsumfangs
Quelle: Roland Berger Strategy Consultants

In einem ersten Schritt muss die komplette Produktpalette hierarchisiert und übersichtlich dargestellt werden. Anschließend werden anhand eines Scoring-Modells Produkte mit zu hoher technischer Komplexität eliminiert – diese eignen sich nicht für eine Verlagerung. In einem dritten Schritt wird die Variantenvielfalt der verbliebenen Produkte untersucht. Je nach Reifegrad der zur Diskussion stehenden Niedriglohnstandorte kann dies zu unterschiedlichen Ergebnissen führen. Während sich im einen Fall gerade Produkte mit hoher Variantenvielfalt – und damit relativ hoher Arbeitsintensität – für eine Verlagerung anbieten, kommt man in anderen Fällen zum entgegengesetzten Ergebnis.

Die verbleibenden Produkte werden in einer vierten Stufe in einzelne Prozessschritte zerlegt. Diese Kombinationen aus Produkten und Fertigungsschritten werden nun hinsichtlich des finanziellen Effekts sowie hinsichtlich des Risikograds einer Verlagerung bewertet und in verschiedenen sinnvollen Szenarien zur finalen Entscheidung zusammengefasst. Bei der Bewertung der finanziellen Effekte ist darauf zu achten, dass alle relevanten Kostenpositionen erfasst werden – wie Kosten für das Training neuer Mitarbeiter vor Ort, erhöhte Logistikkosten, Kosten für Neubemusterungen durch den Fahrzeughersteller oder auch für Preisreduzierungen gegenüber dem Hersteller.

Auswahl des geeigneten Produktionsstandorts

Bei der Suche nach einem geeigneten Niedriglohnstandort sind zahlreiche Entscheidungskriterien zu berücksichtigen, in der Praxis sind jedoch nur einige wenige Kriterien von zentraler Bedeutung (Abbildung 19).

In erster Linie sind natürlich die aktuellen Personalkosten am Zielstandort sowie insbesondere die erwartete Lohnkostensteigerung für die nächsten Jahre wichtig. Diese lassen sich in der Regel nur nach detaillierten Gesprächen mit Industrieunternehmen, Arbeits- und Investitionsagenturen oder öffentlichen Stellen vor Ort vorhersagen. Insbesondere sollten sich Zulieferer sehr frühzeitig Gedanken darüber machen, welche Art von Mitarbeitern sie für den neuen Standort suchen, und feststellen, ob es in den avisierten Regionen genügend Bewerber mit dem erforderlichen Profil gibt.

Zweiter zentraler Punkt sind die Logistikkosten. Hier ist sicherzustellen, dass die Zuverlässigkeit der Transportwege auf jeden Fall – auch im Winter – gegeben ist. Die sonst zu bildenden Sicherheitsbestände und dadurch verursachten Kapitalkosten können nämlich sehr schnell einen großen Teil der Lohnkosteneinsparungen wieder zunichte machen. Auch ist in diesem Zusammenhang darauf zu achten, dass der Zielstandort für Besucher (Kunden, Lieferanten, eigenes Management) gut zu erreichen ist und beispielsweise in der Nähe eines Flughafens liegt. Ansonsten sind insbesondere in der Anlaufphase große Probleme durch zu geringe Reaktionsgeschwindigkeit zu erwarten.

	Kriterien	Gewichtung [%]	Neue EU-Mitgliedsstaaten								Nicht-EU-Staaten: Beitrittskandidaten		Nicht-EU-Staaten: Andere						
			PL	CZ	H	SLO	SK	LT	LV	EST	BG	RO	HR	SM	MK	BIH	UA	RUS	TR
Kosten	• **Personal**	**30**																	
	– Aktuelle Lohnkosten	20	3	2	3	1	4	4	4	4	5	5	3	5	4	5	5	5	5
	– Langfr. Lohnentwickl.	50	2	2	2	1	3	3	4	3	5	4	2	4	4	4	5	5	4
	– Verfügbarkeit	30	5	5	5	2	5	2	2	2	3	4	2	1	1	1	2	4	3
	• **Logistik**	**30**																	
	– Entfernung	40	4	5	4	4	4	3	2	2	2	4[1)]	4	3	2	3	2	1	1
	– Zuverlässigkeit	60	5	5	5	5	5	4	4	4	2	3	4	2	2	2	1	1	1
Stabilität	• **Wirtschaftliche und finanzielle Stabilität**	**7,5**	4	4	4	5	4	4	4	4	3	3	3	1	1	1	2	3	2
	• **Politische und rechtliche Stabilität**	**10**	5	5	5	5	5	5	5	5	3	3	3	1	1	1	1	1	1
	• **Transparenz**	**12,5**	2	3	3	4	3	3	3	4	3	3[1)]	2	1	1	2	1	1	2
Zölle/ Steuern	• **Unternehmenssteuer**	**5**	3	2	4	2	3	4	4	1	4	4	3	5	5	1	2	2	1
	• **Zölle**	**5**	5	5	5	5	5	5	5	5	4	4	3	3	3	3	3	3	3
	Gewichtete Bewertung	**100**	3,8	3,9	3,9	3,5	4,1	3,6	3,6	3,4	3,2	3,5	2,9	2,4	2,2	2,3	2,3	2,4	2,2
	Rang		4	2	2	7	1	5	5	9	10	7	11	12	16	14	14	12	16

1 ... sehr nachteilig 5 ... sehr vorteilhaft

Abbildung 19: Vereinfachtes Scoring-Modell für die Standortauswahl am Beispiel Osteuropa
Quelle: Roland Berger Strategy Consultants

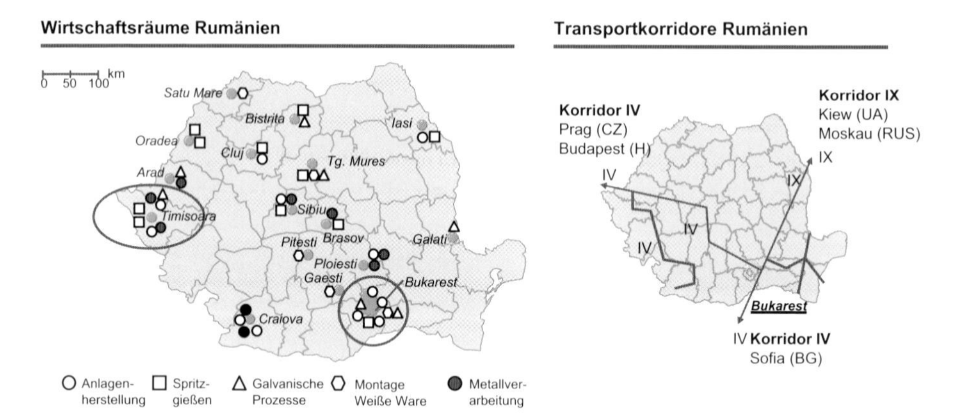

Abbildung 20: Definition von Subregionen und Transportkorridoren am Beispiel Rumänien
Quelle: Roland Berger Strategy Consultants

Des Weiteren muss die langfristige ökonomische, finanzielle, politische und rechtliche Stabilität des ausgewählten Landes gewährleistet sein. Auch Steuern und Zölle müssen unbedingt in die Rechnung mit einbezogen werden. Je nach Produktprogramm und Wertschöpfungskonzept ist auch die Verfügbarkeit entsprechend qualifizierter Vorlieferanten kritisch zu prüfen.

Nach erfolgter Priorisierung auf Länderebene müssen die einzelnen Länder weiter in einzelne Wirtschaftsräume unterteilt und bewertet werden (Abbildung 20) – erst auf der Ebene maximal 200 bis 300 Quadratkilometer großer Gebiete kann dann die finale Auswahl des Zielstandortes erfolgen.

Detaillierte Verlagerungsplanung

Nach Festlegung des Verlagerungsumfangs sowie Auswahl des Zielstandorts muss eine detaillierte Verlagerungsplanung erstellt werden. Hierzu gehören:

- Layoutplanung des neuen Werks beziehungsweise des Erweiterungsbaus
- Rechtzeitige Bestellung der benötigten Produktionsausrüstung
- Rechtzeitige Einstellung der ersten Führungsebene (insbesondere Werks- und Personalleiter)
- Rechtzeitiger Lageraufbau zur Vermeidung von Lieferausfällen während der eigentlichen Verlagerung
- Aufnahme von Gesprächen mit dem Kunden zur Vorbereitung der Erstbemusterungen
- Vorbereitung der Kommunikation gegenüber Mitarbeiter und Lieferanten
- Anpassung der Overhead-Strukturen im abgebenden Werk

Zwischenfazit: Lösungen für Standorte in Hochlohnländern

Mit wenigen Ausnahmen wird Wachstum in den nächsten Jahren hauptsächlich in Niedriglohnländern stattfinden – die Kostenvorteile sind einfach zu deutlich. Anders stellt sich die Situation jedoch dar, wenn Fertigungslinien aus einem bestehenden Hochlohnwerk in ein Niedriglohnwerk verlagert werden sollen und für den alten Standort kein Ersatzgeschäft zur Verfügung steht. In solchen Fällen entsteht ein enormer finanzieller Aufwand durch Sozialplankosten, Transfer der Maschinen oder die erforderlichen Investitionen in Grundstücke, Gebäude und Infrastruktur. Häufig betragen diese Positionen den drei- bis vierfachen Wert der jährlichen Einsparungen. Unter Berücksichtigung der Kapitalkosten ergibt dies dann einen Payback von erfahrungsgemäß etwa vier bis sechs Jahren.

Genau hier liegt die Chance für die Werke in Hochlohnländern: Durch Maßnahmen zur Senkung und Flexibilisierung der Personalkosten im bestehenden Werk wie unentgeltliche Verlängerung der Arbeitszeiten von 35 auf 38, 40 oder 42 Stunden, Kürzung der Überstundenzuschläge oder des Urlaubs- und Weihnachtsgeldes lassen sich die Personalkosten um bis zu 15 Prozent reduzieren. Dies führt zu einer Verlängerung der Paybackzeiten um bis zu zwei Jahre; eine Verlagerung rechnet sich dann kaum noch.

Diesen Weg sind in den letzten Monaten und Jahren bereits zahlreiche führende westeuropäische Zulieferer gegangen (Abbildung 21).

Hebel 3: Geschäftsmodell – Stärkere Vernetzung der automobilen Wertschöpfungskette

Der dritte Hebel zur Optimierung der automobilen Wertschöpfungskette ist eine verbesserte Kooperation zwischen allen Beteiligten.

Hier liegt einiges im Argen. So haben sich beispielsweise die Geschäftsbeziehungen zwischen Herstellern und ihren Zulieferern in den letzten Jahren dramatisch verschlechtert (Abbildung 22). Viele Zulieferer sprechen heute von einer „Verrohung der Sitten“ ungeahnten Ausmaßes. So werden beispielsweise immer häufiger nachträgliche Forderungen auf bereits abgewickelte Aufträge an die Zulieferer gestellt („Pay to play“). Wer nicht bezahlt, bekommt keinen Nachfolgeauftrag.

Diese Entwicklung ist nicht nachhaltig, da langfristig nur wirtschaftlich erfolgreiche Zulieferer die benötigten Innovationen und das erforderliche Qualitätsniveau erbringen können.

Die Potenziale durch Optimierung der Wertschöpfungsverteilung (Hebel 1) sowie durch Optimierung der physischen Leistungserbringung (Hebel 2) können nur durch Kooperation der Beteiligten maximal ausgeschöpft werden (Hebel 3). Die Formen der Zusammenarbeit werden sich grundlegend ändern müssen (Abbildung 23).

Unternehmen	Jahr	Betroffene Werke	Maßnahmenpakete/Auswirkungen für Mitarbeiter		Gegenangebot
			Arbeitszeit	Lohn/Sozialleistungen	
Bosch	2004	Stuttgart, Sebnitz	35 ⌫ 36 Std./Woche	Verzicht auf Sozialleistungen und Bonusvergütung	Keine Entlassungen bis 2007; Aufgabe der Verlage-rungspläne nach China
Brose	2005	Alle dt. Werke	35 ⌫ 38 Std./Woche	In Verhandlung	Unbekannt
Continental	2004	Hannover-Stöcken	Erhöhung auf 40 Std./Woche	–	Unbekannt
Continental Teves	2005	Gifhorn	35 ⌫ 40 Std./Woche	–	Personalabbau begrenzt auf 200 Mitarbeiter
Delphi	2004	Wuppertal	40 ⌫ 44 Std./Woche für Angestellte	–	–
EDAG	2005	Fulda	Arbeitszeit-flexibilisierung	–	Begrenzung von Personalabbau
Edscha	2005	Remscheid	Erhöhung der Stundenwoche	–	Vermeidung einer Verlagerung
FAG Kugelfischer	2004	Eltmann	Einführung flexibler Überstundenregelung	Verzicht auf Sozialleistungen in Höhe von 2%	Keine Entlassungen bis 2006; Standortsicherung
INA	2004	Lahr	35 ⌫ 40 Std./Woche	–	–
Leoni	2005	Zwei deutsche Werke	35 ⌫ 38 Std./Woche	–	–
Schuler	2004	Alle deutschen Werke	Arbeitszeit-flexibilisierung	Verzicht auf vereinbarte Lohnerhöhung und Bonusver-gütung für 2005; Bonus-Variabilisierung für Folgejahre	–
Siemens VDO	2005	Würzburg	Arbeitszeit-flexibilisierung	Verschiebung vereinbarter Lohnerhöhungen; Reduzierung des Urlaubs- und Weihnachtsgeldes	Garantie für 1.400 Arbeitsplätze bis 2010

Abbildung 21: Beispiele für Personalkostenreduzierung durch werksspezifische Vereinbarungen
Quelle: Roland Berger Strategy Consultants

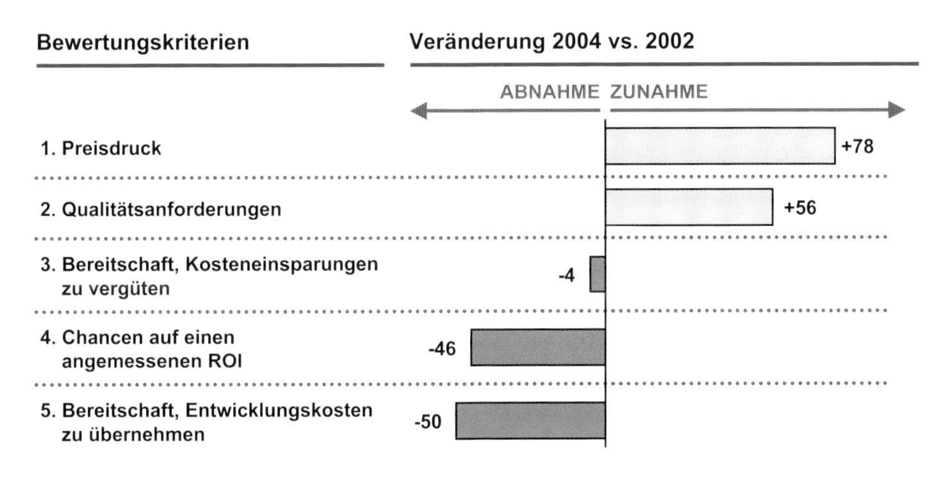

Basis: Durchschnitt führende OEMs

Abbildung 22: Veränderung des Einkaufverhaltens der Hersteller aus Sicht ihrer Zulieferer, 2004 gegenüber 2002
Quelle: Supplier satisfaction index survey; Supplier Business

	HEUTE	ZUKÜNFTIG
1. Innovation	• Überwiegend bilaterale Problemlösung • Kein spezieller Anreiz für Innovationen • Unternehmensspezifische Verbesserung	• Vernetzte Problemlösung • Incentivierung von Innovationen • Unternehmensübergreifende Verbesserung
2. Führung und Kommunikation	• Unternehmensspezifische Wertschöpfungsstrategien • Stark individuelle Prozesse • Von Commitment geprägte Kommunikation • Hierarchische Zusammenarbeit	• Integrierte Wertschöpfungsstrategien / vereinte und sich gegenseitig ergänzende Kompetenzen • Integrierte Prozesse • Auf Vertrauen basierende intensive Kommunikation • Volle Vernetzung und Integration von Spezialwissen
3. Zugriff	• Lokale bzw. unternehmensspezifische Standards • Unabhängige Unternehmensplanung und -kontrolle • Unabhängige Ressourcen und Investitionen • Lose Zusammenarbeit	• Gemeinsame Zielvereinbarungs- und Eskalationsprozesse basierend auf einheitlichen Standards • Integrierte Unternehmensplanung und -kontrolle • Gemeinsame Ressourcen und Investitionen • Intensive Zusammenarbeit
4. Risiko	• Kurzfristige Gewinnmaximierung • Einfache vertragliche Regelung von Informationsaustausch	• Gemeinsame Gewinn- und Risikoteilung • Verträge zur Sicherung von Intellecutal Property

Abbildung 23: Paradigmenwechsel in den Formen der Zusammenarbeit
Quelle: Roland Berger Strategy Consultants

Vereinfacht lassen sich sechs Grundarten der Kooperation zwischen den Beteiligten der automobilen Wertschöpfungskette unterscheiden (Abbildung 24). Nachfolgend wird für jede dieser Grundarten ein erfolgreiches Beispiel beschrieben und versucht, daraus die Erfolgsfaktoren für eine intensivere Kooperation in der Automobilindustrie abzuleiten.

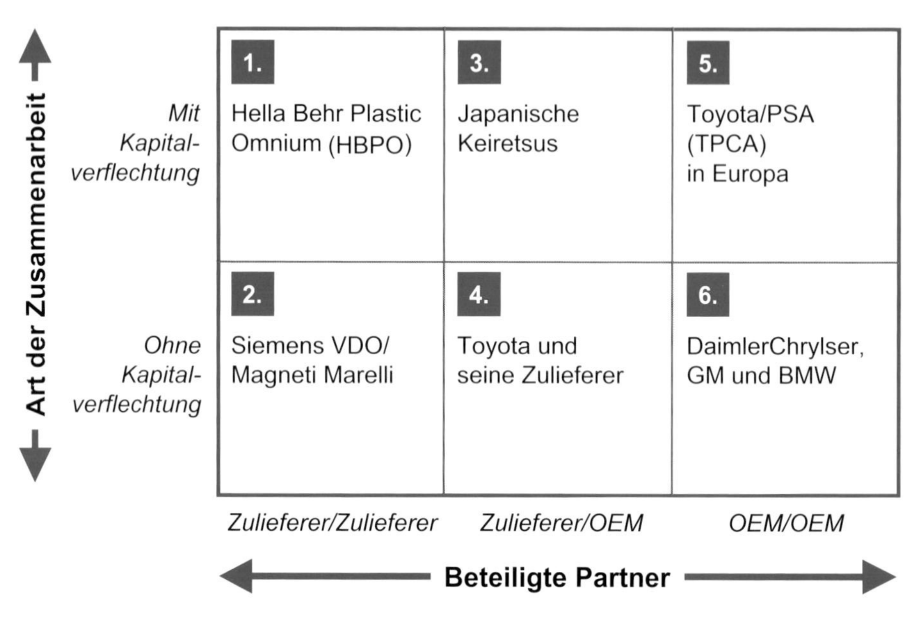

Abbildung 24: Kooperationsarten in der Automobilindustrie
Quelle: Roland Berger Strategy Consultants

Joint Ventures zwischen Zulieferern – Das Beispiel HBPO (Hella-Behr-Plastic Omnium)

HBPO ist ein hervorragendes Beispiel für eine erfolgreiche Kooperation zwischen Zulieferern mit Kapitalverflechtung. Der führende Lieferant von Front-End-Modulen ist in zwei Schritten zwischen 1999 und 2004 aus Teilen der Zulieferer Behr, Hella und Plastic Omnium Auto Exterior entstanden. Heute stellt er ein gemeinsam getragenes, rechtlich selbstständiges Gebilde mit insgesamt acht Standorten in Nordamerika, Europa und Asien dar (Abbildung 25).

Innerhalb kurzer Zeit wurde HBPO im Sprachgebrauch der Branche zur „Module Company". HBPO hat sich kundenorientiert ausgerichtet und das ehrgeizige Ziel gesteckt, bei Front-End-Modulen die klare Weltmarktführerschaft zu erlangen. Ende 2004 betrug der weltweite Marktanteil bereits 23 Prozent.

HBPO ist eine Erfolgsgeschichte. Vier Faktoren haben wesentlich dazu beigetragen:

- Attraktives Marktsegment: Der Markt für Front-End-Module hat sich in den zurückliegenden Jahren bereits sehr positiv entwickelt. Bis zum Jahr 2010 ist mit einer Steigerung des weltweiten Absatzvolumens um bis zu 25 Prozent pro Jahr zu rechnen.

Umsatzentwicklung HBPO (Mio. EUR)

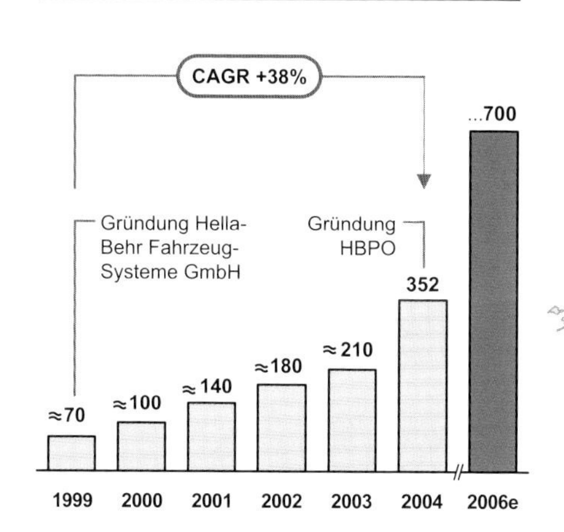

Standorte HBPO

Abbildung 25: HBPO im Überblick
Quelle: Unternehmensinformationen HBPO

- Komplementarität: Das Joint Venture kombiniert in idealer Weise die Licht- und Elektronikexpertise von Hella mit dem Kühler- und Klima-Know-how von Behr sowie dem Know-how über Karosserieteile, Stoßfänger und Crashmanagement von Plastic Omnium Auto Exterior. Alle drei Unternehmen gehören zu den innovativsten Vertreten ihrer jeweiligen Produktbereiche (Plastic Omnium: zahlreiche Neuentwicklungen im Fußgängerschutz sowie bei den immer wichtiger werdenden Spaltmaßen und -verläufen; Hella: neue Lichttechnologien wie Dioden). Die drei Partner haben außerdem sich ergänzende Kundengruppen in das Joint Venture eingebracht.
- Kultureller Fit: Die drei Joint-Venture-Partner besitzen eine vergleichbare Unternehmens- und Führungskultur, beispielsweise eine eher langfristige Ausrichtung der Unternehmenspolitik. Generell sind solche weichen Faktoren von enorm hoher Bedeutung für den Erfolg von Joint Ventures.
- Flexibilität: Das Joint Venture zeichnet sich durch hohe Flexibilität aus. Im Mittelpunkt stehen der Kunde und seine Anforderungen. Die erst vor Kurzem erfolgte Aufnahme von Plastic Omnium in den Verbund ist ein Resultat dieser Ausrichtung.

Diese Faktoren werden auch bei der Untersuchung zahlreicher anderer erfolgreicher Joint Ventures bestätigt.

Strategische Allianzen zwischen Zulieferern – Das Beispiel Siemens VDO/Magneti Marelli

Die strategische Allianz zwischen Siemens VDO und Magneti Marelli ist ein völlig anders gelagerter Fall. Hier haben sich zwei direkte Wettbewerber Ende 2004 zur Zusammenarbeit entschieden – als Antwort auf die dominante Position von Bosch auf dem Gebiet der Diesel-Einspritzsysteme (Abbildung 26).

Marktanteile Diesel-Einspritzsysteme, weltweit (2004)

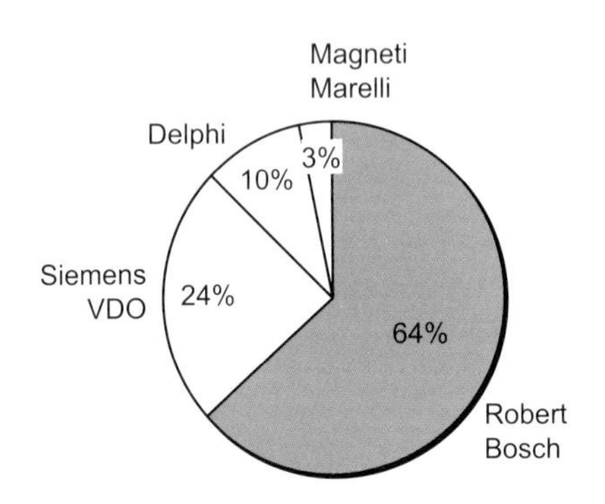

Eckpunkte der Kooperation

- **Verkündung**: Oktober 2004
- **Geplanter Produktionsstart**: 2007
- **Gegenstand:**
  Gemeinsame Entwicklung einer neuen Generation von Diesel-Einspritzsystemen für kleinere und mittelgroße Motoren
- **Ziel:**
  Deutliche Marktanteilsgewinne für die beiden beteiligten Unternehmen

Abbildung 26: Ziel der Kooperation von Siemens VDO und Magneti Marelli
Quelle: Unternehmensinformationen

Bis 2007 wollen beide Partner gemeinsam eine neue Generation von Diesel-Einspritzsystemen für kleinere und mittelgroße Motoren entwickeln. Obwohl sie in direktem Wettbewerb stehen, ist die Kooperation für beide Unternehmen vorteilhaft:

- Komplementäre Technologien: Die neuen Systeme kombinieren die von Magneti Marelli gemeinsam mit Fiat entwickelten magnetischen Einspritzdüsen mit der Einspritztechnologie von Siemens VDO. Die elektronische Steuereinheit wird von Magneti Marelli allein entwickelt.
- Schutz des Intellectual Property: Für beide Parteien wurden im Rahmen von Verträgen sehr hohe Austrittsbarrieren geschaffen. Das Intellectual Property beider Parteien ist somit gesichert – dies ist in der Regel der kritischste Punkt bei derartigen Kooperationen.

Eine wesentliche Herausforderung der Kooperation von Siemens VDO und Magneti Marelli besteht in dem sich teilweise überlappenden Kundenportfolio für das gleiche Produkt sowie im nur eingeschränkt möglichen Zugriff auf die Ressourcen der einzelnen Partner.

Enge Kooperation mit Kapitalverflechtung zwischen Hersteller und Zulieferern – Die japanischen Keiretsus

Im europäischen und amerikanischen Markt sind Kapitalbeteiligungen zwischen Herstellern und Zulieferern eher die Ausnahme – von einigen historisch bedingten Beziehungen wie Faurecia/PSA oder Magneti Marelli/Fiat einmal abgesehen.

In Japan hingegen sind die engen Verflechtungen zwischen Fahrzeugherstellern und Zulieferern – „Keiretsu" genannt – seit vielen Jahrzehnten ein Kernelement der automobilen Wertschöpfungskette. So zum Beispiel bei Toyota: Insgesamt gehören dem über gegenseitige Kapitalverflechtungen und langjährige Geschäftsbeziehungen zusammengehaltenen Netzwerk 822 einzelne Zulieferer an. Die vier wichtigsten sind dabei Denso, Aisin Seiki, Aisin AW und Toyota Industries (Abbildung 27).

Zwischen diesen Unternehmen werden häufig auch Joint Ventures gegründet, wie beispielsweise Advics (Sumitomo, Denso und Aisin Seiki), FTS (Toyoda Gosei und Horie Metal) oder Favess (Koyo Seiko, Toyoda Machine Works und Denso). Sie begleiten Toyota auch beim Aufbau neuer Werke, wie zum Beispiel Denso, Aisin Seiki und Aisan Industries im Falle des neuen Toyota/PSA-Werkes im tschechischen Kolin.

Neben der gegenseitigen Kapitalverflechtung sind die Keiretsus noch durch zwei weitere wesentliche Faktoren geprägt:

- Partnerschaftliche Kooperation: Die Zusammenarbeit im Keiretsu zeichnet sich durch eine Kultur des Vertrauens und des Voneinander-Lernens aus. Toyota, Honda oder Nissan helfen beispielsweise ihren Zulieferern, sich durch Einführung

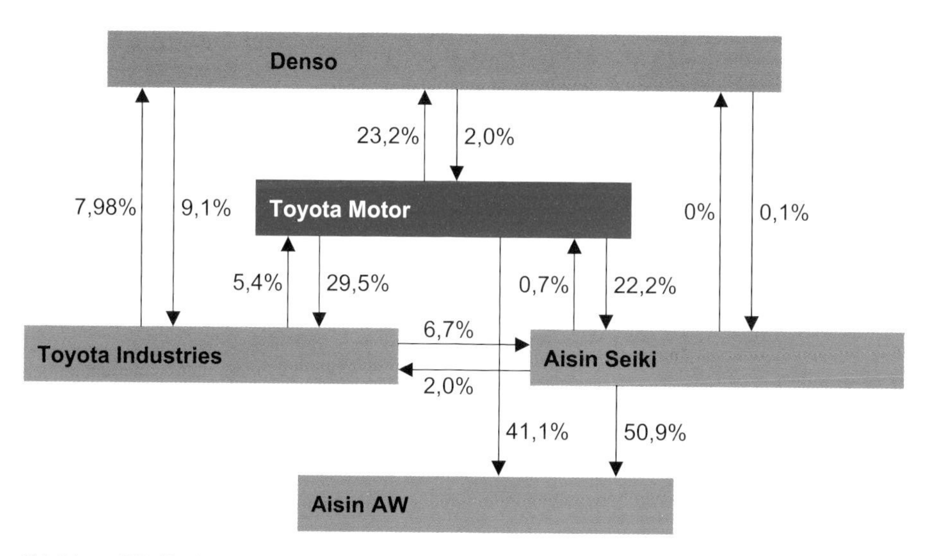

Abbildung 27: Kapitalverflechtungen zwischen Toyota und seinen vier wichtigsten Zulieferern
Quelle: SupplierBusiness.com

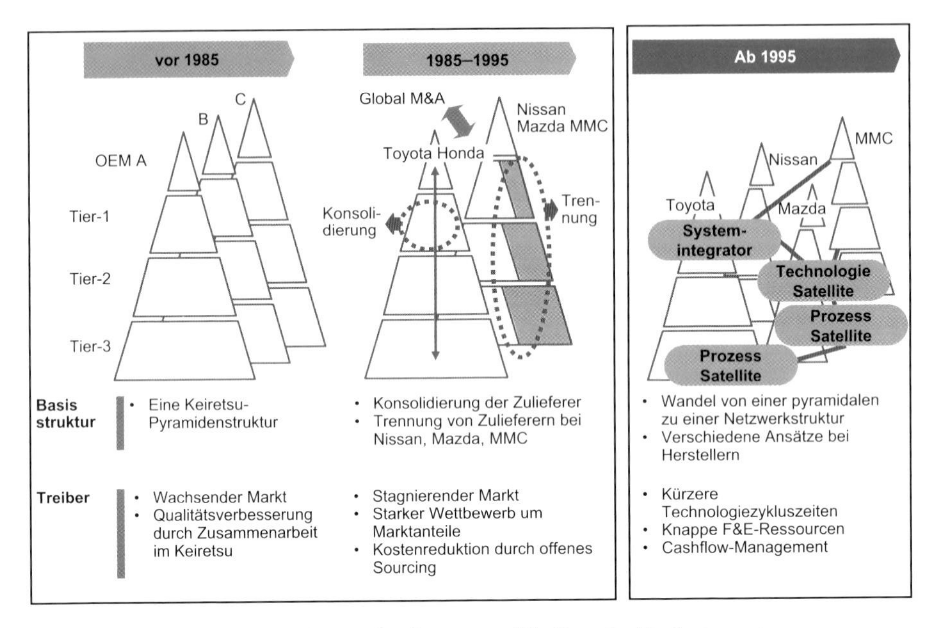

Abbildung 28: Veränderte Keiretsu-Strukturen und Treiber der Veränderung
Quelle: Roland Berger Strategy Consultants

und Perfektionierung effizienter Produktionssysteme permanent zu verbessern. Ist der Zulieferer bereit für diese enge Zusammenarbeit, so kann er sich im Gegenzug in der Regel auch sicher sein, langfristig Partner zu bleiben – die Wahrscheinlichkeit, Nachfolgeaufträge zu bekommen, liegt bei annähernd 100 Prozent.

- Enge Planungskoordination: Die Unternehmen im Keiretsu stimmen ihre Planungen sehr eng ab. Dies gilt sowohl für die eher langfristige Technologie- und Investitionsplanung als auch für eher kurzfristige Änderungen in der Volumenplanung.

Einziger Nachteil dieses Systems war in der Vergangenheit der fehlende oder zumindest beschränkte Wettbewerb zwischen den einzelnen Unternehmen. Deshalb haben die Hersteller in den letzten Jahren intensiv am Umbau der traditionellen Keiretsu-Strukturen gearbeitet (Abbildung 28).

Enge Kooperation ohne Kapitalverflechtung zwischen Hersteller und Zulieferern – Das Beispiel Toyota

Im Zuge seiner Internationalisierung hat sich Toyota in den vergangenen Jahren nichtjapanischen Zulieferern gegenüber deutlich geöffnet und es dabei geschafft, die kooperative Art der Zusammenarbeit aus den Keiretsus auf den Umgang mit diesen

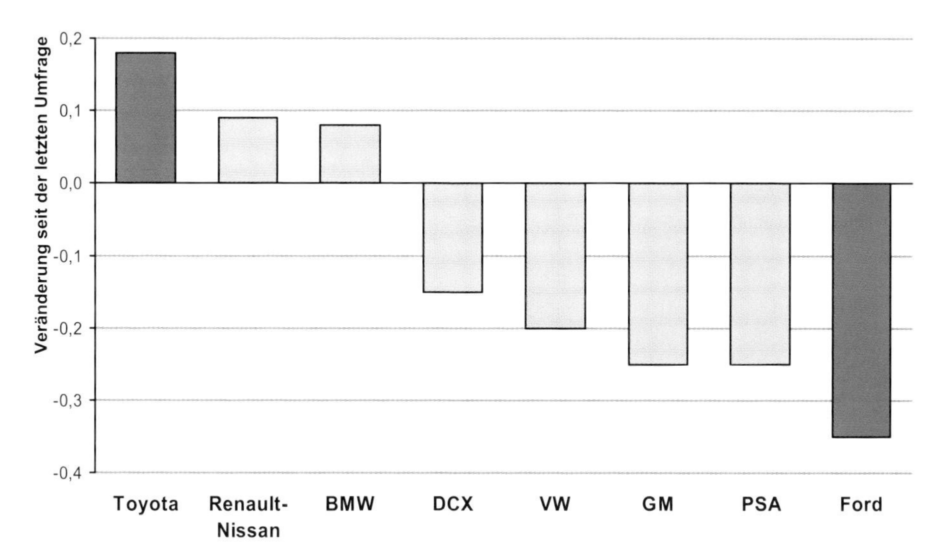

Abbildung 29: Wertschätzung der Zulieferer-Fähigkeiten durch Hersteller, 2004
Quelle: SupplierBusiness.com

neuen Zulieferern zu übertragen. Dies kommt in Befragungen der Zulieferer über ihre Zufriedenheit mit den Herstellern zum Ausdruck, in denen Toyota regelmäßig auf Platz eins landet (Abbildung 29).

Die Ansprüche von Toyota gegenüber seinen Zulieferern sind hoch. Die Qualitätsstandards suchen in der Automobilindustrie ihresgleichen. Auch auf der Kostenseite kommt es nicht selten vor, dass Toyota-Einkäufer ihren Zulieferern erklären, dass ein bestimmtes Teil in der nächsten Generation 30 Prozent weniger kosten muss.

Doch im Gegensatz zu anderen Herstellern ist Toyota davon überzeugt, diese Ziele nur über sehr enge Kooperation mit den Zulieferern verwirklichen zu können. Mit anderen Worten: Toyota setzt nicht nur Ziele, sondern hilft seinen Zulieferern auch, diese zu erreichen.

Dies geschieht über vier wesentliche Instrumente:

- Gegenseitiges Verständnis: Toyota bemüht sich, das Geschäft seiner Zulieferer annähernd so gut zu verstehen wie diese selbst. Führungskräfte aller Ebenen besuchen hierzu regelmäßig Toyota-Zulieferer. Zusätzlich wird die Leistung der Zulieferer über ein umfangreiches Controlling-System permanent verfolgt und analysiert.
- Intensive Schulung: Innerhalb der Einkaufsabteilung hat Toyota eine Gruppe namens SPM (Supplier Production Management) etabliert. Diese hilft den Zulieferern aktiv bei der laufenden Perfektionierung ihres Produktionssystems (Kaizen).

- Permanente technische Unterstützung: Jedem Zulieferer ist eine Reihe von Toyota-Ingenieuren fest zugeordnet. Ziel ist es, Probleme zu beheben, bevor sie überhaupt auftauchen. Sollten dennoch Probleme zu Tage treten, beispielsweise bei Neuanläufen, wird die Unterstützungsmannschaft sofort verstärkt.
- Multilateraler Best-Practice-Austausch: Toyota organisiert regelmäßige Treffen und Konferenzen zum systematischen Best-Practice-Austausch zwischen seinen Zulieferern.

Diese Art der Kooperation im Verhältnis von Hersteller und Zulieferer ist ein wesentlicher Grund für den Aufstieg Toyotas zum erfolgreichsten Automobilhersteller der Welt.

Joint Ventures zwischen Herstellern – Das Beispiel TPCA (Toyota Peugeot Citroën Automobile)

Nach Ende der „Mergermania“ unter den Fahrzeugherstellern gewinnen auf einzelne Projekte bezogene Kooperationen – sei es im Motorenbau oder in der Fahrzeugmontage – wieder stärker an Bedeutung. Ein gutes – weil sehr aktuelles – Beispiel ist die Kleinwagenkooperation zwischen PSA und Toyota.

2002 entschlossen sich Toyota und PSA, im tschechischen Kolín ein Werk für die Fertigung der drei auf einer gemeinsamen Plattform entwickelten Modelle Peugeot 107, Toyota Aygo und Citroën C1 zu errichten. Das Werk ist auf eine Stückzahl von 300.000 Einheiten ausgelegt, Produktionsstart war Anfang 2005.

Das Projekt ist durch drei wesentliche Faktoren gekennzeichnet:

- Homogene Zielsetzungen der Partner: Toyota und PSA wollen in Kolín kleine, moderne, technologisch interessante und qualitativ hochwertige Fahrzeuge zu einem niedrigeren Preis für den europäischen Markt fertigen.
- Aufgabenverteilung gemäß Kernkompetenzen: PSA ist angesichts seiner guten Kenntnis des europäischen Zulierermarktes sowie der ausgereiften Dieseltechnologie für die Bereiche Einkauf und Dieselmotoren zuständig. Toyota dagegen steuert sein Toyota Production System bei und ist gleichzeitig verantwortlich für Benzinmotoren.
- Eindeutige und faire Spielregeln: Die Entwicklungskosten wurden von beiden Parteien anteilig übernommen. Die Investitionen ins Werk dagegen werden nach produzierten Stückzahlen auf die drei Marken verrechnet.

Noch bleibt abzuwarten, welche Leistung das Joint Venture auf Dauer erbringt. Nach heutigem Stand jedoch sind die Erwartungen eindeutig positiv.

Kooperationen zwischen Fahrzeugherstellern – Das Beispiel DaimlerChrysler, GM und BMW

Ende 2004 haben DaimlerChrysler und GM angekündigt, gemeinsam die Entwicklung eines „Two-Mode"-Hybridantriebs vorantreiben zu wollen. Im September 2005 hat sich auch BMW dieser Allianz angeschlossen.

Noch ist offen, ob die Kooperation von größerem Erfolg gekennzeichnet sein wird als etwa die 1999 von DaimlerChrysler, GM und Ford gemeinsam gegründete elektronische Einkaufsplattform Covisint. Damals hatte die ganze Automobilindustrie große Erwartungen in Covisint gesetzt, die sich dann aufgrund technischer Probleme, Managementfehlern sowie Uneinigkeit zwischen den beteiligten Automobilherstellern nicht erfüllten. 2003 trennten sich die Gründungsunternehmen von ihren Beteiligungen am Marktplatz.

Doch im Falle der Hybrid-Kooperation stehen die Chancen nicht schlecht, denn das Vorhaben erfüllt einige zentrale Voraussetzungen für erfolgreiche Kooperationen:

- Handlungsdruck und Win-Win-Situation: Die drei Hersteller eint ein großes Problem: In der sich immer stärker durchsetzenden Hybrid-Technologie haben sie den Anschluss an die japanischen Konkurrenten Toyota und Honda verloren. Während Fahrzeuge wie der Toyota Prius von Absatzrekord zu Absatzrekord eilen, haben weder GM noch DaimlerChrysler oder BMW einen serienreifen Hybridantrieb im Angebot – in Zeiten dramatisch steigender Spritpreise und immer strengerer Umweltvorschriften eine echte Gefahr. Durch die Kooperation werden nicht nur die Entwicklungskosten für die einzelnen Partner reduziert – viel wichtiger noch ist der zu erwartende Zeitgewinn. So planen DaimlerChrysler und GM, die neue Technologie bereits 2007 in Fahrzeugen wie dem Chevrolet Tahoe, dem GMC Yukon oder dem Dodge Durango auf dem nordamerikanischen Markt einzusetzen.
- Klare Aufgabenteilung: Alle Parteien bringen ihre derzeitigen Forschungsstände im Bereich Hybridantrieb in die Kooperation ein. Ziel ist es, gemeinsam ein modulares Gesamtsystem zu entwickeln. DaimlerChrysler wird dabei die Entwicklung heckgetriebener Hybridsysteme für Limousinen anführen, während GM die Entwicklung für Frontantrieb-, Allrad- und Geländefahrzeuge leitet. Den Einsatz und die Integration des Antriebsmoduls in die Modellpalette übernimmt anschließend jedes Unternehmen in Eigenregie.
- Klare vertragliche Vereinbarung: Im Rahmen vertraglicher Regelungen wurde das eingebrachte Know-how klar fixiert, beispielsweise die zehnjährige Erfahrung von Mercedes-Benz und Chrysler sowie das Know-how und die Prototypen von GM.

Zwischenfazit: Intensivere Kooperation erforderlich

Nur über intensivere Kooperation werden Hersteller und Zulieferer neue Effizienzsteigerungspotenziale in der automobilen Wertschöpfungskette realisieren können. Kooperationen zwischen Zulieferern ermöglichen die Erschließung neuer Marktsegmente auf Produktebene und auf regionaler Ebene. Bessere Kooperation zwischen Herstellern und Zulieferern hilft Letzteren, ihre Aktivitäten noch genauer an denen ihrer Kunden auszurichten und so beispielsweise den Aufbau von Leerkapazitäten zu verhindern. Kooperationen zwischen Herstellern wiederum reduzieren in Zeiten sich immer schneller wandelnder Märkte das Investitionsrisiko aller Beteiligten.

Dennoch – und dies zeigen zahlreiche weniger erfolgreiche Beispiele – sind einige allgemein gültige Spielregeln zu beachten:

- Klare Zielsetzung für das gemeinsame Vorhaben
- Homogene Unternehmenskulturen und Fit der handelnden Personen
- Klare und kompetenzorientierte Aufgabenverteilung
- Faire Verteilung der Chancen und Risiken
- Klare und vertraglich festgeschriebene Regeln zur Konfliktlösung

Alle diese Punkte sind bereits bei der Konzeption der Kooperation zu bedenken und müssen entsprechend im Vertragswerk verankert werden.

Fazit: Drei zentrale Herausforderungen für alle Beteiligten der automobilen Wertschöpfungskette

In Zeiten steigenden Kosten- und Wettbewerbsdrucks müssen die Automobilhersteller und ihre Zulieferer mehr denn je nach operativer Exzellenz streben – ansonsten werden sie vom Markt verschwinden.

Die detailliert beschriebenen Hebel Wertschöpfungsverteilung, physische Leistungserbringung und Geschäftsmodell spielen auf diesem Weg eine zentrale Rolle. Dies hat unsere Untersuchung zahlreicher erfolgreicher und weniger erfolgreicher Unternehmen über die letzten Jahre ergeben. Nur wem es gelingt, seine zukünftigen Kernkompetenzen marktgerecht festzulegen und seine Standort-Netzwerke kostenoptimal zu gestalten, wird überlebensfähig sein. Der wesentliche Schlüssel zur Bewältigung dieser Aufgaben ist ein Mehr an bewusst gestalteter Kooperation.

Herausforderung Technologie – Fortschritt oder Falle?

Silvio Schindler, Roland Berger Strategy Consultants

Einleitung

In den etablierten Triademärkten sehen sich die Automobilhersteller mit einer angespannten Marktsituation konfrontiert: Die Absätze stagnieren seit Jahren, die gesetzlichen Rahmenbedingungen haben sich verschärft und die Kunden sind immer anspruchsvoller und ihre Wünsche immer individueller geworden. Um dem Bedarf nach Individualisierung gerecht zu werden, ist eine Fülle neuer Modelle und Fahrzeugsegmente entstanden. Diese Reizüberflutung und die dadurch verursachte abnehmende Kundenloyalität führten dazu, dass die zielkundengerechte Positionierung der Marke und die Differenzierung zum Wettbewerb zentrale Erfolgsfaktoren geworden sind. Während Volumenhersteller sich im Markt eher durch attraktive Preise differenzieren, ist bei den Premiummarken eine Schlacht um die Führerschaft bei Technologie und Exklusivität entbrannt. Bei dem Versuch, sich zum Wettbewerb zu differenzieren, haben technologische Fortschritte insbesondere in der Elektronik den Herstellern geholfen, die Grenze des Machbaren in der Technologieentwicklung immer weiter zu verschieben und den HighTech-Anteil in Premiumfahrzeugen sprunghaft zu erhöhen.

Allerdings mussten verschiedene Hersteller erleben, dass auch eine Vielzahl von technischen Innovationen im Fahrzeug kein Garant für den Erfolg am Markt ist. Immer wenn der Mehrwert der technischen Innovation sich dem Zielkunden nicht direkt erschloss oder seine Erwartungen an die Marke nicht widerspiegelte, ließen sich Absatzerwartungen nicht erfüllen. Manche Hersteller machten zudem die schmerzhafte Erfahrung, dass Kunden nur ausgereifte Technologien akzeptieren und dass ein unzureichender technologischer Reifegrad von Innovationen der Marke erheblichen Schaden zufügen kann.

Premiumhersteller stecken nun in einem Dilemma: Auf der einen Seite sind sie gezwungen, bei jeder neuen Produkteinführung mit immer neuen innovativen Technologien ihre Premiumpositionierung zu unterstreichen und zur Positionierung und Differenzierung ihrer Marke beizutragen. Hinzu kommt, dass neue Technologien einem sich permanent beschleunigenden Diffusionsmechanismus unterliegen und immer schneller in untere Baureihen hineindiffundieren oder vom Wettbewerb übernommen werden. Auf der anderen Seite führt der Wettbewerb alternativer Hochtechnologien in Verbindung mit den Aufwendungen zur Beherrschung der Qualität zu einem signifikanten Anstieg bei Komplexität und Kosten, der so in Zukunft nicht mehr tragbar ist.

Um der Komplexitäts- und Kostenfalle zu entkommen, müssen sich die Hersteller auf die entscheidenden Technologien beschränken. Dies erfordert den Wandel von dem bisherigen „Technologie weckt Bedarf"-Ansatz, der Realisierung des technisch Machbaren, hin zu einem „Technologie-generiert-Mehrwert"-Ansatz, der den Kunden in den Mittelpunkt der Technologieentwicklung stellt. Führende Hersteller haben erkannt, welche Chancen die konsequente Umsetzung dieses Ansatzes für die Markenpositionierung, die Schärfung des Markenprofils und die Differenzierung zum Wettbewerb bietet. Positive und negative Umsetzungsbeispiele bei teilweise denselben Herstellern zeigen aber auch, dass Licht und Schatten noch eng beieinander liegen. Die Herausforderung liegt darin, die Kundenorientierung systematisch und flächendeckend in die gesamte Organisation zu integrieren. Der Erfolgsfaktor für Premiumhersteller heißt künftig „kundenorientiertes Technologiemanagement".

Status quo: Technologieentwicklung ohne Kundenfokus

Technologieentwicklung im Wandel

Wettbewerbsdruck erzeugt Innovationsfeuerwerk

Weltweit stehen die Automobilhersteller heute vor vielfältigen und dazu regional höchst unterschiedlichen Herausforderungen. In Chancenmärkten wie Asien können sich die OEMs nach wie vor über vielversprechende Absatzpotenziale freuen. Hier geht es im Wesentlichen um die Wahl der passenden Marktstrategie, des richtigen lokalen Partners und den erfolgreichen Aufbau eines adäquaten Vertriebsnetzes. Dagegen sehen sich die OEMs in den etablierten Triademärkten, den USA, Europa und Japan, mit weit vitaleren Herausforderungen konfrontiert. Sie agieren in einem schwierigen Umfeld. Seit Jahren stagnieren die Märkte. Die gesetzlichen Rahmenbedingungen haben sich verschärft und die Kundenwünsche sind immer individueller und differenzierter geworden.

Generell hat sich ein makroökonomischer Trend hin zur Individualisierung der Gesellschaft herausgebildet. Dieser Trend hat alle Verbrauchermärkte erfasst und überall zu einer Explosion des Angebots geführt. Beispielsweise listet der Uhrenhersteller Seiko heute mehr als 3.000 Uhren im Programm, Philips vermarktet über 800 verschiedene Fernseher, die Anzahl der Zeitschriftentitel hat sich in den letzten zehn Jahren verdoppelt und in einem durchschnittlichen Supermarkt hat sich das Angebot, verglichen mit dem Ende der fünfziger Jahre, von 4.000 auf weit über 20.000 Produkte erhöht.

Auch die Automobilindustrie ist von diesem Trend nicht verschont geblieben. Um die Kundenbedürfnisse zielsegmentspezifisch befriedigen zu können und dem Bedarf nach Individualisierung der Fahrzeuge und Fahrzeugkonzepte entgegenzukommen, haben die Hersteller ihre Modellpaletten erheblich verbreitert. In der Folge ist eine Flut neuer Modelle und neuer Fahrzeugsegmente entstanden. War die Anzahl der Fahrzeugsegmente zu Beginn der achtziger Jahre noch auf Limousinen, Coupés, Cabrios und Kombis begrenzt, stehen heute zusätzlich Vans, Minivans, Multi Activity Vehicles (MAV), Sports Utility Vehicles (SUV) und eine Vielzahl von Crossover-Fahrzeugen zur Auswahl. Tendenz steigend. Parallel dazu hat sich der Produktlebenszyklus eines Fahrzeugs in den letzten zwanzig Jahren um circa drei bis vier Jahre reduziert. Lief ein Modell damals in der Regel neun bis zehn Jahre lang, so wird heute bereits alle sechs Jahre ein neues Modell auf den Markt gebracht.

Verschärfend kommt für die Hersteller hinzu, dass Modellneuanläufe meist mit einer Aufwertung der Serienausstattung verbunden sind. Sicherheitsausstattungen wie Airbag, ABS oder ESP werden in Europa vom Kunden mittlerweile als Standard betrachtet. Aber auch der Gesetzgeber stellt an die Fahrzeuge unter Umwelt- und Sicherheitsaspekten immer höhere Anforderungen. Die entstehenden Mehrkosten, wie für die Erfüllung verschärfter Abgasgrenzwerte oder auch für neue Sicherheitssysteme, kann der Hersteller oft nicht an den Kunden weiterreichen. Der Kunde erwartet und bekommt „mehr Auto“ zum selben Preis. Ein inflationsbereinigter Vergleich für einen Mittelklassewagen wie den Mercedes C180 zwischen 1993 und 2001 zeigt, dass trotz höherwertiger Serienausstattung, wie ABS, ESP, Airbags und Wegfahrsperre, der Listenpreis für die Basisversion in diesem Zeitraum nahezu unverändert geblieben ist (Abbildung 1).

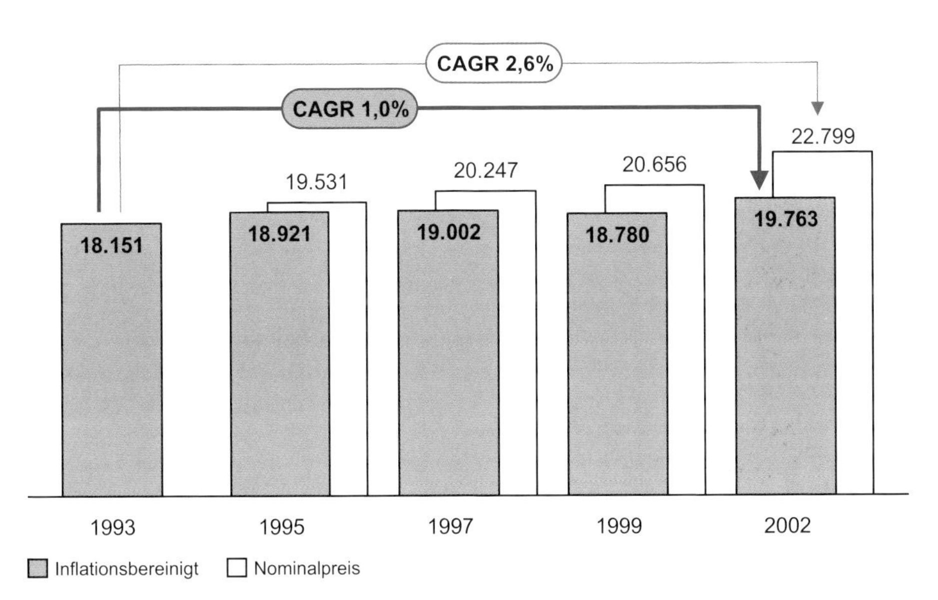

Abbildung 1: Preisentwicklung Mercedes-Benz C-Klasse – Nominal versus inflationsbereinigt (Listenpreis in Euro ohne Mehrwertsteuer ab Werk)
Quelle: Mercedes-Benz; Statistisches Bundesamt

Die Hersteller befinden sich nun in einem Dilemma, das es zu lösen gilt: Sinkende Stückzahlen pro Modellreihe und stagnierende Preise zumindest der Basisversionen auf der einen Seite bei gleichzeitig erhöhten Anforderungen und Ausstattungsumfang auf der anderen Seite.

Entsprechend der Positionierung der jeweiligen Marken im Markt, also je nachdem, ob eine Marke dem Premium- oder dem Volumensegment zuzuordnen ist, haben Hersteller unterschiedliche Schwerpunkte für die Gegenreaktion gesetzt. Volumenmarken, die sich im Markt eher durch attraktive Preise differenzieren, haben ihre Aktivitäten auf Kosteneffizienz und Wirtschaftlichkeit konzentriert. Skaleneffekte insbesondere in Einkauf, Entwicklung und Fertigung, operative Effizienz und globale Präsenz sind hier die wesentlichen Themen. Premiumhersteller haben sich hingegen dem Wettbewerbsdruck in anderer Form stellen müssen: Sie haben in den letzten Jahren intensiv daran gearbeitet, ihre Marke zielkundengerecht zu positionieren und das Markenprofil zu schärfen. In einer Zeit der Reizüberflutung mit in der Folge abnehmender Kundenloyalität und steigendem Wettbewerbsdruck kommt der Differenzierung zum Wettbewerb durch den genetischen Code einer Marke ganz besondere Bedeutung zu. Marken bieten dem Kunden Orientierung und laden das technische Produkt „Automobil" mit Emotionen auf. Marken geben dem Kunden auch die Möglichkeit, sich zu differenzieren und einen bestimmten Lebensstil, eine bestimmte Haltung oder ein bestimmtes Denken auszudrücken. Kunden setzen ihr Vertrauen in die Marken, deren Markenversprechen und Produkte ihre individuellen Bedürfnisse am besten repräsentieren. Grundsätzlich gilt: Je trennschärfer das Profil einer Marke, desto stärker die Anziehungskraft und die Fähigkeit zur Kundenbindung. Premiumhersteller haben in den letzten Jahren ein wahres Feuerwerk an innovativen Technologien gezündet, um das Markenprofil zu schärfen und sich vom Wettbewerb zu differenzieren. Technologische Fortschritte, insbesondere in der Elektronik, ermöglichten es, den Umfang von High-Tech-Funktionen in Premiumfahrzeugen sprunghaft zu erhöhen. Der Wettbewerb innovativer Technologien hat allerdings auch das beschriebene Dilemma, besonders für Premiumhersteller, weiter verschärft, indem sich Komplexität und Kosten, beispielsweise in Forschung & Entwicklung (F& E), nochmals signifikant erhöht haben (Abbildung 2). Um auch in Zukunft wettbewerbsfähig zu sein, arbeiten die Hersteller nun intensiv daran, das aufgezeigte Dilemma zu entschärfen. Konkret stellt sich dabei die Aufgabe, mit weniger Komplexität und Aufwand eine gleich hohe Kundenbindung und Wettbewerbsdifferenzierung zu erreichen. Dies wird nur dann gelingen, wenn die Hersteller die tatsächlichen Bedürfnisse der Kunden besser verstehen und ihre Entwicklungstätigkeiten entsprechend fokussieren können.

Heute noch Innovation, morgen schon Standard

Technische Innovationen waren schon immer die Domäne der Premiumhersteller und ihr Hebel, um sich von den Wettbewerbern zu differenzieren. So hat sich gerade

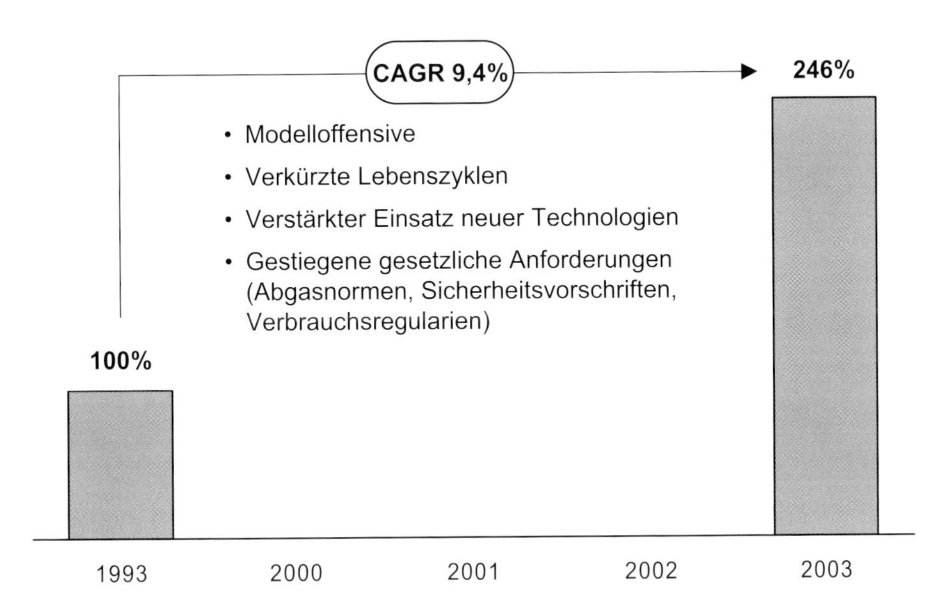

Abbildung 2: Entwicklung der F&E-Kosten je Fahrzeug (inflationsbereinigt) – Beispiel Premiumhersteller
Quelle: Roland Berger Strategy Consultants; DaimlerChrysler; Statistisches Bundesamt

DaimlerChrysler mit richtungsweisenden Innovationen – wie selbsttragender Karosserie und Insassenschutz in den sechziger Jahren, der Einführung von ABS in den Siebzigern, der Einführung des Airbags in den Achtzigern oder der Einführung von ESP in den Neunzigern – einen Ruf als Innovationsführer und damit die Rechtfertigung seiner Positionierung als Premiumhersteller erarbeitet. Der Zeitraum, für den technische Innovationen ein Alleinstellungsmerkmal garantieren, wird allerdings immer kürzer. Das ABS-System hatte nach circa 20 Jahren eine Marktdurchdringungsrate von 40 Prozent erreicht. Heute zählt ABS in nahezu allen in Deutschland angebotenen Fahrzeugen zur Serienausstattung. Dagegen erzielte ESP, das 1994 erstmals zum Einsatz kam, in nur zehn Jahren dieselbe Durchdringungsrate. Das Beispiel zeigt, dass technologische Innovationen, die zunächst für Premiumfahrzeuge entwickelt wurden, immer schneller von oben nach unten in die Volumensegmente hinein diffundieren. Dies sorgt dafür, dass Technologien immer schneller ihre differenzierenden Eigenschaften verlieren. Das betrifft besonders Premiummarken, da hierdurch Anziehungskraft der Marke und Kundenloyalität verloren gehen. Für Volumenhersteller hingegen stellt sich die Problematik in dieser Form nicht. Ihr Differenzierungspotenzial liegt eher im attraktiven Preis. Sie profitieren von dem Diffusionsmechanismus und realisieren mit einem gewissen Zeitverzug neue Technologien unter Nutzung hoher Stückzahlen und der damit einsetzenden Kostendegression. Dieser Effekt kommt letztlich auch den Premiumfahrzeugen wieder zugute.

Die richtige Mischung aus Emotion und Innovation

Um in dieser Situation nicht austauschbar zu werden, müssen Premiumhersteller intensiv an der Wahrnehmung der Marke, ihrer glaubhaften Positionierung und trennscharfen Abgrenzung zum Wettbewerb sowie an stimmigen Markenwerten arbeiten. Wollen Premiumhersteller als Innovationsführer gelten, besteht der Zwang, immer wieder neue Technologien entwickeln und möglichst früh – nämlich vor den Wettbewerbern – in den Markt einführen zu müssen. Wegen der höheren Margen will mittlerweile fast jeder Autohersteller zu den Premiummarken zählen. Inzwischen erheben sogar Autohersteller wie Subaru, die bislang eher durch Robustheit aufgefallen sind, den Premiumanspruch – doch mit einzelnen High-Tech-Komponenten und Zuverlässigkeit allein ist es nicht getan. In Deutschland hat sich der Anteil von führenden europäischen Premiumherstellern (Audi, BMW, Jaguar, Mercedes-Benz, Porsche, Saab, Volvo) an den Neuzulassungen von Anfang der neunziger Jahre bis heute von circa 20 auf circa 30 Prozent erhöht. Weltweit decken deutsche Premiumfabrikate heute 40 Prozent des gesamten Premiummarktes ab – in den Luxussegmenten weitet sich dieser Anteil sogar auf bis zu 80 Prozent aus. Doch worin liegt das Erfolgsgeheimnis?

„Entscheidend für den Erfolg sind die richtige Mischung aus Emotionalität und Substanz sowie eine konsequente Markenführung“, sagt Kay Segler, Markenchef von Mini, und der muss es wissen – gilt doch der Mini als Lehrstück in Sachen Markenpositionierung (Quelle: Automobilwoche edition). Bei der Neuentwicklung des Mini wurde verstanden, dass die Beziehung des Mini-Kunden zu seinem Fahrzeug eine ganz besondere ist. Die grundlegende technische Konzeption des alten Mini – also das Go-Cart ähnliche Fahrverhalten, die Sitzposition zentral am Lenkrad und die kurzen Überhänge – durfte daher nicht angetastet werden. Die Charakteristik des Motors ist dagegen für den Mini-Kunden weniger wichtig – ganz im Gegensatz zum BMW-Kunden. Kooperationen von BMW mit anderen Volumenherstellern wie PSA bei der Entwicklung des Mini-Motors haben deshalb dem Erfolg nicht geschadet. Über die technische Konzeption hinaus wurde alles möglichst authentisch und markenspezifisch gestaltet, vom Vertrieb über Service, Marketing und Kommunikation, um die spezifischen Bedürfnisse der Mini-Kunden zu befriedigen und das „Mini-Feeling“ erfolgreich in die neue Generation hinüberzuretten. Sogar Mitarbeiter und externe Berater wurden unter dem Motto „Are you Mini?“ danach ausgewählt, ob sie zur Marke passen.

Ein weiteres Beispiel der erfolgreichen Markenpositionierung – sogar noch schwieriger, der gelungene vollständige Imagewechsel – ist die Erfolgsgeschichte von Audi. In den letzten 25 Jahren ist es Audi gelungen, das aus der Vorgängermarke DKW übernommene biedere Image abzustreifen und zu einem der führenden Premiumhersteller zu werden. Den Slogan „Vorsprung durch Technik“ hat Audi durch die Einführung des damals revolutionären Allrad-Antriebs – mit vielfältigen Innovationen wie dem Torsen-Differenzial – konsequent und für jeden Kunden „erfahrbar“ in seinen Fahrzeugen umgesetzt. Der legendäre Rallye-Quattro S1 hat Maßstäbe im Motorsport gesetzt und lange Zeit seine Wettbewerber dominiert. Die Überlegenheit dieser technischen Innovation hinsichtlich Fahrdynamik und Fahrsicherheit konnte den Kunden nicht eindrücklicher demonstriert werden, und gleichzeitig wurde damit für die notwendige Portion Emotion gesorgt. Ausschlaggebend für den erfolgreichen Imagewechsel war die Akzeptanz der technischen Konzeption durch den Kunden. Diese wurde erreicht, indem ein für den Kunden „erfahrbarer" Mehrwert in den für ihn zentralen Technologiesegmenten „Fahrdynamik" und „Sicherheit" geschaffen wurde. Ein Mehrwert, der mit dem Motto der Marke Audi („Vorsprung durch Technik") übereinstimmt und der die Marke Audi trennscharf von ihren Wettbewerbern differenziert.

Technologieentwicklung am Kunden vorbei

High-Tech ohne Kundenmehrwert scheitert

Allerdings sind nicht alle Positionierungsversuche der Hersteller so gut geglückt. So fällt es dem Mutterhaus von Audi schwer, die Marke VW nachhaltig als Premiummarke zu etablieren. Zwar ist der Geländewagen Touareg ein großer Erfolg, das Flaggschiff Phaeton kommt jedoch nicht so richtig in Fahrt. Bei der Markteinführung des Golf V konnte auch die Vielzahl an technischen Innovationen den fehlenden Premiumbonus nicht ausgleichen. Erst Preisnachlässe in Form von kostenfreien Klimaanlagen kurbelten den Absatz an. Ursache hierfür war insbesondere, dass der Mehrwert der technischen Innovationen – wie die elektromechanische Lenkung oder die aufwändige Mehrlenker-Hinterachse – von den Kunden nicht unmittelbar erkannt wurde. Auch die Werbestrategie hat mit Slogans wie „Der neue Golf fährt in Kurven rein und jetzt auch wieder raus" diesen Mehrwert nicht gerade transparent gemacht. Dafür hat die Presse handwerkliche Defizite umso stärker betont, zum Beispiel in der Anmutung des Interieurs – welche allerdings klar markenprägend und premiumrelevant ist. So wurde der an sich innovative Golf V bei der Vorstellung in der Autobild mit Aussagen bedacht wie: „Nachlassende Liebe zum Detail", „in der Anmutung eher Rück- als Fortschritt" und „Entwicklung findet beim Golf V im Verborgenen statt" (Anmerkung: gemeint waren Fahrwerk und Lenkung).

Auch BMW musste bei der Einführung des iDrive-Konzepts die Erfahrung machen, dass Kunden Innovationen nur dann akzeptieren, wenn sie ihre Bedürfnisse angemessen berücksichtigt sehen. Vom Hersteller bei der Einführung der neuen 7er-Reihe 2001 als bahnbrechende Innovation angepriesen, stieß das System bei den Kunden auf wenig Gegenliebe, da sie es als zu kompliziert empfanden. Mit dem iDrive-Konzept verfolgte BMW die Idee, das Bedienfeld des Fahrers aufzuräumen, gleichzeitig mehr Funktionen anzubieten und klare hierarchische Strukturen in der Fahrzeugbedienung zu schaffen: Alle sekundären Funktionen wie Infotainment, Navigation, Telematik, Audio und Video sollten zentral zusammengeführt werden. BMW und seinen Kooperationspartnern ist es gelungen, durch einen 8-Wege-Drück- und Drehknopf über 500 Funktionen anzusteuern. Technisch genial, aber hochkomplex, überforderte das erste iDrive-System die Kunden des 7er-BMW. Bereits fachlich versierte und jüngere Leute brauchten für die erste Bedienung des Systems überdurchschnittlich lange. Die Hauptkunden von Oberklasselimousinen rekrutieren sich aber aus einer anderen Zielgruppe: Zumeist sind es Männer zwischen 45 und 67 Jahren. Diese waren, entsprechend der abnehmenden IT-Affinität mit zunehmendem Alter, oftmals mit der Bedienung überfordert (Abbildung 3).

Die Kundenkritik wurde bei der Konzeption neuerer Versionen des iDrive-Systems berücksichtigt. Bei Einführung der 5er-Reihe wurde das System überarbeitet und deutlich vereinfacht. Trotzdem ist das BMW-System im Vergleich zu anderen Command-Systemen der Oberklasse nach wie vor zu komplex gestaltet. Von allen gängigen Systemen in Oberklasselimousinen ist ein kombiniertes Interface-Konzept für die Kunden am einfachsten zu bedienen. Ein solches Konzept verfügt über eine Kombination aus Schaltern mit direkter Funktionssteuerung und einem Dreh-Drück-knopf-System für multiple Funktionen (Abbildung 4).

Das Command-System der neuen S-Klasse (W221) hat solche Erkenntnisse aufgegriffen und die Kundenbedürfnisse in den Mittelpunkt gestellt. Das Higg-Tech-Bediensystem besteht aus einem Controller und zwei Acht-Zoll-Bildschirmen im Format 16:9. Es steuert ein Technologiefeuerwerk mit Funktionen für Technik, Komfort, Unterhaltung und Navigation, bei dem herkömmliche Bedienkonzepte mit Schaltern und Knöpfen schnell überfordert wären. Basierend auf umfangreichen Kundenbefra-

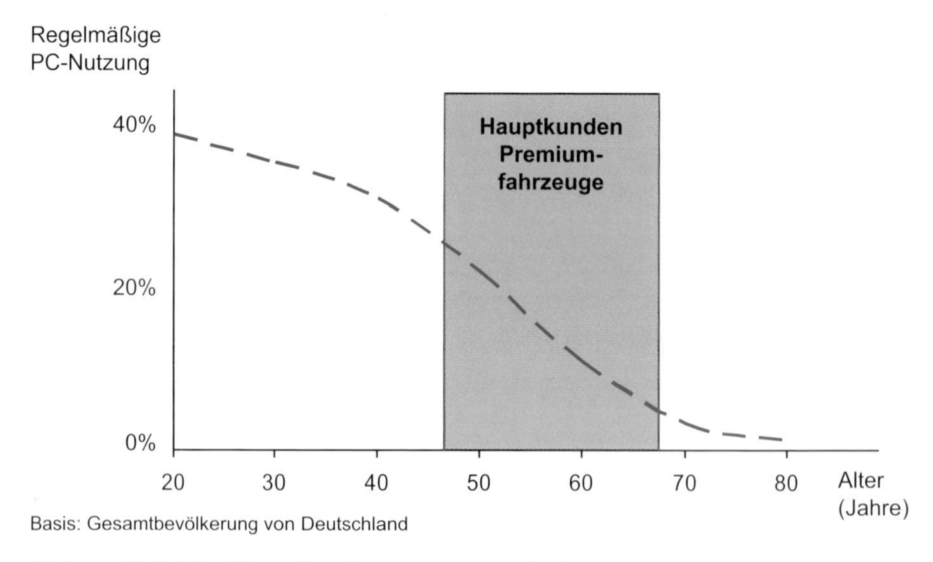

Abbildung 3: IT-Affinität der Hauptkunden von Premiumfahrzeugen
Quelle: DIW; Roland Berger Strategy Consultants

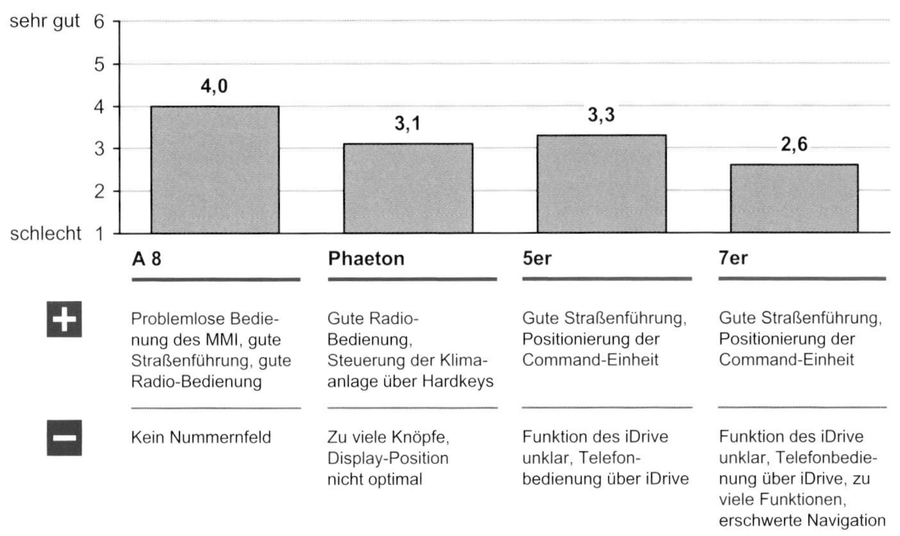

Abbildung 4: Bedienkomfort der Command-Einheit in Oberklasse-Limousinen (Skala: 6 = sehr gut, 1 = schlecht)
Quelle: SirValUse Consulting (Deutschland)

gungen wurde das Bediensystem benutzerfreundlich gestaltet. Als entscheidende Änderung lassen sich viele der Funktionen auf mehreren Wegen einstellen, entweder über den Controller, über Direktwahltasten oder Drucktasten am Lenkrad. Erste Tests der Presse bestätigen dem System eine hohe Bedienungsfreundlichkeit.

Die Beispiele verdeutlichen, welche immense Bedeutung die Ausrichtung auf den Kunden für die Technologieentwicklung hat. Werden Kundenerwartungen an die Technologie nicht richtig antizipiert oder kann der Mehrwert einer Innovation vom Kunden nicht erkannt werden, lassen sich sicher geglaubte Absatzvolumina nicht realisieren. Die Kenntnis der Zielkundenbedürfnisse wird der immer entscheidendere Erfolgsfaktor für die Technologieentwicklung.

Nur ausgereifte Technologien werden akzeptiert

Fortschritte in der Elektronik haben Entwicklern geholfen, die „Grenzen des Machbaren“ in der Technologieentwicklung immer weiter zu verschieben. Elektronische Komponenten bilden die Basis für komplexe Applikationen wie aktive Dämpfungssysteme, biometrische Erkennungssysteme oder radargestützte Abstandsregelungssysteme. Gesetzliche Vorgaben zu Abgasemissionen oder Insassensicherheit lassen sich ohne Elektronikeinsatz nicht mehr umsetzen. 80 Prozent aller Innovationen fußen bereits heute auf Elektronik und Software, mit prognostizierten Wachstumsraten von 75 bis 100 Prozent in den nächsten fünf Jahren (bezogen auf den heutigen Wertanteil am Gesamtfahrzeug von circa 20 Prozent). Die zunehmende Vernetzung der Systeme, zum Beispiel die Verschmelzung von aktiven und passiven Sicherheitssystemen, und das Funktionswachstum führen zu enormer Komplexität und schaffen das Problem, den notwendigen Reifegrad bei der Markteinführung zu erreichen.

Ein Blick in die Pannenstatistik des ADAC macht diese Entwicklung mehr als deutlich: Elektronikpannen belegen mit einem Anteil von etwa 60 Prozent den ersten Platz. Betrachtet man das heutige Kompetenzprofil der Hersteller, so wird eine wesentliche Ursache des Problems schnell deutlich. Eine Studie von Roland Berger mit allen führenden OEMs zeigt, dass heute circa 80 Prozent aller Innovationen aus der Elektronik kommen. Dem steht aber nur ein Anteil von 14 Prozent Elektronikingenieuren gemessen an der Gesamtzahl der Ingenieure gegenüber.

Hinzu kommt, dass die Komplexität des Softwareentwicklungsprozesses oft unterschätzt wird. Funktionsänderungen erfolgen häufig ad hoc und unsystematisch. Ferner ist das Problem der im Vergleich zum Modellzyklus deutlich kürzeren Innovationszyklen von Elektronik und Software bisher nur unzureichend gelöst (Abbildung 5). Diese Problematik wird sich weiter verstärken. Beispielsweise werden die Kunden es in Zukunft nicht mehr akzeptieren, nahezu sechs Jahre alte – so lange beträgt die Zeitspanne bis zum nächsten Modellwechsel – Navigationssysteme oder Mobiltelefone in ihren Fahrzeugen zu nutzen, während sich die Technik solcher Systeme in der Zwischenzeit signifikant weiterentwickelt hat. Da die Entwicklungskompetenz in diesen Systemen nicht beim OEM liegt, erfordert die Synchronisation der Lebenszyklen eine viel intensivere Zusammenarbeit und Vernetzung mit den Lieferanten.

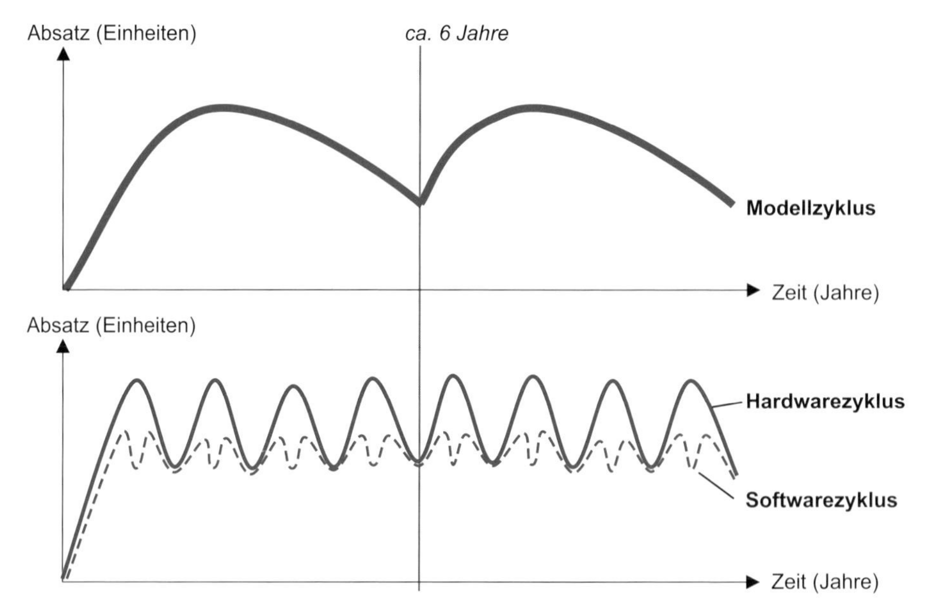

Abbildung 5: Modellzyklen versus Hard- und Softwarezyklen
Quelle: Roland Berger Strategy Consultants

Gerade die Innovatoren unter den Premiumherstellern befinden sich in der Zwickmühle, bei jedem neuen Modellanlauf der enormen Erwartungshaltung hinsichtlich neuer, innovativer Technologien gerecht werden zu wollen und das Risiko minimieren zu müssen, dass diese Innovationen – wie gesagt basieren 80 Prozent der Innovationen auf Elektronik und Software – noch nicht vollständig ausgereift sind. Der mangelnde Reifegrad verursacht aber nicht nur Gewährleistungsansprüche und Rückrufaktionen, deren Kosten schnell einen dreistelligen Millionenbetrag ausmachen können, sondern wirkt sich vor allem negativ auf die Kundenzufriedenheit aus (Abbildung 6). Gerade Mercedes-Benz muss aufgrund der aktuellen Qualitätsprobleme – die Investmentbank Goldman Sachs schätzt, dass bei Mercedes 2004 circa 2.400 Euro Garantieleistung pro verkauftem Fahrzeug angefallen sind – diese schmerzliche Erfahrung machen und kann sich trotz Technologieführerschaft bei der Kundenzufriedenheit nur im Mittelfeld platzieren. Dagegen haben Fast Follower wie Toyota, Honda oder Nissan, die sich eher auf etablierte Technik stützen und deren Elektronikanteil weit geringer ist, deutlich weniger Probleme – um den Preis, bisher eben nicht in der Premiumliga mitspielen zu können. Toyota setzt aufgrund hoher Qualität und Zuverlässigkeit nach wie vor den Standard in puncto Kundenzufriedenheit. Dies zeigt die abnehmende Bereitschaft der Kunden, Qualitätsprobleme hinzunehmen. Der Abstand führender Marken zueinander wird immer geringer. Sind Innovationen bei der Markteinführung nicht ausgereift, wird das Risiko immer größer, dass sich etablierte Positionierungen plötzlich verschieben.

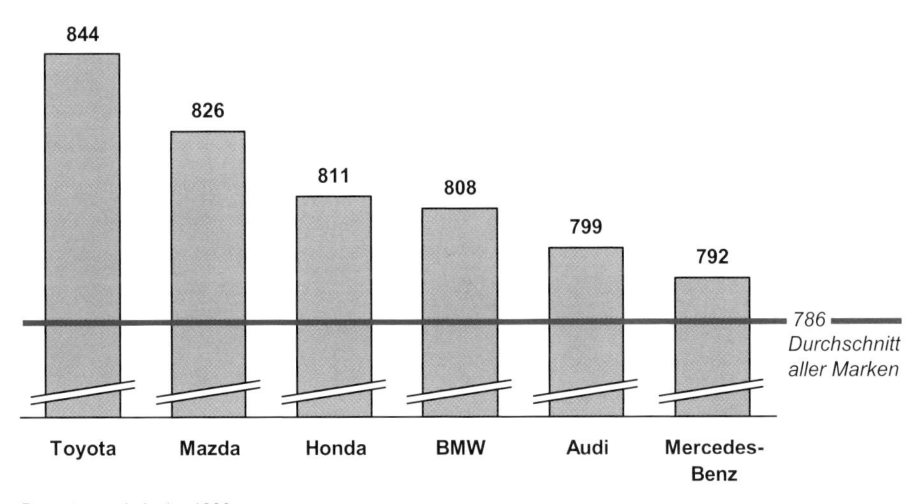

Abbildung 6: Kundenzufriedenheitsindex Deutschland 2004 (ausgewählte Marken)
Quelle: J. D. Power and Associates, Deutschland 2004

Nicht alle Technologien setzen sich durch

Technologie-Roadmaps sollen den Entscheidern der Automobilindustrie helfen zu erkennen, welche der neuen Hochtechnologien wann eingeführt werden (Abbildung 7). Die aktuellen Entwicklungen zeigen allerdings, dass sich Hochtechnologien mit schwer vermittelbarem Kundennutzen nicht wie erhofft durchgesetzt haben.

Zu diesen Technologien gehören beispielsweise die By-Wire-Technologien. Die elektrohydraulische Bremse wurde von DaimlerChrysler aufgrund des unzureichenden Reifegrads, des nicht vermittelbaren Mehrwerts für den Kunden und hoher Systemkosten zusammen mit weiteren 600 Elektronikfunktionen aus der Serie genommen. Diese negativen Erfahrungen werden auch andere By-Wire-Technologien im Entwicklungsfahrplan zunächst einmal nach hinten wandern lassen. Direkt von dieser Entwicklung betroffen ist eine weitere Hochtechnologie: das 42V-Bordnetz. Für dieses entfällt nun eine wesentliche Rechtfertigung und es wird damit das Schicksal der By-Wire-Technologien teilen. Gerade die 42V-Technik war eine Entwicklung, die von den Innovatoren der Branche vorangetrieben und als Zukunftstrend des Automobilbaus propagiert wurde. Mitte der neunziger Jahre waren die Hersteller überzeugt, dass der Strombedarf im Fahrzeug signifikant ansteigen und die vorhandene 14V-Bordnetzspannung nicht ausreichen würde, den erhöhten Energiebedarf zu decken. Die Vorteile der Technologie waren offensichtlich: gewichtsreduzierende geringere Kabelquerschnitte, höhere Effizienz und Zuverlässigkeit sowie die Möglichkeit, Fahrzeuge mit vielen zusätzlichen Funktionen auszustatten. Das 42V-Bordnetz sollte die Plattform werden für innovative Technologien wie By-Wire-Technologien, elektrische Turbolader oder

	Fahrwerk	Antriebsstrang	Motor	Karosserie	Exterior	Interior	Elektronik
2002–2005	Keramikbremse		Hybrid-Antrieb Otto-Motor-DI Partikelfilter	Metallschäume Stahl-Space-Frame	Aluminium/ Magnesium Aktive Beleuchtung	Smart-Airbags	Bussysteme
2005–2010	Aktives Fahrwerk Elektromechanische Bremse	Magnesium-Getriebe-Gehäuse Stufenloses Getriebe		Verbundwerkstoff Kunststoff-Karosserie	Fußgängerschutzsystem Abstands-Radar	Night-Vision Variable Interieurs	42V-Bordnetz Pre-Cash-Sensorik
2010–2015	Steer-by-Wire	Radnabenantrieb	Brennstoffzellenantrieb Wasserstoff-Motor				Fahren mit Autopilot

Abbildung 7: Beispiel für Technologie-Roadmaps
Quelle: Automobil-Produktion 2004

personalisierte Klimatisierungssysteme. Trotz der großen Resonanz in der Hochphase um 2000 hielten sich viele Zulieferer zurück, da sie nicht an einen Erfolg des Systems glaubten und ihnen klar war, dass der Großteil der Investition für das teure System von ihnen selbst hätte übernommen werden müssen. So propagierte Bosch bereits 2000 die Meinung, die Prognosen der Forecasting-Institute seien zu optimistisch und 42V wäre nicht vor 2010 zu erwarten. Da Probleme mit der Technik nicht wirtschaftlich gelöst werden können, Qualitätsrisiken bestehen, Kernapplikationen wegfallen, die auf die 42V-Technologie aufsetzen und sich durch effizienteres Energiemanagement der Energiebedarf der Fahrzeuge deutlich reduziert, ist es nicht unwahrscheinlich, dass das 42V-Bordnetz zunächst, wenn nicht sogar endgültig, in der Versenkung verschwindet.

Andere Technologien hingegen, bei denen der Kundennutzen deutlich erkennbar ist, sind in der Entwicklung beschleunigt worden und früher im Markt als erwartet. Ein Beispiel hierfür ist der Abstandsradar, der eigentlich erst für 2007 erwartet wurde, aber bereits heute in Oberklassefahrzeugen verfügbar ist und sogar schon langsam in Mittelklassenfahrzeuge auftaucht.

Wandel: Der Kunde im Mittelpunkt der Technologieentwicklung

Von „Technologie weckt Bedarf" zu „Technologie generiert Mehrwert"

Die aufgezeigten Beispiele und die Betrachtung der existierenden Technologielandschaft offenbaren, dass heutzutage noch erhebliche Defizite in der Ausrichtung der Technologieentwicklung auf den Kunden bestehen. Es drängt sich der Eindruck auf, dass die Technologieentwicklung bisher eher unter dem Motto „Technologie weckt Bedarf" steht und dass das technisch Machbare verwirklicht wird. Sicherlich haben der Wettbewerbsdruck und der Trend zur Individualisierung und Differenzierung auch zur Individualisierung von Fahrzeugfunktionen und Technologien geführt. Betrachtet man die daraus entstandene Technologievielfalt, so werden das riesige Spektrum und die damit verbundenen Herausforderungen für die OEMs deutlich. Sie müssen sich beispielsweise auseinandersetzen mit innovativen Motorentechnologien wie Hochdruck-Common-Rail-Systemen oder der Hybridtechnologie, Fahrerassistenzsystemen wie Spurwechsel-Assistent oder Adaptive Cruise Control mit Radar- und Video-Umfeldsensorik, aktiven Fahrwerkssystemen wie Active Front Steering oder Predictive Emergency Brake, sicherheitsrelevanten Systemen wie Predictive Safety System oder Run-flat-Reifen, Materialien zur Gewichtsreduzierung wie Stahl-Spaceframe-Technologie, Kohlefaser oder Verbundwerkstoffen, Biotechnologie für atmungsaktive Textilien oder leichtere Dämmstoffe oder auch mit Bionik für die Reduzierung von Luftwiderstand oder selbstreinigende Oberflächen. Da viele Technologien auch zueinander im Wettbewerb stehen, ergibt sich eine für die OEMs fast nicht mehr zu bewältigende Komplexität bei inflationär steigenden Kosten. Um der Komplexitäts- und Kostenfalle

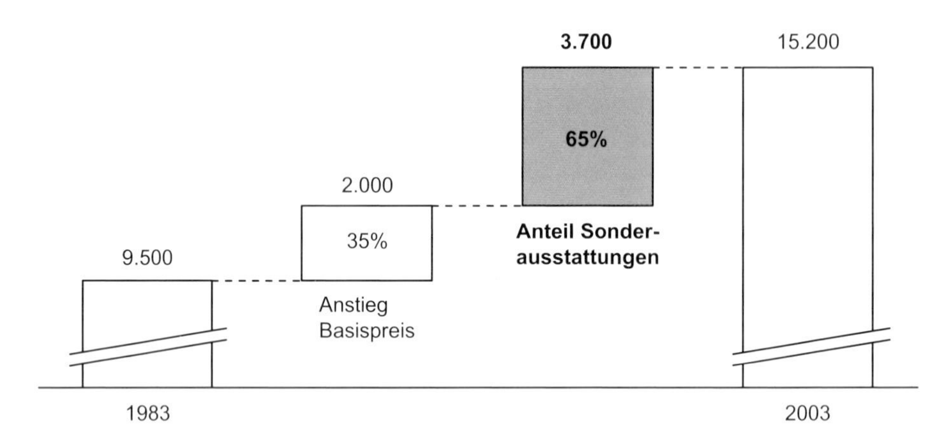

Abbildung 8: Preisentwicklung eines durchschnittlichen Neuwagens in Deutschland (in Euro, inflationsbereinigt)
Quelle: DAT Report; Roland Berger Strategy Consultants

zu entkommen, müssen sie sich künftig stärker auf die entscheidenden Technologien beschränken. Die Hersteller haben durchaus erkannt, dass der bisherige „Technologie-weckt-Bedarf"-Ansatz nicht zum Erfolg führt. Sie haben erkannt, dass sie für die Herausforderungen der Zukunft einen Ansatz benötigen, der die Technologieentwicklung permanent auf die Bedürfnisse der Zielkunden hin fokussiert und dadurch sowohl die Komplexität intern verringert als auch einen höheren Erlös basierend auf dem Mehrwert für den Kunden generiert. Die Bereitschaft, für Zusatznutzen zu bezahlen, ist bei den Kunden durchaus gegeben. Haben die Automobilkunden in Deutschland 1983 im Schnitt circa 9.500 Euro für einen Neuwagen bezahlt, so waren es 2003 bereits 15.200 Euro. Auf den verstärkten Kauf von Sonderausstattungen gehen circa zwei Drittel dieser Preissteigerung zurück (Abbildung 8).

Der Umdenkprozess zu diesem „Technologie-generiert-Mehrwert"-Ansatz, der Innovationen hinsichtlich des Kundenmehrwerts und des Reifegrads überprüft und dabei die Kompatibilität mit dem eigenen Markenprofil, der Produktpositionierung und aktuellen Trends in den Technologiesegmenten berücksichtigt, ist in vollem Gange. Entscheidern in der Automobilindustrie stellt sich die vitale Frage, wie man aus dem gezündeten Technologiefeuerwerk diejenigen Technologien und Technologiesegmente identifiziert, die bei den Zielkunden Akzeptanz finden.

Die Technologietreiber Ökologie, Sicherheit und Komfort

Eine wesentliche Voraussetzung, um Technologien mit Akzeptanz bei den Zielkunden herauszufiltern, ist die Identifizierung der Technologietreiber – also derjenigen Faktoren, die das Wertesystem der Kunden beeinflussen.

Die täglichen Meldungen über zur Neige gehende fossile Energievorräte, die Bedrohung durch Terrorismus und Kriminalität und gestiegene Ansprüche an Bequemlichkeit, Verfügbarkeit und Freundlichkeit – kurz Convenience – haben das gesellschaftliche Wertesystem verändert, wobei sich drei Kernelemente herausgebildet haben: ökologisches Bewusstsein, Sicherheitsbedürfnis und Komfort. Diese Kernelemente des Wertesystems beeinflussen auch intensiv die Automobilindustrie und sind als die wichtigsten Treiber für technologische Entwicklungen anzusehen – und vielleicht noch entscheidender als die wichtigsten Filter für die Akzeptanz technologischer Entwicklungen durch die Kunden. Waren früher Innovationen weitgehend auf das Fahren selbst gerichtet, haben sich folgerichtig neben dem elementaren Technologiesegment „Fahren“ drei neue wichtige Technologiesegmente herausgebildet: das Segment „Umwelt“ mit brandaktuellen Themen wie Partikelfilter, Hochdruck-Dieseltechnologie und insbesondere Hybridantrieb, das Segment „Sicherheit“, beispielsweise durch aktive und passive Sicherheitssysteme, Run-flat-Reifen, Adaptive Cruise Control oder die vor kurzem erstmals in die Serie eingeführte Umfeldsensorik und das Segment „Komfort“, mit Elementen wie Klimatisierungsautomatik, Sitzheizung, Sitzbelüftung. Vor diesem Hintergrund überrascht es nicht, dass sich die von vielen prognostizierten hohen Wachstumsraten des Technologiesegments „Kommunikation“, mit Funktionen wie DVD, Car-PC, Internet, Ferndiagnose oder Telematik-Diensten, bislang nicht erfüllt haben.

Erfolgreiche Technologieentwicklung mit Kundenfokus

Wie bereits erwähnt, haben führende Hersteller erkannt, dass der Ansatz „Technologie weckt Bedarf“ nicht zum Erfolg führt. Ein Umdenkprozess zu „Technologie generiert Mehrwert“ hat begonnen, und es gibt bereits einige sehr erfolgreiche Beispiele der Umsetzung. Die Analyse dieser Beispiele zeigt, dass sich die Erfolgsfaktoren gleichen und sich unter folgenden Begriffen zusammenfassen lassen:

- Wesentliche Trends, Technologietreiber und Veränderungen im Wertesystem der Kunden frühzeitig erkennen
- Wesentliche Beeinflusser der Kundenmeinung identifizieren
- Leadership im ausgewählten Technologiesegment erzielen
- Technologieentwicklung stringent in Bezug auf das ausgewählte Technologiesegment managen

Ein Beispiel, das sich aus technologischer und strategischer Sicht unter der Rubrik „Verteidigung der Innovationsführerschaft“ kategorisieren ließe, ist die neue S-Klasse. Mit langer Tradition markiert jede neue Fahrzeuggeneration einen Meilenstein von Innovation im Fahrzeugbau. Image und Zukunft von DaimlerChrysler hängen stark von dem Markterfolg der S-Klasse ab, da diese den Technologieträger der Marke darstellt und damit auf alle anderen Baureihen abstrahlt. DaimlerChrysler ist gezwungen, viel Geld und Aufwand in Forschung und Entwicklung jeder neuen S-Klasse zu stecken, um dem Markenversprechen und der Tradition, Vorreiter in Sachen Innovation zu sein, gerecht werden zu können. Tatsächlich entspricht die neue S-Klasse wieder einmal ihrer Rolle und ist mit einer Fülle von Innovationen gespickt: weiterentwickeltes, mit ESP gekoppeltes Pre-Safe-System, radargestützter Abstandsregeltempomat, Bremsassistent mit Nahbereichssensor, Nachtsichtgerät mit zwei Infrarotscheinwerfern und Rückfahrkamera mit Hilfslinien zum Einparken, um nur einige Innovationen zu nennen. Diese Funktionen hören sich futuristisch und nach High-Tech-Feuerwerk an. DaimlerChrysler hat jedoch aus dem Beispiel der elektrohydraulischen Bremse gelernt, dass die Einführung von Hochtechnologie ohne klar erkennbaren Mehrwert für den Kunden nicht erfolgreich ist und dem Qualitätsimage der Marke massiv schaden kann, wenn zusätzlich der notwendige Reifegrad nicht erreicht ist. Deshalb gruppieren sich bei der neuen S-Klasse auch alle Innovation stringent in ein Gesamtpaket, das Mehrwert für den Kunden generiert: DaimlerChryslers „Vision vom unfallfreien Fahren".

„Wir fokussieren uns auf Innovationen mit hohem Kundennutzen. Das heißt, nicht alles, was technisch machbar ist, findet Eingang in unsere Autos", sagt Thomas Weber, Forschungsvorstand von DaimlerChrysler und Chef der Entwicklung von Mercedes-Benz. Mit diesem Hintergrund passen die neuen Technologien der S-Klasse sowohl zu dem spezifischen Markenversprechen von Mercedes-Benz, das seit jeher mit Innovationen im Technologiesegment „Sicherheit" verbunden ist, als auch zu dem aktuellen Wertesystem der Kunden in Form des Technologietreibers „Sicherheit". Kommentare der Presse, beispielsweise der Zeitschrift Autobild, bestätigen die Richtigkeit des Konzepts mit Aussagen wie: „Hier hat der Fahrer die Technik von morgen schon heute im Griff". Das Beispiel von Renault ist besonders eindrucksvoll. Es zeigt, welche immensen Möglichkeiten sich auch Volumenherstellern bieten, einen signifikanten Sprung im Markenimage nach oben zu machen und ihr Profil zu schärfen, sofern Kundenerwartungen in der Technologieentwicklung richtig antizipiert werden. War Renault in der Vergangenheit nicht gerade den Technologieführern zugeordnet, konnte das Unternehmen durch Bestnoten im Euro-NCAP-Crashtest einen Sprung im Markenimage erzielen. Auch lassen sich an diesem Beispiel die Erfolgsfaktoren für die Technologieentwicklung besonders deutlich machen:

- Kundentrends frühzeitig erkennen: Renault erkannte sehr früh die große Bedeutung, die das Thema Sicherheit für Kunden hat, und auch die Möglichkeiten, die sich durch eine positive Besetzung dieses Themas für die Marke ergeben.
- Wesentliche Beeinflusser der Kundenmeinung identifizieren: Im Gegensatz zu anderen Herstellern setzte Renault von Beginn an auf die Kooperation mit Euro-NCAP. Und das zahlte sich aus. Wo andere Hersteller Test-Prozeduren wegen zu komplexer, teilweise nicht objektiver Testkriterien oder fehlender Lobbying-Power nicht standardisieren konnten, etablierte sich Euro-NCAP mit starker Unterstüt-

zung der britischen Regierung als führende europäische und OEM-unabhängige Organisation für passive Sicherheit im Automobil. Durch clevere Vermarktung seiner Testergebnisse für Insassensicherheit und neuerdings Fußgängerschutz wurde Euro-NCAP hohe öffentliche Aufmerksamkeit und Glaubwürdigkeit zuteil. Diese Glaubwürdigkeit wusste Renault – als Primus bei den Testergebnissen – für eigene Marketingzwecke zu nutzen.

- Leadership im Technologiesegment erzielen: Renault hatte sich von vornherein als strategisches Ziel gesetzt, der erste Hersteller mit einer Fünf-Sterne-Bewertung bei den Euro-NCAP-Crashtests zu werden – dies gelang 2001 mit dem Renault Laguna. Um das zu erreichen, wurden die Euro-NCAP-Testprozeduren nicht nur Teil der Produktspezifikation, sondern auch die führende strategische Leitlinie über alle Unternehmensebenen hinweg. Folgerichtig wurde Euro-NCAP ein Kernelement der Marketing- und Kommunikationsstrategie von Renault. In der Zwischenzeit sind auch alle anderen Hersteller dazu übergegangen, positive Euro-NCAP-Testergebnisse quasi als Qualitätssiegel in ihren Werbekampagnen zu zeigen. Die Prüfergebnisse zeigen aber auch, dass manche der Premiumfahrzeuge kein Fünf-Sterne-Prüfergebnis erzielen konnten. In einem konkreten Fall besitzt das betroffene Fahrzeug sicherlich auch eine überlegene Sicherheitskonzeption und kann einige der Crashtest-Kriterien übererfüllen. Da aber die Sicherheitskonzeption nicht konsequent oder nicht früh genug auf die spezifischen Testkriterien des Euro-NCAP-Tests ausgerichtet wurde, waren Abstriche bei den Testergebnissen unvermeidlich. Es bedarf einer starken Markenpositionierung sowie des Premiumbonus, um das Defizit in der Kundenmeinung wieder auszugleichen.
- Technologieentwicklung stringent managen: Renault – in der Vergangenheit nicht gerade als Innovationsführer bekannt – hat seine teilweise erheblichen Entwicklungsinvestitionen konsequent auf das Technologiesegment „Sicherheit“ konzentriert. Dabei wurde bewusst vermieden, sich mit der Entwicklung anderer Hochtechnologien zu verzetteln. Bemerkenswert ist, dass das Thema Sicherheit zwar schon immer einen hohen Stellenwert bei Kunden und Herstellern hatte, die Bedeutung des Themas Euro-NCAP gegen Mitte und Ende der neunziger Jahre aber nicht von allen Herstellern in gleicher Weise erkannt wurde. Da auch Euro-NCAP zu diesem Zeitpunkt auf der Suche nach Akzeptanz in der Automobilindustrie war, entstand mit der zunehmenden Bedeutung des Themas Sicherheit im Wertesystem der Kunden ein positiver Effekt für beide Seiten. Als Ergebnis konnte Euro-NCAP eine führende Position als unabhängige Prüforganisation beim Thema passive Sicherheit erzielen und Renault gelang ein Sprung im Markenimage basierend auf der „Führungsrolle in passiver Sicherheit“ (Abbildung 9).

Auch ein anderer Hersteller hat die Macht von Technologiestrategien mit Kundenfokus erkannt und dürfte etablierte Technologieführer künftig unruhiger schlafen lassen: Toyota, bisher bereits führend bei Wachstum, Qualität und Profit, nutzt den

		1996	1997	1998	1999	2000	2001	2002	2003	2004	2005
★★★★★ höchste Crash-Sicherheit	Renault						Laguna		Megane Laguna Vel Satis Espace	Modus Megane-CC	
	VW/Audi								Touran A6	Golf Touareg	Passat
	Mercedes						C-Klasse		E-Klasse		A-Klasse
	BMW								X5	1er	
★★★★	Renault			Megane Espace	Megane Espace	Clio	Scenic		Kangoo		
	Audi/VW			Golf	Lupo Beetle	Polo	Passat A4	Polo A2	A3 TT		
	Mercedes			E-Klasse	A-Klasse	C-Klasse		SLK M-Klasse	Vaneo		
	BMW			5er			3er	Mini		5er Z4	3er
★★★	Renault								Twingo		
	VW/Audi	Polo	Passat A3	A6	Sharan						
	Mercedes				Smart	Smart					
★★	Renault	Clio	Laguna								
	VW/Audi		A4								
	Mercedes		C-Klasse								
★ geringste Crash-Sicherheit	BMW		3er								

Abbildung 9 : Euro-NCAP Prüfergebnisse (Passiv-Crashtest)
Quelle: Euro-NCAP 2005; ADAC

Hybridantrieb, um nun über das Technologiesegment „Umwelt“ auch das Thema Technologieführerschaft an sich zu ziehen. Über dieses für Kunden entscheidende Kernthema will sich Toyota mit dem Hybridantrieb als Kernkompetenz ein emotionales Image insbesondere für die Marke Lexus aufbauen. Die öffentliche Diskussion über Klimawandel, Ölpreise auf Rekordniveau oder die Feinstaub-Debatte haben das ökologische Bewusstsein der Verbraucher sensibilisiert und zur Forderung nach umweltfreundlichen Autos geführt. Im Gegensatz zu japanischen Hybridpionieren haben sich europäische Hersteller auf ihre Dieseltechnik verlassen und ansonsten ihre Forschung auf die Brennstoffzellen- und Wasserstofftechnik konzentriert, die aber erst 2015 bis 2020 einsatzreif sein wird. Die sehr technisch und kontrovers geführten Diskussionen von Herstellern und Experten über spezifische Stärken und Schwächen von Diesel, Hybriden, Erdgas und anderen umweltfreundlichen Antriebstechnologien haben den Kunden bisher eher verunsichert als in seinem Streben nach umweltfreundlichen Technologien unterstützt. Aus europäischer Sicht zu lange unbemerkt, hat sich in den USA aufgrund schärferer Emissionsrichtlinien und öffentlicher Förderprogramme ein Trend zu Hybridfahrzeugen herausgebildet. Im Jahr 2004 wurden in den USA bereits mehr als 80.000 Hybridfahrzeuge verkauft, davon über 50.000 Einheiten vom Toyota Prius. Marktforschungsinstitute erwarten einen immensen Anstieg des weltweiten Marktvolumens auf über 900.000 Hybridfahrzeuge bis zum Jahr 2010 (Abbildung 10).

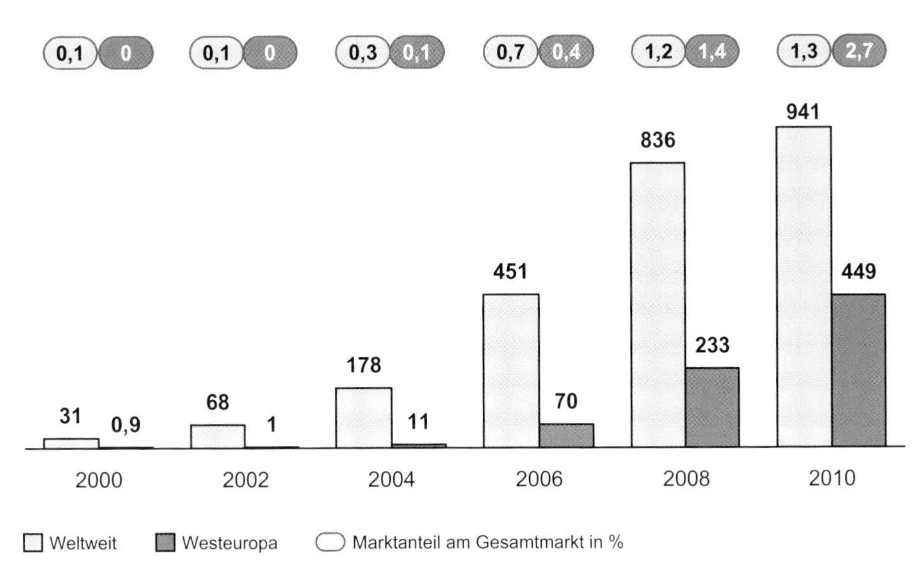

Abbildung 10: Marktprognose für Hybridfahrzeuge (in Tausend Einheiten)
Quelle: Automobilproduktion; Freedonia Group; Global Insight

Lange Zeit hieß es aus den Konzernzentralen europäischer und amerikanischer Automobilhersteller, zwei Motoren seien zu teuer und zu schwer. Daher zögerten sie lange, bevor sie sich offensiv an das Thema Hybrid heranwagten. Dagegen hat Toyota die Kundenbedürfnisse frühzeitig erkannt, die Hybridtechnik kontinuierlich vorangetrieben und sich dadurch einen mehrjährigen Vorsprung vor den etablierten Technologieführern erarbeitet. Wurde der Hybridantrieb im Prius bei dessen Markteinführung 2000 aufgrund des biederen Designs und der fahrdynamischen Defizite noch belächelt, hat sich diese Einstellung spätestens mit der Präsentation des Lexus RX400h grundlegend geändert. „Funktioniert wie geschmiert, macht richtig Laune und beruhigt sogar dein Öko-Gewissen“, so fasst Autobild den Test des RX400h zusammen und drückt damit genau die Kundenerwartungen aus.

Seit Hollywood-Stars wie Cameron Diaz und Harrison Ford publikumswirksam im hybridgetriebenen Prius zur Oscar-Verleihung vorfuhren oder im neuen Film mit John Travolta und Uma Thurman „Be cool“ der Honda Hybrid Insignia fast schon eine weitere Hauptrolle spielt, ist offenkundig, wen Toyota als Beeinflusser der Kundenmeinung identifiziert hat. Und auch die klare strategische Ausrichtung auf Leadership im Technologiesegment und Stringenz im Technologiemanagement sind gegeben. Toyota hat die Gunst der Stunde erkannt. In einem Moment, in dem etablierte europäische Premiumhersteller wie zum Beispiel Mercedes durch Qualitäts- oder Produktportfolio-Themen stark mit sich selbst beschäftigt sind, bläst Toyota mit dem Lexus zum Angriff in Europa. Mit einem Gesamtpaket aus attraktiverem Design nach europäischem Geschmack, neuer Technologie – mit der Hybridtechnologie als Kernkompetenz der Marke Lexus – und Spitzenplätzen bei Qualität und Service will Lexus zu europäischen Premiumherstellern aufschließen. Schon in fünf Jahren sollen alle Lexus-Topmodelle mit Hybridtechnik verfügbar sein. Toyota weiß aus den bisher eher unbefriedigenden Erfahrungen mit der Marke Lexus in Europa, dass der Aufstieg in die Premiumklasse ein steiniger Weg ist und dass die europäischen Premiumhersteller nur über Spitzentechnologie geschlagen werden können. Dazu investiert der Konzern dieses Jahr über 5,5 Milliarden Euro in neue Technologien. Die Hybridtechnologie bildet auch einen wesentlichen Eckpfeiler der Gesamtstrategie von Toyota, bis 2010 die Marktführerschaft zu übernehmen – bisher haben die Japaner alles erreicht, was sie sich vorgenommen haben. Solche Nachrichten lassen die Autowelt aufschrecken, denn mit der Power von Toyota könnten sich etablierte Positionierungen bald ändern – aufregende und innovative Autos kommen nicht mehr zwingend aus Europa.

Nun beginnen europäische und amerikanische Automobilhersteller eine beeindruckende Aufholjagd. Für die nächsten Jahre sind zahlreiche neue Modelle angekündigt. Ford hat den Escape bereits mit Hybridantrieb ausgerüstet und will innerhalb der nächsten drei Jahre weiter vier Hybridfahrzeuge in den Markt einführen. General Motors und DaimlerChrysler – lange Zeit keine Freunde des Hybridkonzepts – arbeiten gemeinsam an einer noch effizienteren Technologie, die 2007 vorgestellt werden soll, BMW hat sich der Kooperation angeschlossen. Audi beschäftigt sich intensiv mit einem Hybridantrieb für den neuen Geländewagen Q7, und sogar Porsche stellt Überlegungen für einen hybridgetrieben Cayenne Geländewagen an. VW beabsichtigt mit seinem chinesischen Partner SAIC zur Olympiade in Peking 2008 ein Hybridfahrzeug auf den Markt zu bringen, das auf dem in Shanghai produzierten Touran basiert.

Diese Beispiele unterstreichen die Bedeutung eines Technologiemanagements, das die Kundenbedürfnisse in den Mittelpunkt stellt – eine Entwicklung, die sich in Zukunft noch deutlich verstärken wird. Schon das Thema Sicherheit mit der Einführung des Euro-NCAP-Crashtests hat für Überraschung gesorgt, nun stiftet Toyota mit dem Thema Hybrid Unruhe bei etablierten Herstellern. Werden Trends frühzeitig richtig interpretiert, lassen sich Markenpositionierung und -image sprunghaft verbessern. Werden Trends falsch oder zu spät antizipiert, können angestrebte Erlöspotenziale nicht realisiert werden und Komplexität und Kosten steigen inakzeptabel. Der Versuch, sich durch High-Tech zu differenzieren, ohne dabei den Kundennutzen zu berücksichtigen, führt nicht zum Erfolg – auch das haben die dargestellten Beispiele wie das 42V-Bordnetz gezeigt. Die Diskussionen zum Thema Umwelt bestätigen das. Eine innovative Motorentechnologie und die Treibstoffart allein regen nicht zum Kauf an. Wichtiger für den Kunden ist das Gesamtpaket aus Fahrvergnügen, Fahrleistungen, Image, Design, Sicherheit und Umweltverträglichkeit.

Der Erfolgsfaktor wird für Hersteller künftig das „kundenorientierte Technologiemanagement" sein. Die Hersteller müssen sich nun fragen, ob ihr bisheriges Technologiemanagement den zukünftigen Herausforderungen gewachsen ist und ob tatsächlich durchgängig über alle Ebenen der Kunde im Fokus steht. Die genannten Beispiele zeigen, dass teilweise bei denselben Herstellern Licht und Schatten eng beieinander liegen. Die Vermutung liegt daher nahe, dass die Botschaft, den Kunden durchgängig in den Mittelpunkt der Technologieentwicklung zu stellen, zwar grundsätzlich verstanden wurde, aber eben noch nicht systematisch und flächendeckend über die gesamte Organisation umgesetzt ist.

Ausblick: Drei Kernelemente von kundenorientiertem Technologiemanagement

Viele Hersteller werden ihre bereits verabschiedeten Technologiestrategien nochmals auf den Kundenfokus hin überprüfen und gegebenenfalls sogar neu schreiben müssen. Doch nicht nur die Strategie bedarf einer Überarbeitung, die Hersteller müssen sich auch fragen, ob die aktuelle Organisation und die Abläufe geeignet sind, die erklärte technologische Zielrichtung über alle neuen Fahrzeugprojekte, Ebenen und Regionen hinweg umzusetzen – und zwar stringent, aber dennoch spezifisch angepasst, beispielsweise auf Anforderungen verschiedener Baureihen. Dabei geht es nicht allein um die interne Organisation des Herstellers, vielmehr muss die sich wandelnde Struktur des Zuliefernetzwerkes miteinbezogen werden.

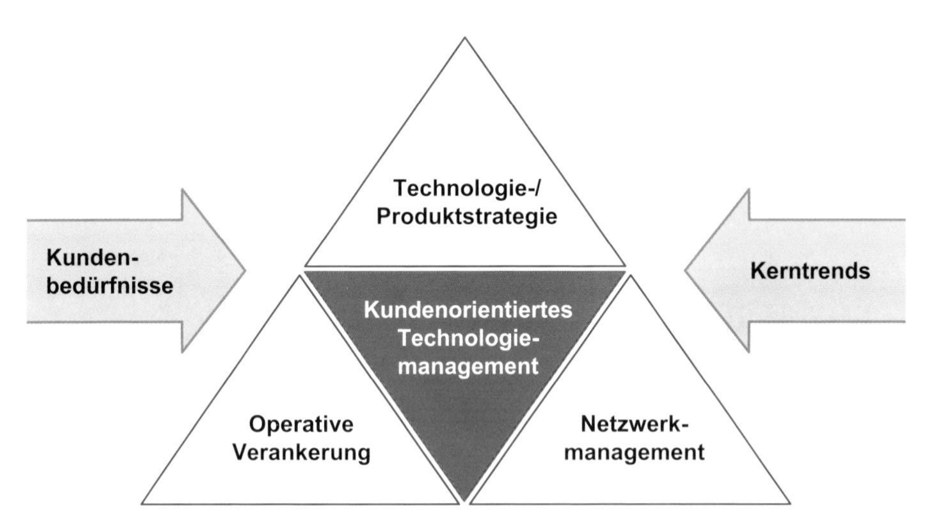

Abbildung 11: Kernelemente des kundenorientierten Technologiemanagements
Quelle: Roland Berger Strategy Consultants

Automobilhersteller dürfen daher nicht den Fehler machen, Technologiemanagement nur auf die Technologieentwicklung selbst zu beziehen. Um den Herausforderungen der Zukunft gewachsen zu sein, muss ein integriertes und kundenorientiertes Technologiemanagement eingeführt werden, das drei wesentliche Bausteine umfasst (Abbildung 11).

Die Technologie- beziehungsweise Produktstrategie stellt die Übereinstimmung mit der Gesamtstrategie sowie der Markenpositionierung sicher und transformiert Kundentrends und -bedürfnisse in markenprägende Fahrzeugeigenschaften und Technologien. In der Strategie wird auch definiert, mit Hilfe welcher Technologien und Innovationen sich Marke und Produkt gegenüber dem Wettbewerb differenzieren können und sollen. Darauf aufbauend wird die künftige Ziel-Wertschöpfungsstruktur festgelegt. Das Geheimnis einer erfolgreichen Transformation liegt darin, dass der Kundennutzen bei der Entwicklung im Mittelpunkt steht und auf jeder Detailstufe die Nutzenorientierung erneut hinterfragt wird.

Die operative Verankerung zielt darauf, die Kundensicht in den Entwicklungsorganisationen der Automobilhersteller konsequent und über alle Ebenen, Bereiche und Fahrzeugprojekte hinweg zu verankern. Gewachsene Wertschöpfungsstrukturen mit ihrer traditionell funktionsorientierten Aufbauorganisation müssen auf markenprägende Fahrzeugeigenschaften, Kundenbedürfnisse und frühzeitiges Erkennen bestimmender Trends ausgerichtet werden. Auch im Entwicklungsprozess ergeben sich Änderungen: Die bislang komponentenbezogene Entwicklungsfreigabe wird um Spezifikationen zu Fahrzeugeigenschaften ergänzt. Zudem muss sichergestellt werden, dass das Kompetenz- und Ressourcenprofil der Entwicklungsorganisation den zukünftigen

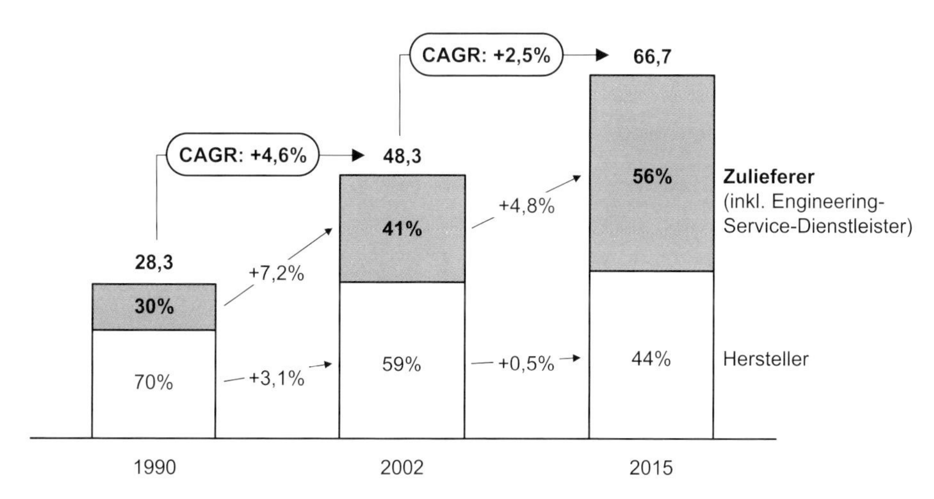

Abbildung 12: Aktuelle Einschätzung zur Entwicklung der Wertschöpfungsstruktur (in Milliarden Euro)
Quelle: Roland Berger Strategy Consultants, Engineering-Studie 2004

Anforderungen und der zunehmenden Innovationsgeschwindigkeit entspricht und kritisches Know-how innerhalb der eigenen Organisation verfügbar ist.

Dem Netzwerkmanagement kommt künftig eine erhebliche Bedeutung zu. Wertschöpfungsumfänge werden verstärkt zu Zulieferern und Dienstleistern verlagert, weil sich die Hersteller auf markenprägende Wertschöpfungsumfänge konzentrieren, aber auch, weil nach wie vor limitierte Ressourcen, fehlende Kompetenz in innovativen Technologien, Streben nach Produktivitätsmaximierung und Kostenvorteilen sie in diese Richtung drängen. Dieser Prozess wird sich künftig allerdings deutlich langsamer und in geringerem Ausmaß vollziehen, als noch bis vor kurzem erwartet (Abbildung 12). Denn der Höhepunkt der Modellflut ist mittlerweile erreicht, Produktivitätsgewinne werden teilweise wieder durch erhöhten Koordinationsaufwand aufgefressen, und Hersteller haben erhebliche Überkapazitäten und bemühen sich zusätzlich intensiv darum, kritisches Know-how in der eigenen Organisation aufzubauen.

Dennoch wird sich die Wertschöpfungsstruktur zwischen Hersteller und Zulieferer stark verändern und zu neuen Geschäftsmodellen führen, die Hersteller und Zulieferer zu strategischen Partnern in einem eng verzahnten Netzwerk machen. Für den Hersteller wird der zentrale Erfolgsfaktor sein, die richtigen Partner auszuwählen und das entstehende Netzwerk quasi als virtuelles Unternehmen zu steuern. Diese Aufgabe ist hochkomplex, schließlich verfügen die einzelnen Partner über unterschiedliche Geschäftsmodelle, unterschiedliche Wertschöpfungstiefen, Kompetenzen und Verantwortlichkeiten, müssen aber homogen auf derselben kundenorientierten Strategie aufbauen. Das Netzwerkmanagement muss neben seiner Steuerungsaufgabe auch die Wettbewerbsfähigkeit sicherstellen und kontinuierlich Anpassungen an aktuelle und zukünftige Marktveränderungen gewährleisten.

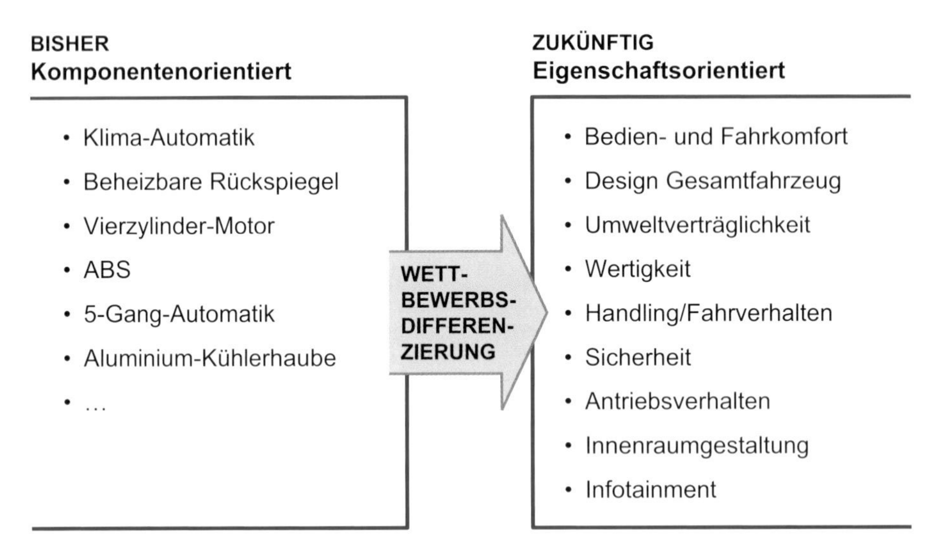

Abbildung 13: Veränderung des Entwicklungsfokus – Komponentenorientierung versus Eigenschaftsorientierung
Quelle: Roland Berger Strategy Consultants, Engineering-Studie 2004

Technologie- und Produktstrategie mit Kundenfokus

Um als Automobilhersteller den Kundennutzen überhaupt in den Mittelpunkt stellen zu können, ist ein grundsätzlich neuer strategischer Ansatz gefordert. Traditionell sind die Entwicklungsorganisationen der Hersteller auf technische Komponenten ausgerichtet. Folglich haben Ansätze, sich vom Wettbewerb zu differenzieren, zur innovativen Gestaltung und Vermarktung eben dieser technischen Komponenten geführt. Jedoch: Kunden kaufen Fahrzeugeigenschaften wie Handling, Fahrdynamik, Komfort oder Sicherheit und nicht technische Komponenten. Um auch in Zukunft erfolgreich zu sein, muss die Entwicklung der Kundenwahrnehmung folgen und sich an der Bedeutung von Fahrzeugeigenschaften orientieren (Abbildung 13).

Diese Ausrichtung auf Fahrzeugeigenschaften bildet das Kernelement der Technologie- und Produktstrategie, auf das alle weiteren Stufen des strategischen Ansatzes aufbauen. Grundsätzlich lassen sich vier Stufen bei der Entwicklung einer integrierten, kundenorientierten Technologie- und Produktstrategie unterscheiden (Abbildung 14):

Veränderung der Kundenbedürfnisse frühzeitig erkennen

Dem Monitoring von Veränderungen der Kundenbedürfnisse und von neu einsetzenden Kerntrends kommt in Zukunft eine entscheidende Bedeutung zu. Die Automobilhersteller kennen zwar meist die Bedürfnisse ihrer Zielkunden und haben die Positionierung ihrer Marke und ihrer Produkte darauf ausgerichtet, diese Ausrichtung ist jedoch

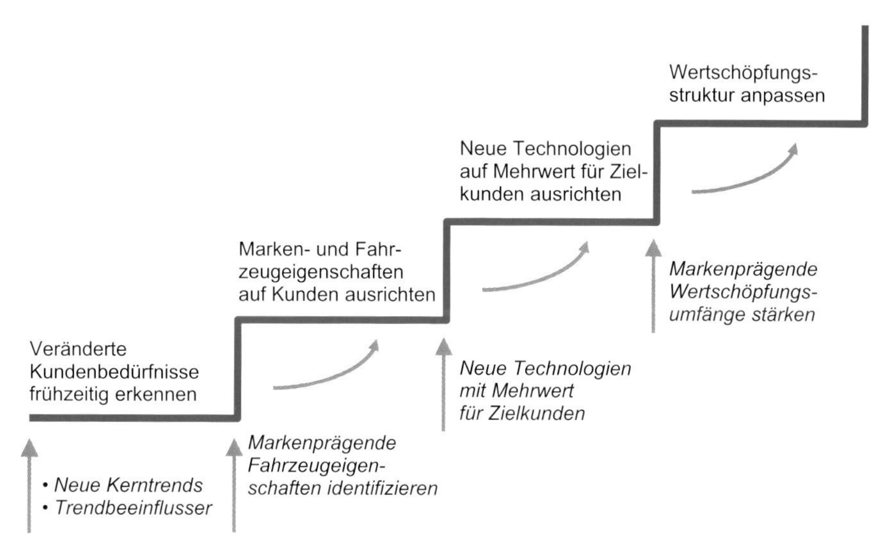

Abbildung 14: Stufen der Technologie- und Produktstrategieentwicklung
Quelle: Roland Berger Strategy Consultants

richtigerweise statisch angelegt. Sie funktioniert, solange sich keine grundsätzlichen Änderungen, zum Beispiel im Wertesystem der Kunden und in der Folge in den Kundenbedürfnissen, anbahnen. Greifen neue Trends in das Marktgeschehen ein und entstehen dadurch Änderungen, fehlt etablierten Herstellern oftmals der systematische „Sensor", um diese frühzeitig zu erkennen. Die Reaktion erfolgt deshalb oftmals sehr spät. Hersteller, die einen Imagewandel vollziehen wollen, gehen die Dinge im Grundsatz viel aggressiver an. Sie warten auf ihre Chance, einen neuen Trend auf ihrem Radarschirm zu finden, der Änderungen in den Kundenbedürfnissen erzeugt, und stellen dann ihre Technologiestrategie stringent auf diesen Trend ein – siehe Euro-NCAP und Hybridantrieb. Die Herausforderung ist für alle Hersteller dieselbe: Aus der Flut der kurzlebigen Trends müssen diejenigen herausgefiltert werden, die sich nachhaltig durchsetzen. Dazu bedarf es Systematik und Transparenz. Transparenz über sich verändernde makroökonomische Trends, die plötzlich als Technologietreiber in das Marktgeschehen eingreifen sowie über Meinungsbeeinflusser wie zum Beispiel sich neu formende technische Institute wie Euro-NCAP oder Marktforschungsinstitute wie etwa J. D. Power, deren Kundenzufriedenheitsanalysen überregional an Bedeutung gewinnen. Ferner benötigt man Transparenz über die verschiedenen Medien, wie zum Beispiel von Zeitschriften, die den regionalen Einflussbereich erweitern, wie Auto Motor Sport, oder über die Bedeutung von Multiplikatoren, wie die Oscar-Verleihung im Falle von Toyotas Hybridfahrzeug. Systematik ist erforderlich, um von oftmals vorherrschenden unsystematischen Ad-hoc-Einschätzungen und Bauchgefühlen weg und hin zu einem regelmäßigen Abgleich von bekannten und neu auftauchenden Treibern und Trends zu kommen. Oft sorgen auch organisatorische Mängel dafür, dass entscheidungsrelevante Informationen aus den Marketingabteilungen die Entwicklungsabteilungen nicht erreichen oder nicht akzeptiert werden. Die Ursachen hierfür liegen meist darin, dass die Kundenorientierung im Technologiemanagement strategisch und organisatorisch nicht verankert oder der Entwicklungsprozess eben nicht durchgängig über alle Ebenen und beteiligten Bereiche darauf ausgerichtet ist. Die Tatsache, dass sich bei ein und demselben Hersteller gelungene und gleichzeitig wenig geglückte Umsetzungsbeispiele des kundenorientierten Technologiemanagements finden, unterstützt diese These, denn die grundsätzliche Umsetzungskompetenz wäre ja erwiesenermaßen vorhanden.

Kundenbedürfnisse in markenprägende Fahrzeugeigenschaften transformieren

Aufbauend auf dem Wissen um die Kundenbedürfnisse und den darauf abgestimmten Markenwerten werden die Anforderungen an das Produkt in einem systematischen, kaskadenförmigen Prozess definiert. Dabei muss zunächst konkret erfasst werden, was die Kunden von der Marke erwarten, welche Fahrzeugeigenschaften die Marke entsprechend der Markenwerte prägen und was die Differenziatoren zum Wettbewerb sind. Dazu sind die Fahrzeugeigenschaften in sinnvolle Cluster zusammenzufassen und anschließend hinsichtlich der Bedeutung für das Markenprofil und ihrer emotionalen oder rationalen Wertorientierung zu bewerten und zu priorisieren (Abbildung 15). Dieser Vorgang muss auf einer klaren Zielgruppendefinition für jede Baureihe basieren.

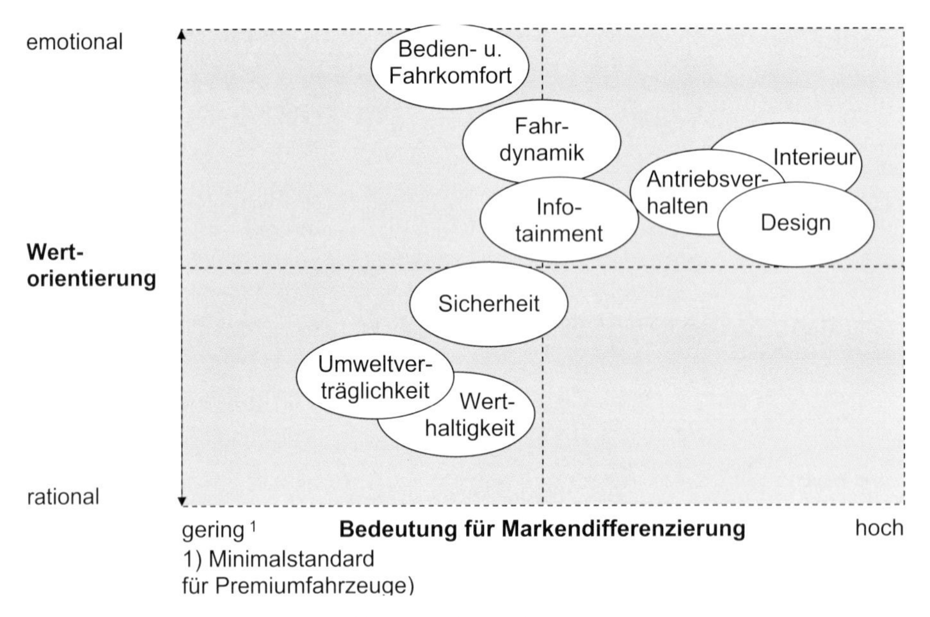

Abbildung 15: Positionierung von Fahrzeugeigenschaften
Quelle: Roland Berger Strategy Consultants

Im Anschluss können die Markenwerte in markenwertkonforme Ausprägungen von Fahrzeugeigenschaften transformiert werden. Die angestrebte Ausprägung sollte sowohl für den Kunden erlebbar sein und für ihn einen Mehrwert generieren als auch die gewünschte Differenzierung zum Wettbewerb ermöglichen. Sind alle Fahrzeugeigenschaften definiert, ist zu klären, über welche Technologien oder Innovationen sie am besten realisiert werden können. Die gewählten Technologien sind den korrespondierenden Systemen des Fahrzeugs zuzuordnen. Auf Basis der definierten Vorgaben und angestrebten Wirkungsweisen müssen schließlich die Anforderungen an die Systeme in die Sprache der Entwicklung übersetzt und spezifiziert werden. Die Crux liegt in der Praxis im Transfer der Kundenwünsche in technische Spezifikationen, schließlich lassen sich abstrakte Kundenwahrnehmungen nicht immer treffsicher in konkrete technische Beschreibungen mit physikalisch messbaren Größen übersetzen.

Dieses stufige Vorgehen lässt sich an einem Beispiel verdeutlichen (Abbildung 16): So konvertiert ein Premiumhersteller den Markenwert „Sportlichkeit" in die vom Kunden erlebbare Fahrzeugeigenschaft „Exzellentes Fahrverhalten durch souveräne Traktion unter allen Wetterbedingungen". In die Sprache der Entwicklung übersetzt, wird dies unter anderem durch „optimale Lastverteilung und Bodenhaftung" erreicht, welche mit Hilfe der innovativen Technologie „elektrohydraulische Dämpfungsregelung" realisiert wird. Aus der Technologie resultieren die entsprechenden Spezifikationen an das System „Federung und Dämpfung".

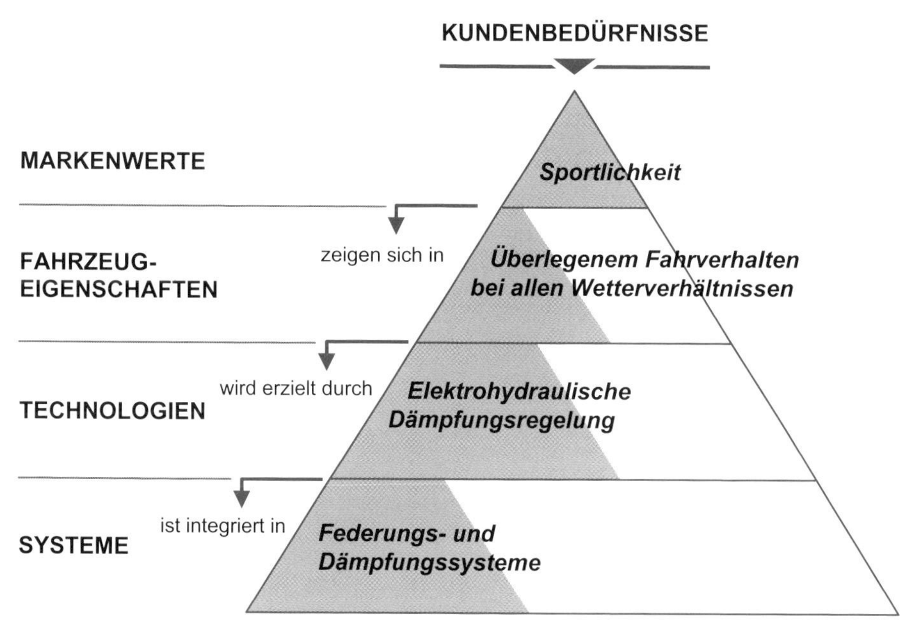

Abbildung 16: Beispiel für Umwandlung von Kundenbedürfnissen in Produktanforderungen
Quelle: Roland Berger Strategy Consultants

Wie reibungslos und stimmig dieser Prozess der Übersetzung marketingtechnischer Anforderungen in die Entwicklungssprache funktioniert, ist bei den verschiedenen Herstellern höchst unterschiedlich. Unstimmigkeiten im Prozess führen dazu, dass sich angestrebte Fahrzeugeigenschaften nicht wie gewünscht verwirklichen lassen und Kundenerwartungen entsprechend enttäuscht werden.

Innovationen mit Kundenfokus systematisch generieren

Sollen Technologien und Innovationen am Markt erfolgreich aufgenommen werden, müssen sie, wie in diesem Beitrag aufgezeigt, zum Profil einer Marke passen und sich an den Kundenbedürfnissen ausrichten. Sie müssen ferner das Markenprofil des Herstellers schärfen und zur Differenzierung gegenüber dem Wettbewerb beitragen. Aus diesen grundsätzlichen Prinzipien ergeben sich mehrere Konsequenzen, will man systematisch Innovationen mit Kundenakzeptanz generieren. Zum einen leitet sich daraus ab, dass mit Innovationen selektiv umgegangen werden muss – nicht alle passen zum Markenprofil eines Herstellers. Es ist auch klar, dass sich entsprechend den unterschiedlichen Markenwerten der Hersteller auch die Technologiestrategien unterscheiden müssen. Nähern sie sich zu stark an, sinkt das Differenzierungspotenzial: Die Fahrzeuge ähneln sich aus Kundensicht zu sehr, dadurch sinkt die Kundenloyalität und es entsteht Druck auf das Preisniveau. Zum anderen muss die Entwicklung von Innovationen und Technologien mit Fokus auf Kundenbedürfnisse, Kundenmehrwert und Kundenakzeptanz geschehen. Der dritte Aspekt der Innovationsgenerierung ist die Sichtweise des Herstellers. Um profitabel zu sein, muss der erhebliche Aufwand für die Entwicklung von immer neuen Innovationen durch die Bereitschaft des Kunden ausgeglichen werden, hierfür auch einen Mehrpreis zu bezahlen. Zusammengefasst stellen diese drei Aspekte – Markenfit, Kundennutzen und Herstellernutzen – die Kernfilter zur Auswahl der zu einer Marke passenden Innovationen dar.

Die systematische Innovationsgenerierung erfordert natürlich auch einen systematischen Prozess, der im Wesentlichen aus drei Modulen besteht: dem Innovationspool, der Innovationsbewertung und der Innovationsauswahl (Abbildung 17). Der Innovationspool, in dem alle Innovationsideen eines Unternehmens gespeichert sind, bekommt Input aus drei Richtungen: Zum einen werden die im Unternehmen bereits vorhandenen Innovationsideen dem Pool zugeführt. Die zweite Richtung speist sich aus der systematischen Analyse von Faktoren wie Veränderungen der Kundenbedürfnisse, Kerntrends, Treiber, Beeinflusser oder Wettbewerber und der darauf aufbauenden Ermittlung der künftigen Innovationsdefizite. Die dritte Richtung erhält ihren Input aus den Technologie-Roadmaps, die aufzeigen, wann voraussichtlich welche Technologie in den Markt eingeführt wird – wie erwähnt, erfordern diese Roadmaps vorgeschaltete Filter, wie Veränderungen im Wertesystem der Kunden, und dürfen nicht auf technischer Faszination beruhen. Um geeignete potenzielle Technologiepro-

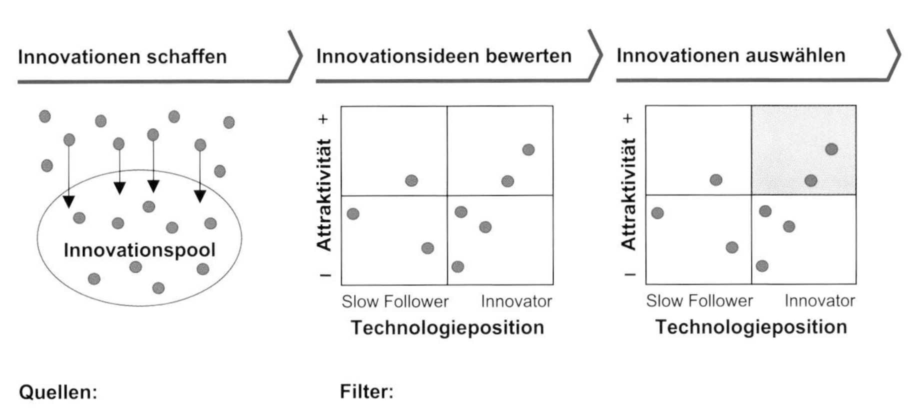

Quellen:

- Vorhandene Innovationsideen
- Rückschlüsse aus Innovationsdefiziten
- Abgleich mit Roadmaps

Filter:

- Markenfit?
- Kundennutzen?
- Herstellernutzen?

Abbildung 17: Innovationsprozess mit Kundenfokus
Quelle: Roland Berger Strategy Consultants

jekte aus dem Innovationspool herausfiltern zu können, werden Markenfit, Kundennutzen und Herstellernutzen im zweiten Modul zur Bewertung herangezogen. Im dritten Modul, der Innovationsauswahl, werden die identifizierten potenziellen Technologieprojekte nach Attraktivität und Technologieposition priorisiert und entsprechend realisiert oder verworfen. Dieses systematische Verfahren stellt sicher, dass die zur Realisierung ausgewählten Technologien und Innovationen vom Kunden als Mehrwert wahrgenommen werden, entsprechende Preisbereitschaft erzeugen und das Markenprofil schärfen. Gleichzeitig werden die internen Auswirkungen beispielsweise hinsichtlich technischer Optimierung, Kosten, Qualität oder interner Abläufe transparent.

Wertschöpfung an Technologiestrategie ausrichten

Die eingeschlagene kundenorientierte Technologie- und Produktstrategie muss sich konsequent durch die gesamte Wertschöpfungskette fortsetzen. Der Hersteller muss sicherstellen, dass die markenprägenden und differenzierenden Fahrzeugeigenschaften auch entsprechend des Markenversprechens vom Kunden wahrgenommen werden können. Daher ist auch die Wertschöpfungskette darauf hin zu untersuchen, welche Wertschöpfungsumfänge zur Markenprägung und -differenzierung beitragen und welche nicht. Markenprägende und differenzierende Wertschöpfungsumfänge gehören zur Kernkompetenz eines Herstellers und sollten daher intern als Eigenleistung erbracht werden. Umfänge, die keinen oder nur einen geringen Beitrag zur Markenprägung leisten, eignen sich grundsätzlich dafür, an Zulieferer übertragen zu werden. In

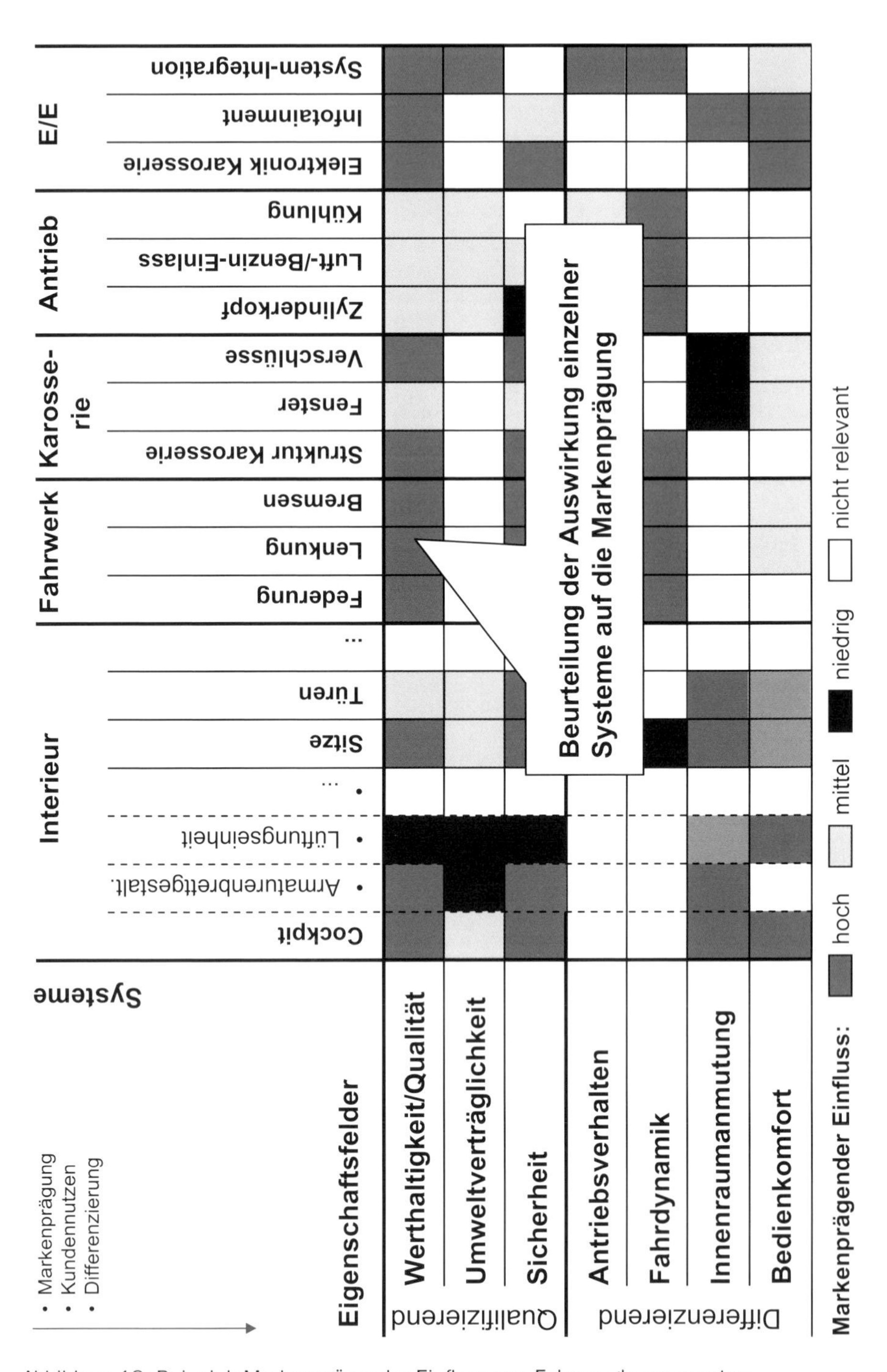

Abbildung 18: Beispiel: Markenprägender Einfluss von Fahrzeugkomponenten
Quelle: Roland Berger Strategy Consultants, Engineering-Studie 2004

diesem Fall kann der Hersteller von den Prozesseffizienzen, Fokussierungsmöglichkeiten des Produktportfolios, Komplexitätsreduktionen oder Kostenstrukturvorteilen profitieren. Konkret müssen zur Bestimmung der Kernkompetenzen alle Systeme und Komponenten auf ihren markenprägenden Einfluss untersucht werden. Daraus ergibt sich die Sollwertschöpfungsstruktur für den Hersteller (Abbildung 18).

Bei der Umsetzung dieser Strategie laufen parallel zwei gegenläufige Prozesse ab. Zum einen werden erhebliche Leistungsumfänge vom Hersteller auf Zulieferer übertragen, da die nicht markenprägenden Wertschöpfungsumfänge ausgelagert werden. Auf der anderen Seite findet eine Rückführung von Kernkompetenzen und kritischem Know-how zurück zum Hersteller statt. Dieses Insourcing beruht auf der bitteren Erkenntnis vieler Hersteller, dass für die Verleihung von markenprägenden Eigenschaften entscheidendes Know-how oftmals durch Lieferanten dominiert wird. Denn markenprägende Eigenschaften bei Produkten und Technologien werden heute in vielen Systemen und Komponenten durch Elektronik und Software erzeugt – so zum Beispiel bei Fahrwerks- und Antriebselektronik oder Motormanagement –, und hier liegt das Know-how oftmals beim Lieferanten. Da die Standardisierung von Hardware- und Softwareplattformen noch nicht weit fortgeschritten ist, sind solche Lieferanten nur schwer ersetzbar. Dieser Umstand zeigt, welche Bedeutung der engen Verzahnung und Vernetzung von Hersteller und Lieferanten für die Markenprägung des Herstellers in diesen Fällen zukommt.

Formen der operativen Verankerung

Sind die Kernkompetenzen definiert und ist die Wertschöpfungsstruktur strategisch darauf angepasst, gilt es, das Unternehmen so auszurichten, dass die Technologie- und Produktstrategie auch operativ erfolgreich umgesetzt werden kann. Um sicherzustellen, dass sich die auf Basis von Kundenbedürfnissen und Markenwerten definierten Fahrzeugeigenschaften auch wie gewünscht in den Modellen realisieren, haben Hersteller begonnen, ihre Entwicklung funktionsorientiert auszurichten. Je nach Philosophie oder Implementierungsstand verfolgen Hersteller verschiedene Ansätze der operativen Verankerung. Dabei kristallisieren sich drei Hauptrichtungen heraus (Abbildung 19):

Komponentenorientierte Entwicklungsorganisation erzeugt Komplexität

Vom Kunden wahrnehmbare Fahrzeugeigenschaften wie „Sportlichkeit“ werden nicht nur von einer, sondern durch das stimmige Zusammenspiel mehrerer Komponenten erzeugt. Bei einer traditionellen Entwicklungsorganisation, die sich an Komponenten orientiert, liefert die Linie nach wie vor nur einzelne Komponenten an das Fahrzeugprojekt. Diesem fällt dann die Aufgabe zu, die verschiedenen Komponenten und

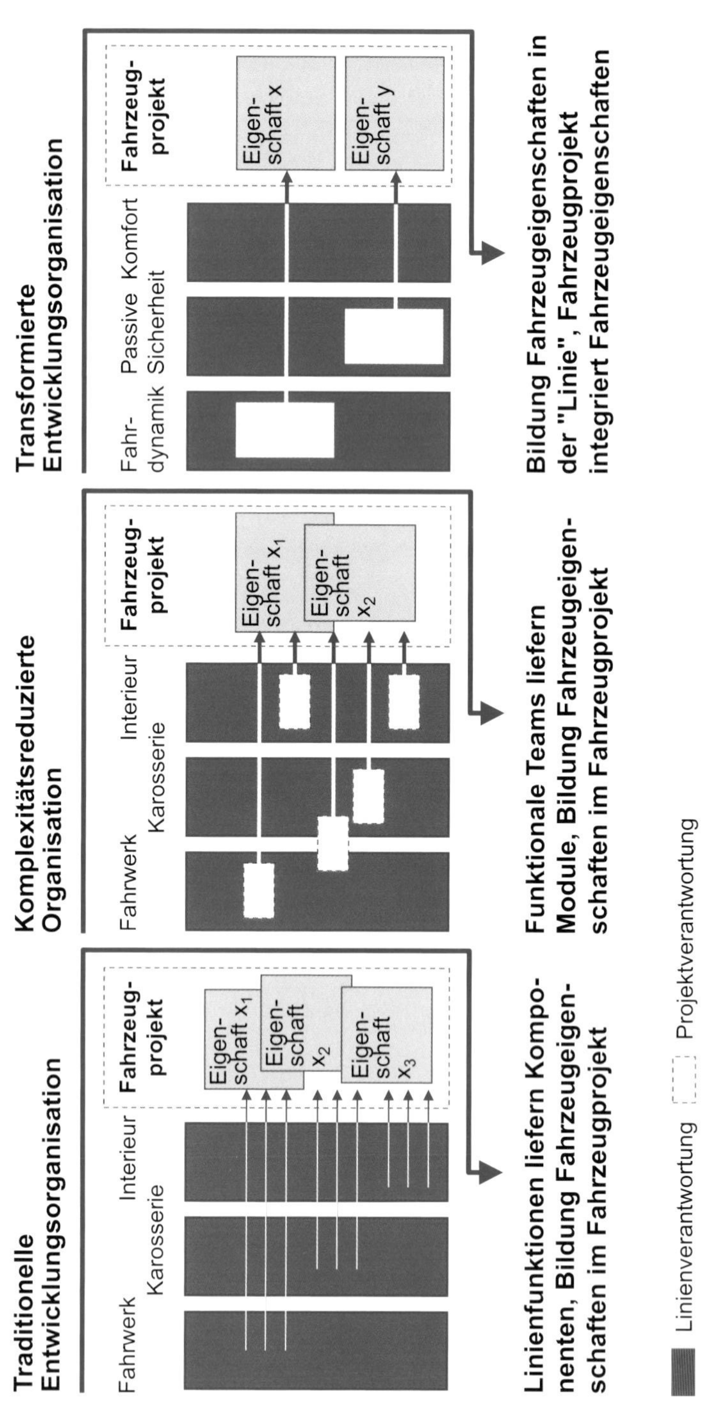

Abbildung 19: Organisationsformen zur Bildung von Fahrzeugeigenschaften
Quelle: Roland Berger Strategy Consultants, Engineering-Studie 2004

Systeme so aufeinander abzustimmen, dass schließlich die gewünschten Fahrzeugeigenschaften erreicht werden. Die Vielzahl der Systeme, die heutzutage insbesondere über die Elektronik zusammenwachsen, führt bei dieser späten Integration häufig zu Problemen und einer kaum mehr handhabbaren Komplexität im Projekt. Die Individualität einzelner Projekte und die Lernkurven, die jedes neue Projekt durchläuft, machen es schwer, die markenprägenden Fahrzeugeigenschaften einheitlich über alle Produktlinien zu realisieren. Oftmals entsteht der Effekt, dass bereits definierte Fahrzeugeigenschaften aufs Neue erfunden werden.

Linienübergreifende Teams reduzieren Komplexität

Dieses Modell versucht die Komplexität im Fahrzeugprojekt deutlich zu verringern, basiert aber nach wie vor auf der traditionellen „geometrischen" Entwicklungsorganisation. Linienfunktionen bilden linienübergreifende Funktionsteams, die fertige Module oder Submodule an das Fahrzeugprojekt übergeben. Die Abstimmung der in den Zusammenbauten enthaltenen Komponenten hin auf gewünschte Fahrzeugeigenschaften und die funktionale Entwicklungsfreigabe erfolgt in den Subteams. Beispielsweise könnte das für die Fahrzeugeigenschaft „überlegenes Fahrverhalten" bedeuten, dass der Bereich Elektronik zusammen mit dem Bereich Antriebsstrang das Zusammenspiel der ESP-Sensorik mit der Motorensteuerung testet und abstimmt. Das fertige Modul wird an das Fahrzeugprojekt übergeben. Hier findet dann die Integration mit dem Fahrwerk statt. Der Aufwand im Fahrzeugprojekt lässt sich bei diesem Modell zwar reduzieren, trotzdem bleibt eine erhebliche Komplexität und Schnittstellenproblematik bestehen. Der Vorteil liegt vor allem darin, dass die Realisierungsmöglichkeit in oft noch bestehenden traditionellen Organisationsformen gegeben ist und Mitarbeiter langsam an die sich verändernden Arbeitsweisen und Aufgaben herangeführt werden können. Allerdings bleibt die Gefahr bestehen, dass aufgrund der Abstimmungsproblematik bei der Integration der Zusammenbauten in übergreifende Systeme die Fahrzeugeigenschaften nicht wie gewünscht realisiert werden.

Funktionsorientierte Entwicklungsorganisation sichert Kundenfokus

Je wichtiger die Schärfung des Markenprofils – und damit die durchgängige Orientierung an Kundenbedürfnissen, Markenwerten und Fahrzeugeigenschaften – ist, desto intensiver muss über die Transformation der Entwicklungsorganisation in eine funktionsorientierte Struktur nachgedacht werden (Abbildung 20). Besonders Premiumhersteller müssen sich daher mit dieser Möglichkeit auseinander setzen.

Besteht eine funktionsorientierte Entwicklungsorganisation, kann die notwendige Integrationsleistung zur Erzeugung der jeweiligen Fahrzeugeigenschaften vollständig in der Linie erbracht und dann als fertiges System an das Fahrzeugprojekt übergeben werden. Beispielsweise übernimmt der Bereich Fahrdynamik die komplette Entwick-

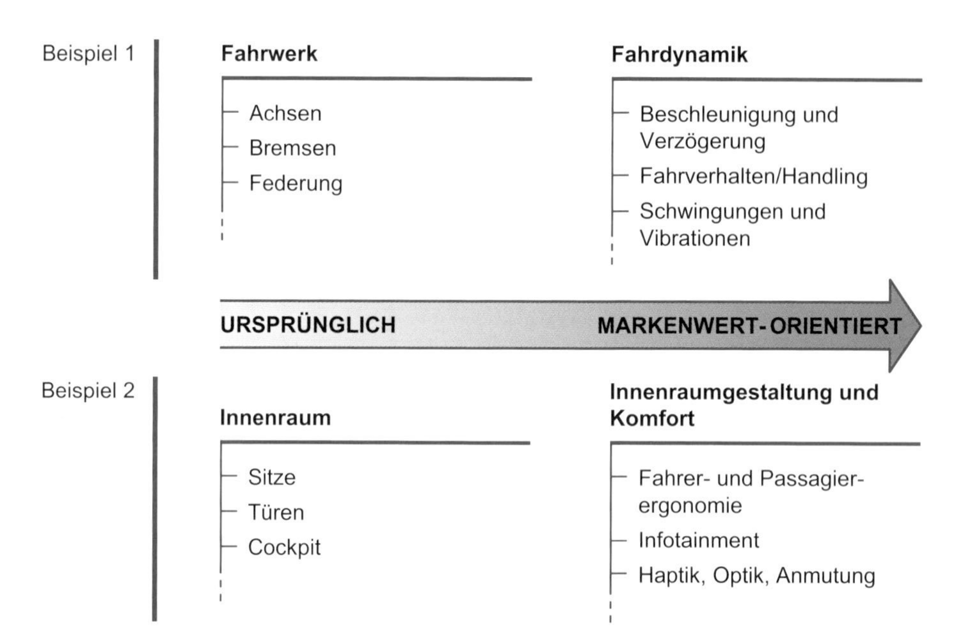

Abbildung 20: Ausrichtung der Linienorganisation nach markenprägenden Fahrzeugeigenschaften, funktionsorientierte Entwicklungsorganisation nach Markenwerten
Quelle: Roland Berger Strategy Consultants

lung und Integration für die Fahrzeugeigenschaft „überlegenes Fahrverhalten". Dieser Ansatz reduziert die Komplexität im Fahrzeugprojekt erheblich und stellt gleichzeitig sicher, dass der Entwicklung aller neuen Produktlinien dasselbe Verständnis von Kundenbedürfnissen, Markenwerten und Fahrzeugeigenschaften zugrunde liegt. Zudem führt dies über die verschiedenen Fahrzeugprojekte im Zeitverlauf zu einem Erfahrungsaufbau und zu einem stetig steigenden Technologie-Reifegrad.

Zeitgleich mit der Änderung der Entwicklungsorganisation müssen die Entwicklungsprozesse angepasst werden. Dabei sollte man sich bereits in frühen Entwicklungsphasen an den Fahrzeugeigenschaften orientieren und diese Orientierung über den gesamten Entwicklungsprozess beibehalten (Abbildung 21).

Dazu muss der Entwicklungsfreigabeprozess, der heute meist noch komponentenspezifisch erfolgt, um Freigaben von ganzheitlichen Fahrzeugeigenschaften ergänzt werden. Diese Eigenschaften müssen daher vorab klar definiert sein. Und das ist nicht ganz einfach, da Kundenwahrnehmungen in die Sprache der Entwicklung übersetzt werden müssen, und zwar so detailliert, dass sich genau die gewünschten Eigenschaften ergeben und individuelle Interpretationen ausgeschlossen sind.

Eine weitere Herausforderung besteht darin, dass Fahrzeugeigenschaften nicht nur die allgemeinen Markenwerte eines Herstellers in alle Produktlinien in gleicher Weise transportieren, sondern auch die individuelle Identität jeder einzelnen Produktlinie

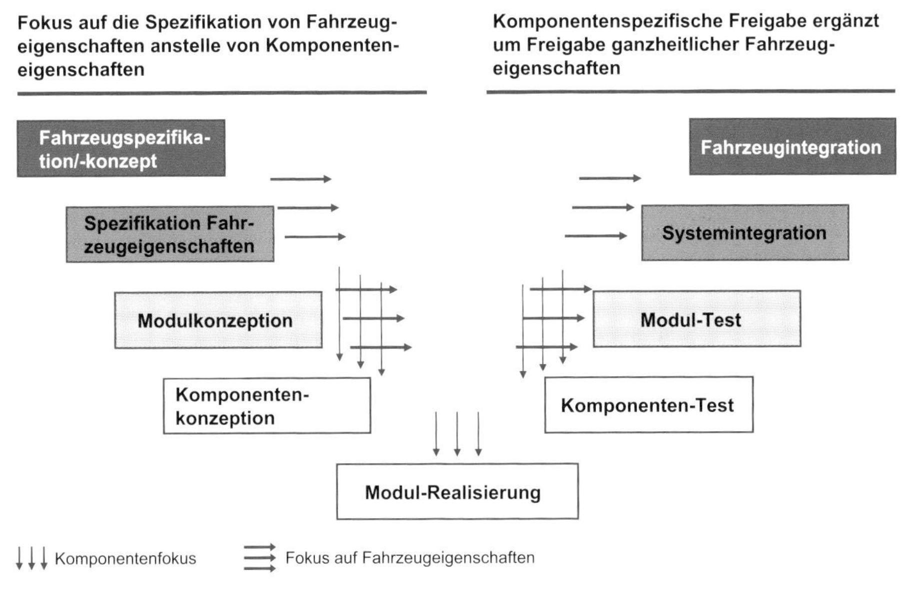

Abbildung 21: Orientierung des Entwicklungsprozesses an Fahrzeugeigenschaften
Quelle: Roland Berger Strategy Consultants

stärken müssen. Die erste Anforderung bedingt einen zentralen Strategiebereich in der Entwicklung, der in enger Abstimmung mit dem Marketing die Technologie- und Produktstrategie verbindlich festlegt und bestimmt, welche Innovationen zur Marke und zu den einzelnen Produktlinien passen. Hier werden auch die markenprägenden und differenzierenden Fahrzeugeigenschaften definiert und darauf aufbauend die Kernkompetenzen und die Wertschöpfungsstrategie der Entwicklung bestimmt. Zur Stärkung der individuellen Identität der einzelnen Produktlinien sollten die heute eher opportunistisch gebildeten Produktprojektorganisationen in formale Produktlinieneinheiten innerhalb der Entwicklungsorganisation umgewandelt werden. Fasst man verwandte Produktlinien noch sinnvoll zusammen, können zusätzlich Fahrzeugarchitekturen besser harmonisiert und Modularisierungs- und Standardisierungskonzepte leichter eingeführt werden.

BMW gilt als Vorreiter hinsichtlich markenprägender Wertschöpfungsstrategien und der Ausrichtung der Entwicklungsorganisation an Fahrzeugeigenschaften. Für sämtliche Module im Fahrzeug hat BMW deren Bedeutung für die Marke ermittelt und die Wertschöpfungsstrategie konsequent darauf ausgerichtet. Auch in der Entwicklungsorganisation wurden bereits wesentliche Änderungen umgesetzt. So hat BMW beispielsweise den Bereich „Interieur" als markenprägende Fahrzeugeigenschaft aus dem Bereich „Karosserie" ausgegliedert und die Einheit „Chassis" in die Organisationseinheit „Fahrdynamik" überführt.

Externe Partner eng vernetzen

Veränderungen im Zuliefernetzwerk lassen sich auf drei wesentliche Treiber zurückführen, die parallel und gegenläufig das Zuliefernetzwerk beeinflussen.

Nicht markenprägende Wertschöpfungsumfänge werden verstärkt ausgelagert

Ein Treiber ist die erklärte Strategie der Hersteller, sich auf markenprägende und differenzierende Wertschöpfung als Kernkompetenz zu konzentrieren. Wie erwähnt, führt dies zu einer verstärkten Verlagerung der nicht markenprägenden Wertschöpfungsumfänge auf Zulieferer. Da häufiger komplette Module oder Systeme mit umfangreichem Leistungsumfang entlang der Wertschöpfungskette vergeben werden, also Einkauf, Fertigung, Montage, Logistik und Integrationsaufgaben, entstehen modul- beziehungsweise systemspezifisch unterschiedliche Formen der Zusammenarbeit, je nach Grad des vom Zulieferer übernommenen Verantwortungsumfanges.

Markenprägende Wertschöpfungsumfänge erfordern faire Partnerschaften

Der zweite Treiber ist die bittere Erkenntnis vieler Hersteller, nicht oder nur ungenügend über notwendige Kernkompetenzen, die oftmals Elektronik- und Softwarefunktionen und deren Integration betreffen, im Unternehmen zu verfügen. Die strategische Lösung für die Hersteller ist zwar schnell gefunden und lautet „Insourcing“ von Kernkompetenzen. In der Praxis gestaltet sich dies aber schwierig und langwierig. Denn Zulieferer geben ihr modul- oder systemspezifisches Know-how nur ungern preis und spielen daher oft eine dominierende Rolle bei der Realisierung von markenprägenden Eigenschaften oder bei Innovationen. Der Weg aus dem Dilemma führt zu einer engen Vernetzung beider Seiten. Der Hersteller ist darauf angewiesen, dass der Zulieferer die Markenprägung wie gewünscht realisiert und beispielsweise das Lastverhalten markenkonform in die Motorsteuerung programmiert. Umgekehrt ist der Zulieferer gezwungen, sich mit seinem Modul oder System nach den Fahrzeugeigenschaften des Herstellers zu richten, und muss durch Feintuning und viele kleine Abstimmungsschleifen mit anderen Systemen die gewünschte markenkonforme Fahrzeugeigenschaft herstellen. Um das zu erreichen, sind beide Seiten gezwungen, sich einander zu öffnen: der Hersteller, der dem Zulieferer seine Marken- und Differenzierungsstrategie sowie die angestrebten Fahrzeugeigenschaften anvertraut, und der Zulieferer, der sein intellektuelles Kapital, also seine Technologie- und Innovationskompetenz, einbringt. Für beide Seiten wird daher eine faire und vertrauensvolle Partnerschaft mit langfristiger strategischer Perspektive vital.

Den dritten Treiber bilden die schon beschriebenen Unterschiede zwischen dem jeweiligen Lebenszyklus des Modells, der Elektronik und der Software (Abbildung 5). Die Dynamik der Entwicklung bei Elektronik und Software wird dazu führen, dass gewisse Module und Systeme – wie Navigationssysteme, Telefone und Entertainmentsysteme – auch innerhalb eines Modellebenszyklus aufgerüstet und mit bestehenden Fahrzeugsystemen neu vernetzt werden müssen, ohne dabei Funktionsprobleme auftreten zu lassen. Mit dieser Aufgabe wäre der OEM aufgrund der teilweise fehlenden Kompetenz überfordert. Nötig sind eine enge Vernetzung mit den Lieferanten und langfristige Partnerschaften, um die Aufrüstung reibungslos vollziehen zu können.

Kompetenz und Wettbewerbsfähigkeit erfordern eine enge Vernetzung

Da der Know-how-Träger sinnvollerweise auch die Rolle des Prozessführers übernehmen sollte, fallen dem Zulieferer zusätzliche Integrationsaufgaben zu, für die Kompetenzen aufgebaut werden müssen. Um dieser Herausforderung gerecht zu werden, hat Bosch beispielsweise die Tochtergesellschaft Bosch Engineering gegründet. Lieferte Bosch früher fertige Regelsysteme und deren Software für Motoren, Getriebe oder Bremsen als separate Module, bietet Bosch Engineering den Herstellern jetzt das Know-how an, diese Systeme zu integrieren. Unter der Bezeichnung „intelligenter Antriebsstrang" koppelt Bosch Engineering Motor-, Bremsen- und Getriebesteuerung und übergibt sie als Gesamtsystem dem Kunden.

Das Zusammenspiel von Innovationskompetenz und Sicherung der Wettbewerbsfähigkeit zwingt die Hersteller zu einem Wettbewerb um die besten Partner und macht es notwendig, diese langfristig an sich zu binden. Dadurch entstehen je nach Grad des übernommenen Wertschöpfungsumfanges und der Bedeutung für die Markenprägung unterschiedliche Geschäftsmodelle. Derivate werden durch „Little OEMs" komplett von der Entwicklung über die Fertigung abgewickelt, Systemanbieter bearbeiten in langfristigen Partnerschaften umfangreiche Funktionsgruppen und steuern selbstständig Tier-2- und Tier-3-Lieferanten. Spin-offs sichern dauerhaft die Wettbewerbsfähigkeit bei nicht markenprägenden Wertschöpfungsumfängen, Direktbeteiligungen schützen Kompetenz- und Kapazitätszugänge bei strategisch wichtigen Komponenten, in Joint Ventures werden neue Technologien entwickelt oder Hersteller agieren als Inkubatoren, um mit kleinen finanzschwachen Firmen Innovationen zu generieren. Dies alles weist darauf hin, dass die Art der Geschäftsbeziehungen für Hersteller künftig noch vielfältiger und bedeutender werden (Abbildung 22).

Von Hierarchie zu echten Partnerschaften im eng verzahnten Netzwerk

Die traditionell funktional und hierarchisch geprägte Struktur ist diesen Herausforderungen nicht mehr gewachsen und die Zusammenarbeit muss auf Basis der Kundenbedürfnisse und Markenwerte neu gestaltet werden. So entstehen letztlich

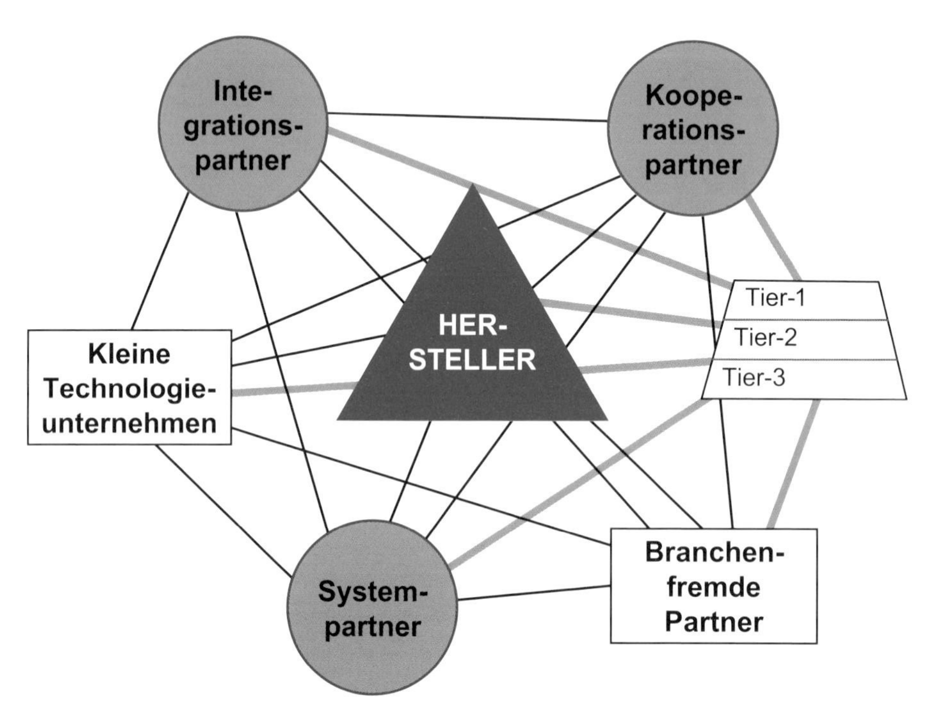

Abbildung 22: Vernetzung vielfältiger Geschäftsbeziehungen
Quelle: Roland Berger Strategy Consultants

effiziente Partnerschaften in einem eng verzahnten Netzwerk, es bildet sich sozusagen ein virtuelles Unternehmen, das modul- beziehungsweise systemspezifisch seinen Beitrag zur Schärfung des Markenprofils oder zur Steigerung der Wettbewerbsfähigkeit leistet (Abbildung 23). Die Realisierung der Chancen dieses Netzwerkes erfordert ein institutionalisiertes Netzwerkmanagement. Netzwerkmanager müssen die verschiedenen Geschäftsmodelle synchronisieren. Alle Beteiligten sollten über dasselbe Verständnis von Kundenbedürfnissen, Markenprägung und definierten Fahrzeugeigenschaften verfügen. Traditionell gewachsene Strukturen bei den Herstellern wie auch den Netzwerkpartnern sollten konsequent auf die neue Zusammenarbeitsform transformiert werden. Synchronisiert werden müssen zwischen den Partnern sowohl die Aufbauorganisation mit ihrer Ausrichtung auf Fahrzeugeigenschaften wie auch die Ablauforganisationen bezüglich stabiler und verlässlicher Entwicklungsprozesse mit funktionalen Freigaben. Das Netzwerkmanagement sollte systematische Kriterien definieren, um geeignete Partner auswählen und die Netzwerkkonfiguration permanent überprüfen zu können. Basis für eine vertrauensvolle Zusammenarbeit sind partnerschaftliche Regelungen beispielsweise zu intellektuellem Kapital oder Exklusivitätsvereinbarungen, aber auch darüber, wie potenzielle Konflikte zwischen den Partnern gelöst werden sollen. Partner können langfristig nur im Netzwerk verbleiben, wenn sie

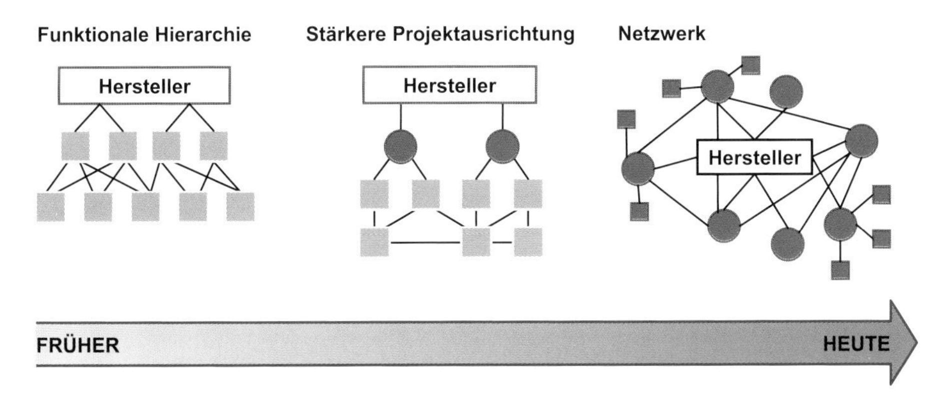

Abbildung 23: Von der Hierarchie zum Netzwerk
Quelle: Roland Berger Strategy Consultants

entweder über strategische Kernkompetenzen verfügen oder die Wettbewerbsfähigkeit erhöhen.

Zusammenfassung

Herausforderung Technologie – Fortschritt oder Falle? Die Rahmenbedingungen der Technologieentwicklung haben sich verändert. War die Innovationsgeschwindigkeit bis Anfang der neunziger Jahre vergleichsweise moderat, so hat sie sich seit dieser Zeit bis heute durch technologische Fortschritte insbesondere in der Elektronik drastisch beschleunigt. Diese Entwicklung wie auch die immer schnellere Übertragung neuer Technologien in andere Marken und untere Baureihen machen es Herstellern schwerer, sich vom Wettbewerb zu differenzieren – Premiummarken werden austauschbarer. Durch Innovationsdruck und Wettbewerb alternativer Technologien auf der einen Seite und nicht mehr tragbare Aufwendungen auf der anderen Seite drohen Premiumhersteller in einer Komplexitäts- und Kostenfalle zu versinken.

Der Weg aus dieser Falle führt über die Fokussierung auf die entscheidenden Technologien: diejenigen nämlich, mit denen sich der Hersteller vom Wettbewerb abhebt, sein Markenprofil schärft und nicht zuletzt einen Mehrerlös erzielt. Premiumhersteller müssen ihren „Technologie-weckt-Bedarf"-Entwicklungsansatz ersetzen durch einen „Technologie-generiert-Mehrwert"-Ansatz. Sie müssen die Bedürfnisse des Kunden kennen und frühzeitig Trends identifizieren, die sein Wertesystem beeinflussen. Gleichzeitig müssen sie die Bedeutung und Entwicklung von Meinungsbeeinflussern beobachten. Ebenso wie die Übereinstimmung von Technologie und Markenprofil sind all dies entscheidende Erfolgsfaktoren für die Zukunft.

Manche Hersteller haben die Chancen von Technologiestrategien mit Kundenfokus bereits erkannt. So konnte Renault durch Bestnoten beim Euro-NCAP-Crashtest eine führende Rolle im Bereich der passiven Sicherheit einnehmen. Toyotas aktueller Vorstoß, der Hybridantrieb als innovative Kernkompetenz der Marke Lexus, ist ein weiteres Beispiel.

Das Umdenken ist also in vollem Gange. Allerdings sind die Ansätze bei vielen Herstellern noch zu vereinzelt, als dass die gesamte Technologieentwicklung schon flächendeckend auf die Bedürfnisse der Zielkunden fokussiert worden wäre. Um den Herausforderungen der Zukunft gewachsen zu sein, bedarf es eines kundenorientierten Technologiemanagements mit drei Kernelementen: Die Technologie- und Produktstrategie stellt den Kundennutzen in den Mittelpunkt der Technologieentwicklung und definiert, mit welchen Technologien sich Marke und Produkt gegenüber dem Wettbewerb differenzieren sollen. Die operative Verankerung zielt darauf ab, die Kundensicht über alle Ebenen, Bereiche und Fahrzeugprojekte hinweg zu festigen. Dazu müssen traditionelle Entwicklungsorganisationen und -prozesse in funktionsorientierte Strukturen transformiert werden. Das dritte wesentliche Element ist das Netzwerkmanagement. Die Aufgabenteilung zwischen Hersteller und Lieferanten entlang der Wertschöpfungskette erfordert neue Formen der Zusammenarbeit und eine Vielzahl von Geschäftsmodellen in einem eng verzahnten Netzwerk. Künftig findet die Zusammenarbeit sozusagen in einem virtuellen Unternehmen statt. Das Netzwerkmanagement stellt den Zugang von Know-how und Kapazitäten bei den entscheidenden Partnern sicher. Es gewährleistet, dass die kundenorientierte Technologiestrategie auch über die externen Partner hinweg einheitlich umgesetzt wird. Darüber hinaus muss das Netzwerkmanagement die Netzpartner eng verzahnen und die Zusammensetzung kontinuierlich an aktuelle und zukünftige Marktveränderungen anpassen.

Die Technologieentwicklung stellt heute wie morgen einen entscheidenden Faktor zur Differenzierung von Premiumfahrzeugen im Markt dar. Die konsequente Ausrichtung an den Bedürfnissen der Zielkunden ist unabdingbar – sowohl um der Kosten- und Komplexitätsfalle zu entkommen als auch, um die Marke erfolgreich zu positionieren. Je besser es ein Hersteller versteht, Kundenbedürfnisse in seinem Produkt- und Technologieangebot zu antizipieren, desto besser kann er strategische Chancen auch nutzen.

Herausforderung Markt – Wer erobert die strategische Kontrolle?

Jürgen Reers, Roland Berger Strategy Consultants

Herausforderungen im Automobilvertrieb

„Rabattschlacht im Automobilvertrieb erfasst nun auch Premiumsegment", „Automobilhersteller kämpfen seit geraumer Zeit mit stagnierenden Absatzzahlen in ihren Kernmärkten", „Erwirtschaftete Renditen sind in vielen Betrieben absolut unzureichend". Solche und ähnliche Negativ-Schlagzeilen sind derzeit häufig in den Medien zu lesen. In der Tat stellt der Markt für alle Spieler der Automobilindustrie eine immer größere Herausforderung dar. Für Hersteller, Zulieferer und den Automobilhandel werden sich die schwierigen Wettbewerbsbedingungen weiter verschärfen.

Die wichtigsten Kernmärkte der Automobilindustrie stagnieren. Wachstum lässt sich nur noch durch die Ausdehnung des Produkt- und Leistungsangebots sowie durch Expansion in Emerging Markets erzielen. Gleichzeitig aber intensiviert sich der Wettbewerb durch weltweite Überkapazitäten und die Attacken neuer Wettbewerber aus Fernost.

Verändertes Kaufverhalten erfordert Umdenken

In einem Umfeld von stagnierender Nachfrage und hohem Wettbewerb haben sich zudem die Erwartungen und das Kaufverhalten der Kunden deutlich geändert. Das Auto ist für viele Käufer mittlerweile mehr als nur ein Fortbewegungsmittel, es ist immer stärker auch Ausdruck des jeweiligen Lebensstils. Prognosemodelle, welche die traditionelle Zielgruppendefinition allein an Einkommen, sozialer Herkunft oder Alter festmachen, sind heute nicht mehr aussagekräftig genug, um Kaufverhalten adäquat vorauszusagen. In wohlhabenden Schichten etwa gibt es ein wachsendes Segment mit Hang zum Understatement: Autokäufer bevorzugen einen modernen Kleinwagen statt der traditionellen Oberklasselimousine, um ihrem post-materiellen Lebensstil Ausdruck zu verleihen. Neue Wertemuster gehen oft mit einem hybriden Kaufverhalten einher: Wo ein Käufer in einer Bedürfniskategorie ins Luxussegment greift, sucht er bewusst nach Billigangeboten in anderen Kategorien.

Der Siegeszug des Smart Shopping wird zu einer weiteren Verschärfung des Wettbewerbs führen. Bei Konsumgütern ist diese Tendenz bereits seit langem etabliert. Die umfassende Kenntnis der Kunden, wo der beste Preis für eine bestimmte Leistung zu realisieren ist, verbunden mit dem Bedürfnis, diesen auch unbedingt zu realisieren, hat zu einer Dominanz von Discountformaten etwa im Lebensmittel- oder

Unterhaltungselektronikbereich geführt. Mittlerweile müssen auch Händler von Luxusgütern diesem Trend Tribut zollen – mit Nachlässen von 30 bis 50 Prozent für Produkte im Mode-Luxussegment erreichen die Preise hier mittlerweile das Niveau von No-Name-Produkten.

Auch der Automobilvertrieb ist von dieser Entwicklung betroffen. Traditionell ließen sich potenzielle Käufer vom nächstgelegenen Händler der gewünschten Marke ein Angebot machen. Heute stehen ihnen diverse Kanäle zur Verfügung, um sich über Produkte und Preise bei verschiedenen Anbietern zu informieren. In Deutschland nutzen mittlerweile bereits 56 Prozent der Autokäufer das Internet als Medium, um sich über mögliche Konfigurationen und Preise vorab zu informieren und in aller Ruhe die Kaufentscheidung abzuwägen und zu treffen (Quelle: TNS Emnid/Autoscout 24). Informationen über Incentives und Rabatte nutzt der Kunde systematisch für aktive Preisverhandlungen.

Auch beim Autokauf wird die Kaufentscheidung neben Attraktivität von Marke und Produkt zunehmend vom Preis abhängig gemacht (Abbildung 1).

Der verschärfte Wettbewerbs- und Preisdruck hat in der Automobilindustrie zu einer hohen Innovationsrate geführt, bei der neben dem Produktportfolio auch zentrale Wertschöpfungsprozesse auf den Prüfstand gekommen sind.

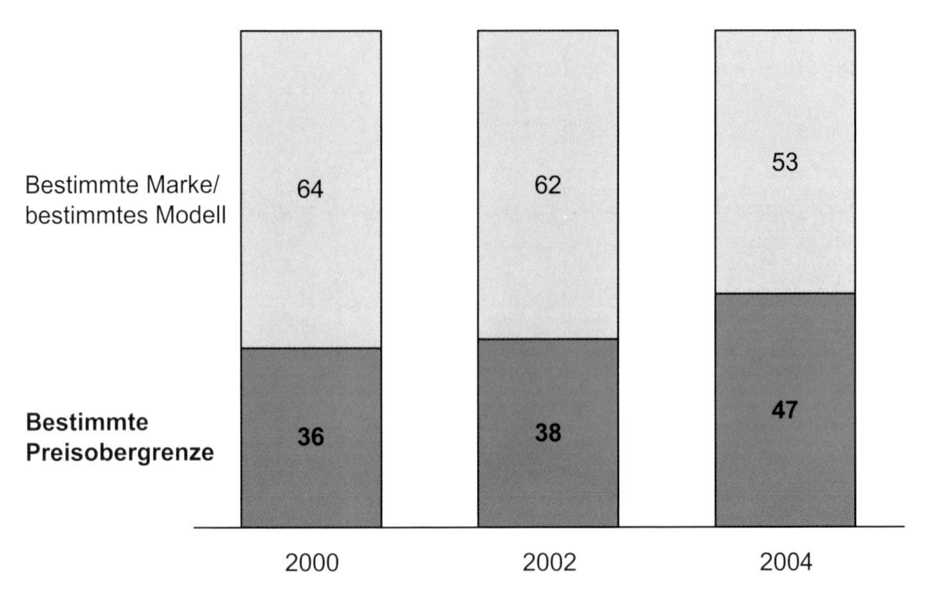

Abbildung 1: Haupt-Entscheidungskriterium beim Autokauf in Deutschland 2000–2004 (in Prozent)
Quelle: Roland Berger Market Research, Umfrage in Deutschland

Antwort der Hersteller: Aktivitäten auf der Angebots- und Kostenseite

Auf der Produktseite haben die Hersteller mit einer Ausdehnung der Modellpalette reagiert. Beispielhaft für die segmentseitige Ausdehnung sind Mercedes-Benz oder BMW, die mit der A-Klasse beziehungsweise der 1er-Baureihe in die weniger profitable Kompaktklasse eingestiegen sind. Umgekehrt hat Volkswagen sein traditionelles Portfolio mit dem Touareg und dem Phaeton nach oben ausgeweitet. Die zunehmende Differenzierung durch die Entwicklung innovativer Nischenfahrzeuge bringt immer neue Subsegmente hervor: Gab es vor etwa zwanzig Jahren eine überschaubare Segmentierung der Modelle, so explodierten die Nischensegmente in den vergangenen Jahren geradezu. Die Einführung von Crossover-Modellen als Kombination von Elementen verschiedener Segmente hat mittlerweile zu einem Aufbrechen der klassischen Produkteinteilung geführt. So wurden über innovative Dachkonzepte Elemente von Coupé, Cabrio und Limousine verknüpft. Neue Fahrzeugmodelle kombinieren Eigenschaften von Sports Utility Vehicles (SUVs) und Großraumlimousinen, paaren dies mit Oberklassekomfort und geben dem Ganzen durch Dachlinien wie bei einem Coupé ein sportliches Design. In aktuellen Konzeptfahrzeugen gibt es mittlerweile Kreuzungen von Coupé/Cabriolet und SUVs.

Die gesamte Modellpalettenerweiterung lässt sich exemplarisch am Beispiel der Marke Mercedes-Benz verfolgen. Gab es 1980 gerade sieben Modellreihen, waren es bis Ende 2005 bereits 20 (Abbildung 2).

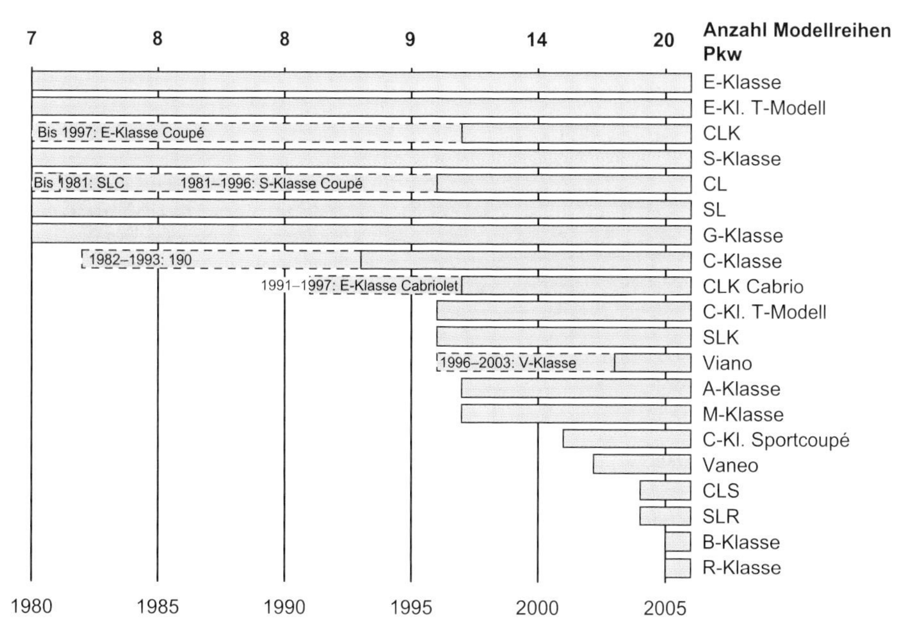

Abbildung 2: Modellpalettenerweiterung der Marke Mercedes-Benz 1980–2005
Quelle: Roland Berger Strategy Consultants; Global Insight; Homepage DaimlerChrysler

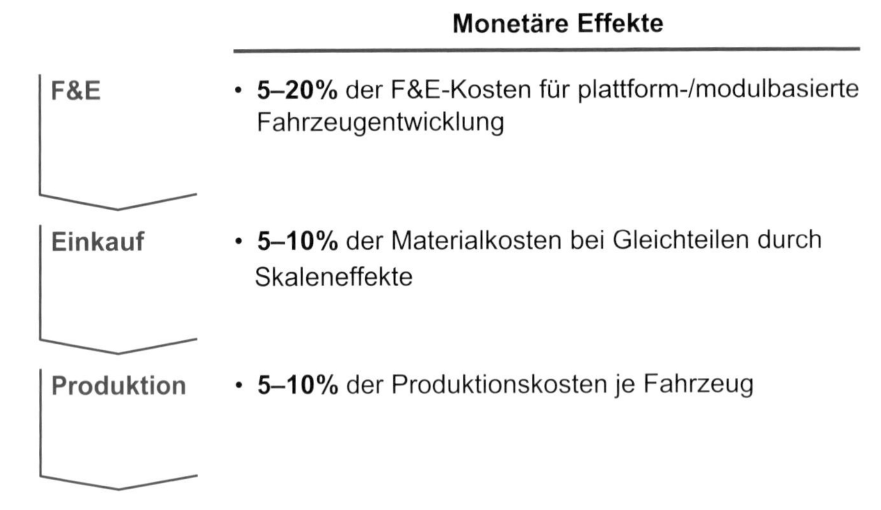

Abbildung 3: Möglichkeiten der Effizienzsteigerung durch technische Standardisierung
Quelle: Roland Berger Strategy Consultants

Parallel zur Spreizung der Modellpaletten haben die Hersteller die Lebenszyklusdauer der Fahrzeuge gesenkt. Während der Lebenszyklus des ersten Golf von Volkswagen noch neun Jahre betrug, verringerte er sich beim Golf IV auf sechs Jahre.

Auf der Kostenseite hat die Optimierung von Entwicklungs-, Einkaufs- und Herstellungsprozessen zu erheblichen Effizienzsteigerungen geführt. Bei weitestgehender Standardisierung durch Plattform- und Gleichteilstrategien konnten große Potenziale entlang der Wertschöpfungskette erschlossen werden (Abbildung 3).

Wesentliche Erfolge werden dabei durch eine intensive und partnerschaftliche Zusammenarbeit zwischen Herstellern und ihren Zulieferern erzielt. Durch die frühzeitige Einbindung der Zulieferer in den Produktentwicklungsprozess und die zunehmende Vernetzung mittels offener CAx-Datenmodelle können Zeit und Kosten eingespart werden. Plattformkonzepte und die Auslagerung der Entwicklung und Produktion kompletter Systeme auf Tier-1-Zulieferer ermöglichen die Realisierung von Skaleneffekten über Konzernmarken oder über mehrere Hersteller hinweg. Die starke Verzahnung des Produktionsprozesses mit der Just-in-Time-/Just-in-Sequence-Anlieferung der Teile durch den Zulieferer senkt die Komplexität und die Durchlaufzeit am Band.

Trotz aller Bemühungen: noch stärkerer Wettbewerbsdruck

Da fast alle Hersteller ihre Anstrengungen auf die Produkt- und Kostenseite konzentriert haben, verschwanden die Kosten- beziehungsweise Differenzierungsvorteile im Zeitverlauf wieder. Mehr noch: Die Ausdehnung der Produktpalette hat in vielen

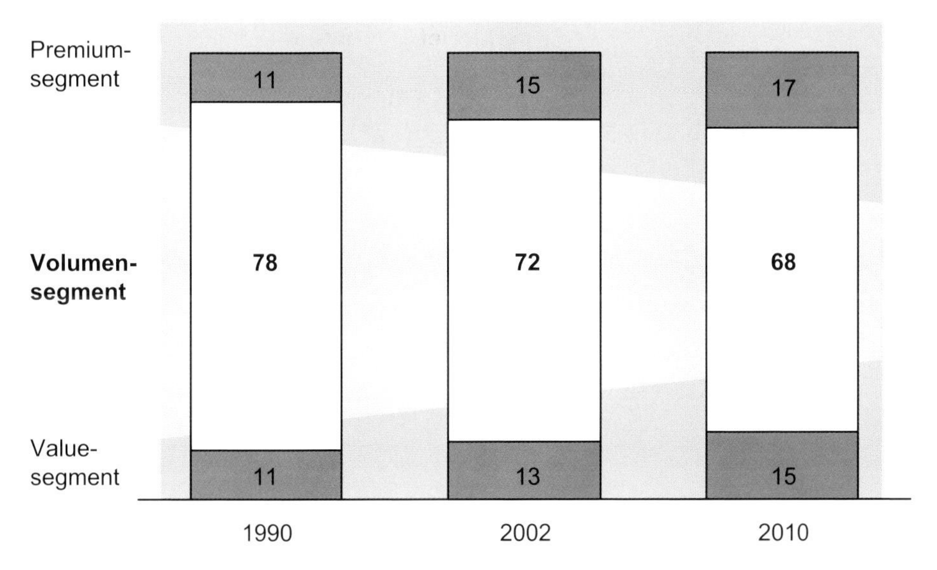

Abbildung 4: Segment-Entwicklung in Westeuropa 1990 versus 2010 (Segmentanteile am Neuwagenabsatz in Prozent)
Quelle: Roland Berger Strategy Consultants

Fällen zu einer höheren Komplexität in der Produktentstehung, -erstellung und vermarktung geführt. Als Konsequenz hat sich der Wettbewerbsdruck im Automobilmarkt weiter erhöht.

Dabei wird besonders das Volumensegment weiter unter Druck geraten. Der Anteil dieses Segments am Gesamtmarkt wird bis 2010 von ehemals knapp 80 Prozent im Jahr 1990 auf circa 70 Prozent zurückgehen (Abbildung 4) – ein Trend, der sich im Konsumgüterbereich bereits vollzogen hat: Das Volumensegment büßte in Deutschland in den letzten fünf Jahren deutlich Marktanteile gegenüber dem Premiumsegment und Discountformaten ein. Der Marktanteil von 65 Prozent im Jahr 1999 ist auf derzeit nur noch 54 Prozent gesunken (Quelle: GfK).

In der Automobilindustrie wird auch das wachsende Premiumsegment inzwischen immer stärker umkämpft. So werden seit geraumer Zeit signifikante Nachlässe für Premiummodelle eingeräumt, um Marktanteile auszubauen oder zu verteidigen. Im deutschen Markt werden beispielsweise mittlerweile auch in diesem Segment Nachlässe von 10 bis teilweise über 15 Prozent gewährt.

Am unteren Ende der Preisskala läuten Billigangebote eine neue Runde ein. Einer der Vorreiter bei der Fokussierung auf Kosteneffizienz und minimale Ausstattung war hierbei Renault/Nissan mit der Entwicklung des Dacia Logan. Dass sich die Wettbewerber diesem Druck nicht entziehen können, zeigt die Ankündigung von Volkswagen, ein ähnliches Konzept auf den Markt zu bringen. Mit dem 3-K, dessen Produktionskosten bei etwa 3.000 Euro liegen sollen, will Volkswagen vor allem in den Emerging Markets seine Wettbewerbsposition verbessern. Zudem werden weitere Billigangebote aus Asien auf den Markt drängen: Neben der aggressiven Expansion von Koreanern und Chinesen arbeiten auch indische Hersteller an Fahrzeugkonzepten, die bei den Produktionskosten sogar noch unter 2.000 Euro liegen sollen.

Verschärfter Wettbewerb auch abseits des Neuwagenbereichs

Neben dem Neufahrzeuggeschäft kommen weitere Ertragsquellen im Automobilgeschäft unter Druck. Neue Wettbewerber und Vertriebskanäle sowie die Liberalisierung des Automobilvertriebs intensivieren den Wettbewerb in Geschäften entlang des gesamten Lebenszyklus.

In der Finanzierung von Fahrzeugen sorgen herstellerunabhängige Anbieter sowie die Geschäftsbanken für intensiven Wettbewerb. In Deutschland, wo die Wachstumsaussichten für die Fahrzeugfinanzierung sehr positiv sind und mit einem Anstieg der Finanzierungsquote mittels Kredit oder Leasing von derzeit 70 auf 76 Prozent im Jahr 2010 gerechnet wird, haben die Herstellerbanken etwas an Boden eingebüßt. Im Neuwagenverkauf wurden im Jahr 2004 in Deutschland 38 Prozent aller Fahrzeuge über Kredite oder Leasingangebote der Herstellerbanken finanziert – gegenüber 40 Prozent zwei Jahre zuvor.

In der Kfz-Versicherung haben die Liberalisierung der Vertragsbestimmungen sowie die Spreizung der Tarife zu einem deutlichen Verfall der Prämien geführt. Lagen die durchschnittlichen Beiträge für die Kfz-Versicherung nach Angaben des Gesamtverbands der Deutschen Versicherungswirtschaft 1995 bei durchschnittlich 475 Euro, so sank dieser Wert im Jahr 2003 inflationsbereinigt auf 375 Euro, was einem Rückgang von 21 Prozent entspricht.

In der Fahrzeugwartung sorgt der Wegfall der quantitativen Selektion nach der neuen Gruppenfreistellungsverordnung (GVO) für steigenden Wettbewerb. Zudem werden die freien Werkstätten durch professionelle Einkaufslogistik und Servicekonzepte immer stärkere Wettbewerber. Die zunehmende technische Komplexität der Fahrzeuge erfordert sowohl auf Vertragshändlerseite als auch bei unabhängigen Werkstätten signifikante Investitionen in Diagnosegeräte, technischen Support sowie kontinuierliche Mitarbeiterschulungen.

Im Ersatzteilwesen bekommen freie Großhändler größeres Gewicht durch die Lockerung der Anforderungen an den Originalteilvertrieb im Rahmen der GVO sowie die erwartete europaweite Liberalisierung der Designschutzverordnung. Daneben sorgt die Konsolidierung des Teilegroßhandels in Europa für erhöhten Druck, wettbewerbsfähige Leistungen hinsichtlich Sortimentsbreite, Lieferfähigkeit und Logistikservice bei gleichzeitig attraktiven Nachlässen anzubieten.

In der Gebrauchtwagenvermarktung führen neue Informations- und Vertriebskanäle zu höherer Preistransparenz, die es den Händlern erschweren, attraktive Preise zu realisieren. Zugleich erleichtert das Internet den Handel von privat an privat.

In weiteren Bereichen, wie der Autovermietung und sonstigen Serviceleistungen, sorgen preisaggressive neue Anbieter für eine Intensivierung des Wettbewerbs.

Vertriebsaktivitäten als zusätzlicher Schlüssel zum Erfolg

Vor dem Hintergrund dieser zahlreichen Herausforderungen ist es dringend geboten, neben der Kosten- und Angebotsseite verstärkt den Vertrieb in den Fokus zu rücken – Verbesserungsmöglichkeiten gibt es dabei sowohl im Handel als auch auf Herstellerseite. Das in weiten Teilen noch starre und mehrstufige Vertriebssystem mit einer weitgehend unveränderten Hersteller-Händler-Beziehung bietet dazu noch viel Optimierungspotenzial.

Die Kapitalrenditen im Automobilhandel sind unzureichend und bilden das Schlusslicht in der automobilen Wertschöpfung: Erwirtschafteten Herstellerbanken 2004 mit Financial Services im Schnitt 16 Prozent ROE, so lag dieser Wert bei den Herstellern bei 12 Prozent. Große Zulieferer erreichten im Schnitt immerhin noch 10 Prozent – deutlich mehr als die 4 Prozent ROE, die im deutschen Handel im Schnitt erzielt wurden (Quelle: Autohaus, Bloomberg, Roland Berger Analyse).

Dabei gehen die Umsatzrenditen im Automobilhandel seit den siebziger Jahren kontinuierlich zurück. Die durchschnittliche Umsatzrendite eines Vertragshändlers in Deutschland liegt mittlerweile bei etwa 1 Prozent, annähernd 30 Prozent der Händler machen Verlust (Abbildung 5). Projekterfahrungen von Roland Berger Strategy Consultants zeigen jedoch, dass durch Professionalisierung und strukturelle Verbesserungen das operative Ergebnis im Handel (bezogen auf den Umsatz) um mindestens ein bis zwei Prozentpunkte gesteigert werden kann.

Auch auf der Herstellerseite gibt es erhebliche Potenziale im Vertrieb. In zahlreichen Projekten von Roland Berger Strategy Consultants konnte das Ergebnis um 300 bis 500 Euro je Fahrzeug gesteigert werden. Diese Ergebnisse können vor allem durch eine höhere Effizienz auf der Großhandelsstufe im Verwaltungsbereich und eine optimierte Marktausschöpfung durch bessere Betreuung der Vertragspartner im Handel gehoben werden.

In den folgenden Kapiteln werden zentrale Hebel zur Erschließung der Verbesserungspotenziale im Vertrieb analysiert. Zunächst werden wesentliche Erfolgsfaktoren beleuchtet, Kundenbedürfnisse systematisch zu identifizieren und zu adressieren. Im nächsten Schritt geht es darum, Ansatzpunkte zur Überwindung der Grenzen des klassischen Vertriebssystems zu finden. Nach der Diskussion der Frage, wer die strategische Kontrolle im Vertriebskanal erobert, erfolgt im letzten Kapitel ein Ausblick auf zukünftige Entwicklungstendenzen im Vertrieb.

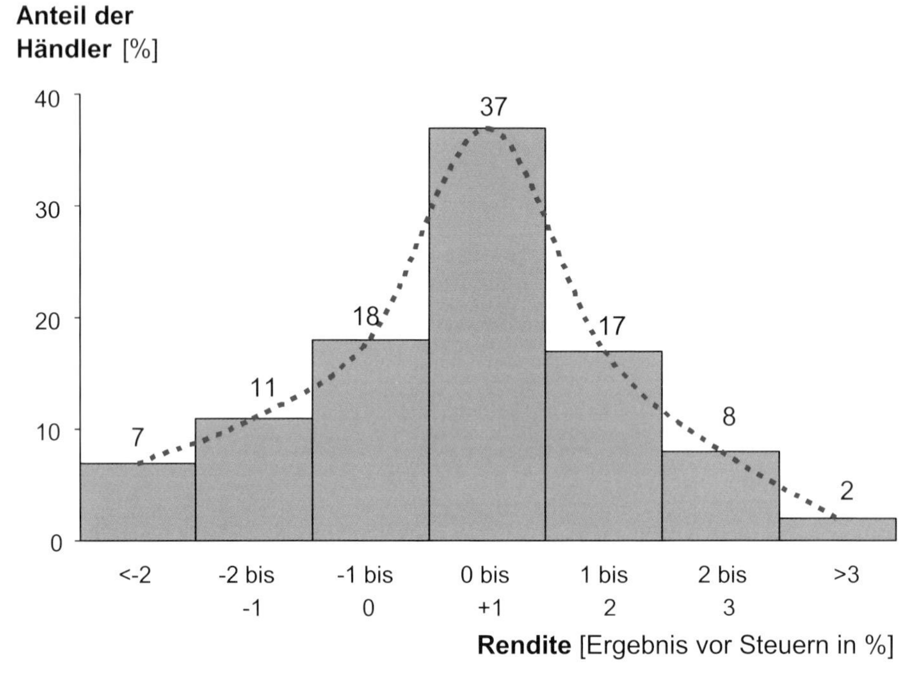

Abbildung 5: Verteilungskurve der Händlerrenditen, Beispiel Deutschland 2004
Quelle: Autohaus

Erfolgsfaktor „Kunden verstehen"

Vor dem Hintergrund des veränderten Kundenverhaltens in Verbindung mit der hohen Wettbewerbsintensität ist das Verständnis des Kunden und seiner Bedürfnisstruktur wesentliche Voraussetzung für den Erfolg am Markt.

Auf Basis dieser Erkenntnis gilt es, die eigenen Zielgruppen sowie die Value Proposition und Positionierung der Marke genau zu definieren, um das Produkt- und Serviceangebot über den gesamten Vertriebsweg bis an den Point of Sale konsequent auf die Bedürfnisstruktur der Zielgruppen ausrichten zu können.

Dabei lassen sich zentrale Erfolgsfaktoren identifizieren:

- Detaillierte Kenntnis der Bedürfnisse der Kunden
- Genaue Definition der Zielgruppe
- Klare Definition der Value Proposition und Positionierung der Marke
- Scharfe Ausrichtung des produkt-/serviceseitigen Angebots auf Zielgruppe und Value Proposition

- Konsistente Umsetzung über alle Vertriebsstufen hinweg
- Durchgängig hohe Qualität in der Kundenansprache bis zum Point of Sale im Autohaus

Traditionelle Prognosemodelle haben ausgedient – wertorientierte Ansätze zielführender

Eine große Herausforderung bei den genannten Erfolgsfaktoren ist die Operationalisierung von Kundenbedürfnissen und der Value Proposition. Aufgrund des Aufbrechens klassischer Kundensegmente und der schwierigen Prognostizierbarkeit des Kundenverhaltens ist dazu ein wertorientierter Ansatz erforderlich. Traditionelle Modelle, die Käuferverhalten allein durch soziale Herkunft oder Einkommen antizipieren möchten, sind nicht mehr zielführend.

Roland Berger Strategy Consultants hat daher mit dem „RB Profiler" ein Tool entwickelt, das die Bedürfnis- und Wertestrukturen transparent abbildet. Anhand von 19 Grundwerten kann eine Segmentierung der Kunden hinsichtlich ihrer Vorlieben und Abneigungen wie auch der wahrgenommenen Positionierung einer Marke untersucht werden (Abbildung 6).

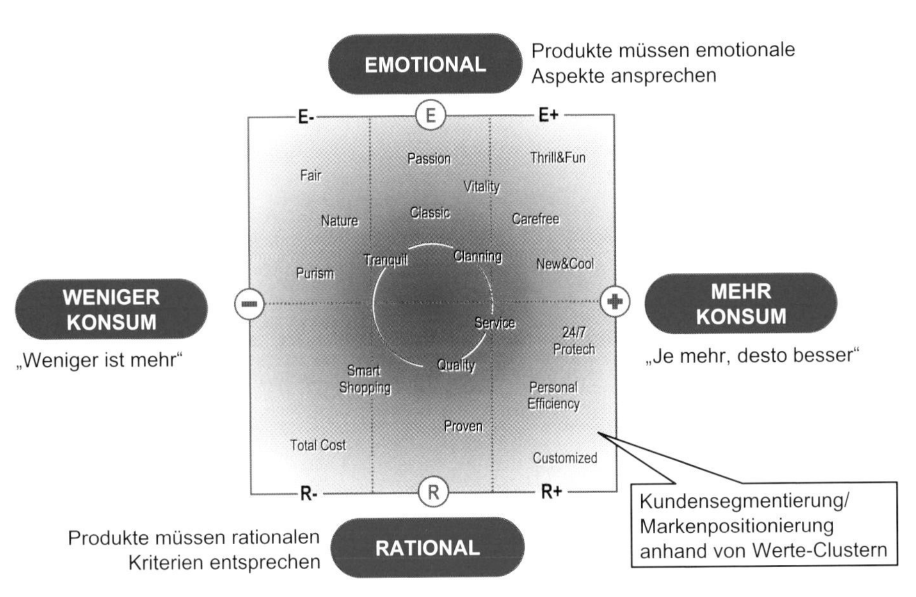

Abbildung 6: Grundwerte im Modell des RB Profiler
Quelle: Roland Berger Strategy Consultants

Die Vorzüge, die solche wertorientierten Ansätze bieten, lassen sich am Beispiel des Mini ablesen. Wesentlich für den Erfolg dieses Fahrzeugs waren die klare Vorstellung, welche Zielgruppe angesprochen werden soll, sowie darauf abgestimmt die trennscharfe Positionierung der Marke und des Produkts.

Basierend auf einer solchen Definition kann der Hersteller mit seinen Händlern seine Produkt- und Servicestrategie entsprechend ausrichten und so eine konsistente Ansprache der Bedürfnisse bis zum Point of Sale ermöglichen, um den potenziellen Käufer für sich zu gewinnen und zu binden (Abbildung 7).

So ist für einen Premiumanbieter ein exklusives Ambiente wichtig, das exakt auf die zu kommunizierenden Markenwerte ausgerichtet ist: separierte elegante Räume für Verkaufsgespräche mit geschultem Personal, die edle Präsentation von Sitzbezugmustern oder Armaturenhölzern wie bei einem Maßschneider, die Darbietung von Wartungsarbeiten wie in einer Manufaktur, die Fahrzeugpflege in speziell designten Waschstraßen und Ähnliches. Analog dazu könnte ein Autohaus, das Marken des Value-Segments vertreibt, gerade durch eine besonders puristische Ausstattung und Verzicht auf überflüssige Elemente sein Profil als Preisführer unterstreichen. Zentral für die Umsetzung ist dabei, dass Kommunikation und Verhalten des gesamten Verkaufs- und Servicepersonals exakt mit dem Auftritt des Point of Sale übereinstimmen.

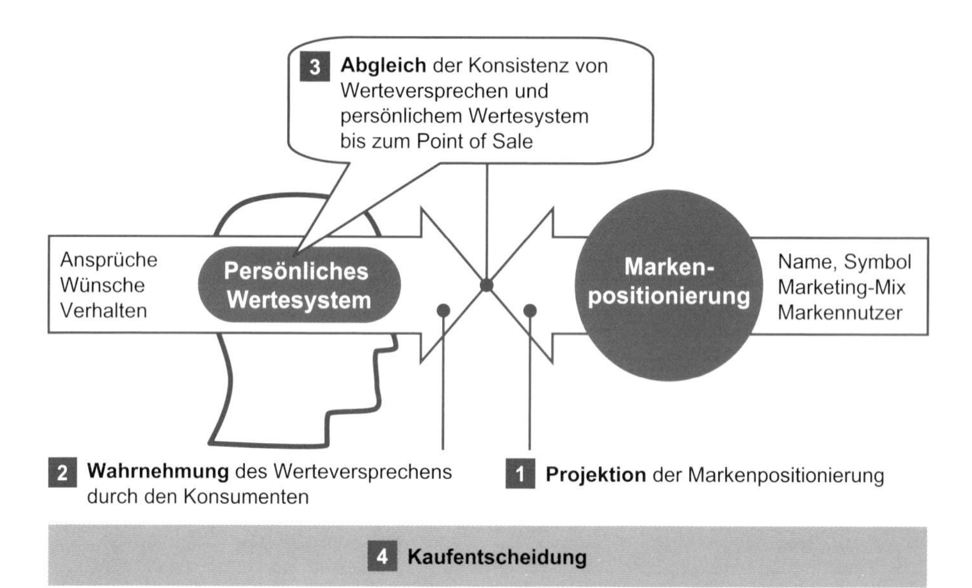

Abbildung 7: Abgleich von Werten und durchgängiger Markenpositionierung
Quelle: Roland Berger Strategy Consultants

Durchgängige CRM-Systeme als wichtiger Erfolgsfaktor

Ein weiteres wesentliches Instrument, um Kundenbedürfnisse zu verstehen und in Neugeschäft oder höhere Kundenbindung umzusetzen, ist ein leistungsfähiges CRM-System. Über eine durchgängige und zielgenaue Kundenansprache lassen sich noch erhebliche Akquisitions- und Cross-Selling-Potenziale über den Kunden- und Fahrzeuglebenszyklus erschließen. Die Kundenbindung wird in der Automobilindustrie als einer der wichtigsten Erfolgsfaktoren gesehen.

CRM-Programme haben aus Sicht der Hersteller vor allem die Aufgabe, eine langfristige Kundenbindung zwischen den mehrjährigen Kaufzyklen zu erreichen und das Markenimage zu unterstützen.

Entsprechend erfolgt eine zunehmende Verbreitung von Kundenbindungsprogrammen in der Automobilindustrie. Bonusprogramme, Kundenkarten und Kundenclubs sind hier häufig verwendete Elemente der CRM-Strategie. Verglichen mit anderen Industrien – etwa Airlines, Hotels, Tankstellen oder Kaufhäusern – sind diese Programme aber noch in einem relativ frühen Stadium.

Dennoch: Neben den beschriebenen Programmen haben Automobilhersteller zum Teil bereits signifikant in CRM-Systeme und Kundenbetreuungszentren investiert. Trotzdem bleiben die Ergebnisse jedoch noch hinter den Erwartungen zurück. Wesentliche Ursachen hierfür lagen und liegen vor allem in Informations- und Prozessbrüchen in der Zusammenarbeit zwischen Herstellern und Handel.

Die starren Strukturen der Vertriebssysteme begrenzen noch die Ausschöpfung der Möglichkeiten, den Kunden zu verstehen, ihn systematisch zu identifizieren, zu gewinnen und langfristig zu binden. Diese Grenzen gilt es zu erkennen und zu überwinden.

Grenzen des heutigen Vertriebssystems überwinden

Das heutige Vertriebssystem verzeichnet noch erhebliche strukturelle Defizite und begrenzt Hersteller und Handel in der Ausschöpfung der Potenziale im Markt. Das Kernproblem hierbei ist die starre Mehrstufigkeit des Vertriebs vom Hersteller über den Großhandel zu Händlern, teilweise Unterhändlern oder Servicebetrieben, die durchgängige Liefer-, Service- und Informationsprozesse erschwert. Ansatzpunkte zur Verbesserung gibt es dabei auf jeder Stufe – auf Herstellerebene, auf der Großhandelsstufe und im Einzelhandel.

Verbesserungspotenziale auf allen Ebenen des derzeitigen Vertriebssystems

Die Hersteller agieren oft noch sehr produktions- und angebotsorientiert. Statt sich konsequent an den Kundenbedürfnissen und der aktuellen Nachfrage zu orientieren, drücken sie Überkapazitäten über kostspielige Sonderaktionen in den Markt. Die

Angebote, die im Sommer 2005 im Rahmen der Mitarbeiterrabatte im US-Markt gestartet wurden, belegen dies eindrücklich. GM startete im Frühsommer 2005 in den USA ein extrem aggressives Programm, bei dem allen Autokäufern die hohen GM-Mitarbeiterrabatte offeriert wurden – für einen Großteil der Modellpalette. Diesem Sog konnte sich die Konkurrenz nicht entziehen: ein Absatzsprung von 47 Prozent bei GM im Monat Juni veranlasste die Konkurrenten Ford und Chrysler, es Anfang Juli GM gleichzutun und auch ihre Mitarbeiternachlässe auf alle Kunden auszuweiten. Auch diese beiden Hersteller konnten im Juli ein Plus von 25 Prozent im Absatz verzeichnen – äußerst fraglich bleibt jedoch, ob hierbei nicht lediglich Vorzieheffekte verursacht worden sind. Solche Aktionen haben generell negative Effekte auf das Markenimage, zudem belastet die gesteigerte Erwartungshaltung bei den Kunden hinsichtlich Nachlässen dauerhaft die Profitabilität derzeitiger und zukünftiger Modelle.

Wenngleich die Großhandelsstufe in den größeren Märkten von vielen Herstellern integriert wurde, gilt auf dieser Ebene immer noch das traditionelle Prinzip „Ein Land – eine Gesellschaft". Hub-Konzepte, bei denen einander geografisch und soziokulturell nahe stehende Länder zu einer Organisation zusammengefasst sind, sind in der Automobilindustrie noch wenig verbreitet. In kleineren Märkten, die vielfach noch durch Importeure bedient werden, werden entweder dieselben aufwändigen Prozesse und Systeme wie in den größeren Märkten eingesetzt, oder aber man arbeitet mit sehr einfachen Lösungen. Dies führt zu Kostennachteilen beziehungsweise zu einer unbefriedigenden Steuerung wegen unterkritischer Unterstützungsfunktionen. Länderübergreifende Synergien und Professionalisierungsmöglichkeiten bleiben dabei weitgehend noch ungenutzt.

Neben der Hersteller- und Großhandelsebene weist auch die Einzelhandelsebene noch strukturelle Defizite auf. Sie ist – besonders in Europa – trotz vieler Netzrestrukturierungen nach wie vor stark zersplittert. Ein Vergleich mit den USA zeigt das sehr deutlich (Abbildung 8).

In der Folge stehen unterkritische Betriebsgrößen einer professionellen Marktbearbeitung und der Realisierung von Skaleneffekten im Wege.

Aufgrund der unbefriedigenden Ertragssituation können notwendige Investitionen in eine markengerechte Präsentation am Point of Sale sowie in erforderliche technische Infrastrukturen oftmals nicht getätigt werden. Damit befinden sich viele Handelsunternehmen in einem Teufelskreis: Sämtliche Margensysteme der Hersteller beinhalten neben einer Fixmarge und Volumenbonus signifikante Margenbestandteile für die Erreichung von quantitativen und qualitativen Standards. Hierunter fallen beispielsweise Standards bezüglich des markenadäquaten Erscheinungsbilds des Hauses, der Vorhaltung von Vorführwagen, Anforderungen an Verkäuferarbeitsplätze, der Teilnahme an Händlerbenchmarks, Größe und Beschaffenheit von Ausstellungsflächen und der Teilnahme an Pflichtschulungen. Für die Erreichung dieser Standards erhält der

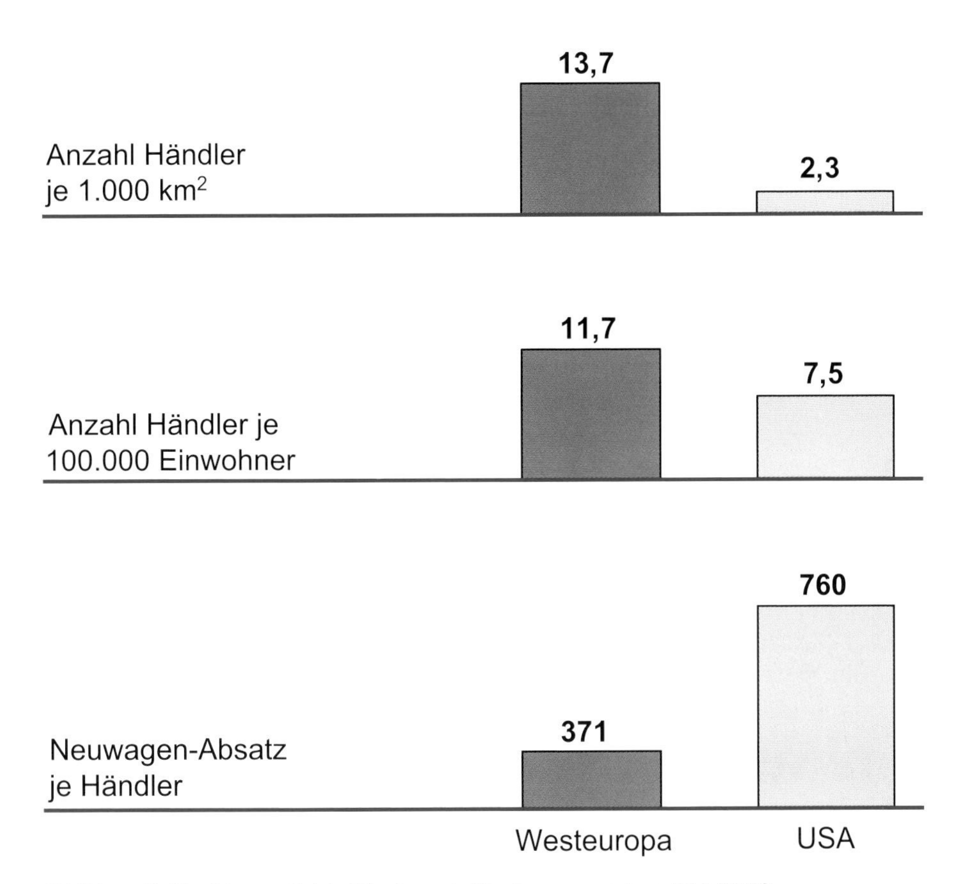

Abbildung 8: Strukturvergleich Händlernetz Westeuropa versus USA 2003
Quelle: Roland Berger Strategy Consultants; HWB; Automotive News, Ipeadata; IBGE; Fenabrave

Vertragshändler je nach Hersteller bis zu sieben Prozentpunkte. Kann der Händler aufgrund der mageren Renditesituation die zum Teil erheblichen Investitionen nicht tätigen, geht ihm ein gewichtiger Teil seiner Marge verloren. Die schlechtere Ergebnissituation beeinträchtigt wiederum den Investitionsspielraum – und die Abwärtsspirale dreht sich weiter.

Alles in allem wird deutlich, dass das Vertriebssystem hinsichtlich seiner Effektivität wie auch seiner Effizienz unter seinen Möglichkeiten bleibt. Dabei haben Hersteller und Handel bereits intensive Anstrengungen unternommen, um die aufgezeigten Grenzen des Vertriebssystems zu überwinden.

Anstrengungen zur Optimierung unternommen – jedoch bisher mit begrenztem Erfolg

Die Hersteller haben massive Investitionen in Vertrieb und Handel getätigt: Der Aufbau eigener Niederlassungen zur Stärkung der eigenen Markenidentität, Netzrestrukturierungsaktivitäten zur Steigerung der Händlerqualität im Netz und die Integration der Großhandelsstufe mit dem Ziel, den Durchgriff auf die Märkte zu erhöhen, waren hierbei wesentliche Themenfelder.

Für eigene Niederlassungen und Markenwelten zur Stärkung der Markenpräsenz in Ballungszentren geben die Hersteller bis zu dreistellige Millionenbeträge aus. So investiert BMW Presseberichten zufolge etwa 100 Millionen Euro in die „BMW Welt“, das neue Auslieferungszentrum am Stammsitz in München. DaimlerChrysler lässt sich seine neue Niederlassung mit angeschlossenem Automobilmuseum in Stuttgart 250 Millionen Euro kosten.

Seit Jahren verfolgen nahezu alle Hersteller Netzrestrukturierungsaktivitäten. Gab es im Jahr 2000 in Westeuropa noch 53.000 Haupthändler mit insgesamt 106.000 Verkaufsstützpunkten, so sind es 2004 nur noch 43.000 Händler, was einem Rückgang von knapp 20 Prozent entspricht, und 74.000 Stützpunkte, die somit um 30 Prozent reduziert wurden (Quelle: HWB). Für die Hersteller bedeutet diese Netzbereinigung einen erheblichen Investitionsaufwand, der hauptsächlich für die Rücknahme von Fahrzeugen sowie Teilen und vor allem in Deutschland für Kompensationszahlungen an ausscheidende Händler anfällt (§ 89b HGB). Akquiriert der Hersteller im Zuge der Netzneuausrichtung gleichzeitig neue, professionellere Händler, muss er darüber hinaus Investmentunterstützung und erhöhte Marketingbudgets zur Markteinführung für die neu hinzukommenden Händler bereitstellen. Ein Projektbeispiel von Roland Berger verdeutlicht den hohen Kapitalbedarf: In einem europäischen Markt investierte ein Hersteller über 150 Millionen Euro, um durch eine Netto-Reduzierung seiner 600 Standorte um 20 Prozent bei gleichzeitiger Akquisition von neuen Händlern das Händlernetz auf eine deutliche Ausweitung des Marktanteils auszurichten.

Auch für die Integration unabhängiger Importeursgesellschaften haben die Hersteller vor allem im Zuge der Neuregelung der Gruppenfreistellungsverordnung investiert, um einen höheren Durchgriff auf die europäischen Kernmärkte zu erreichen. Dabei haben sie erhebliche Mittel für die komplette Akquisition oder den Erwerb von Mehrheitsanteilen von unabhängigen Importeursgesellschaften verwendet.

Die Initiativen zur Neuausrichtung sind zwar mit erheblichem Ressourceneinsatz verbunden, bewegen sich aber zumeist noch innerhalb der Grenzen des traditionellen Vertriebssystems. Echte Innovationen im Sinne von „regelbrechenden Strategien“, die eine ganzheitliche Optimierung des Vertriebs mit einer Neuverteilung der Rollen und eine bessere Integration von Händlern, Großhändlern/Importeuren und Herstellern beinhalten, sind bislang kaum zu erkennen. Markenwerte werden nicht konsistent über den Vertriebsweg bis an den Point of Sale kommuniziert und transformiert, Produkt- und Serviceleistungen sind oftmals nicht stimmig aufeinander ausgerichtet. In nicht wenigen Fällen führen nicht abgestimmte Strategien zu Widersprüchen in der Wahrnehmung des Kunden. Maßnahmen der Vertriebspartner ergänzen sich nicht gegenseitig, sondern heben sich in ihrer Wirkung auf oder haben sogar einen negativen Effekt.

So schaffen massive Investitionen in aufwändig gestaltete Autohäuser bei gleichzeitig unterdurchschnittlicher Vertriebs- und Servicequalität der Mitarbeiter am Point of Sale Widersprüche in der Kundenwahrnehmung und schärfen den Blick eher für Unzulänglichkeiten in den Prozessen. Markenversprechen werden in dem Moment unglaubwürdig, wenn Neuwagenverkäufer diese Werte nicht verkörpern oder die Produkte und Dienstleistungen nicht entsprechend erklären, wenn der Kundendienst Fehler aufgrund veralteter Diagnosesysteme nicht erkennt oder wenn Werkstattkunden auf nicht lieferbare Ersatzteile warten müssen.

In Summe führt der Ressourceneinsatz im Vertrieb noch nicht zu den möglichen Effekten. Ineffiziente Prozesse und Strukturen behindern ein reibungsloses Zusammenarbeiten der Partner entlang des Vertriebswegs. Durch grundlegende Innovationen des Vertriebssystems lassen sich erhebliche weitere Potenziale erschließen. Dabei stellt sich die Frage, wie die Spieler den Veränderungsprozess vorantreiben. Im Zusammenspiel zwischen Herstellern, Großhändlern/Importeuren und Einzelhändlern sind dabei Zielkonflikte unvermeidlich. Deshalb wird es auch darum gehen, ob und wer im „Powerplay im Vertrieb“ die strategische Kontrolle erobert.

Powerplay im Vertrieb – Wer erobert die Kontrolle?

In der Automobilindustrie haben traditionell die Hersteller erhebliche Kontrolle auf den Vertrieb ausgeübt. Obwohl die Handelspartner in der Mehrzahl unabhängig waren, hat die Gruppenfreistellungsverordnung in Europa über lange Zeit eine Grundlage für diese Kontrolle geschaffen. Durch die große Anzahl kleiner Partner war es dem Handel lange nicht möglich, einen starken Gegenpol aufzubauen respektive die Kontrolle im Vertriebskanal zu erobern. Mit der Liberalisierung der rechtlichen Rahmenbedingungen und der zunehmenden Konzentration im Handel verändern sich jedoch die Spielregeln.

Hieraus ergeben sich zentrale Schlüsselfragen für den Vertrieb der Zukunft:

- Kann der Handel die Kontrolle über den Vertriebskanal erobern?
- Welche Maßnahmen werden die Hersteller ergreifen, um ihre Position zu verteidigen oder sogar auszubauen?
- Werden sich neue Spieler im Automobilvertrieb der Zukunft etablieren?

Dominanz des Handels?

Der Konzentrationsprozess im Handel wirft die Frage auf, ob dem Automobilvertrieb eine ähnliche Entwicklung zu mehr Handelsmacht bevorsteht, wie sie sich etwa in der Konsumgüterindustrie vollzogen hat. Der deutsche Lebensmitteleinzelhandel beispielsweise hat in den vergangenen Dekaden eine extreme Konzentration erfahren. So hat sich der Umsatzanteil der fünf größten Lebensmitteleinzelhandelsketten am Gesamtmarkt in den letzten 25 Jahren nahezu verdreifacht und beträgt inzwischen fast 70 Prozent. Im Vergleich dazu ist der Konzentrationsgrad im Automobilhandel sehr viel niedriger – in sämtlichen europäischen Märkten. Haben die Top-5-Automobilhandelsgruppen in Großbritannien immerhin noch 14 Prozent Marktanteil, so liegt dieser Wert in Frankreich bei 6 Prozent und in Spanien bei 4 Prozent. In Deutschland haben die fünf größten Retail-Ketten derzeit gar nur einen Anteil von 3 Prozent am gesamten Neuwagenmarkt.

Der Konzentrationsprozess im Automobilhandel wird sich fortsetzen und eher noch beschleunigen, um Skaleneffekte freizusetzen. Die Konsolidierung des Automobilhandels erfolgt dabei derzeit in zwei Richtungen: Internationalisierung und Mehrmarkenvertrieb.

Große Handelsgruppen vergrößern ihren Aktionsradius durch nationale und internationale Akquisitionen. Neben Zukäufen mit nationalem oder regionalem Fokus, wie etwa durch die Weller-Gruppe in Deutschland, gibt es inzwischen vermehrt auch Akquisitionen auf paneuropäischer oder globaler Ebene.

Pendragon, eine Retail-Gruppe britischen Ursprungs, hat neben massiven Zukäufen im Heimatmarkt bereits seit 1990 auch Händler in Deutschland sowie in den USA akquiriert. Neben 244 Händlern in Großbritannien hatte die Gruppe Ende 2004 bereits 12 Händler in den USA und 10 deutsche Betriebe.

Auch die österreichische Porsche Holding hat eine Internationalisierungsstrategie verfolgt. Sie ist heute in 15 europäischen Ländern tätig. Mit der Öffnung Osteuropas wurde die Porsche Holding im Großhandel (Importeur) in Ungarn, der Slowakei, in Slowenien, Kroatien, Rumänien, Serbien-Montenegro, Bulgarien und zuletzt in Albanien und Mazedonien tätig. Die Porsche Holding ist in diesen Ländern sowie in Tschechien, Deutschland und Italien auch mit Einzelhandelsbetrieben ausschließlich mit den Marken des VW-Konzerns tätig. Die Aktivitäten in Westeuropa wurzeln in den seit Mitte der 1970er Jahre begonnenen Großhandelsaktivitäten in Frankreich mit Nischenmarken. Der Umstieg in den Einzelhandel erfolgte durch die Beteiligung an der französischen PGA im Jahr 1999, sowie den darauf folgenden Beteiligungen an der Nefkens-Gruppe 2001 und Erwerb der französischen CICA im Jahr darauf. Eine PGA-Tochter ist mit einem Betrieb auch in Polen tätig. Damit nicht genug: Seit Mitte des Jahres ist das Unternehmen im Rahmen eines Pilotprojekts in den chinesischen Markt eingetreten und betätigt sich dort im Einzelhandel von Fahrzeugen.

Größenvorteile können durch solch eine Strategie in allen Geschäftsbereichen erzielt werden. Bei den Neuwagen wächst durch den höheren Absatz die Nachfragemacht gegenüber den Herstellern. Die Bündelung von Lagerbeständen sowie die zentrale Aufbereitung bieten bei Neu- und Vorführwagen, vor allem aber bei Gebrauchtwagen großes Potenzial. Daneben kann die Gebrauchtwagenbewertung und Preisfindung vereinheitlicht werden. Im After-Sales kann neben höheren Volumenzielvereinbarungen erhebliches Potenzial durch die Zentralisierung von Werkstattkapazitäten bei Karosserie und Lack sowie der Teilelogistik erreicht werden. Einsparmöglichkeiten im indirekten Bereich werden durch die Zusammenlegung von Zentralfunktionen wie Controlling, Buchhaltung oder Personalwesen realisiert.

Neben der regionalen Expansion ist ein klarer Trend zum Mehrmarkenvertrieb zu erkennen. Treiber für diese Entwicklung sind Kunden und Händler zugleich. Nach einer Untersuchung von Roland Berger Market Research bevorzugen 69 Prozent der Automobilkäufer die Möglichkeit, mehrere Marken unter einem Autohausdach vergleichen zu können. Händler wollen den Mehrmarkenvertrieb aktiv angehen: 47 Prozent der Einmarkenhändler beabsichtigen, mindestens eine weitere Marke in ihr Portfolio aufzunehmen, weitere 24 Prozent sind sich noch nicht sicher, erwägen diesen Schritt jedoch.

Durch eine Mehrmarkenstrategie können die Händler Synergiepotenziale in vielerlei Hinsicht ausschöpfen. Im Neuwagengeschäft liegen die marktseitigen Vorteile in einer breiteren Marktabdeckung und besseren Risikostreuung im Endkundenbereich; das Angebot und Management von Mischflotten bietet bei kleineren und mittleren Geschäftskunden Potenziale. Die Bündelung des Gebrauchtwagengeschäfts über mehrere Marken hinweg schafft ein breiteres Sortiment und eröffnet signifikante Verbesserungspotenziale beim Bestandsmanagement. Die markenübergreifende Bedarfsbündelung von Ident-Teilen und eine höhere Auslastung der Werkstätten schaffen weitere Chancen für Ertragssteigerungen. Schließlich können durch die markenübergreifende Organisation von Aufgaben in Verwaltung, Rechnungswesen und anderen administrativen Bereichen Gemeinkosten gesenkt werden.

Größere Mehrmarkenhandelsgruppen besitzen grundsätzlich die Fähigkeit, die Skalenvorteile auch in zusätzliche Rendite umzusetzen, wie Vergleiche von großen börsennotierten Mega-Retailern mit dem Händlerdurchschnitt in Großbritannien ergeben haben.

Dass die Mehrmarkengruppen ihre Geschäftsmodelle nicht nur auf den klassischen Retailvertrieb beschränken, sondern innovativ ausweiten, zeigt das Beispiel der niederländischen Kroymans-Gruppe. Diese Automobilhandelsgruppe ist mittlerweile in 27 Ländern Europas vertreten und vertreibt 17 Marken mit Schwerpunktsetzung auf GM und Ford. Das Gesamtvolumen verkaufter Neuwagen betrug 60.000 Einheiten im Jahr 2005. Neben der Expansion mit den Retail-Outlets ist Kroymans auch im Financial-Services-Sektor aktiv: neben der Händlerfinanzierung verfügt die Gruppe über fünf eigene Leasinggesellschaften in den Beneluxländern. Derzeit baut Kroymans Internet-Leasinggesellschaften in Deutschland auf.

Die Niederländer übernehmen darüber hinaus die alleinige europaweite Distribution auf der Großhandelsstufe der GM-Marken Cadillac, Corvette und Hummer. Im Gegenzug unterstützt der Automobilkonzern Kroymans bei seinem geplanten Wachstum. Erstmalig lagert ein Hersteller dabei den Vertrieb einer Marke flächendeckend in Europa aus – dabei entsteht für beide Unternehmen eine Win-Win-Situation. Kroymans hat die Chance zu weiterem Wachstum und zu einem Ausbau seiner Marktmacht, GM hat im Markt einen starken Partner mit professionellem Marktauftritt und gleichzeitig weniger Steuerungsaufwand sowie ein limitiertes finanzielles Risiko. Dass Kroymans das Engagement nicht nur auf GM beschränkt, zeigt die Kooperation mit Alfa Romeo: Auch für diese Marke hat Kroymans die Distribution in den Niederlanden Mitte 2005 übernommen.

Wie dargestellt, wird der Konzentrationsprozess im Automobilvertrieb in den nächsten Jahren voranschreiten. Trotzdem ist auch in einem Mittelfristzeitraum von fünf bis zehn Jahren keine so starke Stellung des Handels wie in der Konsumgüterindustrie zu erwarten. Hauptgründe sind vor allem die hohen spezifischen Investitionen, Risiken durch Kannibalisierung bei Mehrmarkenvertrieb und schließlich die sehr hohe Komplexität von Produkt, Service und Prozessen. Um eine ähnliche Konzentration wie im Konsumgüterhandel zu erreichen, müssten beispielsweise die fünf größten deutschen Händlergruppen statt derzeit etwa 20.000 Neuwagen durchschnittlich jeweils 400.000 Fahrzeuge verkaufen, also um den Faktor 20 wachsen – ein eher unrealistisches Szenario.

Gegenmaßnahmen der Hersteller

Die Hersteller bewegen verschiedenste Hebel zur Festigung der strategischen Wettbewerbsposition im Vertrieb. Fast alle Hersteller haben in der Vergangenheit Initiativen gestartet, eigene Niederlassungen zu errichten. Vor allem Premiumanbieter, aber auch französische Volumenhersteller haben diese Strategie intensiv umgesetzt. Wesentliche Ziele sind eine stärkere Kontrolle über den Endkunden am Point of Sale sowie eine verbesserte Markenpräsentation. Besonders in den Ballungszentren ist es zudem aufgrund der hohen Grundstücks- und Mietkosten einem freien Händler oftmals nicht möglich, einen Handelsbetrieb profitabel zu betreiben.

Nicht allen Herstellern wird es allerdings gelingen, die erforderlichen Kernkompetenzen im Einzelhandel aufzubauen. Aufgrund hoher Anlaufverluste sowie intensiver Kapitalbindung ist daher eine stagnierende oder rückläufige Entwicklung bei herstellereigenen Niederlassungen zu erwarten (Abbildung 9).

Mittels der Aktivitäten im Bereich CRM – etwa der Errichtung von Callcentern oder der Etablierung von Kundenclubs und -karten – versuchen die Hersteller, den Endkundenkontakt zu verstärken. In dieselbe Richtung zielen die Hersteller mit der

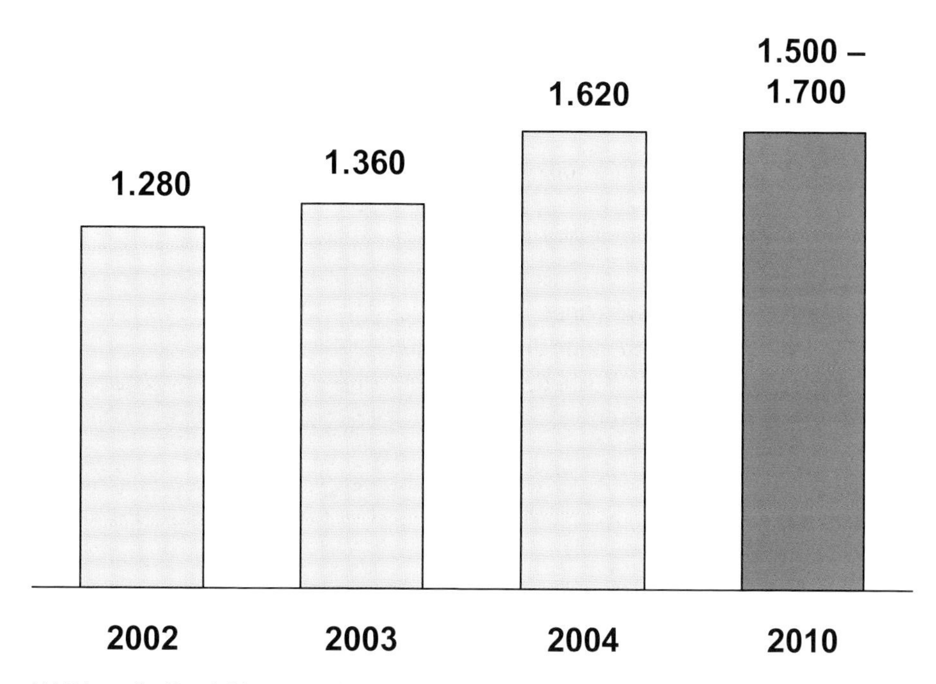

Abbildung 9: Entwicklung der Anzahl herstellereigener Niederlassungen 2002–2010 in Westeuropa (Anzahl der Stützpunkte)
Quelle: Roland Berger Strategy Consultants; HWB

Ausweitung des Finanzdienstleistungsangebots auf Kreditkarten, Spareinlagen, Investmentfonds oder Sparpläne für Neufahrzeuge beziehungsweise nicht Kfz-gebundene Versicherungen. Volkswagen geht so weit, die Erstbank für seine Kunden werden zu wollen, und bietet konsequenterweise die gesamte Palette von Bankprodukten an, vom Girokonto bis zu Hypothekendarlehen. Auch BMW hat kürzlich angekündigt, seine Palette von Finanzdienstleistungen systematisch weiter auszubauen.

Darüber hinaus haben die Hersteller im Zuge der neuen Gruppenfreistellungsverordnung in Europa von der Möglichkeit Gebrauch gemacht, die Kontrolle über den Vertrieb durch die Verabschiedung hoher Händlerstandards zu festigen.

Etablierung neuer, branchenfremder Spieler?

Neue Spieler im Automobilvertrieb sind in der Vergangenheit immer wieder aufgetaucht, darunter vor allem Handelsketten aus dem Konsumgüterbereich: EDEKA, KarstadtQuelle, Tchibo in Deutschland oder Tesco in Großbritannien. Ein großer branchenfremder Händler hat sich jedoch bislang nicht mit nachhaltigem Erfolg etabliert. Die bisherigen Beispiele zeigen, dass die Kundenakzeptanz solcher Vertriebsformate und Anbieter eher gering ist. Das notwendige Vertrauen hinsichtlich der

Betreuung in der Nachkaufphase – bei Garantiefällen oder Kulanz nach der Garantiezeit – kann zumeist nicht aufgebaut werden, da es sich vielfach um Vermittlungsmodelle oder reine Verkaufsaktionen handelt. Der begrenzte Verkaufserfolg und die Einmaligkeit der Aktionen, etwa bei EDEKA oder Tchibo, sprechen eine deutliche Sprache. Vor den erheblichen Investitionen zur Beherrschung der hohen Komplexität des Geschäfts im Zusammenspiel von Fahrzeugverkauf, Wartung, Ersatzteilen, Dienstleistungen, Gebrauchtwagenrücknahme und -vermarktung schrecken Branchenfremde zurück. Geringe Margen bei gleichzeitig hoher spezifischer Investition und Kapitalbindung sowie die Konjunkturabhängigkeit des Automobilgeschäfts werden auch in Zukunft neue Wettbewerber eher fern halten.

In Summe ist zu erwarten, dass sowohl der Automobilhandel als auch die Hersteller die Anstrengungen intensivieren werden, um Wertsteigerungspotenziale im Vertrieb zu erschließen. Neue, branchenfremde Wettbewerber werden dabei weiterhin eher eine Randerscheinung bleiben.

Erfolg durch einen partnerschaftlichen Ansatz – nicht durch kompetitives Streben nach Kontrolle im Vertrieb

Mit Blick auf die Frage, ob nun Handel oder Hersteller als Gewinner aus dem Powerplay hervorgehen, lohnt es, auf die zentralen Erfolgsfaktoren als Ausgangspunkt der Überlegungen zurückzugehen. Das Verständnis des Kunden sowie die Übertragung der Markenwerte in unverwechselbare Produkte und Leistungen sind elementare Kernkompetenzen der Hersteller und wesentliche Voraussetzungen für den Vertriebserfolg. Die konsistente Umsetzung dieser Produkt- und Leistungskompetenz über die gesamte Vertriebskette erfordert eine kompromisslose Kunden-, Verkaufs- und Serviceorientierung – klassische Kernkompetenzen eines Handelshauses. Durch eine reibungslose Zusammenführung der komplementären Kompetenzen von Handel und Hersteller kann ein echter Mehrwert geschaffen werden. Die Fokussierung der Hersteller auf ihre Kernkompetenzen sowie die Bildung größerer und professionellerer Handelspartner ist dieser Entwicklung eher förderlich. Dies spricht für eine Abkehr von der wettbewerbsorientierten hin zu einer stark partnerschaftlich orientierten Zusammenarbeit zwischen Hersteller und Handel.

Das Beispiel der Aktivitäten von Toyota im deutschen Markt zeigt die Chancen eines solchen Ansatzes auf. Toyota arbeitet in Deutschland in einem zweistufigen Netz mit etwa 140 Haupthändlern, die 290 der deutschlandweit 630 Verkaufsstützpunkte betreiben; zusätzlich bestehen 70 reine Servicestützpunkte (Jahresende 2005). Die Zusammenarbeit ist geprägt von einem partnerschaftlichen Ansatz und einem Fokus auf große, professionelle Händler. So investiert Toyota seit 2004 in ein breit angelegtes Händler-Coachingprogramm mit externer Unterstützung. Dieses Projekt, das bei den größten 120 Händlern durchgeführt wurde, zielte auf die Leistungssteigerung der Autohäuser mittels spezifisch entwickelter Maßnahmenkataloge ab.

Die Besetzung von Städten mit nur jeweils einem Händler folgt der Strategie, den Intra-Brand-Wettbewerb zu minimieren. In den Ballungszentren ist die forcierte Zusammenarbeit mit großen Händlern und Handelsgruppen dabei erklärtes Ziel.

Zur besseren Einbindung seiner B-Händler erarbeitete Toyota zusammen mit dem Händlerverband darüber hinaus einen Fairplay-Katalog. Dieser gibt Handlungsempfehlungen bezüglich der Zusammenarbeit zwischen A- und B-Händlern – etwa bei der Weitergabe von Nachlässen, der Kostenaufteilung bei Marketingaktivitäten oder zur Vereinbarung der Volumenziele. Das Verhalten beider Parteien wird in einem Evaluationsprozess nachgehalten.

In Verbindung mit weiteren Elementen setzt Toyota die Strategie in konkrete Markterfolge um: So konnte das Unternehmen in den letzten Jahren seinen Marktanteil in Deutschland kontinuierlich steigern – von 2,4 Prozent im Jahr 1996 auf 3,9 Prozent im Jahr 2004. Seit der erstmaligen Publikation der CSI-Studie von J. D. Power 2002 nimmt die Marke hier den ersten Platz bei der Kundenzufriedenheit ein, 2005 belegte das jeweilige Toyota-Modell in fünf von insgesamt sieben Segmenten die Spitzenposition. Daneben ist Toyota bei den Händlern die beliebteste Marke in der Kategorie der großen Importmarken, unter allen Herstellern besetzt die Marke den vierten Platz (Quelle: MarkenMonitor-Studie 2005).

Mit Blick auf die Weiterentwicklung des Automobilvertriebs geht es darum, welche konkreten Implikationen aus der Orientierung zu einem stärker partnerschaftlichen Ansatz abgeleitet werden können.

Quo vadis Automobilvertrieb? – Von Stufen zum Netzwerk

Eine kritische Bestandsaufnahme des heutigen Vertriebssystems führt zur Schlussfolgerung, dass die starre Mehrstufigkeit und die konfliktbeladene Hersteller-Händler-Beziehung wesentliche Ursachen der Ineffizienz sind. Erfolgsbeispiele wie die professionelle Zusammenarbeit von Toyota mit seinen Händlern oder die Partnerschaft zwischen Kroymans und GM belegen eindrucksvoll, dass partnerschaftliche Ansätze zusätzliche Effektivität und Effizienz freisetzen können.

Anknüpfend an den Ausgangspunkt der Betrachtung stellt sich die Frage, inwieweit sich Erkenntnisse aus der Neugestaltung der Hersteller-Zulieferer-Beziehung auch auf die Vertriebsseite übertragen lassen. Dabei lässt sich feststellen, dass es zwischen der Schnittstelle der Hersteller zu den Zuliefern und der zu den Handelsbetrieben einige Parallelen gibt:

An beiden Schnittstellen der Wertschöpfungskette wird ein Teil der großen Komplexität durch die hohe Anzahl externer Partner verursacht. Derzeit hat ein Automobilhersteller durchschnittlich etwa 650 direkte Zulieferer – dies entspricht fast einer Halbierung seit Anfang der neunziger Jahre, als diese Zahl bei 1.200 lag. Auch im Handel konnten die Hersteller die Schnittstellen in diesem Zeitraum nahezu halbieren – jedoch ist das Niveau sehr viel höher. So hatte 2004 jede Marke durchschnittlich noch 1.300 Haupthändler europaweit – die wichtigsten Fabrikate liegen gar bei knapp 2.000 Händlern (Quelle: HWB).

Beide Schnittstellen sind durch hohe Anforderungen an logistische Prozesse gekennzeichnet. Auf der Zulieferseite liegen diese in der Koordination der gesamten Wertkette vom Rohstofflieferanten über den Tier-1 bis in die Produktion des Herstellers. Zudem gilt es, Innovations-, Qualitäts-, Kosten- und Terminziele in Einklang zu bringen. Im Handelsbereich ist es die Vielzahl der Prozesse in den Geschäftsfeldern Neuwagen, Gebrauchtwagen und Teile/Zubehör. Lagerhaltung, Transport und Auftragsabwicklung bei Fahrzeugen oder Ersatzteilen sind im Handel aufgrund der hohen Teileanzahl ebenso fehleranfällig wie in der Produktion. Die Auswirkungen bei Mängeln in der Logistikkette sind enorm: Ein fehlendes Teil legt die Produktion des kompletten Fahrzeugs bei den Herstellern lahm, ebenso führt ein nicht verfügbares Ersatzteil zu teilweise unzumutbaren Standzeiten von Fahrzeugen in der Werkstatt.

Auf beiden Seiten stellen Innovation und technischer Fortschritt große Herausforderungen dar. Die Elektronik revolutioniert nicht nur die Zulieferindustrie, sondern hat auch gravierende Auswirkungen auf den After-Sales-Bereich. Der Elektronikanteil im Fahrzeug steigt kontinuierlich – einer Studie von Roland Berger zufolge von 12 Prozent im Jahr 1995 auf 32 Prozent im Jahr 2015. Für die Hersteller und Zulieferer bedeutet dies die Notwendigkeit, ihre Software-Kompetenzen in diesem Feld weiter auf- und auszubauen, ihren Entwicklungsprozess besser zu verzahnen und die Standardisierung voranzutreiben, um die Qualitätsprobleme im Elektroniksektor in den Griff zu bekommen. Im After-Sales-Bereich muss der Handel signifikant in moderne Diagnosesysteme sowie in das Know-how des Servicepersonals investieren, um auftretende Elektronikfehler im Service schnell und sicher beheben zu können. Diesen Investitionen stehen jedoch Chancen durch zusätzliches Umsatzpotenzial gegenüber: Standardisierte Systemarchitekturen ermöglichen die Plug-and-Play-Installation der neuesten Elektronikprodukte auch im Fahrzeuglebenszykus beim Händler vor Ort.

Die Umsetzung und Wahrnehmung der Markenwerte erfordert wichtige Beiträge von Zulieferern und Händlern: Zulieferer liefern Module mit markenprägenden Eigenschaften und müssen daher ein intensives Verständnis für die Umsetzung der Markenwerte in das Produkt entwickeln. Händler bestimmen maßgeblich die Wahrnehmung von Produkt und Service am Point of Sale und spielen damit eine Schlüsselrolle in der konsistenten Kommunikation der Markenwerte über alle Kanäle hinweg.

Erkenntnisse der Zusammenarbeit mit Zulieferern nutzen und auf den Vertrieb übertragen

In der Konsequenz können ähnliche Überlegungen zur Weiterentwicklung und Neuausrichtung der Händlerbeziehungen angestellt werden, wie sie für die Zulieferindustrie mit Erfolg umgesetzt worden sind. Größere, professionelle Händler können in Zukunft vermehrt die Rolle eines Systemintegrators für den Hersteller übernehmen. Diese Tier-

1-Händler übernehmen Entwicklungs- und Steuerungsaufgaben für einen gesamten Wirtschaftsraum und integrieren dazu kleine, nachgelagerte (Tier-2 und Tier-3) Verkaufs- und Servicepunkte.

Dabei könnte der Händler eine Reihe von Funktionen übernehmen: die physische Distribution (Teileversorgung, Fahrzeuglager), Umfänge bei der Händlerbetreuung (Schulungen, BWL-Beratung), verschiedene Kontrollfunktionen (Durchsetzung/Überwachung von Standards) oder auch die Koordination regionalen Marketings. Der Hersteller wird dadurch entlastet, dass er Schnittstellen zu einer geringeren Anzahl von direkten Partnern hat. Neben Qualitätsvorteilen durch eine intensivere Zusammenarbeit mit den Systempartnern bietet diese Struktur auch handfeste Kostenvorteile: Der Hersteller kann seinen Ressourcenaufwand reduzieren, da einige Funktionen durch die Systemintegratoren im Netz mit größerer Marktnähe durchgeführt werden können. Folglich kann sich der Hersteller auf die Innovation von Vertriebs- und Serviceleistungen, die adäquate Präsentation der Markenwerte am Point of Sale sowie die Steigerung der Vertriebs- und Servicequalität konzentrieren. Zur Steuerung und Betreuung der größeren und in zunehmendem Maße überregional tätigen Handelspartner ist auch die Vertriebsorganisation zu überdenken. Die heute noch sehr stark dezentral aufgestellten Außendienstorganisationen in der Fläche können dabei durch eine überregionale Key-Account-Organisation für Handelsgruppen effektiv ergänzt oder sogar abgelöst werden.

Vom starren Stufenmodell zum dynamischen Netzwerk

Neben der intensiveren Zusammenarbeit mit weniger, aber qualitativ besseren Partnern können gleichzeitig die starren Vertriebsstufen aufgelöst und zu flexibleren Netzwerken weiterentwickelt werden. In strategischen Vertriebsregionen kann so eine engere Anbindung des Einzelhandels erfolgen, während in der Fläche auf eine stärkere Integrationsfunktion vonseiten des Systemintegrators zurückgegriffen wird.

Auf der Großhandelsstufe hingegen kann die klassische eindimensionale Beziehung Land-Vertriebsgesellschaft aufgebrochen werden, indem Funktionen zentralisiert oder auf regionale Hubs verteilt und nur die zwingend lokal differenzierenden Funktionen in den Ländern oder Regionen angesiedelt werden. In vielen Branchen ist diese Denkweise bereits etabliert. So haben führende Unternehmen in der Konsum- und Gebrauchsgüterindustrie die Großhandelsstufe in Europa mittels länderübergreifender Hubs in drei bis maximal sieben Regionen organisiert. Hierbei werden in der Regel administrative Aufgaben wie Finanzen, Controlling oder IT zentral wahrgenommen – neben dem Key-Account-Management, der Marketingstrategie, Business Development, Vertriebsunterstützung oder Logistik. Dezentral werden dagegen die kundennahen Bereiche wie der operative Vertrieb und die operative Durchführung der Marketingaktivitäten organisiert. Die wesentlichen Treiber für diese Modelle sind ausreichende Marktnähe und gesteigerte Prozessqualität bei gleichzeitig optimierter

Kosteneffizienz – durch die Einführung des Hub-Konzepts werden Einsparungen von bis zu 40 Prozent bei den Gemeinkosten realisiert.

In der Automobilindustrie ist dieses Konzept noch wenig verbreitet, doch gibt es hier ebenfalls bereits erste Ansätze. So hat ein führender deutscher Automobilhersteller 2004 mit der Etablierung eines Hubs in Nordeuropa begonnen, die Ausweitung des Konzepts für eine osteuropäische Region ist in Kürze geplant. Ein japanischer Hersteller hat das Konzept bereits seit 1999 implementiert und führt den europäischen Markt im Großhandel über drei regionale Hub-Organisationen. Entscheidende Kriterien, die bei der Bildung der Cluster beachtet werden müssen, sind Homogenität der Kundenpräferenzen, regionale Nähe, Kultur-/Sprachbarrieren, Entwicklungsstand der Volkswirtschaften, Marktgröße und Wettbewerbsposition. Die Effekte bei intelligenter Durchführung einer Hub-Strategie sind ähnlich wie in anderen Industrien: gesteigerte Prozessqualität auf der Großhandelsstufe, mehr internes Know-how durch die Kompetenzbündelung über mehrere Länder, Kosteneinsparung auf der Großhandelsebene und eine qualitativ höherwertige Betreuung der Einzelhandelsebene.

Ausblick

Wer erobert nun die Kontrolle in der neuen Welt von Partnerschaften und Netzwerken? Kontrolle steht weniger im Vordergrund, wenn statt konfliktbehafteter eine konstruktive Zusammenarbeit angestrebt wird und so eine Win-Win-Situation für beide Seiten entsteht. Analog dem Prozess auf Zuliefererseite wird es mindestens eine Dekade dauern, bis sich neue Geschäftsmodelle herausgebildet haben, die diesen neuen Anforderungen gerecht werden und einen fairen Ausgleich von Nutzen und Lasten ermöglichen. Als „Spinne im Netz" hat der Hersteller auch auf der Vertriebsseite die Chance, die Prozesse aktiv zu steuern. Werden die Hersteller jedoch in den aufgezeigten Handlungsfeldern nicht aktiv, werden auch hier starke Handelsgruppen das Heft in die Hand nehmen und neue Spielregeln definieren. Größe und Marktmacht schaffen auch im Vertrieb lediglich Potenziale: Dauerhafter Erfolg erfordert unternehmerische Kreativität und schnelle Umsetzung – sei es beim Hersteller oder im Handel.

Herausforderungen und Wertschöpfungspotenzial für Vertrieb und Kundendienst im Autolebenszyklus

Max Blanchet und Jacques Rade, Roland Berger Strategy Consultants

Die Automobilindustrie erzielt nur einen Teil ihrer Umsätze mit dem Verkauf von Neuwagen. Ein beträchtlicher weiterer Anteil stammt aus anderen Bereichen des Autolebenszyklus wie Fahrzeugfinanzierung, Wartung und Reparatur, Rückkauf und Wiederverkauf von Gebrauchtwagen, Ersatzteilgroßhandel und Serviceleistungen.

Diese Bereiche sind sogar profitabler als die Fahrzeugproduktion selbst. Es ist kein Geheimnis, dass Hersteller fast die Hälfte ihrer Gewinne mit dem Ersatzteilgeschäft erzielen. Einer – vielleicht etwas simplifizierenden – Studie zufolge kostet ein Auto, das nur aus Ersatzteilen besteht, rund viermal so viel wie ein Neuwagen. Für Original Equipment Manufacturer (OEMs) ist das Ersatzteilgeschäft eine wichtige zusätzliche Einnahmequelle. Schließlich werden ständig Ersatzteile für Autos benötigt, die schon auf dem Markt sind (Fahrzeugbestand), während der Neuwagenabsatz von den Produktionszyklen und vom Erfolg neuer Modelle abhängt. Zudem bietet der Fahrzeugbestand größere finanzielle Stabilität, da er Finanzinstituten und Rating-Agenturen als Messgröße für die Bewertung dient. Darüber hinaus ist der Bereich der Finanzdienstleistungen, der mehr durch das Gebrauchtwagengeschäft als durch den Neuwagenverkauf getrieben wird, hoch profitabel.

Die Wertschöpfungskette im Automobillebenszyklus

Mit Angeboten rund um den Fahrzeuglebenszyklus erzielt die Automobilbranche einen Return on Capital Employed von 6 Prozent. Verglichen mit anderen Branchen, die High-Tech-Produkte herstellen, ein relativ geringer Wert, insbesondere wenn man bedenkt, dass vom Neuwagengeschäft unabhängige Bereiche höhere ROCE erwirtschaften.

Die Profitabilität variiert zum Teil stark zwischen den einzelnen Bereichen und Anbietern (Abbildung 1). Die Bereiche Finanzierung, Service und Reparatur verzeichnen einen hohen ROCE, und auch der Gebrauchtwagenhandel zeigt seit neuestem eine steigende Profitabilität. Sie leisten einen großen Beitrag zur Gesamtrentabilität der Branche und kompensieren somit die hohen Entwicklungskosten für neue Fahrzeugmodelle. Hersteller von Teilen, die häufig ersetzt werden müssen, wie Scheibenwischer, Reifen, Filter und Kühler, sind besser positioniert als Original Equipment Supplier (OES), die zum Beispiel Sitze, Dächer oder Armaturenbretter produzieren.

Nach einer Analyse von Roland Berger steigen die Gewinnmargen mit zunehmender Nähe zum Endverbraucher. Daher suchen Anbieter, die eine höhere Wertschöpfung

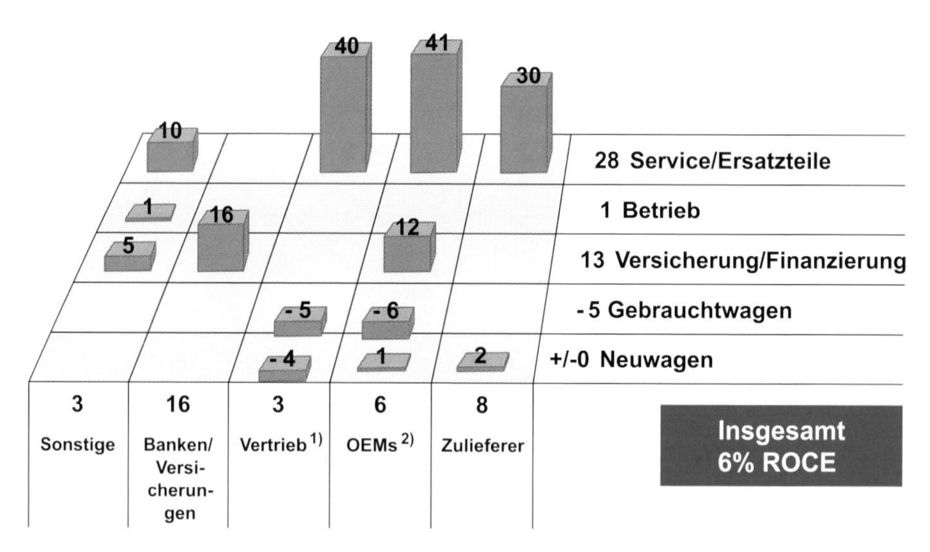

Abbildung 1: ROCE pro Fahrzeug in Europa (in Prozent)
Quelle: Roland Berger Strategy Consultants

erzielen wollen, diese Nähe zum Endkunden und versuchen, die Kundenbindung zu erhöhen.

Diese Strategie verfolgt die europäische Automobilindustrie seit Jahrzehnten. Infolgedessen haben sich gewisse Überzeugungen etabliert, die den Markt in einem Gleichgewicht halten, zum Beispiel:

- „Originalteile werden im OES-Kanal vertrieben, Nachbauteile im IAM-Kanal (Independent Aftermarket/unabhängiger Ersatzteilmarkt)."
- „Die Ersatzteilpreise werden von OEMs festgesetzt und gelten als verbindliche Referenzwerte."
- „Neuere Fahrzeuge werden im OES-Kanal repariert, ältere im IAM-Kanal."
- „Ein Gebrauchtwagen ist ein Auto mit einem Kilometerstand von über 30.000."
- „Händler sind hundertprozentig von OEMs abhängig."

Die Automobilbranche unterscheidet sich deutlich von anderen Konsumgütersektoren wie etwa der Luxusgüter- oder der Nahrungsmittelindustrie, da Vertrieb und Kundendienst hier seit jeher zum „Offer-Push"- statt zum „Customer-Pull"-Ansatz neigen. Schließlich entsteht die Nachfrage meist nicht aus einer Emotion heraus, sondern aus der Notwendigkeit, ein Auto reparieren oder warten zu lassen oder ein gebrauchtes zu verkaufen. Hinzu kommt, dass das Auto das komplexeste Massenfertigungsprodukt überhaupt ist.

Markt im Wandel – Verschiedene Faktoren beschleunigen die Entwicklung

In den letzten fünf bis acht Jahren hat sich ein tiefgreifender Strukturwandel im Automobilmarkt vollzogen, im Zuge dessen sich auch die Spielregeln veränderten. Obwohl die neue Gruppenfreistellungsverordnung (GVO) zum Teil aufgrund der Medienberichterstattung sehr viel Aufmerksamkeit auf sich gezogen hat, war ihr Einfluss letztendlich vergleichsweise gering. Sie ist letztlich nur einer von vielen Faktoren, welche die Regeln neu definiert haben:

- Produkttechnologie und -vielfalt: Die fortschreitende Technologisierung, etwa bei Elektronik, elektromechanischen Systemen und Systemintegration, sowie die große Modell- und Markenvielfalt machen After-Sales-Aktivitäten komplizierter.
- Veränderungen im Fahrzeugbestand: Die Entwicklung des Fahrzeugbestands beeinflusst das Automobilgeschäft. Aufgrund von längeren Modelllebenszyklen, Drittautos und hohen Adoptionsraten wird der Fahrzeugbestand immer größer und älter. So wächst der Bestand der über zehn Jahre alten Autos in Deutschland um jährlich drei Prozent, jener der sieben bis neun Jahre alten Autos in Frankreich um vier Prozent, in Spanien sogar um zehn Prozent.
- Entwicklung der Kundenbedürfnisse: Die Ansprüche an Servicequalität, Zuverlässigkeit und Kundenbeziehungen sind hoch und werden weiter steigen. Erfahrungen, welche die Kunden in anderen Branchen machen, verstärken diese Entwicklung noch.
- Veränderungen des Konsumentenverhaltens: Der Anstieg geschäftlich genutzter Fahrzeuge, wie Firmenwagen und langfristig genutzte Mietwagen, in Verbindung mit einem steigenden und professionelleren Gebrauchtwagenangebot verändert das Kaufverhalten der Kunden.
- Neue Verordnungen: Während die GVO vor allem in den Ersatzteilmarkt eingreift, bedroht Eurodesign Teile mit geschütztem Design.
- „Specialized Prescriber Groups“: Versicherungen und Verbände wie Thatcham sowie Rating-Agenturen wie Euro-NCAP und J. D. Power gewinnen an Einfluss.
- Europäisierung: Nach der Osterweiterung der Europäischen Union stehen die Anbieter unter anderem vor der Herausforderung, mit möglichst geringen Vertriebskosten in den zusätzlichen Ländern aktiv zu werden und graue Märkte zu vermeiden.
- Konsolidierung der Vertriebskanäle: Vor allem in Großbritannien und Frankreich halten Händlerketten große Marktanteile. Konsolidierte IAM-Großhändler, in Konzernen oder Netzwerken organisierte Reparaturbetriebe und große Fuhrparkunternehmen sind ebenfalls gut positioniert.
- Neue Marktteilnehmer: Zeitweise wurde mit dem Einstieg von Einzelhandelsketten in die Automobilbranche gerechnet, diese scheiterten jedoch an den hohen

Markteintrittsbarrieren. Echte Neueinsteiger sind Banken und Finanzinstitute sowie Leasing- und Fuhrparkunternehmen, die nun versuchen, in diesem attraktiven Markt Fuß zu fassen.
- Im OES-Kanal vertreiben OEMs ihre Marken, etwa über Tochterunternehmen, Händler und Vertreter. Der IAM-Kanal hingegen steht für den unabhängigen Ersatzteilmarkt, der Großhändler, Kfz-Schnelldienste, Reparaturwerkstätten und Karosseriewerkstattnetze umfasst.

Der Markt birgt mehr Risiken, bietet aber auch mehr Chancen

Die veränderten Rahmenbedingungen im Automobilmarkt stellen die Geschäftsmodelle aller Anbieter infrage, eröffnen aber zugleich neue Chancen. So laufen die OEMs Gefahr, einen beträchtlichen Teil ihres Ersatzteilgeschäfts an ihre Vertriebspartner zu verlieren. Außerdem machen ihnen vor allem bei den Gebrauchtwagen branchenfremde Anbieter im Finanzdienstleistungsgeschäft Konkurrenz. Gute Chancen haben sie dagegen, aufgrund ihrer Technologiekompetenz Kunden zu gewinnen und zu halten.

IAM-Großhändler und Werkstätten haben Schwierigkeiten, mit der technologischen Entwicklung Schritt zu halten. Wenn diese Akteure neben OEMs bestehen wollen, müssen sie ihr Servicekonzept anpassen. Ihre Chancen bestehen darin, Teile aus Niedriglohnländern zu beziehen und das Wachstum im Gebrauchtwagenmarkt für sich zu nutzen.

Große Händlerketten haben die Chance, Teile außerhalb des OES-Kanals zu beziehen und neue Kunden im IAM-Kanal zu gewinnen.

Zulieferer sehen sich neuer Konkurrenz durch Anbieter von billigen und Nachbauteilen gegenüber. Außerdem gefährden OEMs und die Konsolidierung der Vertriebskanäle ihren Marktzugang.

Versicherungen, die stark in den Ersatzteilmarkt involviert sind, bedrohen die Profitabilität, weil sie niedrige Endkundenpreise erreichen wollen.

Wer in diesem Markt alle Herausforderungen meistern will, muss Strategie und Organisation neu definieren. Sollen Zulieferer in der Vertriebskette weiter nach unten wandern? Sollen große Händlerketten verstärkt im IAM-Großhandel aktiv werden? Sollen Versicherungen in den Ersatzteilgroßhandel einsteigen? Sollen Fuhrparkunternehmen ihre Position im Reparatur- und Servicegeschäft ausbauen? Dies sind nur einige der wichtigsten Fragen, die den Markt beschäftigen.

Die Marktteilnehmer im Automobilsektor tragen untereinander Kämpfe aus, um sich einen Teil der Wertschöpfung im Rahmen des Fahrzeuglebenszyklus zu sichern. Im verbleibenden Kapitel soll gezeigt werden, welche Anbieter voraussichtlich zu den Gewinnern gehören werden. Die dringlichste Frage ergibt sich hierbei aus der Gegenüberstellung von herstellereigenen (Captives) und herstellerunabhängigen Geschäftsmodellen (Non-Captives). Alle Aktivitäten in den verschiedenen Bereichen, vom Gebrauchtwagen- und Ersatzteilhandel über allgemeine Services bis hin zu Finanzdienstleistungen, bilden Wertschöpfungsquellen für OEMs, aber auch für unabhängige Marktteilnehmer.

Die folgenden Abschnitte beleuchten zunächst verschiedene Bereiche im Zusammenhang mit dem Vertrieb von Fahrzeugen wie Fuhrparkmanagement, Gebrauchtwagenhandel, Reparatur und Service, Ersatzteilhandel und Finanzdienstleistungen. Anschließend folgt eine Analyse der wichtigsten Trends im europäischen Markt.

Neue Spielregeln durch veränderte Nachfragestrukturen

Neuwagen: Vom Produkt zur Mobilität

Fuhrparks: Wachsende Mittler zwischen OEMs und Endkunden

Der europäische Fuhrparkmarkt, das Segment der professionellen Autokäufer, expandiert signifikant. Zwischen 1997 und 2001 wuchs dieser Markt um durchschnittlich 2,7 Prozent jährlich. Bis 2007 wird eine Wachstumsrate von 3,2 Prozent pro Jahr erwartet (Abbildung 2).

Treiber dieser Entwicklung sind verschiedene Faktoren, darunter auch steuerliche Anreize. Außerdem werden Firmenwagen immer häufiger zum Bestandteil von Gehältern und zum Instrument der Mitarbeitermotivation, Mobilitätskosten steigen und die Einstellung der Kunden gegenüber dem Fahrzeugleasing verändert sich.

Die wichtigsten Akteure im Fuhrparksegment sind herkömmliche Mietwagenfirmen (Short-Term Duration Rental, STD), Behörden und private Unternehmen, aber auch

Penetration des Marktes mit Fuhrparks

	= 2001	= 2007 erwartet
Deutschland	57	48
GB	65	60
Frankreich	36	30
Italien	36	30
Spanien	48	40

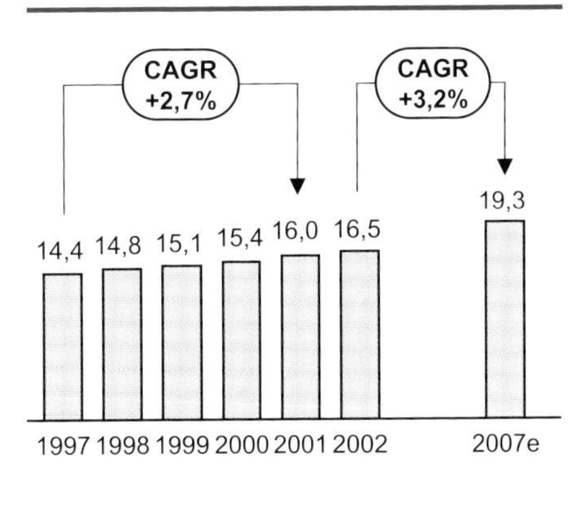

Abbildung 2: Penetration und Entwicklung des europäischen Fuhrparksegments (in Prozent)
Quelle: Roland Berger Strategy Consultants

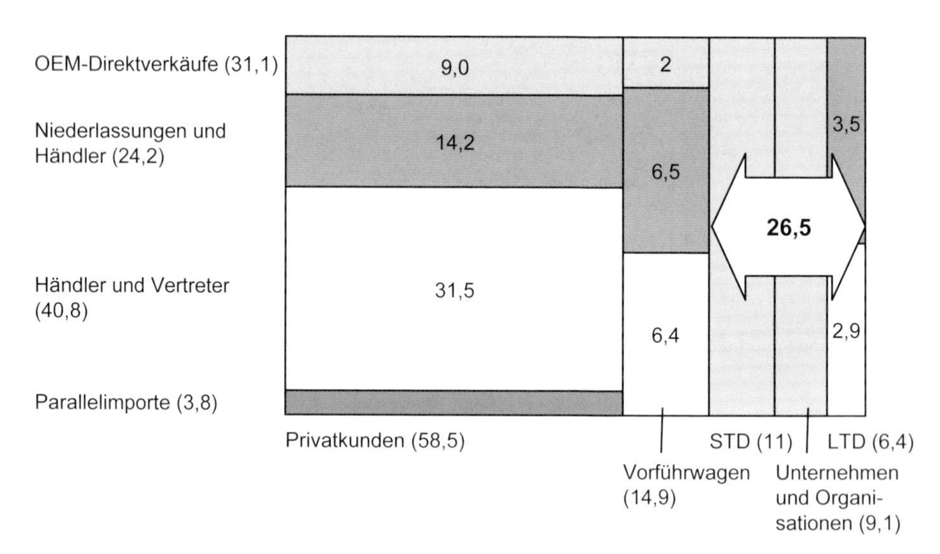

Abbildung 3: Kfz-Zulassungen in Frankreich (in Prozent)
Quelle: Roland Berger Strategy Consultants; Zulassungsdaten 2003

Firmen, die Mietwagen für einen längeren Zeitraum zur Verfügung stellen (Long-Term Duration Contracts, LTD).

Neuwagenverkäufe erfolgen über verschiedene Kanäle – direkt ab Werk, über Niederlassungen oder Händler – und an verschiedene Verbraucher: Privatkunden, Händler, Mietwagenfirmen wie Hertz oder Avis, unternehmenseigene Fuhrparks und Leasingnehmer für LTDs. Dabei macht das Segment der Showroom- und Vorführwagen einen Großteil der Zulassungen aus (Abbildung 3).

Das heißt, dass der Anteil professioneller Käufer, die als Mittler zwischen Herstellern und Endkunden fungieren, zunimmt. Ihre so gestärkte Verhandlungsposition erlaubt es diesen Mittlern, günstigere Konditionen und Rabatte auszuhandeln.

Komplette und maßgeschneiderte Mobilitätsservice-Angebote

Fuhrparkkunden stellen spezifischere Ansprüche an Serviceleistungen, Fuhrparkmanagement und Wartung als Privatkunden.

Dies gilt vor allem für das schnell wachsende LTD-Segment, dessen Marktanteil im Fuhrparkbereich zwischen acht und zehn Prozent pro Jahr steigt. Im Segment der kleinen und mittleren Fuhrparks sind die Wachstumsraten besonders hoch (Abbildung 4). LTD-Verträge beinhalten meist umfangreichere Serviceleistungen als STD-Verträge: So sind in 90 Prozent der langfristigen Mietverträge Wartungsleistungen und in 80 Prozent Reifenservices enthalten.

Fuhrparkunternehmen erwarten von OEMs und Händlern mittlerweile einen Service à la carte, um die Wünsche ihrer Kunden nach mehr Freiheit und Mobilität erfüllen und

Abbildung 4: LTD-Marktanteile nach Fuhrparksegmenten (in Prozent)
Quelle: Roland Berger Strategy Consultants

sich von den Wettbewerbern differenzieren zu können. Diese Serviceleistungen beinhalten Wartung, Versicherung, Flow-Management (Ankauf, Lieferung, Wiederverkauf) und Fuhrparkmanagement. Bei der Auswahl der OEMs setzen Leasing- und Fuhrparkunternehmen auf Hersteller, die sie in ihrer strategischen Entwicklung unterstützen können. Sie erwarten von den OEMs Hilfestellung bei der Optimierung ihrer geografischen Expansion, beim Management ihrer Ersatzteil- und Serviceverträge sowie beim Outsourcing von technischem Support.

Das „User-Chooser"-Modell

Auch bei der Fahrzeugwahl werden Fuhrparkunternehmen immer anspruchsvoller. In Großbritannien geben 34 Prozent aller Anbieter – die so genannten „User Chooser" – ihren Kunden vollkommen freie Hand bei der Auswahl ihres Fahrzeugs. Das herkömmliche Modell, bei dem Fuhrparkunternehmen bereits eine Vorauswahl treffen, tritt immer mehr zurück.

Das „User-Chooser"-Modell verändert den gesamten Markt und beeinflusst die Beziehung zwischen Fuhrparkunternehmen und OEMs. Fuhrparkunternehmen schließen keine Verträge über Sonderkonditionen mit einem oder zwei OEMs mehr ab, sondern treten wie Privatkunden auf, allerdings mit einer wesentlich besseren Verhandlungsposition.

Fuhrparkunternehmen werden sich voraussichtlich zu einem großen Kundensegment entwickeln. Sie können sich einen erheblichen Teil des Wertes über den

Automobillebenszyklus hinweg sichern. Zudem können sie aus ihrer starken Position heraus bessere Leistungen und Angebote von den OEMs verlangen.

Fuhrparkmanager verfügen über einen beträchtlichen Einfluss auf die Entwicklung des Neuwagenabsatzes, insbesondere im Premiumsegment. Bei einigen der exklusivsten Modelle bestreiten Fuhrparkunternehmen fast 100 Prozent der Käufe.

Über den Gebrauchtwagenmarkt reguliert die Branche Überkapazitäten

Das System fast neuer Gebrauchtwagen

Gebrauchtwagen sind Autos, die nach einer gewissen Zeit oder Anzahl von Kilometern weiterverkauft werden. Auf diesem Markt erhöht sich die Nachfrage nach neueren Autos aus zweiter Hand. Der Absatz von Gebrauchtwagen, die höchstens ein Jahr alt sind, steigt seit 1998 um jährlich 6,2 Prozent – gut anderthalb Mal so schnell wie der gesamte Gebrauchtwagenmarkt, der mit jährlich 3,9 Prozent ohnehin viel schneller wächst als der Markt für Neuwagen.

Dieser Trend lässt sich zum Teil mit der steigenden Anzahl von Fuhrparkunternehmen erklären, die relativ junge Gebrauchtwagen weiterverkaufen. Ein weiterer Grund ist die gängige Praxis der Tageszulassungen, mit denen Händler ihren offiziellen Marktanteil beschönigen, indem sie die Fahrzeuge selbst zulassen und anschließend als Gebrauchtwagen verkaufen. Außerdem können Händler auf diese Weise einen Neuwagen zum Preis eines gebrauchten verkaufen, also um 20 Prozent günstiger, ohne dabei zu offensichtlich einen Rabatt auf den Neuwagenpreis zu geben. Die OEMs unterstützen diese Praxis mit speziellen Angeboten für STD-Fuhrparks, wie Margen von einem bis zwei Prozent beim Kauf eines Fahrzeugs für sechs Monate. Anschließend kaufen sie das Auto zurück und verkaufen es als Gebrauchtwagen.

Unter Händlern und Herstellern ist auch die Praxis üblich, Fahrzeuge für Showrooms und Probefahrten (Vorführwagen) oder zum Eigengebrauch (Geschäftsfahrzeuge) zu kaufen und sie dann mit einem sehr geringen Kilometerstand an den Endverbraucher weiterzuverkaufen. Auch dies sorgt für höhere Absatzzahlen bei neueren Gebrauchtwagen: Während 1999 in Europa 11 Prozent der Fahrzeugzulassungen aus diesem Bereich stammten, waren es 2003 schon 15 Prozent.

Besonders verbreitet sind Tageszulassungen in Deutschland, hier machen sie zeitweise 25 bis 30 Prozent der Zulassungen aus. Diese Praxis wird durch spezielle Verordnungen begünstigt, welche die Zulassung eines Fahrzeugs für eine Übergangszeit, etwa von sechs Monaten, erlauben.

Viele OEMs stärken so ihre Marktanteile, denn diese bemessen sich nach der Anzahl der Zulassungen. Zudem regulieren sie mit dieser Praxis auch Strukturprobleme des europäischen Marktes, etwa die Überkapazitäten bei Neuwagen.

Der Gebrauchtwagenmarkt wird professioneller

Während Gebrauchtwagen früher über Zeitungen oder das Internet vor allem von privat an privat verkauft wurden, haben sich in den letzten Jahren verstärkt professionelle Anbieter etabliert. Vor allem OEMs und Händler wissen, dass sie gebrauchte Autos in Zahlung nehmen müssen, wenn sie Neuwagen verkaufen wollen. Im Durchschnitt werden 60 Prozent aller Gebrauchtwagen von Privatkunden und rund 40 Prozent von Firmen oder Händlern gekauft.

Der Marktanteil des Privat-Segments wird voraussichtlich von 56 Prozent im Jahr 1999 auf 44 Prozent im Jahr 2007 zurückgehen. Zu diesem Zeitpunkt werden Niederlassungen von OEMs und Vertragshändler einen geschätzten Marktanteil von 38 Prozent halten (Abbildung 5).

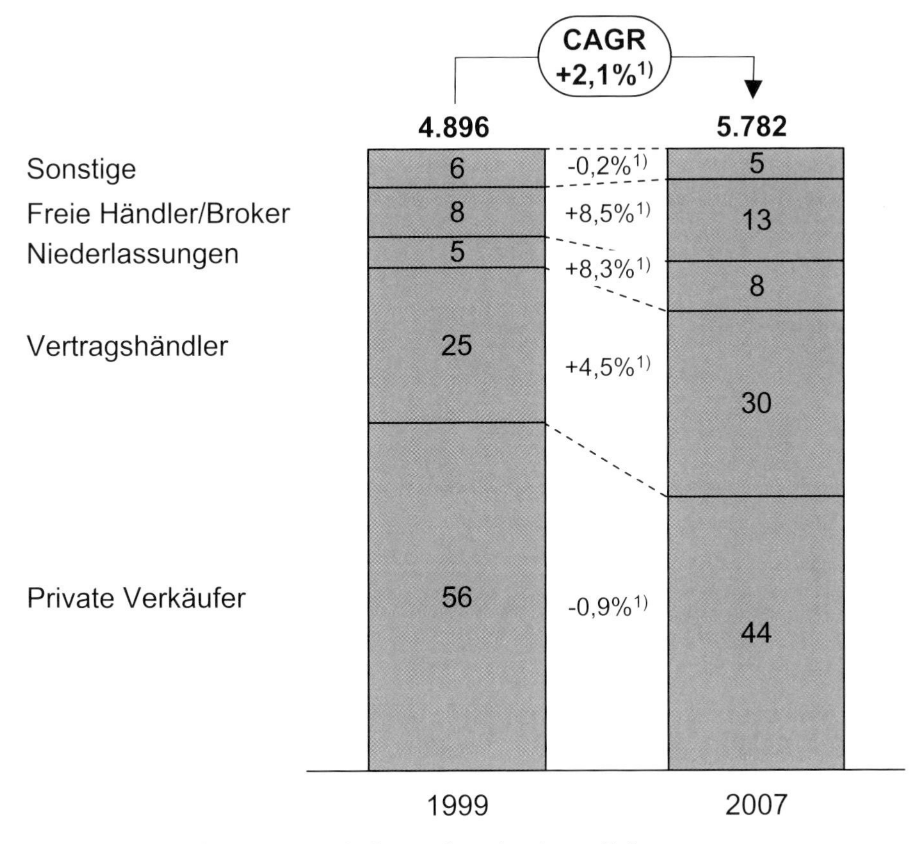

Abbildung 5: Gebrauchtwagenabsatz nach Vertriebskanal (in Prozent)
Quelle: Observatoire de l'automobile; CCFA; Roland Berger Strategy Consultants Research

Für Händler ist das Gebrauchtwagengeschäft sehr viel profitabler geworden. Mittlerweile leistet dieser Bereich einen erheblichen Beitrag zur Gesamtgewinn- und -verlustrechnung. Auch der Marktanteil der freien Händler, die Gebrauchtwagen von Vertragshändlern und anderen Händlern kaufen und an Privatkunden weiterverkaufen, wächst mit jährlich 8,5 Prozent rasant.

Tageszulassungen lösen einen Teufelskreis aus

Die zunehmende Professionalisierung des Gebrauchtwagengeschäfts und besonders die Praxis der Tageszulassungen bringen die gesamte Branche in Gefahr. Letztendlich lösen sie einen Teufelskreis aus.

Durch Tageszulassungen mit Rabatten von 20 Prozent auf den Neuwagenpreis entsteht ein unfairer Wettbewerb für echte junge Gebrauchtwagen, die zwar ebenfalls 20 bis 25 Prozent günstiger sind als Neuwagen, aber bereits 15.000 bis 30.000 Kilometer gefahren worden sind. Dies drückt die Preise im weiteren Verlauf des Lebenszyklus und verringert den Rückkaufwert. Da OEMs die Rückkaufpreise mit Fuhrparkunternehmen im Voraus, also zu Beginn des Lebenszyklus, aushandeln, werden diese Rabatte zur Abschreibungsfalle.

Mehrere OEMs befinden sich bereits in diesem Teufelskreis. Um ihm zu entgehen, müssen sie die Aktivitäten im Gebrauchtwagenhandel und vor allem die Gebrauchtwagenströme in den Markt stärker kontrollieren. Wenn sie dabei Skaleneffekte und Synergien erzielen wollen, müssen sie den Einfluss ihres europaweiten Netzwerks gegenüber regionalen und lokalen Händlern geltend machen. Dabei gilt es, zwei Ziele im Auge zu behalten: den Kundendienst zu verbessern und dabei gleichzeitig die Preisunterschiede in den Gebrauchtwagenmärkten der einzelnen Länder zu berücksichtigen. Ein gebrauchter Clio ist zum Beispiel in Deutschland teurer als in Frankreich. Renault besitzt bereits eine europaweite Gebrauchtwagen-Datenbank, in der verfügbare Gebrauchtwagen in verschiedenen europäischen Ländern erfasst sind.

Im Gebrauchtwagenmarkt lässt sich eine höhere Wertschöpfung erzielen als im Neuwagenmarkt, doch mehr Anbieter als je zuvor, darunter Vertragshändler, Vertreter, Fuhrparkunternehmen und freie Händler, erheben Anspruch auf ihren Anteil.

Reparatur und Service: Technologie bedroht den Bestand der sechs bis neun Jahre alten Autos

Die Kunden verlangen mehr Zuverlässigkeit und Service

Die Verbraucher haben sich durch ihre Erfahrung in anderen Bereichen wie in der Tourismusindustrie, im Einzelhandel, in der Telekommunikation oder in der Finanzbranche an höhere Servicestandards gewöhnt. Servicequalität kann sich in vielfältiger Weise ausdrücken, etwa durch direkte Verfügbarkeit, schnelle Antworten auf Anfragen, kurze Wartezeiten, Erstattungen bei Verspätungen, Verständnis für Kundenbedürfnisse sowie Treueaktionen. Guter Kundenservice ist für Unternehmen ein wirksames Mittel, sich von ihren Wettbewerbern abzuheben. Unternehmen unterschiedlicher Branchen stellen ihren Kundenservice in den Mittelpunkt ihrer Kommunikationsstrategie, indem sie sich zu bestimmten Standards verpflichten. So garantiert ein Bahnbetreiber: „Geld zurück ab einer Stunde Verspätung", ein Haushaltwaren-Discounter verspricht: „Wir erstatten den Preisunterschied, wenn Sie woanders weniger zahlen", und eine Fastfood-Kette garantiert eine „Wartezeit von weniger als zehn Minuten".

All diesen Marketingkampagnen liegt ein Konzept zur Steigerung der Kundenzufriedenheit zugrunde. Der Kunde soll jeden Kontakt mit dem Unternehmen als angenehm empfinden und rundum zufrieden sein. Viele Firmen, darunter staatliche Unternehmen und sogar Regierungsbehörden, haben mittlerweile Wege gefunden, ihren Kundenservice zu verbessern.

Der Automobilhandel hinkt anderen Branchen in dieser Hinsicht hinterher. Zwar wurden im Vertrieb bereits Maßnahmen zur Verbesserung von Servicequalität und Kundenzufriedenheit eingeleitet, doch die Überwachung und Optimierung der Schnittstellen mit den Kunden erweist sich in diesem Markt als außerordentlich schwierig.

Mit Autohändlern machen Kunden ganz unterschiedliche Erfahrungen in verschiedenen Bereichen, angefangen beim Neuwagenkauf bis hin zu Wartung und Reparatur. Emotionen spielen dabei eine große Rolle. So kann ein Kunde beim Autokauf aufgeregt, aber auch besorgt sein, und kaum jemand ist gut gelaunt, wenn er sein Auto in die Werkstatt bringen muss. Händler und Kunden begegnen sich relativ selten, schließlich besteht nicht allzu häufig Bedarf für ein neues Auto oder eine Reparatur. Da der Vertrieb über so unterschiedliche Anbieter wie herstellereigene Händler, Vertragshändler und Vertreter abgewickelt wird, ist es zudem schwierig, Qualitätsstandards für den Service einzuführen, wie sie bei Fluglinien und Banken inzwischen weit verbreitet sind.

Kundenzufriedenheit ist jedoch der Schlüssel zu einem höheren Markenwert für OEMs. Die Wahrscheinlichkeit, dass ein Kunde ein Auto kauft, steigt exponenziell zum wahrgenommen Markenwert. Schon ein geringer Anstieg des wahrgenommenen Wertes steigert also die Kaufabsichten erheblich (Abbildung 6).

Entsprechen Produkt, Markenimage und Kosten bereits den Erwartungen, so hat die Servicequalität des Händlers oder der Werkstatt enormen Einfluss darauf, welchen Wert der Kunde dem OEM beimisst. Bei Kunden, die bereits ein Fahrzeug einer bestimmten Marke gekauft haben, macht dieser Faktor rund 40 Prozent aus (Abbildung 7).

Wie lässt sich die Kundenzufriedenheit im Automobilsektor verbessern? Die Anbieter müssen für eine angenehme Atmosphäre sorgen, Telefonate rasch entgegennehmen, Beratung anbieten und über Einzelheiten der Reparatur informieren. So müssen sie

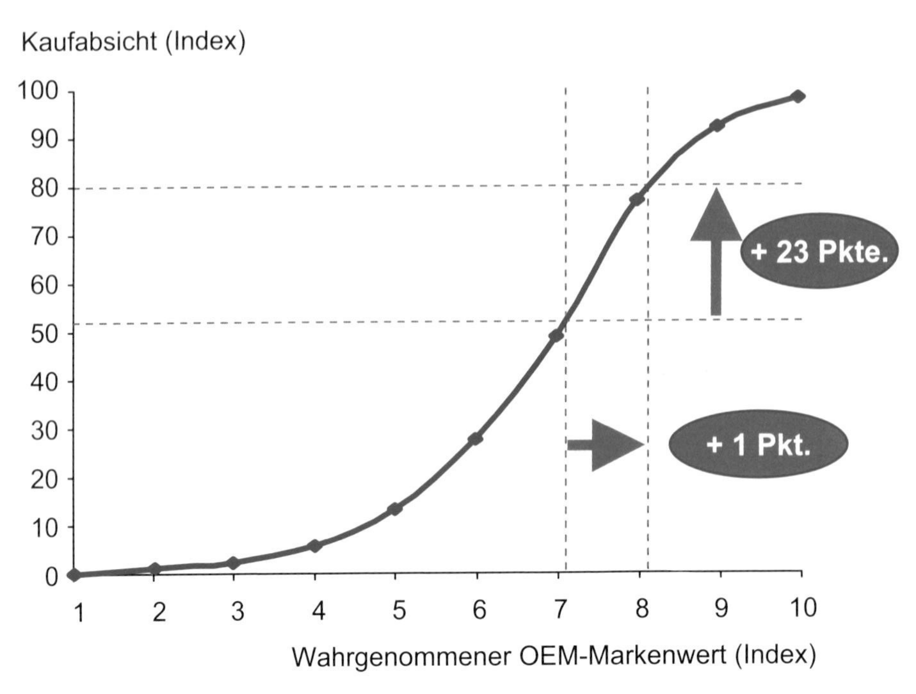

Abbildung 6: Kaufabsichten von Kunden im Verhältnis zum wahrgenommenen Markenwert
Quelle: Renault; Roland Berger Strategy Consultants

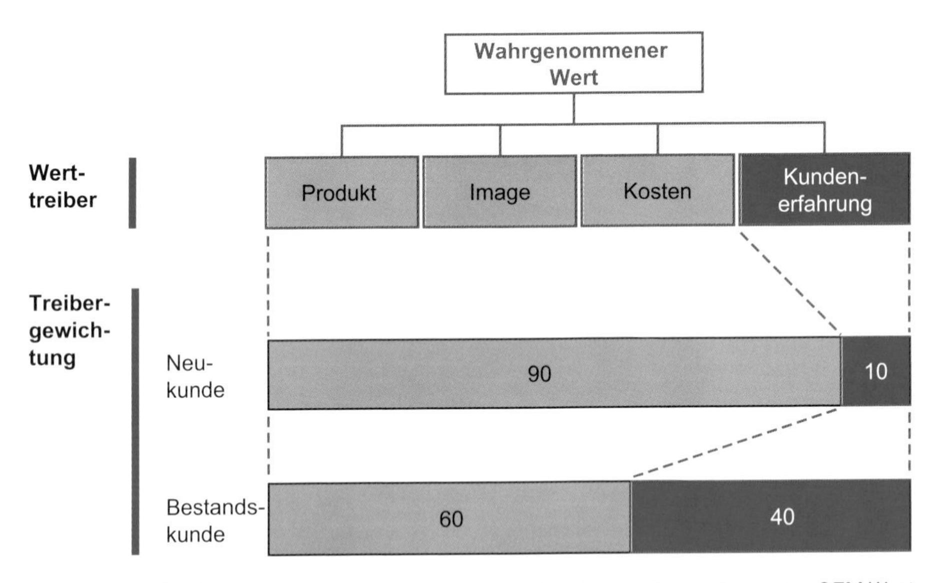

Abbildung 7: Bedeutung der Kundenzufriedenheit für den wahrgenommenen OEM-Wert (Gewichtung der Treiber in Prozent)
Quelle: Renault; Roland Berger Strategy Consultants

sicherstellen, dass die Person, die das Fahrzeug nach der Reparatur an den Kunden übergeben soll, umfassend von dem Mitarbeiter informiert wird, der den Auftrag angenommen hat. Dieses Vorgehen gewährleistet ein durchgängiges Feedback, ob und wie die Erwartungen des Kunden erfüllt oder nicht erfüllt wurden.

Die Erwartungen der Kunden an den Reparaturbetrieb sind in den letzten Jahren deutlich gestiegen. Zuverlässigkeit und Vertrauen haben mittlerweile den höchsten Stellenwert, wobei die Zuverlässigkeit in den letzten zehn Jahren so stark an Bedeutung gewonnen hat, dass sie nun sogar vor dem Preis rangiert (Abbildung 8).

Wenn Werkstätten Kunden gewinnen und halten wollen, müssen sie daher mehr Professionalität ausstrahlen. Der OES-Kanal und große Markenwerkstattnetze werden voraussichtlich von diesem Trend profitieren und unabhängigen Betrieben Marktanteile abnehmen. In diesem Zusammenhang lässt sich auch der Erfolg von Kfz-Schnelldiensten erklären, der auf exzellenter Servicequalität, standardisierten Abläufen, Verhaltensregeln (wie einheitliche Arbeitskleidung, eindeutige Aussagen), Reparaturleistungen „ohne Terminvereinbarung" und schneller Bearbeitung beruht.

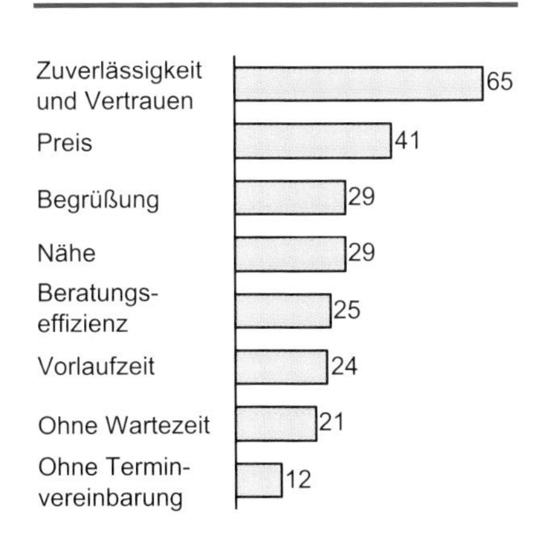

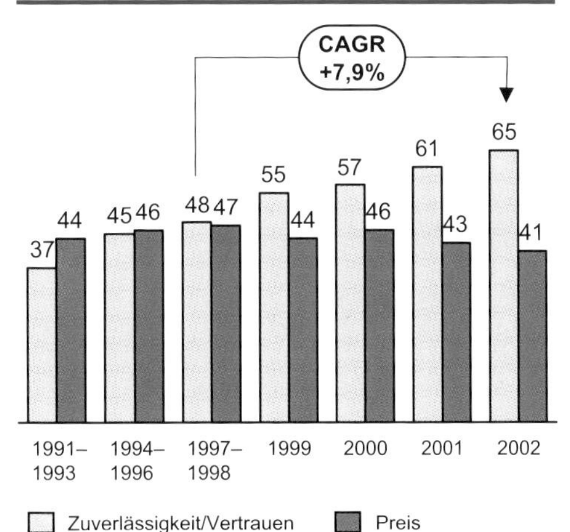

Abbildung 8: Bedeutung von Zuverlässigkeit und Preisen bei Reparaturen
Quelle: Roland Berger Strategy Consultants

Im Fahrzeugbestand richtet sich der Fokus auf das Segment der sechs bis neun Jahre alten Autos

Bei der Struktur der Ausgaben, die im Autolebenszyklus für Reparatur und Service anfallen, findet eine Verschiebung statt. Die Ausgaben für Serviceleistungen einschließlich Arbeits- und Ersatzteilkosten sinken (Abbildung 9). Entscheidend ist jedoch, dass verstärkt in ältere Fahrzeuge investiert wird. In der Vergangenheit fielen die meisten Ausgaben für drei bis acht Jahre alte Autos an, heute verursachen die sechs bis neun Jahre alten Fahrzeuge die meisten Kosten.

Dieser Trend geht auf verschiedene Faktoren zurück: Wartungen und Ölfilterwechsel finden sogar bei älteren Autos nur noch in größeren Abständen statt, vollverzinkte Karosserien verlängern den Lebenszyklus, die Unfallzahlen sind aufgrund staatlicher Maßnahmen und besserer Sicherheitsausstattung wie ABS rückläufig, Ersatzteile müssen dank optimierter Fahrzeugarchitektur, widerstandsfähigerer Teile wie Scheinwerfer-Abdeckungen aus Kunststoff statt aus Glas sowie robusterer Stoßdämpfer seltener ausgetauscht werden.

Diese Entwicklung hat den Wettbewerb zwischen den OES- und IAM-Kanälen intensiviert. Der OES- Kanal deckt seit langem neuere (höchstens fünf Jahre alte) Gebrauchtwagen sowie Neuwagen mit Garantie ab und erfreut sich großer Kundentreue. Der Trend zu älteren Autos könnte für den OES-Kanal jedoch bedeuten, Teile seines Geschäfts an die Konkurrenz zu verlieren. Für den IAM-Kanal, der sich im Allgemeinen stärker auf ältere Autos konzentriert, bietet die Investition in Werkstätten für jüngere (höchstens zehn Jahre alte) Gebrauchtwagen eine große Chance.

Verschiebung des Großteils der Ausgaben auf 6 bis 9 Jahre alte Fahrzeuge

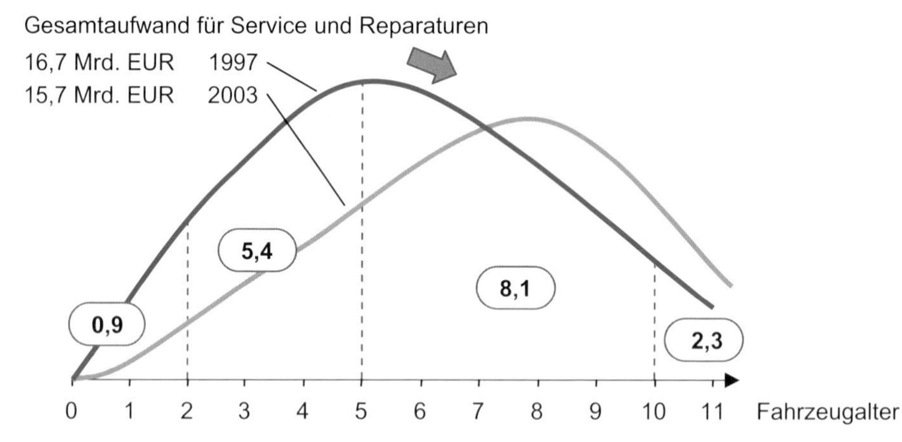

Abbildung 9: Service-Ausgaben nach Fahrzeugalter in Frankreich, 1997 und 2003 (in Milliarden Euro, ohne Reifen und Schmiermittel)
Quelle: Roland Berger Strategy Consultants

Automobiltechnologie: Bedrohung oder Chance?

Die zunehmende Technologisierung schafft Barrieren, die den Markt revolutionieren könnten. Auch im Fahrzeugbestand ist der Technologisierungsgrad insbesondere durch elektronische Hard- und Software in letzter Zeit stark angestiegen (Abbildung 10).

Somit erfordert eine Fehlerdiagnose heute weitaus größere und spezifischere Fachkenntnis als früher. Obwohl die GVO Hersteller dazu zwingt, Reparaturbetriebe mit geeigneten Diagnosewerkzeugen auszustatten, gehen einige Werkstätten leer aus, da diese Instrumente sehr OEM-spezifisch und teuer sind. IAM-Reparaturbetriebe werden auf diese Weise daran gehindert, sich die nötige Expertise anzueignen.

Der technologische Fortschritt reduziert den potenziellen Kundenkreis für Kfz-Schnelldienste und Fachmärkte, da zum Beispiel Ölwechsel mittlerweile in größeren Abständen anfallen. Weil ihnen die Fachkenntnisse fehlen, können die Schnelldienste keine komplexeren Reparaturarbeiten in ihr Angebot aufnehmen.

Der Service- und Reparaturmarkt ist hart umkämpft. Die Forderung nach professionellerem Service, die steigende Zahl älterer Autos und der technologische Fortschritt machen allen Beteiligten zu schaffen. Doch für Anbieter, denen es gelingt, ihr Geschäftsmodell anzupassen, eröffnen sich auch neue Chancen.

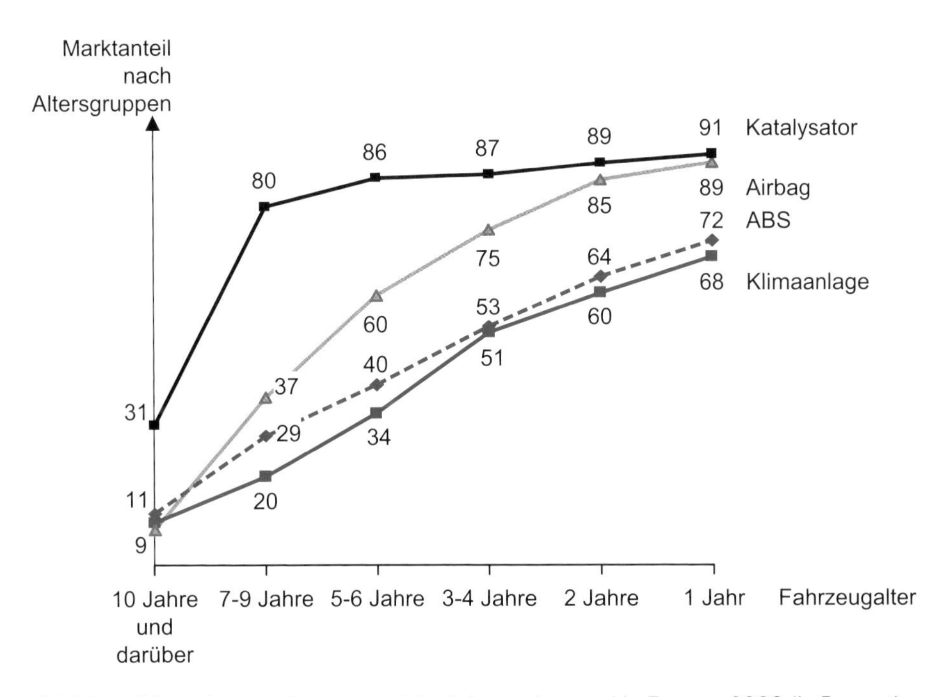

Abbildung 10: Technologisierungsgrad im Fahrzeugbestand in Europa, 2003 (in Prozent)
Quelle: CCFA; Marketline; Roland Berger Strategy Consultants

Vom Ersatzteileinbau zum Retail-Ansatz

Originalersatzteile sind nicht mehr immun gegen Wettbewerb

Reparaturbetriebe und Karosseriewerkstätten sind für IAM-Großhändler wichtige Abnehmer von Nachbauteilen. Auch für OEMs sind sie von Bedeutung, da diese ihnen über den OES-Kanal Original- und geschützte Teile liefern. Außerdem kaufen Werkstätten von OEMs Teile, welche die OEMs von ihren Stammlieferanten (Tier-1-Zulieferern) beziehen und unter ihrem eigenen Markennamen und in eigener Verpackung wieder verkaufen.

Für den Austausch von Teilen gibt es drei Hauptgründe: Unfall oder Zusammenstoß, Defekt oder Beschädigung sowie Verschleiß. Karosserieteile wie Stoßstangen, Seitenteile und der Fahrzeugvorbau werden meist durch Unfälle und Zusammenstöße beschädigt. In 60 Prozent aller Autounfälle werden lediglich vier bis fünf Teile irreparabel beschädigt. Kühler, Stoßstangen, Klimaanlagen, Windschutzscheiben und Lichter müssen meist aufgrund von Defekten oder Beschädigungen ersetzt werden. Reifen, Ölfilter, Bremsbeläge und -klötze sowie Auspuffrohre nutzen sich regelmäßig ab. Im Zuge des technischen Fortschritts kommt es im Allgemeinen seltener zu verschleißbedingten Reparaturen, wobei Reifen jedoch eine Ausnahme bilden. Während die meisten Autofahrer glauben, Reifen müssten lediglich alle 40.000 Kilometer ersetzt werden, sind diese mittlerweile schon nach 15.000 Kilometern abgenutzt. Der neue Laguna ist nur ein Beispiel von vielen. Um Bremswege zu verkürzen und die Fahrzeugstabilität zu erhöhen, wurden die Reifen vergrößert (von 14' auf 17 bis 18') und die Bodenhaftung erhöht. Diese Entwicklung geht einher mit höheren Preisen und größerem Verschleiß. Davon profitieren Reifenhersteller, aber auch andere Anbieter wie Kfz-Schnelldienste, die diese möglicherweise lebensrettende Gelegenheit ergreifen wollen. Der vom Verschleiß abhängige Ersatzteilmarkt ist bereits hart umkämpft und verfügt unter anderem mit Kfz-Schnelldiensten und Reifenspezialisten über einen speziellen Vertriebskanal, auf den in diesem Beitrag jedoch nicht näher eingegangen werden soll.

Der von Unfällen abhängige Ersatzteilmarkt war bislang weitgehend immun gegen Angriffe von außen, da Karosseriewerkstätten meist Originalersatzteile einbauen. Eine Studie über die von Karosseriewerkstätten bezogenen Ersatzteilvolumina für die Reparatur von Unfallwagen zeigt, dass Originalteile rund 77 Prozent des Gesamtvolumens ausmachen. Folglich könnten 23 Prozent der Ersatzteile über den IAM-Kanal bezogen werden.

Dieses Verhältnis wird sich voraussichtlich in den kommenden Jahren mit der Einführung der Eurodesign-Verordnung ändern, die Zulieferern gestattet, Originalteile ohne Zustimmung des Herstellers zu entwickeln. Eurodesign gilt bereits in einigen Ländern, darunter Spanien und Großbritannien, jedoch nicht in Frankreich und Deutschland. Die Einführung von Eurodesign könnte den Anteil von Originalteilen langfristig von 77 auf 25 Prozent senken (Abbildung 11).

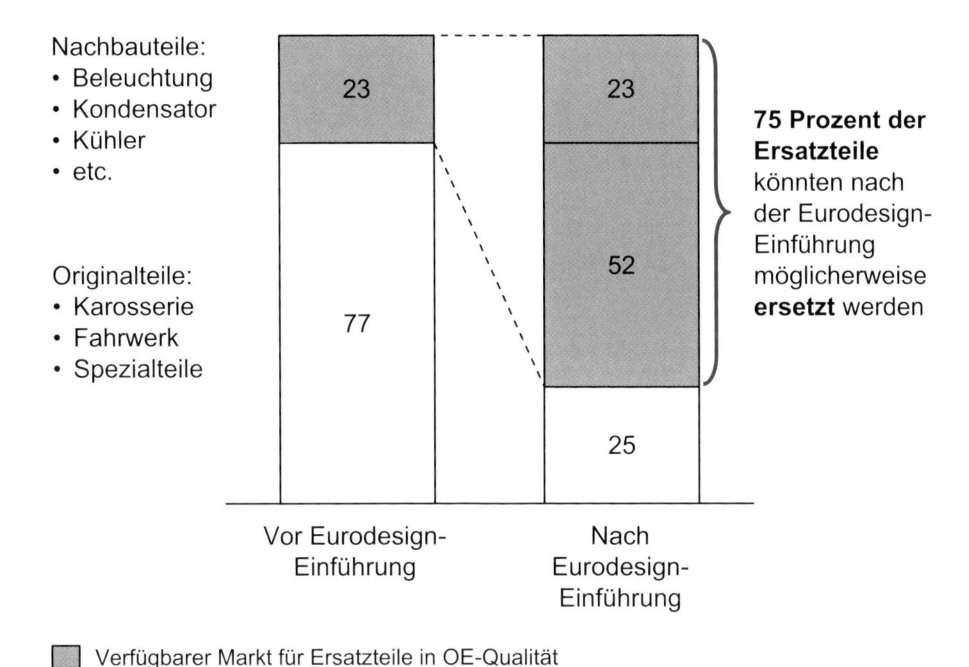

Abbildung 11: Einfluss von Eurodesign auf Unfallersatzteile (in Prozent)
Quelle: Versicherungsdaten; Roland Berger Strategy Consultants

Von dieser Entwicklung würden Zulieferer und Karosseriewerkstätten profitieren, da sie so weit mehr Teile über den IAM-Kanal oder in Niedriglohnländern beziehen könnten.

Eurodesign gilt für geschützte Originalteile und andere Teile mit geschütztem Design, die von Tier-1-Zulieferern entwickelt werden können, wie Scheinwerfer, Rücklichter oder Sitze. Billigzulieferer werden damit zur Bedrohung. Hinzu kommt der Markt für Ersatzteile, die nicht unter die Eurodesign-Verordnung fallen und schon heute von Billigzulieferern angeboten werden, wie Kühler, Filter und Zündkerzen. Mit dieser Art von Teilen haben sich Zulieferer von Nachbauteilen bereits einen Marktanteil von 40 Prozent im IAM-Kanal gesichert.

Wie hoch der Einfluss von Billigzulieferern ist, hängt letztendlich davon ab, ob Eurodesign in dem jeweiligen Land gilt. Zulieferer von anpassbaren Billigteilen sind vor allem im Markt für ältere Autos erfolgreich, da die Fahrzeugbesitzer hier extrem kostenbewusst sind. Da sie ihr Auto meist nicht verkaufen wollen und außerdem häufig keinen Anspruch auf Versicherungsleistungen haben, versuchen sie, die Reparaturkosten möglichst gering zu halten. Dafür nehmen sie es auch auf sich, selbst auf dem Schrottplatz nach gebrauchten Ersatzteilen zu suchen.

Gebrauchte Ersatzteile machen einen wesentlichen Marktanteil aus. In Ländern wie Frankreich und Deutschland, in denen Nachbauteile verboten sind, ist der Markt für gebrauchte Ersatzteile größer. Gebrauchte Teile machen zum Beispiel nahezu

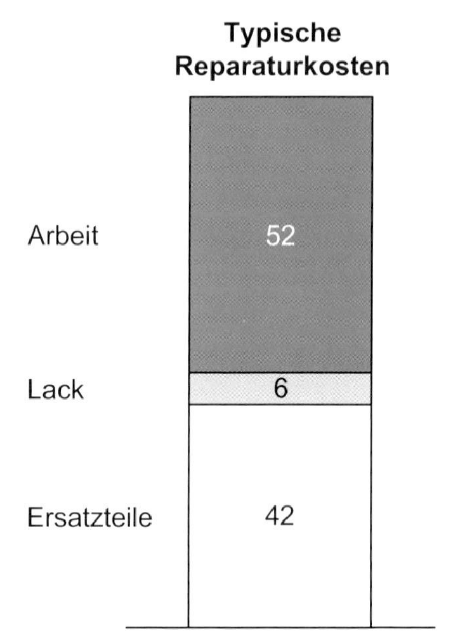

Abbildung 12: Typische Reparaturkostenaufteilung (in Prozent)
Quelle: Rechange Automobile; Roland Berger Strategy Consultants

20 Prozent des Beleuchtungsmarkts in Frankreich aus. Wo der Verkauf von Nachbauteilen erlaubt ist, wächst dieses Billigsegment allerdings sehr schnell. Dies ist in Spanien, Italien und Osteuropa der Fall. So hat der taiwanesische Scheinwerferhersteller TYC bereits einen großen Marktanteil in Spanien, Italien und insbesondere in Osteuropa erobert.

Härterer Wettbewerb für Reparaturbetriebe und Karosseriewerkstätten im Ersatzteilgroßhandel

Mehr als 40 Prozent aller Reparaturkosten fallen für Ersatzteile an, Arbeitskosten machen über die Hälfte aus (Abbildung 12).

Karosseriewerkstätten optimieren zunehmend ihre Serviceleistungen und Angebote. Sie investieren in professionellere und besser organisierte Großanlagen (zum Beispiel Konzepte von Karosseriebaufabriken) mit Kapazitäten für 200 Autos pro Woche. Eine durchschnittliche Karosseriewerkstatt repariert in dieser Zeit lediglich 20 Autos. Einer der effektivsten Wege, die Profitabilität von Karosseriewerkstätten zu erhöhen, ist die Verkürzung der Bearbeitungszeit pro Fahrzeug. Je mehr Zeit ein Auto in der Werkstatt steht, desto höher die Reparaturkosten und desto größer die Durchlaufzeit. Meist kommt es zu Verzögerungen, wenn Teile fehlen oder noch angepasst werden müssen. Bei Unfällen werden zwar die unterschiedlichsten Teile beschädigt

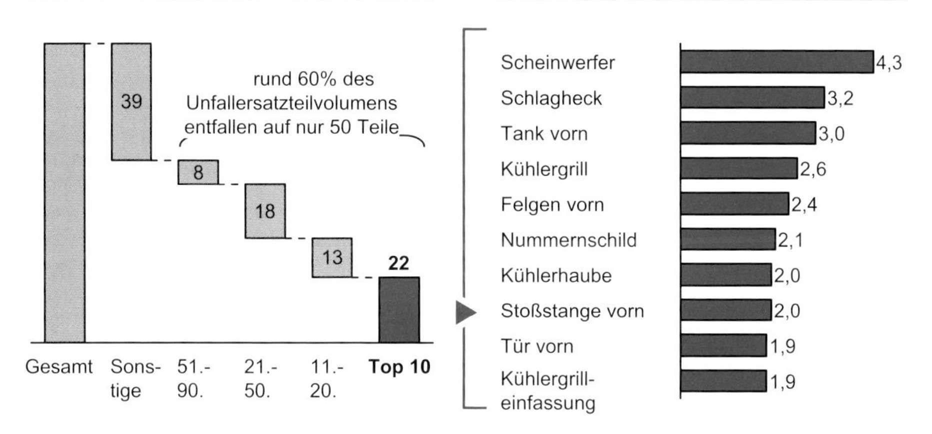

Abbildung 13: Bei Unfällen am häufigsten beschädigte Teile
Quelle: Roland Berger Strategy Consultants (basierend auf einer Datenbank mit 166.000 Unfallereignissen)

(Abbildung 13), doch im Schnitt müssen nur sechs Teile komplett ausgetauscht werden. Die zehn am häufigsten beschädigten Teile machen lediglich 22 Prozent des gesamten Unfallersatzteilvolumens aus.

Sobald Karosseriewerkstätten und Reparaturbetriebe professioneller arbeiten, erhalten ihre Ansprüche an ihre Teilezulieferer (OES, OEMs oder Großhändler) folgende Rangfolge: Erstens, stehen geeignete Instrumente zur Identifizierung der Teilenummern zur Verfügung? Zweitens, werden technischer Support und Dokumentation angeboten? Drittens, sind Originalteile oder optimal passende Teile verfügbar? Viertens, gibt es einen Händlerrabatt? Interessanterweise wird der Rabatt immer nachrangiger, da die zusätzlichen Arbeitsstunden, die bei Lieferung von nicht passenden Teilen anfallen, Preisunterschiede weitgehend wettmachen.

Karosseriewerkstätten wollen für Unfälle verschiedener Automodelle gerüstet sein und alle häufig beschädigten Teile vorrätig haben. Von diesem „Unfallersatzteil-Konzept" profitieren OEMs, da sie allein vollständige Ersatzteilserien anbieten. Dies verschafft ihnen einen erheblichen Wettbewerbsvorteil gegenüber Händlern, die mehrere Marken vertreiben und nicht das gesamte Teilespektrum abdecken können. Je größer der Unfallschaden, desto geringer ist die Wahrscheinlichkeit, dass alle benötigten Teile eines bestimmten Modells auf Lager oder bestellbar sind. Außerdem ist Mehrmarkenhändlern der Aufwand für Katalogisierung, Logistik und IT zu hoch.

Während Karosseriewerkstätten im OES-Kanal alle benötigten Teile bequem bestellen können, erhalten sie im IAM-Kanal höhere Rabatte. Dafür ist das Referenzsystem zur Identifizierung der Teile im IAM-Kanal nicht immer zuverlässig und benutzerfreundlich.

Den Wettbewerb um Aufträge von Karosseriewerkstätten und Reparaturbetrieben führen die IAM- und OES-Kanäle in den einzelnen Ländern mit unterschiedlicher Härte. In Frankreich und Großbritannien kaufen die meisten Karosseriewerkstätten ihre Ersatzteile ausschließlich von OES-Händlern, da diese gut positioniert sind und ähnliche Rabatte wie IAM-Händler bieten. Außerdem verfügen sie über effiziente Referenz- und Bestellsysteme, die lediglich die Eingabe der Fahrgestellnummer erfordern.

In Deutschland kaufen die meisten Karosseriewerkstätten dagegen auch außerhalb des OES-Kanals. Sie beziehen Nachbauteile über den IAM-Kanal von Firmen wie Temot und ATR, von denen sie mindestens 15 Prozent Rabatt, einwandfreie Referenzsysteme und technischen Support bekommen. In Spanien hat bisher noch kein Kanal die Oberhand, die Werkstätten bestellen in beiden Kanälen gleichermaßen.

Der Ersatzteilgroßhandel wird sich durch die infolge der Marktöffnung entstandenen Billigzulieferer in den nächsten Jahren stark verändern. Einige OEMs versuchen verstärkt, in diesem Markt Fuß zu fassen. So betreibt Renault einen riesigen Ersatzteilvertrieb mit 500 Mitarbeitern, der seine Chancen im Wettbewerb mit traditionellen IAM-Großhändlern erhöhen soll. Einige IAM-Großhändler wie Temot und ATR haben ihren Service durch das Angebot effizienter Referenz- und Bestellsystem ebenfalls deutlich verbessert.

Herausforderungen für Finanzdienstleister

Branchenfremde Anbieter auf dem Vormarsch

Langsam, aber stetig steigen die mit Krediten finanzierten Anschaffungen in Europa. Allerdings ist die Kreditfinanzierung in Großbritannien und Deutschland sehr viel weiter verbreitet als in Südeuropa, worin sich auch die allgemeinen Gewohnheiten in Europa widerspiegeln (Abbildung 14).

Der Einstieg in die Automobilbranche erschließt Finanzinstituten den Zugang zu Kundensegmenten mit hohem Potenzial: Jugendliche, Familien (mit mehr als einem Auto), Vermögende sowie Land- und Kleinstadtbewohner.

Für diesen attraktiven Markt interessieren sich sowohl herstellerabhängige als auch herstellerunabhängige Banken. Herstellerbanken sind die konzerngebundenen Finanzdienstleister der OEMs, die unter der OEM- oder einer Eigenmarke auftreten. Bei Letzteren handelt es sich in der Regel um ehemals unabhängige Anbieter, die von einem OEM gekauft wurden. Zu den herstellerunabhängigen Finanzinstituten gehören unabhängige Finanzinstitute und Leasing-Tochtergesellschaften von Banken (Abbildung 15).

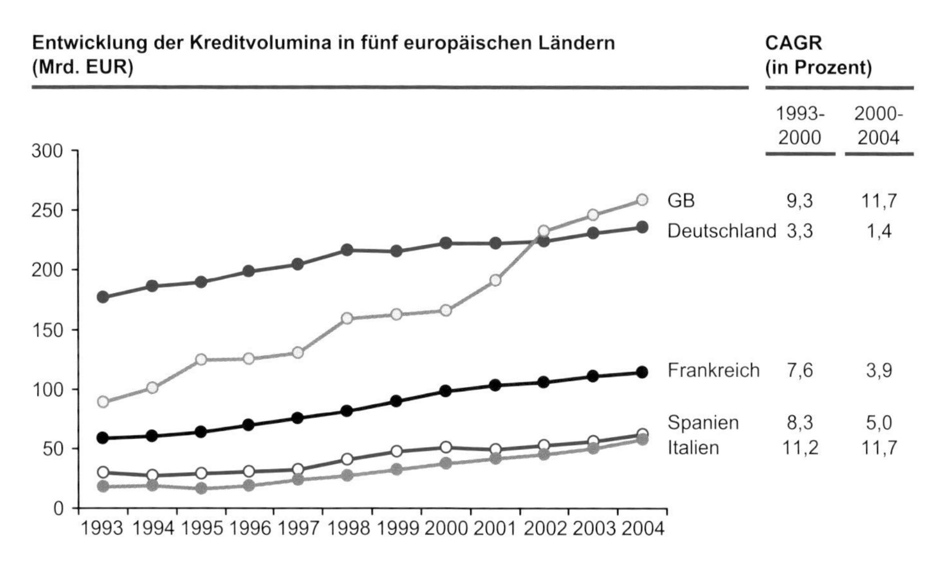

Abbildung 14: Kreditvolumina in fünf europäischen Ländern
Quelle: Observateur Cetelem; Roland Berger Strategy Consultants

CAPTIVES		NON-CAPTIVES	
Herstellerbanken	**White-Label-Anbieter**	**Unabhängige Finanzinstitute**	**Geschäftsbanken**
Volkswagen Financial Services AG	Europcar Fleet Services	Sixt	Deutsche Bank
DaimlerChrysler Bank	Premium Financial Services	FFS Bank Leasing Versicherung	EBV
BMW Financial Services	Alphabet	GE Capital Bank	Dresdner Bank
Toyota Financial Services			VR Leasing
GMAC Financial Services			ALD Automotive
Renault Bank			Sparkasse
Ford Financial Services			Santander Consumer CC-Bank

LeasePlan[1)]

[1)] LeasePlan wird in diesem Kapitel als nicht konzerneigen betrachtet

Abbildung 15: Finanzdienstleister in der Automobilindustrie
Quelle: Roland Berger Strategy Consultants

Finanzdienstleistungen gehören nicht zum Kerngeschäft der Automobilhersteller, leisten jedoch beträchtliche und konstante Beiträge zu Gewinn und Umsatz. Die Rendite des eingesetzten Kapitals (ROCE) ist in diesem Bereich sogar höher als im Fahrzeugverkauf. Finanzdienstleistungen kompensieren somit Einbrüche im Kerngeschäft. Einen Teil ihres Erfolgs verdanken Herstellerbanken dem Zugang zu den Kunden am Point of Sale. Mit wirkungsvollem Customer Relationship Management und Finanzierungsangeboten, die dem Kunden beispielsweise einen frühzeitigeren Kauf ermöglichen, fördern sie außerdem die Kundenloyalität sowie die Akquisition von Neukunden.

24 Prozent aller Ausgaben im Autolebenszyklus entfallen auf Finanzdienstleistungen, davon 9 Prozent auf reine Finanzierungskosten (einschließlich Leasing) und 15 Prozent auf Versicherungsgebühren. Der Beitrag der konzerneigenen Finanzierungsgesellschaften zu Gewinn, Umsatz und Stabilität wird für OEMs immer wichtiger.

Die Entwicklungen in der Automobilindustrie verändern den Kreditmarkt

Zwei große Trends verändern den Markt für die Kreditfinanzierung von Automobilen. Zum einen sorgt die steigende Zahl von Fuhrpark- und Mietwagenunternehmen dafür, dass Kredite immer häufiger auch außerhalb des Händlersegments – und damit nicht notwendigerweise bei den Herstellerbanken – aufgenommen werden. Außerdem werden auch immer mehr Gebrauchtwagen über Kredite finanziert. Auf diese Weise entsteht im wachsenden Gebrauchtwagensegment ein attraktiver Markt für Finanzdienstleister (Abbildung 16).

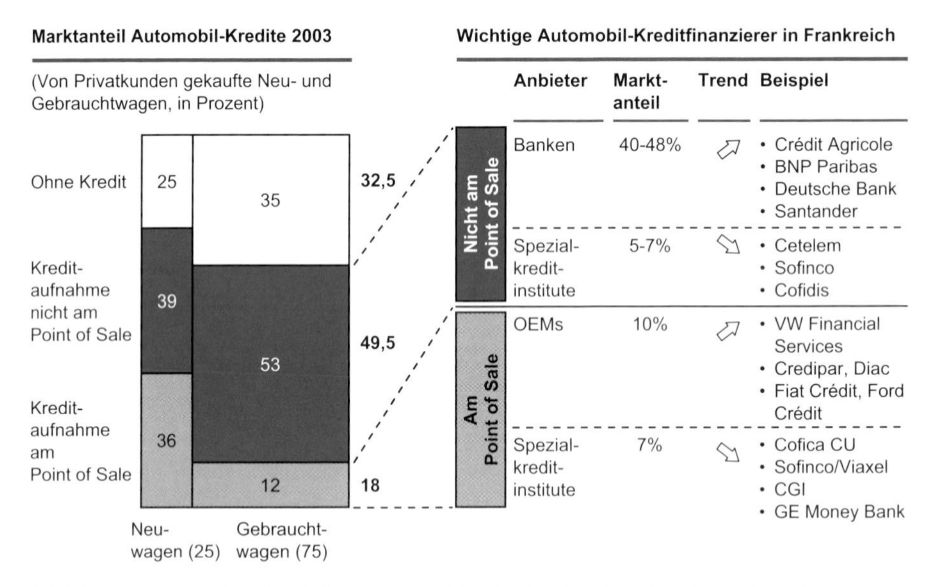

Abbildung 16: Wichtige Kreditfinanzierer in Frankreich, Marktanteil Kreditfinanzierung
Quelle: Observatoire de l'Automobile; Crédiscopie; Roland Berger Strategy Consultants

Unternehmen	Land	Fuhrparkgröße (1000 Fzg.)	Eigentümer
LeasePlan Corporation	NL	650[1)]	Volkswagen AG, 50%; Olayan Group, 25%; Mubadala, 25%
PHH Arval	F	600	BNP Paribas
ALD International	D/F	545	Société Générale
Volkswagen/Europcar	D	315	Volkswagen AG
Athlon/Fleet Synergy	NL	310	n/a
DaimlerChrysler Services	D	310	DaimlerChrysler
Overlease	F	278	RCI Bank
GE Fleet Services	US	220	General Electric
Masterlease	GB	170	General Motors
ING Car Lease	D	155	ING

1) Nur Europa; 1,1 Mio. weltweit

Abbildung 17: Führende europäische Fuhrparkunternehmen
Quelle: Fleet Europe; Datamonitor; Roland Berger Strategy Consultants

Gekämpft wird im Kreditfinanzierungsmarkt an zwei Fronten. Die Strategie der Anbieter richtet sich danach, ob der Kredit am Point of Sale in Anspruch genommen wird oder an anderer Stelle.

Das „Outside-Point-of-Sale-Segment" wird zunehmend von unabhängigen Finanzinstituten wie Geschäftsbanken beherrscht. Sie schließen Verträge mit Fuhrparkunternehmen und anderen professionellen Autokäufern. Im „Point-of-Sale-Segment" überwiegen dagegen die Kreditinstitute der OEMs.

Hätten OEMs nicht ihre eigenen Fuhrparkunternehmen, würde der gesamte Fuhrparkmarkt von unabhängigen Finanzinstituten dominiert (Abbildung 17).

Die Anbieter im Fuhrparkmarkt versuchen mit Hilfe verschiedener Strategien, ihre Marktanteile zu steigern und sich so ihren Anteil am attraktiven Flottenmanagement-Segment zu sichern. Herstellereigene Finanzinstitute konzentrieren sich auf Fuhrparkmanagement und Full-Service-Leasing. Für Mehrmarkenkunden kreieren sie zusätzliche „White Label Brands" und bieten, wie Volkswagen Financial Services, zusätzlich die Leistungen einer Geschäftsbank. Unabhängige Anbieter ergänzen ihr Angebot, das vor allem auf große Fuhrparks ausgerichtet ist, schrittweise um innovative Dienstleistungen für kleine Fuhrparks und sogar Privatkunden, beispielsweise mit Leasing unter einem anderen Namen (Abbildung 18). Um ihr Finanz- und Serviceportfolio zu erweitern, gründen oder kaufen sie Leasinggesellschaften (zum Beispiel ALD). Sie gehen aktiver auf Händler und teilweise auch auf Privatkunden zu und bieten attraktivere Finanzierungsangebote.

Der Finanzierungsbereich im Automobilsektor ist attraktiv. Das Wachstum der Kreditfinanzierung im Gebrauchtwagenmarkt gleicht dabei die Stagnation beim Neuwa-

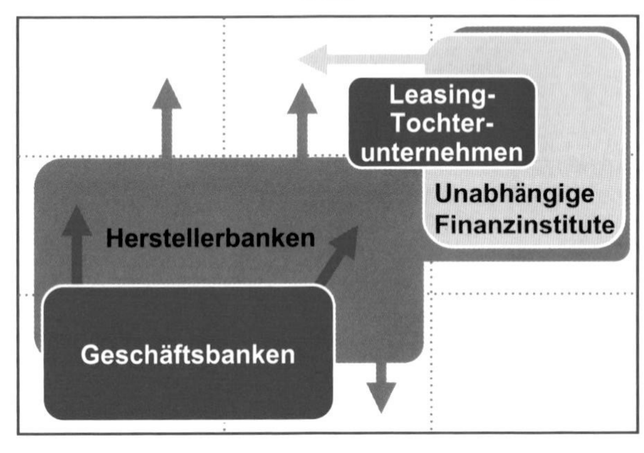

Abbildung 18: Strategien führender Finanzdienstleister
Quelle: Fleet Europe; Datamonitor; Roland Berger Strategy Consultants

genabsatz aus. Die etablierten herstellereigenen Finanzdienstleister bekommen Konkurrenz von unabhängigen Anbietern, die vom „Outside-Point-of-Sale-Segment" wie Fuhrparkunternehmen und großen Händlern sowie von Gebrauchtwagenhändlern profitieren.

Risiken und Chancen schaffen neue Herausforderungen

Die Herausforderung für Händlergruppen besteht in ihrer Beziehung zu OEMs

Das Segment der Händlergruppen hat sich in den vergangenen Jahren konsolidiert und dominiert in einigen Regionen den Markt. So sind Anbieter wie Dixon, Arnold Clark oder Regvardi in Großbritannien schon lange etabliert. Derartige Unternehmen haben nicht selten in ihren Kundensegmenten lokale Marktanteile von 50 Prozent (Abbildung 19).

Auch in Deutschland gibt es einige große Händlergruppen, doch der Markt ist hier noch stark fragmentiert. In Frankreich kontrollieren die wichtigsten 100 Händlergruppen, die besonders weit entwickelt sind, 46 Prozent des Marktes. Dieser Marktanteil ist zwischen 1999 und 2002 vor allem durch den Erwerb von Mehrfachlizenzen schneller gewachsen als der Gesamtmarkt (CAGR 4,8 Prozent gegenüber 0,3 Prozent) (Abbildung 20).

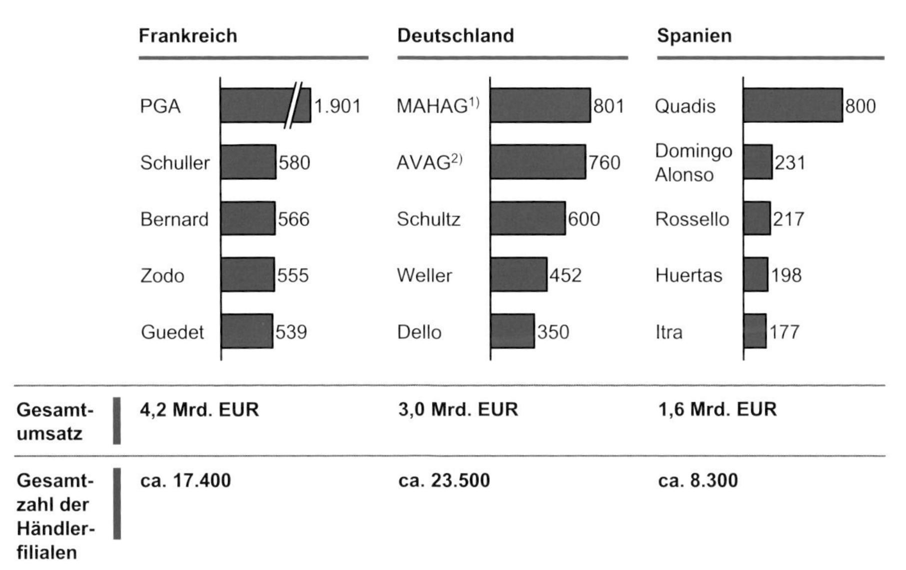

Abbildung 19: Umsatz der führenden fünf Automobilhändlergruppen, 2003 (in Millionen Euro, Gesamtzahl der Händlerfilialen mit Service-Verträgen)
Quelle: Roland Berger Strategy Consultants

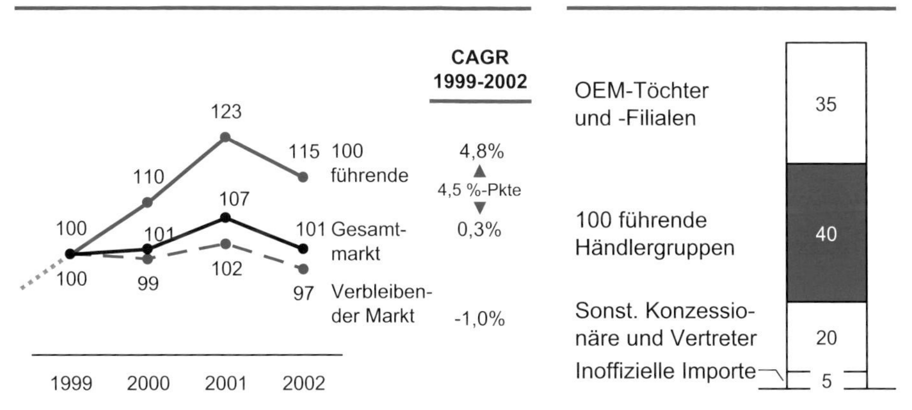

Abbildung 20: Wachstum und Marktanteile der 100 führenden Händlergruppen
Quelle: Résoscopie supplément 2001–2002–2003; Roland Berger Strategy Consultants

Die meisten Händlergruppen haben vertragliche Vereinbarungen mit mehreren OEMs (Multi-Einmarken-Portfolio) und konzentrieren sich auf eine Region. Sie nutzen lokale Skaleneffekte, pflegen enge Beziehungen zu ihren Kunden und verfügen über entsprechende Mittel, in verwandte Geschäftsbereiche wie Vermietung und Mobilitätsservice zu investieren.

Noch sind Händlergruppen besonders im Ersatzteilbereich stark von OEMs abhängig. Doch ihre Größe verleiht ihnen eine gute Verhandlungsposition gegenüber Ersatzteillieferanten oder sogar IAM-Großhändlern, wo sie höhere Rabatte erzielen können. Mittelfristig werden Händlergruppen ihre Ersatzteile daher voraussichtlich auch direkt von Zulieferern beziehen. Einige Händlergruppen haben bereits IAM-Großhändler gekauft und dringen auf diese Weise geschickt in den IAM-Markt ein, ohne die Spielregeln der OEMs zu verletzen.

Händlergruppen werden die Marktstrukturen in den nächsten Jahren stark verändern (Abbildung 21). Bislang waren IAM- und OES-Kanal relativ streng getrennt, da OE-Teile nur über den OES-Kanal vertrieben werden konnten. Die GVO lässt den Verkauf dieser Originalteile nun über jeden Vertriebsweg zu. In der Folge werden beide Kanäle durchlässiger und nähern sich einem traditionelleren Zulieferer-Zwischenhändler-Modell an.

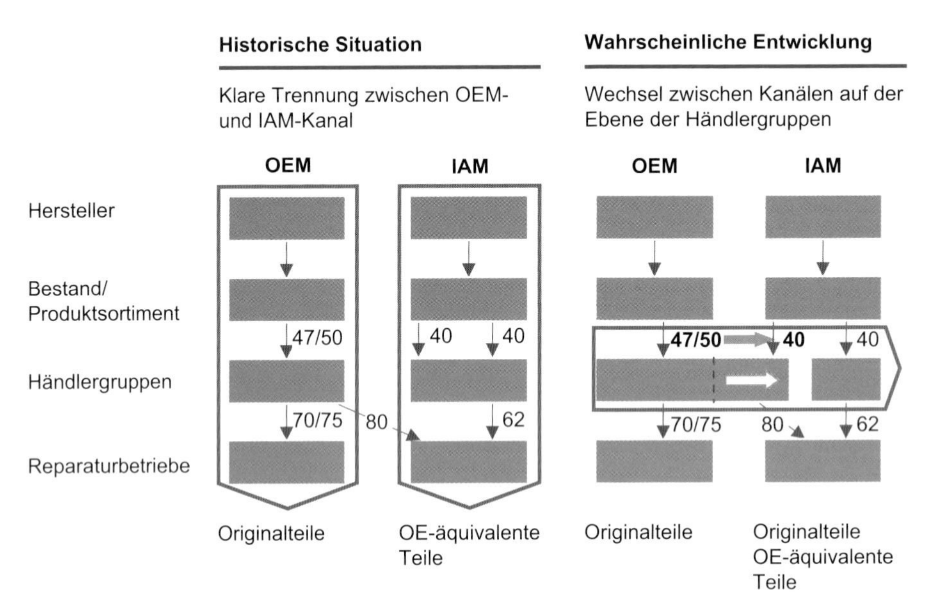

Abbildung 21: Annäherung von OEM- und IAM-Kanal durch Händlergruppen (durchschnittliche Rabattraten)
Quelle: Roland Berger Strategy Consultants

Außerdem sind die Händlergruppen mittlerweile groß genug, um sich als regionale Mehrmarkenanbieter zu etablieren. So können sie Gebrauchtwagen verschiedener Marken anbieten und ihre Servicepalette beispielsweise um Darlehen, Leasing oder Mietangebote erweitern. Ihre regionale Präsenz fördert den Aufbau enger Kundenbeziehungen.

Mehrmarken-Händlergruppen, die ihre Position auf diese Weise zu der eines integrierten regionalen Akteurs ausbauen möchten, müssen eine Reihe von Maßnahmen ergreifen. Um die Beziehungen zu ihren Kunden während des gesamten Autolebenszyklus zu verbessern, müssen sie mit Hilfe ihres Mehrmarkenportfolios überzeugende Mobilitätslösungen anbieten. Neue Services wie Mietwagen und Finanzdienstleistungen könnten das Angebot ergänzen, Reparatur und Service durch das so genannte „Mehrmarkenkarosseriefabrik-Konzept" optimiert werden. Seit Einführung der GVO dürfen Händler theoretisch Ersatzteile direkt beim Zulieferer bestellen und können so höhere Rabatte erzielen. Ältere Gebrauchtwagen unter zehn Jahren eignen sich hierfür am besten, da sie nicht im direkten Fokus der OEMs liegen. Händlergruppen stehen zudem vor der Herausforderung, in den Ersatzteilgroßhandel einzusteigen. Sie sind groß genug, um den Werkstätten konkurrenzfähige Angebote zu machen, die dem Logistik- und Serviceniveau der IAM-Großhändler entsprechen.

Die Händlergruppen können diese Aufgaben jedoch nur gemeinsam mit den OEMs bewältigen, weshalb die Beziehung zwischen diesen beiden Akteuren immer wichtiger wird. Ihre Ebenbürtigkeit schafft eine gegenseitige Abhängigkeit. Die Herausforderung für die Händlergruppen besteht darin, eine Win-Win-Situation herbeizuführen und sich gleichzeitig schrittweise aus ihrer Abhängigkeit von den OEMs zu lösen.

IAM-Reparaturbetriebe und Großhändler: Die technologische Herausforderung

Reparaturbetriebe bilden Netzwerke

Auch IAM-Reparaturbetriebe stehen vor großen Herausforderungen. Sie müssen mit komplexerer Fahrzeugtechnologie, komplizierteren Reparaturen und anspruchsvolleren Kunden zurechtkommen. Das erfordert mehr Know-how und ein verändertes Vorgehen bei der Reparatur.

Um technologisch auf dem neuesten Stand zu bleiben, bilden immer mehr IAM-Reparaturbetriebe Netzwerke, die ihnen den Zugang zu Schulungen und Tools eröffnen. Die zunehmende Vernetzung der Reparaturbetriebe in den letzten Jahren ging jedoch auf Kosten der unabhängigen Werkstätten (Abbildung 22).

Einige der so entstandenen vernetzten Reparaturbetriebe und Karosseriewerkstätten haben sich auf bestimmte Gebiete spezialisiert, zum Beispiel Karosserie (Erfahrungsaustausch im Bereich Lackierung und Karosserie), Versicherungen und Ersatzteilgroßhandel.

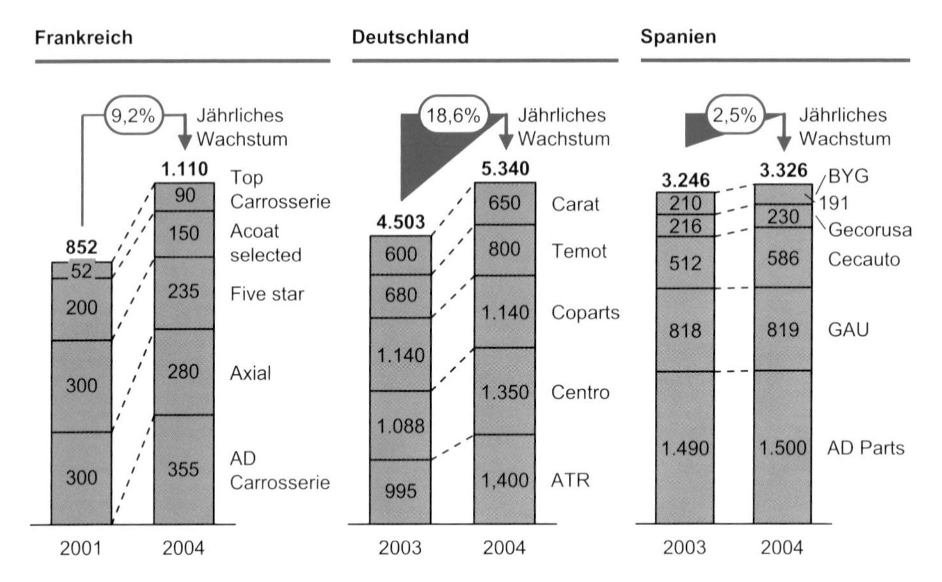

Abbildung 22: Anzahl der vernetzten Reparatur- bzw. Karosseriewerkstätten in Frankreich, Deutschland und Spanien (jährliches Wachstum in Prozent)
Quelle: Roland Berger Strategy Consultants

Diese Netzwerke profitieren von ihrer Größe, Diagnose-Expertise und Markenvielfalt. Häufig verbessert sich auch die Kundenzufriedenheit. Ausschlaggebend ist jedoch ein innovativer Ansatz bei der Reparatur, da sich die Ursache für einen Defekt nicht mehr aus einer Reihe von Symptomen ableiten lässt. Aufgrund der zahlreichen verschiedenen elektronischen Fahrzeugkomponenten können gleiche Symptome verschiedene Ursachen haben. Reparaturbetriebe müssen daher mit neuen Methoden wie Root Cause Analysis (Ursachenanalyse) und AMDEC arbeiten, doch den meisten Werkstätten fehlt die hierfür nötige Expertise.

Großhändler bilden Einkaufsgemeinschaften

Mit der Konsolidierung der IAM-Großhändler entstehen große Einkaufsgemeinschaften, die über starken technischen Support und weitläufige Netzwerke mit Großhändlern und Reparaturbetrieben verfügen. Die Verlierer in dieser Entwicklung sind unabhängige Großhändler und Reparaturbetriebe, die nicht mit den günstigeren Preisen, dem moderneren technischen Support und den großen Bestellmengen der konsolidierten Gruppen konkurrieren können.

Einflussreiche IAM-Großhändler haben sich in drei wichtigen Ländern etabliert (Abbildung 23). In Deutschland gehören dazu große Netzwerke wie Carat, ATR und Temot (inklusive MAHAG). Diese IAM-Großhändler verbreitern ihre Servicepalette und profitieren vom Niedergang unabhängiger Anbieter.

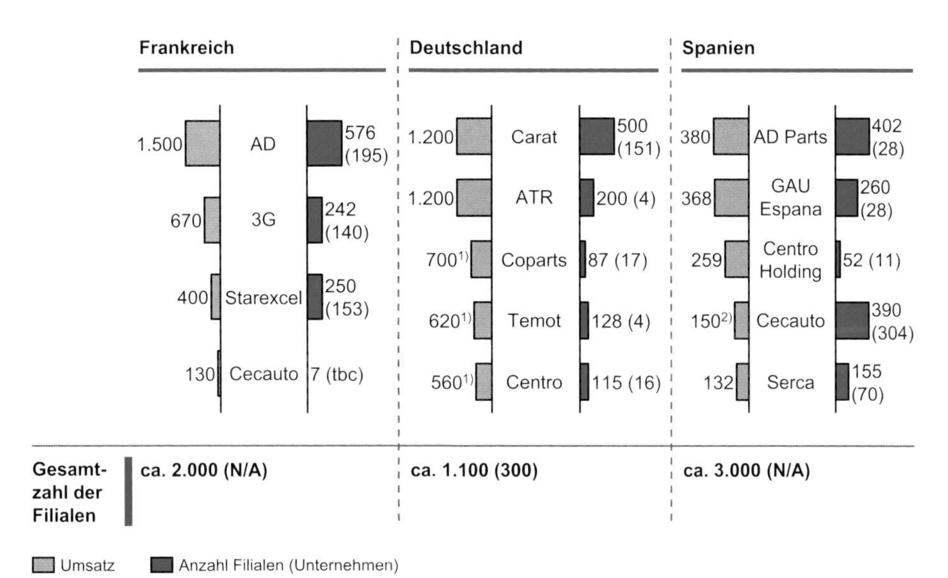

Abbildung 23: Wichtige Großhändlernetze in Frankreich, Deutschland und Spanien 2004 (Umsatz in Millionen Euro und Anzahl der Filialen)
Quelle: Unternehmenswebsites; Fachpresse; Roland Berger Strategy Consultants

Der IAM-Großhändler Auto Distribution deckt in Frankreich alle Bereiche von der Einkaufsgemeinschaft bis hin zum Endkunden ab. Auto Distribution steht für eine Ersatzteil-Einkaufsgemeinschaft mit einem Umsatz von rund 1 Milliarde Euro und über 700.000 Teilenummern, ein Vertriebshändlernetz mit rund 200 Unternehmen und 680 Points of Sale, sieben spezialisierte Service- und Reparaturnetzwerke sowie ein Internetportal mit Datenbanken (Produkte und Serviceleistungen), Preisinformationen und verfügbaren Beständen.

IAM-Großhändler werden die anstehenden großen Herausforderungen meistern können, wenn sie im europäischen Markt expandieren. Wegen der oftmals nicht konsolidierten oder in Verbänden organisierten Eigentümerstrukturen konzentrieren sie sich trotz bestehender internationaler Partnerschaften derzeit noch zu sehr auf die nationalen Märkte. Große Händlergruppen und OEMs sichern sich immer mehr Marktanteile und geben diese an die Karosseriewerkstätten weiter. IAM-Großhändler, die mit dieser Entwicklung Schritt halten wollen, benötigen erstklassige Logistik sowie ein besseres Referenz- und Erfassungssystem für Teile. Auch der technische Support muss effizienter arbeiten. Das erfordert einen Aufbau von internem und zentralisiertem Test- und Diagnose-Know-how sowie online abrufbaren Tools. Außerdem sollten IAM-Großhändler OE-Qualitätsprodukte aus Niedriglohnländern beziehen. Mit Hilfe eines Retail-Ansatzes könnten sie ihre Produktpalette zudem um Nachbauprodukte ergänzen.

Das Geschäftsmodell der Kfz-Schnelldienste, die ein Subsegment im IAM-Kanal bilden, erscheint auf die Dauer riskant. Zum einen sind sie der starken Konkurrenz etablierter OEMs und Händler (wie Renault Minute) ausgesetzt, deren Wartungsservice ähnliche Leistungen umfasst. Zum anderen bricht die Nachfrage ein, da Teile wie Auspuffanlagen und Filter immer seltener repariert oder ausgetauscht werden müssen. Kfz-Schnelldienste sind zudem der technologischen Entwicklung nicht gewachsen und können nicht in andere Bereiche diversifizieren. Kurzfristige Chancen rechnet sich die gesamte Branche beim Reifenersatz aus, der im Gegensatz zu anderen Bereichen wächst.

Um ihre Position zu halten, bleibt den Schnelldiensten die geografische Expansion, die jedoch einen starken finanziellen Rückhalt erfordert. Allianzen mit Fuhrparkunternehmen oder Versicherungen, die ihnen Kunden vermitteln können, wären ebenfalls hilfreich. In jedem Fall müssen Kfz-Schnelldienste exzellenten Service bieten, wenn sie im umkämpften Markt bestehen wollen.

Versicherungen gewinnen an Einfluss

Versicherungen nehmen verstärkt Einfluss auf den Ersatzteilmarkt. Neben den Endkunden sind sie die einzigen Akteure im Markt, die ein starkes Interesse an günstigeren Ersatzteilen haben. Lange bevor ein Fahrzeug auf den Markt kommt, wirken Versicherungen bereits auf die Ersatzteilpreise ein. OEMs richten sich zum Beispiel nach dem Danner-Test der Allianz, der aus einem Crashtest bei niedriger Geschwindigkeit und einer Berechnung der Preise für die zu reparierenden Teile besteht. Alle Versicherungen stützen sich bei ihren Beitrags- und Schadensberechnungen auf diesen Test.

Auch auf die Produktentwicklungsstrategien der OEMs hat dieser Test großen Einfluss, da die Ergebnisse in den meisten Automobilzeitschriften veröffentlicht werden und Autokäufer verstärkt auf Gesamtkosten achten. Dies gilt vor allem für Deutschland, wo Reparaturen viel teurer sind als in anderen europäischen Ländern. Außerdem legen die für OEMs wichtigen Fuhrparkkunden großen Wert auf gute Testergebnisse.

Die meisten OEMs optimieren deshalb ihre Produkte bereits in der Entwicklungsphase, um die Zahl der beim Danner-Test beschädigten Teile zu reduzieren. Aufgrund des technischen Fortschritts sind die Reparaturkosten in den letzten Jahren stark gesunken. Die Reparatur eines Audi 80 Baujahr 1978 kostete 5.200 Euro, die eines Audi A4 Baujahr 2001 nur noch 3.900 Euro.

Neben technischen Verbesserungen haben die Tests der Versicherungen auch eine neue Preisstrategie der OEMs bewirkt: Die Teile, die beim Danner-Test zu Schaden kommen, werden billiger, die übrigen teurer. Neben den Testergebnissen beeinflusst eine Reihe weiterer Faktoren die Ersatzteilpreise. Insgesamt ist der Prozess so komplex, dass nur OEMs die Preisbildungsmechanismen voll ausschöpfen können.

So hängt die Preisbildung zum Beispiel auch von der Produktpalette ab. Selbst wenn ein Ersatzteil für verschiedene Modelle exakt identisch ist, was aufgrund der Plattformstrategie vieler OEMs häufig vorkommt, können die Preisunterschiede erheblich sein, etwa zwischen einem VW und einem Audi. Ein weiterer Faktor ist das Wettbewerbsumfeld in den einzelnen Ländern. Hier hängt der Preis unter anderem davon ab, wie hoch die Kosten sind, ob Eurodesign gilt und wie viel Gewicht IAM-Großhändler haben. Außerdem spielt es eine Rolle, ob es sich um Originalteile handelt oder nicht. Wie das Beispiel Renault zeigt, wird dabei auch bewusst auf Trade-offs gesetzt. Im Zuge einer Preisänderung hat Renault kürzlich die Rabatte auf Teile erhöht, die dem Wettbewerb ausgesetzt sind, und die Rabatte auf Karosserieteile gesenkt. Grundsätzlich wird der Ersatzteilpreis weitgehend von den Industriekosten abgekoppelt.

Vor diesem Hintergrund ist es verständlich, dass Versicherungen die Ersatzteilpreise stärker kontrollieren wollen. Zu diesem Zweck haben sie drei Strategien entwickelt: „Sell", „Select" und „Buy".

- Bei der „Sell"-Strategie konzentrieren sich die Versicherungen auf ausgewählte Karosseriebetriebe, zu denen sie enge Beziehungen aufbauen. Die Preise handeln sie mit den Großhändlern aus. Dieser Ansatz erfordert intensive Kommunikation und Zusatzangebote wie Abhol- und Lieferservices oder die Bereitstellung von Ersatzwagen. Er erreicht rund 60 Prozent der Kunden.
- Bei der „Select"-Strategie bauen die Versicherungen Partnerschaften mit einer kleinen Anzahl von Karosseriewerkstattnetzen auf. Dieser Ansatz erfordert eine neue Rollenverteilung zwischen Karosseriewerkstätten, Versicherungen und Experten.
- Die „Buy"-Strategie geht noch einen Schritt weiter. Bei diesem Ansatz bauen die Versicherungen eine Einkaufsstruktur für Vertragsverhandlungen mit Ersatzteilzulieferern auf. Teilweise geben sie die Rabatte an Karosseriewerkstätten weiter.

Die „Sell"- und „Select"-Ansätze bilden die Voraussetzung für die „Buy"-Strategie, die in Großbritannien am stärksten ausgeprägt ist. In Frankreich breiten sich die „Sell"- und „Select"-Modelle rasch aus. Dabei müssen die Versicherungen ihre Kunden an ausgewählte Karosseriewerkstattnetze vermitteln, um vereinbarte Mengenverpflichtungen einzuhalten. Über Versicherungen vermittelte Aufträge können 35 bis 40 Prozent des gesamten Auftragsvolumens einer Karosseriewerkstatt ausmachen. Wie das Beispiel Frankreich zeigt, ist das durch Versicherungen vermittelte Volumen in den letzten Jahren stark angestiegen (Abbildung 24).

Der Einfluss der Versicherungen ist in den europäischen Ländern sehr unterschiedlich. Am größten ist er in Großbritannien und zunehmend auch in Frankreich. In Deutschland ist die Situation jedoch eine andere, denn hier hat der Versicherte Anspruch auf eine Reparatur in der Werkstatt seiner Wahl oder auf die Auszahlung der

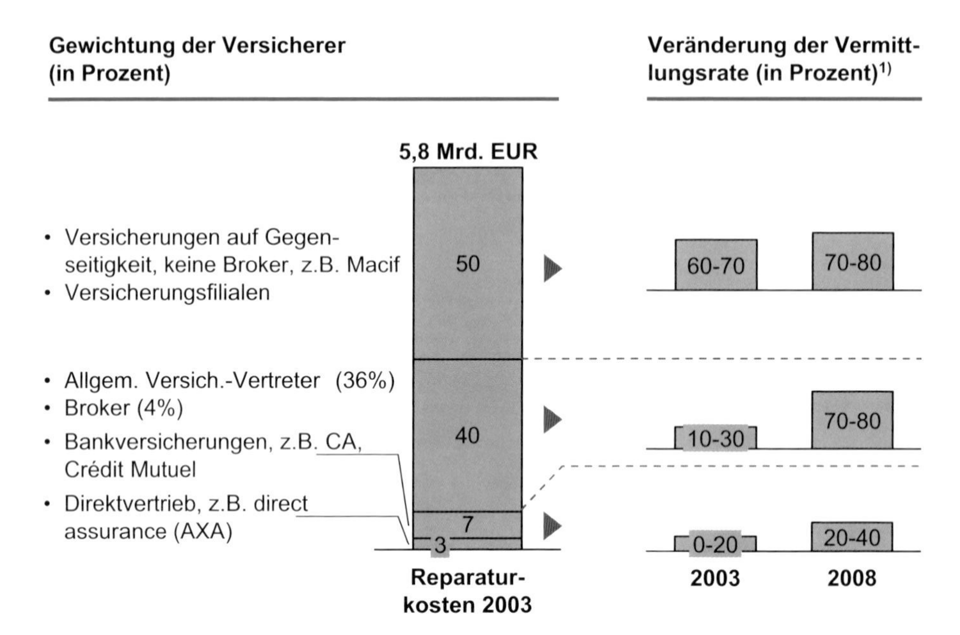

1) Die Vermittlungsrate misst die Anzahl der Kunden, die nach einem Unfall zu der Reparatur- bzw. Karosseriewerkstatt gehen, die ihnen vom Versicherer empfohlen wurde

Abbildung 24: Vermittlungsrate durch Versicherungen in Frankreich – geschätzter Wert 2008: über 70 Prozent
Quelle: DRI 2002; Sidexa; Roland Berger Strategy Consultants

Schadenssumme. Reparaturbetriebe und Karosseriewerkstätten treffen einmalige Zahlungsvereinbarungen mit den Versicherungen. Dies erklärt das im Vergleich zu Frankreich (40 bis 60 Prozent) geringe durch Versicherungen vermittelte Auftragsvolumen in Deutschland (10 Prozent).

In Großbritannien entwickeln sich die Versicherungen, die bereits 75 Prozent des Auftragsvolumens vermitteln, schrittweise zu Einkäufern. Auf diese Weise üben sie einen erheblichen Einfluss auf Lohnsätze und Ersatzteilkosten aus. Im Jahr 2003 deckten Direct Line und Norwich Union 50 Prozent des privaten Marktes ab und erzielten hohe Vermittlungsraten (Direct Line 85 Prozent, Norwich Union 65 Prozent). Zertifizierungsstellen wie Thatcham geben eine Liste OE-äquivalenter und anpassbarer Teile heraus, welche die Versicherungen für Reparaturen vorschreiben. In Frankreich bestehen die Versicherungen auf der Verwendung von Originalteilen, weil ihre Experten im Fall von Problemen beim Einbau von Nachbauteilen haftbar gemacht werden können.

Teilezulieferer kämpfen um den Marktzugang

Teilezulieferer vertreiben ihre Produkte unter der OEM-Marke über das OEM-Netzwerk oder unter einer Eigenmarke wie Hella, Valeo oder Bosch über den IAM-Kanal. Seit Einführung der GVO ist es für Zulieferer zwar theoretisch günstiger geworden, OE-Produkte im IAM-Kanal abzusetzen, doch hat sich dieses Vorgehen in der Praxis nicht durchgesetzt. Teilezulieferer stehen zwischen allen Fronten. Im OES-Kanal sind sie zunehmendem Preisdruck ausgesetzt und im IAM-Kanal treffen sie auf größere Einkaufsgemeinschaften, die verstärkt nach alternativen Produkten suchen. Auch die neue Verordnung, die den Bezug von Nachbauteilen aus Billiglohnländern ermöglicht, macht den Teilezulieferern zu schaffen. Der wachsende OES-Kanal und der damit einhergehende Niedergang des IAM-Kanals erschweren den Zulieferern den Marktzugang für ihre eigenen Marken. Ein weiterer wichtiger Faktor ist der Preisdruck, den Versicherungen ausüben.

Die wohl beste Antwort auf diese Situation ist eine aktivere Marktstrategie: Marketingmaßnahmen für Reparaturbetriebe und Großhändler, eine Preis- und Markenpositionierung, die eine Differenzierung einzelner Teile in Abhängigkeit von der Wettbewerbsintensität ermöglicht, Ansprache großer Händlergruppen sowie Prüfung aller potenziellen Wachstumschancen, auch beim Zubehör, in Nischen oder in anderen Ländern.

Die Veränderungen des Marktumfelds bieten Teilezulieferern durchaus auch neue Wertschöpfungschancen (Abbildung 25).

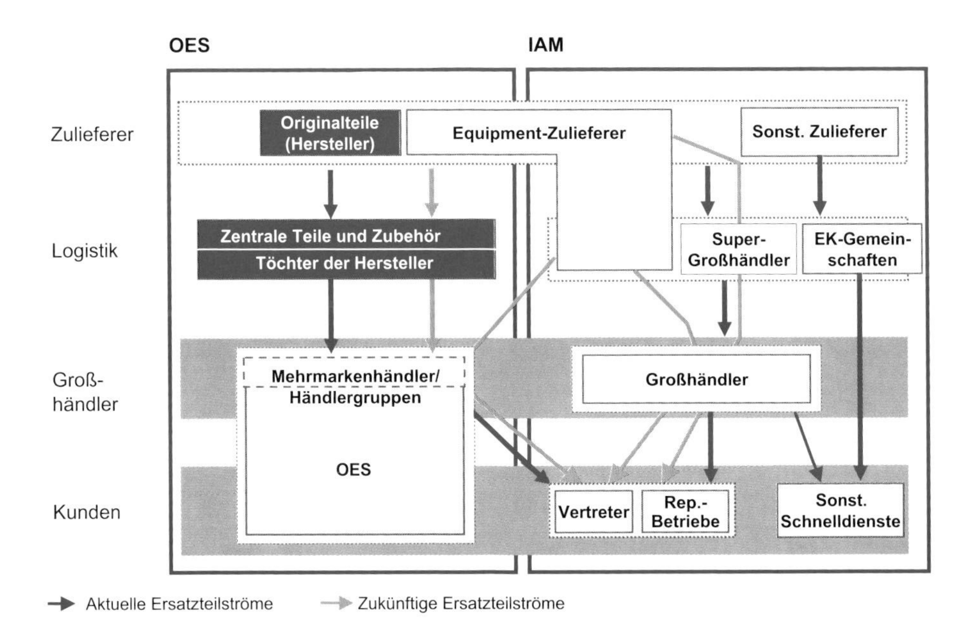

Abbildung 25: Potenzielle Veränderungen bei Ersatzteilströmen
Quelle: Roland Berger Strategy Consultants

Herstellereigene- und herstellerunabhängige Finanzinstitute

Herstellerbanken und unabhängige Finanzinstitute sind ganz unterschiedlich positioniert. Am Point of Sale dominieren Herstellerbanken, die mit integrierten Angeboten wie Rückkauf des Gebrauchtwagens, Neuwagenverkauf, Fahrzeugfinanzierung und Serviceleistungen klare Wettbewerbsvorteile erzielen. Für OEMs bieten sich auf diese Weise Trade-offs zwischen der Höhe des gewährten Kredits, dem jeweiligen Zinssatz, dem Preis für den Gebrauchtwagenrückkauf und dem Rabatt auf den Neuwagen. Herstellerbanken vergeben häufig Kredite ohne Zinsen und zahlen dafür weniger für Gebrauchtwagen.

Herstellerbanken stehen vor einer Reihe von Aufgaben. Da sie über relativ wenig Finanzexpertise verfügen, müssen sie ihre Auswertungsfähigkeiten verbessern. Auch ein Gebrauchtwagen-Finanzierungsmodell und zusätzliche Finanzdienstleistungen für Privatkunden könnten ihre Position stärken. Diese Strategie verfolgen vor allem die in diesem Bereich führenden deutschen OEMs, auf die im Folgenden näher eingegangen werden soll.

Herstellerbanken: Einzelfall Deutschland

VW, DaimlerChrysler und BMW sind die einzigen OEMs, die in ihrem Heimatmarkt im Privatkundensegment tätig sind. Obwohl die Finanzaktivitäten von OEMs schon einen gewissen Reifegrad erreicht haben, wachsen sie im Privatkundensegment nach wie vor konstant. Die Bankeinlagen der VW Financial Services sind seit 1998 um 26 Prozent jährlich auf 8,7 Milliarden Euro gestiegen (Abbildung 26). VW Financial Services ist eine der führenden Direktbanken, die achtgrößte Versicherung Deutschlands und einer der zehn größten Anbieter der Visa Card. Auch die Einlagen der BMW Bank sind seit 1998 mit einer jährlichen Wachstumsrate von rund 31 Prozent stark angestiegen und beliefen sich 2003 auf rund 3,8 Milliarden Euro. Die Einlagen der 2002 gegründeten DaimlerChrysler Bank sind zwischen 2003 und 2004 von 0,8 Milliarden Euro auf 3,1 Milliarden Euro gestiegen.

Diese Banken verfügen über ein vollständiges Produkt- und Serviceportfolio. Die VW Bank bietet eine ganze Reihe von Finanzdienstleistungen, darunter Konten, Kredite, Darlehen, Versicherungen und Leasing. Die Produktpaletten der DaimlerChrysler Bank und der BMW Bank sind nicht ganz so umfassend, decken aber die Grundbedürfnisse der Kunden ab.

Diese Bankaktivitäten sind aus Partnerschaften mit spezialisierten Anbietern entstanden. Bei VW resultieren zum Beispiel eine ganze Reihe von Verträgen aus Versicherungs- und Investmentprodukten mit Unternehmen wie Neue Leben, HDI, Allianz und SEB Invest. Auch VW und BMW haben mit einigen dieser Unternehmen vertragliche Vereinbarungen.

Umsatz Finanzdienstleistungen (Mio. EUR)

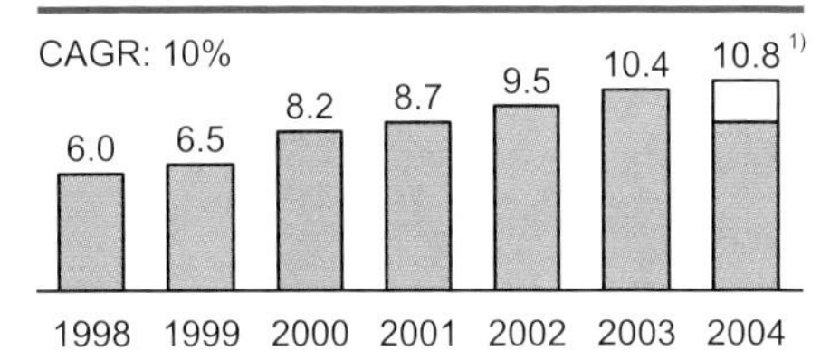

Gewinnspanne Finanzdienstleistungen (in Prozent)

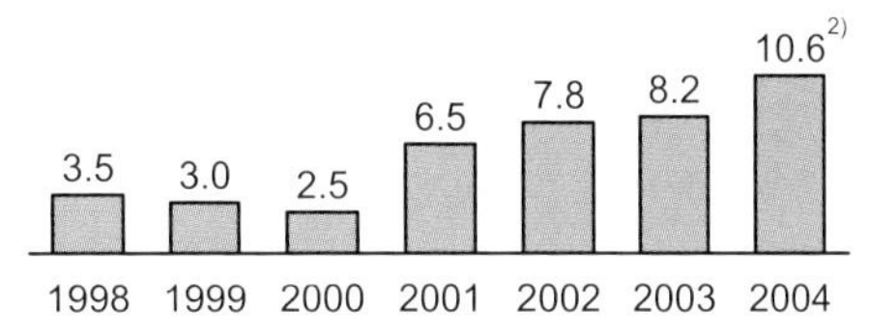

Marktanteil Automobilkredit/-leasing (in Prozent)

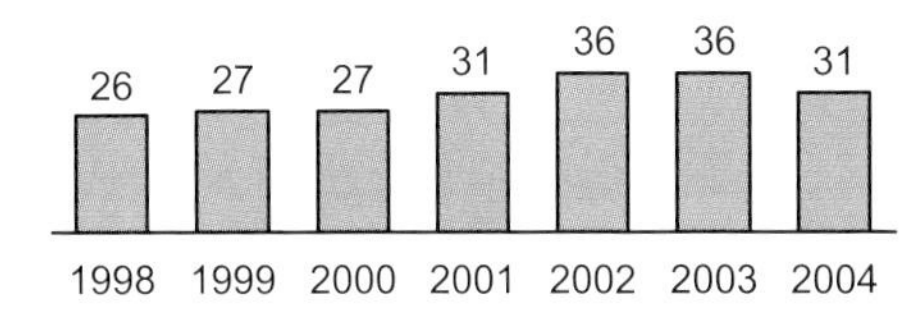

Bankeinlagen (Mio. Euro)

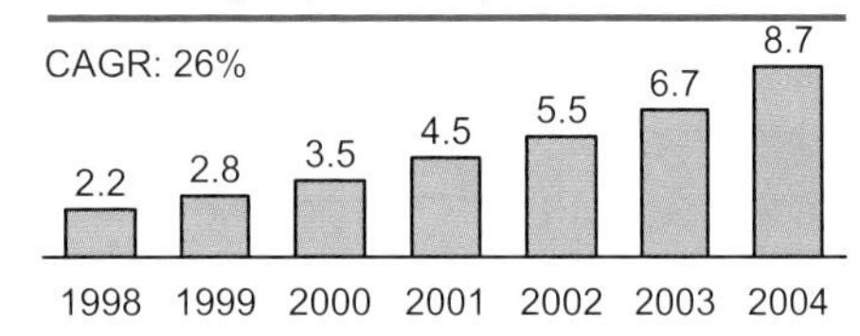

1) Veröffentlichte Zahlen sind nicht konsistent mit Daten aus Vorjahren, da die zugrunde gelegte Umsatzdefinition verändert wurde – Umsatz 2004 wurde auf Basis der Zahlen für 2003 extrapoliert
2) Auf Basis neuer Umsatzdefinition

Abbildung 26: VW Financial Services in Zahlen
Quelle: VW Geschäftsberichte; Broker-Reports; Presse

Die stetige Entwicklung des OEM-Bankgeschäfts wird sich in Europa fortsetzen. So hat die 1990 gegründete VW Bank ihr Angebot in Deutschland graduell um private Konten und Portfoliomanagement erweitert. Durch die Akquisition von Kunden außerhalb von VW soll der Finanzdienstleistungsbereich wachsen und in andere europäische Länder expandieren. Auch die DaimlerChrysler Bank, die mittlerweile Finanzdienstleistungen in größerem Umfang anbietet und ihren Schwerpunkt auf Kundenbeziehungen legt, plant die Expansion ins Ausland. Das Gleiche gilt für BMW im Direktbankbereich.

Gilt dieses Modell nur für Deutschland oder wären andere OEMs damit gleichermaßen erfolgreich? Bietet das Privatkundengeschäft Wachstumschancen? Hilft es OEMs bei der Weiterentwicklung von Marke und Wettbewerbsposition? Das ist mit Sicherheit der Fall. Aber zum besonderen Erfolg der deutschen OEMs haben auch die Eigenheiten des deutschen Bankensektors beigetragen.

So ist die Bankenlandschaft in Deutschland zum einen stark fragmentiert. Große Privatbanken wie die Deutsche Bank und die Dresdner Bank konkurrieren mit einer Reihe von lokalen Banken und Sparkassen, und viele Anbieter sind derzeit relativ schwach positioniert. Zweitens bieten bereits viele Automobilhändler Beratung. Der OES-Kanal ist zum Beispiel bei Versicherungsprodukten führend. Drittens genießen OEM-Marken in Deutschland einen besonders hohen Bekanntheitsgrad. BMW-Kreditkarten haben einen hohen Stellenwert, denn sie zeigen, dass ihr Besitzer einen BMW fährt. Viertens ist es in Deutschland üblich, Konten bei mehr als nur einer Bank zu haben. Dies ist in vielen anderen Ländern, darunter Frankreich, nicht der Fall. Ein fünfter Faktor ist das Sparverhalten der Deutschen und ihr Umgang mit Girokonten.

Diese Eigenheiten des deutschen Markts treffen in keiner Weise auf Großbritannien, Frankreich oder Spanien zu. Daher ist davon auszugehen, dass OEMs in anderen europäischen Ländern Schwierigkeiten hätten, das Modell der deutschen Herstellerbanken anzuwenden.

Herstellerunabhängige Finanzinstitute müssen neue Wachstumsbereiche erschließen

Unabhängige Finanzinstitute müssen vor allem in neuen Wachstumsbereichen wie im Fuhrpark- und Gebrauchtwagensegment Marktanteile hinzugewinnen. Daneben stehen sie jedoch auch noch vor einer ganzen Reihe weiterer Herausforderungen. Herstellerunabhängige Banken müssen das Cross-Selling-Potenzial ihres Produktportfolios nutzen und auf zukunftsweisende Vertriebskanäle abzielen (etwa Mehrmarkenhändler, große Händlergruppen und große Fuhrparkunternehmen). Partnerschaften mit den Herstellerbanken von Importeuren oder Herstellern in unerschlossenen Märkten könnten herstellerunabhängige Banken ebenfalls zu größeren Marktanteilen verhelfen. Zu diesem Zweck müssten sie in Regionen wie Osteuropa expandieren, wo die Fahrzeugfinanzierungsmärkte noch nicht gesättigt sind.

OEMs müssen das konzerneigene Geschäftsmodell umsetzen

OEMs sind offensichtlich die einzigen Anbieter, die alle oben beschriebenen Geschäftsfelder abdecken können: Verkauf von Neuwagen, Rück- und Wiederverkauf von Gebrauchtwagen, Reparatur und Wartung, Ersatzteilgroßhandel und Finanzdienstleistungen. Außerdem haben sie auch den engsten Kontakt zum Endkunden. Die Loyalität zum Händlernetz schwankt zwar von Land zu Land, ist aber generell groß. Die nachstehende Analyse zeigt, dass die Kundenloyalität nicht nur mit dem Alter des Fahrzeugs zusammenhängt, sondern auch damit, wo der Kunde das Auto gekauft hat und ob es sich um einen Neu- oder Gebrauchtwagen handelt. Käufer eines Gebrauchtwagens bleiben ihrem Händler häufig treu, auch wenn das Auto schon älter ist. Diese Funktion ist für OEMs ein wichtiger Indikator der Kundenbindung (Abbildung 27).

OEMs sehen sich vielfältigen Gefahren ausgesetzt. Eurodesign und die Folgen der GVO, konsolidierte Händlergruppen und IAM-Großhändler, die zunehmende Verbreitung von Nachbauteilen, der wachsende Einfluss von Versicherungen und der immer älter werdende Fahrzeugbestand sind nur einige der Faktoren, die OEMs zusetzen. In der Technologie jedoch haben sie die Oberhand, sie besitzen Patente auf eigene Teile und Spezifikationen und kontrollieren den Rückkauf von Gebrauchtwagen sowie die Kreditvergabe.

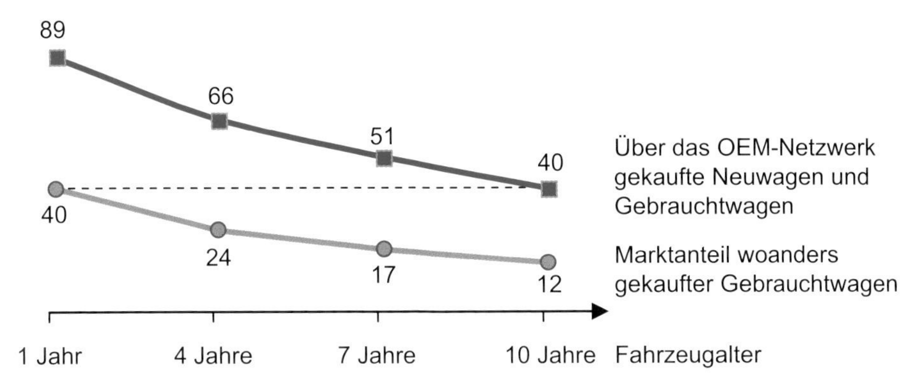

Abbildung 27: Servicegebundene Kundenloyalität gegenüber Händlern (in Prozent)
Quelle: Roland Berger Strategy Consultants

Dennoch wird es von der Entwicklung eines noch besser integrierten Geschäftsmodells abhängen, ob OEMs langfristig Erfolg haben. Dabei müssen sie ihren Wettbewerbsvorteil, der in der Lieferung von Komplettlösungen besteht, in vielerlei Hinsicht geltend machen. In einem ersten Schritt könnten sie von Trade-offs zwischen neuen und gebrauchten Autos profitieren, indem sie Absatzströme und Rückkaufprozesse in ganz Europa besser kontrollieren. In einem zweiten Schritt könnten sie die Trade-offs zwischen dem Original- und dem Nachbau-Ersatzteilgroßhandel verbessern, indem sie den Großhandel ausbauen, Ersatzteilströme stärker kontrollieren sowie Preisbildung und Logistik optimieren. Ein dritter Schritt könnte darin bestehen, die Kontrolle über Reparatur und Service zu verbessern, indem sie die eigenen Reparatur- und Karosseriewerkstattnetze weiter konsolidieren sowie Wettbewerbsvorteile und Markteintrittsbarrieren bei der Fehlerdiagnose aufrechterhalten. In diesem Stadium könnten auch Kundenzufriedenheit und Servicequalität weiterentwickelt werden. In einem vierten Schritt könnten OEMs versuchen, ihre Finanzdienstleistungen über den Neuwagenverkauf am Point of Sale hinaus auszudehnen, indem sie Paketangebote und kreative Lösungen anbieten und so den Wettbewerb ausstechen. Ein fünfter Schritt könnte die Entwicklung von Strategien beinhalten, die den Endkunden mit Garantieverlängerungen, Mobilitätsservices, Pannenhilfe und anderen Serviceleistungen im OES-Kanal halten.

Diese Herausforderungen lassen sich nur mit einer entsprechend über alle Ebenen angepassten Vertriebsorganisation meistern. Viele Verkaufs- und Marketingprozesse können auf europäischer Ebene angesiedelt werden, wie etwa die Preisbildung bei Gebraucht- und Neuwagen sowie das Marketing. Eine bessere Vertriebskontrolle ist nur durch stärkere Integration möglich, also durch eine Verringerung der Zahl unabhängiger nationaler Vertriebsgesellschaften oder durch eine Stärkung von Allianzen und Konzernunternehmen. Die Vertriebsstrukturen müssen insgesamt verschlankt und die traditionellen Länderorganisationen der erweiterten EU in diese

Strukturen eingepasst werden, um die Vertriebskosten zu optimieren. Schlankere Strukturen könnten in diesem Zusammenhang auch die regionale Bündelung von Geschäftsbereichen beinhalten. Für viele Bereiche, vom Callcenter bis hin zur Gehaltsabrechnung, bietet sich Outsourcing an.

Zusammenfassung: Wer wird sich das größte Wertschöpfungspotenzial sichern können?

In den nächsten Jahren kommen auf den Vertrieb und den Kundendienst in der Automobilbranche weitere Veränderungen zu. Alle Anbieter müssen ihre Geschäftsmodelle anpassen, wenn sie in diesem Umfeld überleben wollen. Dabei entstehen neue Risiken, aber auch zusätzliche Chancen für die Wertschöpfung im Autolebenszyklus.

Trotz des hohen Tempos in den vergangenen fünf bis acht Jahren entwickelt sich die Automobilbranche vergleichsweise langsam. Dies ist auf die Fragmentierung des Sektors, die Entwicklung des Fahrzeugbestands (die Lebenszyklen betragen zwischen 10 und 15 Jahren!) und auf den zunehmenden Regulierungsgrad zurückzuführen. Außerdem trägt ein spezifisch europäischer Faktor zur langsamen Entwicklung bei: Aufgrund unterschiedlicher Gesetze, Fahrzeugbestands-Profile, Anbieter und Kundengewohnheiten gleicht kein Markt in Europa dem anderen.

Eine Prognose über Gewinner und Verlierer in den nächsten 10 bis 20 Jahren gestaltet sich schwierig, da die einzelnen Märkte und Wachstumsmotoren sehr komplex sind. Unabhängig vom Markt wird jedoch die Beziehung zwischen Herstellern und Nichtherstellern eine große Rolle spielen. Auch wenn es keine leichte Aufgabe ist, potenzielle Gewinner und Verlierer zu benennen, werden im Folgenden drei Szenarien für 2015 bis 2025 skizziert, die darlegen, wie sich der Sektor entwickeln könnte.

Die Szenarien basieren auf einer Trendanalyse von Roland Berger, auch wenn sie leicht überzogen dargestellt sind. Sie berücksichtigen die Gegensätze in Europa, etwa zwischen Großbritannien und Deutschland oder zwischen Spanien oder Italien und Frankreich.

Das „Fully-Captive"-Szenario

Aufgrund der technologischen Entwicklungen in den letzten 10 bis 20 Jahren, wie X-by-Wire und Multiplexing, sind die Modelle derart komplex und damit die Reparaturen so spezifisch geworden, dass nur noch OEMs sie durchführen können. Bei Wartungen wird vor allem die Fahrzeugsoftware auf den neuesten Stand gebracht. Infolgedessen sind die meisten Mehrmarkenreparaturbetriebe vom Markt verschwunden, die übrigen beschränken sich auf die Reparatur sehr alter Fahrzeuge. Nur OEMs sind in der Lage, Neuwagen zu warten und zu reparieren.

Möglichkeiten zur Fernwartung und Warnhinweise für Kunden, ihr Auto zum Händler zurückzubringen, binden das Fahrzeug an den Ort, an dem es gekauft wurde. Im Gebrauchtwagenmarkt ist die Situation ähnlich. Gebrauchtwagenkunden werden mit attraktiven Finanzierungslösungen, Versicherungskonditionen und anderen Serviceleistungen an ihre Händler gebunden. Der IAM-Kundendienstmarkt schrumpft, da unabhängige Werkstätten keine Autos mehr reparieren können, Zulieferer, die hier kaum noch Teile verkaufen können, verzeichnen sinkende Absatzzahlen und werden von OEMs kontrolliert, einfach installierbare Teile wie Zündkerzen, Scheibenwischer und Reifen sind im Einzelhandel erhältlich. OEMs sind vertikal integriert und haben Tochtergesellschaften in den meisten wichtigen Regionen. Sie bieten Privatunternehmen Leasing-Lösungen über ihr eigenes Fuhrparkmanagement oder das von Partnerfirmen an.

Das „Fully-Non-Captive"-Szenario

Autos sind zu teuer in der Anschaffung, verursachen kostspielige Reparaturen, schaden der Umwelt und haben Sicherheitsmängel, so die Europäische Kommission. Einige wichtige unabhängige Anbieter und „Specialized Prescriber Groups" mit großem Einfluss auf das Kaufverhalten von Kunden definieren zunehmend die Spielregeln im Markt. Die Kunden richten sich immer stärker nach den Empfehlungen von Agenturen und Instituten. Diese bewerten Fahrzeuge nach bestimmten Kriterien wie Treibstoffverbrauch, Sicherheit, Qualität, Ergonomie, Nachhaltigkeit, Rückkaufwert, Wartungskosten und Wahlmöglichkeiten bei der Karosserieform. Diese spezialisierten Agenturen haben sogar ein eigenes offizielles Label entwickelt.

Im Vertriebskanal dominieren verschiedene herstellerunabhängige Anbieter von Paketlösungen, darunter Banken, Finanzinstitute, Versicherungen und Fuhrparkunternehmen. Sie bieten zum Beispiel einen günstigen Immobilienkredit zusammen mit einem Leasingvertrag für ein Familienauto mit Komplettservice und einem Versicherungspaket für Auto und Haus. Im Paket inbegriffen ist die Möglichkeit, im Laufe des Jahres zu einem anderen Fahrzeugmodell zu wechseln. So kann der Kunde am Wochenende ein Mehrzweckfahrzeug, in den Ferien ein Auto mit Vierradantrieb und unter der Woche ein Coupé fahren. Sowohl Fahrzeugtyp als auch Marke sind frei wählbar.

Diese unabhängigen Anbieter arbeiten mit ausgewählten Fuhrparkunternehmen zusammen, mit denen sie die Preise für Neu- und Gebrauchtwagen aushandeln. Sie übernehmen alle Wartungsarbeiten und bieten Pannenhilfe, Abholung sowie Reparaturen in empfohlenen Werkstätten. Da der Vertrag alles abdeckt, erfahren die Endkunden nicht, welche Teile bei einer Reparatur ersetzt wurden. Für sie ist nicht nachvollziehbar, ob es sich um Originalteile, Ident-, Austausch- oder gebrauchte Teile handelt. Sie erhalten einfach einen maßgeschneiderten Mobilitätsservice-Vertrag.

Das „Retail"-Szenario

Einflussreiche Händlergruppen, die auch Finanzdienstleistungen, Leasing und LTD anbieten, kontrollieren den Vertrieb. Diese Anbieter haben sich dank ihrer Größe und ihrer Mehrmarkenverträge in den letzten Jahren aus ihrer früheren Abhängigkeit von OEMs gelöst. Über ihre pan-europäische Struktur sind sie auch stark im Großhandels- und Reparaturgeschäft vertreten. Einige sind sogar global aufgestellt. Ihre starke Position verdanken sie Fusionen großer Mehrmarken-Händlergruppen mit ehemaligen IAM-Großhändlern und Werkstattketten, organischem Wachstum in Ländern wie China und Indien sowie Allianzen mit Großhändlern in den Vereinigten Staaten und Japan.

Zwischen dem konzerneigenen OES-Kanal und dem herstellerunabhängigen IAM-Kanal wird kein Unterschied mehr gemacht. Händler gewinnen mehr und mehr Kunden und definieren die Sourcing-Strategien für Neuwagen, Gebrauchtwagen, Ersatzteile und Finanzdienstleistungen. Sie geben zunehmend die Bedingungen für Produkte und Serviceleistungen (Produktpalette, Optionen, Sonderausstattung) vor, die sie anschließend sogar unter ihrem eigenen Markennamen weiterverkaufen. Ersatzteile beziehen sie kostengünstig von den eigenen Konzerngesellschaften. Händlergruppen bieten ihren Kunden zudem innovative Lösungen wie Showrooms mit mehreren Marken, Paketleistungen oder die Möglichkeit, ein Auto einen Monat lang zu testen. Der Markt besteht aus Herstellern, OEMs, Zulieferern und Großhändlern, die wie Einzelhändler aufgestellt sind.

Das Kräftegleichgewicht ist entscheidend

Die Zukunft bringt voraussichtlich Elemente aus allen drei Szenarien. In Europa gilt das „Fully-Captive"-Szenario am ehesten für Deutschland, das „Fully-Non-Captive"-Szenario für Großbritannien und das „Retail"-Szenario für Frankreich.

Bei jedem Szenario spielt das Verhältnis der Marktteilnehmer zueinander eine entscheidende Rolle. Da viele Anbieter ähnliche Verhandlungspositionen haben und durch gegenseitige Abhängigkeiten verbunden sind, wird sich das Kräftegleichgewicht nicht so leicht einstellen. In jedem europäischen Markt wird dies von verschiedenen Faktoren abhängen.

- Ein wichtiger Faktor ist die Land- und Marktstruktur des jeweiligen Landes. In diesem Zusammenhang ist ausschlaggebend, wie stark die unterschiedlichen Anbieter konsolidiert sind, ob es sich um den Heimatmarkt des OEMs handelt, wie integriert das Banken- und Versicherungswesen und wie ausgeprägt der Markenwert des OEMs ist.
- Ein zweiter wichtiger Faktor ist die Marktreife, da es einen großen Unterschied macht, ob es sich um einen wachsenden oder einen gesättigten Markt handelt.

Die Marktreife beinhaltet auch Faktoren wie die Veränderung des Fahrzeugbestands und sich wandelnde Verbrauchergewohnheiten.

- Auch Kundengruppen können die Beziehungen zwischen den Anbietern beeinflussen. Zwischen dem Premium- und dem Volumen-, dem Familien- und dem Jugend- und sogar zwischen dem Stadt- und dem Landsegment muss sich ein Gleichgewicht einstellen. Welche spezielle Strategie der einzelne Anbieter im Hinblick auf Marke und internationale Entwicklung verfolgt, wird ebenfalls von zentraler Bedeutung sein.

Die Anbieter mit der größten Finanzkraft, der engsten Kundenbeziehung und der Fähigkeit, Chancen zu nutzen, werden aus diesem Kampf um Wertschöpfung voraussichtlich als Sieger hervorgehen. Unabhängige Anbieter mit nur einem Geschäftsbereich, einer Marke und einem geografischen Fokus werden verlieren. Es ist weitgehend absehbar, wer im Autolebenszyklus die größte Wertschöpfung erwarten kann. Eine Automobillandschaft mit vier Arten von Anbietern zeichnet sich ab: OEMs, große Händlergruppen, Finanz- und Versicherungsgruppen sowie große professionelle Kundengruppen.

Sie alle werden dabei zu stark voneinander abhängen, als dass ein Anbieter entlang der Wertschöpfungskette die anderen dominieren könnte. Dies wird in allen drei Szenarien deutlich. Diese große gegenseitige Abhängigkeit wird zum Aufbau von Allianzen und Partnerschaften führen, die auf spezielle Markt- oder Kundensegmente abzielen.

Im Premiumsegment könnten OEMs zum Beispiel die Strategie verfolgen, ihre Wertschöpfungstiefe in Emerging Markets zu maximieren (wie im „Fully-Captive"-Szenario dargestellt) und gleichzeitig Allianzen mit großen Fuhrpark- und Finanzunternehmen zu schmieden. Ein Volumenhersteller könnte außerhalb seines Heimatmarktes Partnerschaften mit den wichtigsten Händlergruppen aufbauen und ein differenziertes Angebot entwickeln, um wettbewerbsfähig zu bleiben (entsprechend dem „Retail"-Szenario).

Dabei geht es stets um das gleiche Ziel: dem Endkunden zunehmend breit gefächerte und gleichzeitig maßgeschneiderte Mobilitätslösungen zu immer niedrigeren Gesamtkosten anzubieten. Die Wertschöpfungskette im europäischen Automobilvertrieb ist alles andere als optimal und bietet erheblichen Spielraum für Verbesserungen. Viele Branchenkenner sind der Meinung, dass sich die Vertriebskosten um 30 Prozent senken oder durch das Angebot von Mehrwert an den Endkunden ersetzen lassen.

„Partnerschaft als Erfolgsmodell" – Zur Zusammenarbeit zwischen Herstellern und Zulieferern in der Automobilindustrie

Dr. Franz Fehrenbach, Vorsitzender der Geschäftsführung der Robert Bosch GmbH

Einleitung

Gemeinsam haben sich die deutschen und europäischen Automobilhersteller mit ihren Zulieferern über viele Jahrzehnte eine weltweit führende Position erarbeitet. Ganz wesentlich dafür ist die traditionell enge Zusammenarbeit, die sich bis heute bewährt hat. Diese Partnerschaft war und ist die Voraussetzung für die Spitzentechnologie, mit der sich die deutsche Automobilbranche rund um den Globus einen Namen gemacht hat. Doch Hersteller und Zulieferer müssen sich auf tiefgreifende Veränderungen unterschiedlichster Art einstellen.

Ein wesentlicher Auslöser für diese Veränderungen ist die Verschiebung der Gewichte auf dem weltweiten Automobilmarkt. Zur Wachstumsregion Nummer eins wird immer stärker Asien. Dabei tun sich einerseits in den asiatischen Schwellenländern große Märkte auf, andererseits verschärft sich der weltweite Wettbewerb erheblich. In China und auch Indien wachsen neue Konkurrenten heran. Ihr Ziel ist es, sich nicht nur in ihren nationalen Märkten als wichtige Spieler zu etablieren, sondern auch auf den internationalen Märkten.

Zudem bilden sich neue Marktsegmente heraus: In den Schwellenländern Asiens und Osteuropas entsteht eine wachsende Nachfrage nach preiswerten Fahrzeugen, die dennoch aber wichtige Verbrauchs- und Emissionsstandards erfüllen sollen. Denn überall in der Welt steigt die Notwendigkeit eines sparsamen Umgangs mit den Ressourcen und eines verstärkten Klimaschutzes. Diese Fahrzeuge wecken aber auch das Interesse der Käufer auf den etablierten Märkten. Gerade die deutsche Automobilindustrie mit ihrem starken Focus auf Hoch-Technologie muss Antworten auf diesen Wandel finden, wenn sie am weltweiten Wachstum partizipieren will.

Weitere Herausforderung: Die starken Ölpreissteigerungen haben die Diskussion um die künftigen Antriebssysteme neu entfacht. Die Automobilindustrie muss darauf Antworten finden, wenn das Automobil das bevorzugte Verkehrsmittel bleiben soll. Und letztlich werden angesichts des weltweit zunehmenden Verkehrs und der höheren Verkehrsdichte auch die Anforderungen an die Sicherheit steigen.

Zudem steigt die Komplexität in der Automobilbranche. Ein Grund ist die immer größere Modellvielfalt, ein anderer die weiter wachsende Internationalität der Branche. Dies führt unter anderem dazu, dass sich das Zusammenspiel in der Automobilindustrie verändert: Die Zulieferer übernehmen vermehrt Entwicklungs- und auch Produktionsaufgaben für das gesamte Fahrzeug.

Aufgrund der Vielzahl dieser Veränderungen stellen sich die Fragen: Hat die Idee der Partnerschaft unter diesen veränderten Bedingungen auch zukünftig eine Chance? Wie wird die Zusammenarbeit zwischen den Automobilherstellern und Zulieferern künftig aussehen? Was sind die wichtigsten Faktoren, die für eine erfolgreiche partnerschaftliche Zusammenarbeit auch weiterhin eine maßgebliche Rolle spielen werden?

Das Beispiel ESP – Die Geschichte einer erfolgreichen Partnerschaft

Wie Partnerschaften in der Automobilindustrie erfolgreich funktionieren können, welche Faktoren dabei eine Rolle spielen, lässt sich gut an einem Beispiel illustrieren – der Entwicklung des Elektronischen Stabilitäts-Programms (ESP).

Technische Basis des ESP war das Antiblockiersystem (ABS), das ebenfalls das Produkt einer gemeinsamen Entwicklung ist – der heutigen DaimlerChrysler AG und der Bosch-Gruppe. Bei der Weiterentwicklung des ABS gingen beide Unternehmen zunächst getrennte Wege. Die gemeinsame Herausforderung war es, das Fahrzeug nicht nur in der Längsrichtung zu stabilisieren. Dazu hatte ein Bosch-Ingenieur die Idee einer Seitenschlupfregelung mit zwei Querbeschleunigungssensoren. Parallel arbeitete man bei Bosch an einem kostengünstigen Einkanal-ABS, das sich jedoch als nicht beherrschbar erwies. Als Folge erkannte man die Notwendigkeit eines zusätzlichen Drehgeschwindigkeitssensors. Daraufhin fiel die Entscheidung, gezielt eine Fahrdynamikregelung zu entwickeln, allerdings in Verbindung mit einer hochwertigen Vierkanal-Hydraulik. In einer Wintererprobung führten sich die Ingenieure von Bosch und DaimlerChrysler gegenseitig ihre verschiedenen Lösungsansätze vor. Man kam überein, künftig intensiver denn je zusammenzuarbeiten – und das auf der Basis des Bosch-Konzepts.

Dies war der Startschuss für ein firmenübergreifendes Projekt. Beide Seiten installierten jeweils eine Projektorganisation, hier wie dort bestehend aus neun Fachteams: Sensorik, Hydraulik, Steuergerät, Regler und Software, Applikation, Messtechnik, Prüftechnik, Simulation sowie Ein- und Verkauf. Diese spiegelbildliche Arbeitsweise hatte den Vorteil, dass sich der Spezialist auf der einen Seite direkt an sein Pendant auf der anderen wenden konnte – ohne zeitraubenden Dienstweg. Bei der Software, bei der die Kooperation besonders eng sein musste, entstand ein Kernteam aus Experten beider Unternehmen, das in ein eigenes Projekthaus einzog. Allein schon diese Organisation hat gegenüber dem ursprünglichen Plan ein gutes Jahr Entwicklungszeit gespart. So konnte bereits Mitte der 90er Jahre das ESP auf den Markt kommen.

Vielzahl von Hindernissen

Auf dem Weg zum ESP war eine Vielzahl technischer Herausforderungen zu bewältigen. Dies galt vor allem für die Software. In Versuchen zeigte sich zum Beispiel, dass die ersten Prototypen eine Steilkurvenfahrt vom Schleudern auf Eis nicht unterscheiden konnten. Der Grund: In beiden Situationen treten kaum Querbeschleunigungskräfte auf. Daraufhin mussten Algorithmen entwickelt werden, die sowohl den Reibwert der Fahrbahn als auch die Schräglage des Fahrzeugs erkennen konnten. Solche Detailarbeit zu erledigen, setzt nicht nur intensive Kommunikation mit dem Kunden voraus, sondern auch die gemeinsame Bereitschaft, Projekte mit größter Konsequenz durchzuziehen und dabei auch Rückschläge wegzustecken.

Eine zentrale Aufgabe war es, den Drehgeschwindigkeitssensor als Kernstück des ESP für die Anforderungen im Automobil weiterzuentwickeln. Sein Prinzip stammt aus der Raumfahrt. In einer Rakete muss ein solcher Sensor zwar harte Umgebungsbedingungen aushalten, aber in der Regel nur einen einzigen Flugeinsatz. Im Auto dagegen muss er möglichst über die gesamte Lebensdauer des Fahrzeugs intakt bleiben. Neben der Entwicklung bestand natürlich die Aufgabe darin, einen groß-serienfähigen und damit kostengünstigen Drehgeschwindigkeitssensor zu produzieren, um das System auch breit im Markt durchsetzen zu können. War der Sensor einst in einem großen Gehäuse untergebracht, so ist er heute auf einem mikromechanischen Chip realisiert – klein wie ein Fingernagel. Seine Kosten sind seither auf ein Hundertstel gesunken.

Was lässt sich aus dem Beispiel ESP lernen?

Längst ist das ESP zur Erfolgsgeschichte geworden. Einen großen Nachfrageschub löste der legendäre „Elchtest“ aus. Seinerzeit hat Bosch binnen weniger Wochen eine ESP-Großserienfertigung für die Mercedes A-Klasse realisiert, die ohne die in der Entwicklungsphase eingespielte Team- und Projektarbeit mit dem Hersteller nicht möglich gewesen wäre.

Bis Ende 2005 hat Bosch mehr als 15 Millionen Systeme ausgeliefert. Derzeit sind nahezu zwei Drittel aller Neuwagen in Deutschland mit ESP bestückt, rund 40 Prozent aller Neuwagen in Westeuropa insgesamt. Hier unterstützen alle Hersteller Initiativen wie das E-Safety-Programm der Europäischen Union, dessen Ziel es ist, die Zahl der Verkehrstoten bis 2010 zu halbieren. Dies setzt eine weiter steigende ESP-Ausrüstungsrate voraus. Auch in den USA wird diese Quote zunehmen. Denn unabhängige Studien haben auch für den amerikanischen Straßenverkehr die erheblichen Sicherheitsvorteile eines ESP bestätigt.

Dieses Beispiel der gemeinsamen Entwicklung des ESP liefert nahezu alle wichtigen Stichworte zu den Faktoren, die eine erfolgreiche Zusammenarbeit und

Partnerschaft zwischen Automobilherstellern und Zulieferern ausmachen. Dazu gehören:

- die Unabhängigkeit und Eigenverantwortung beider Seiten,
- das gemeinsame Ziel der technologischen Führung,
- wirtschaftliche Strukturen und Prozesse,
- die internationale Zusammenarbeit sowie
- die gemeinsame langfristige Ausrichtung.

Faktoren einer Partnerschaft

Erster Faktor einer Partnerschaft: Unabhängigkeit und Eigenverantwortung

Die großen Erfolge der Automobilindustrie als weltweite Schlüsselbranche haben viele Ursachen. Ein wichtiger Grund für die führende technische Position der deutschen und europäischen Automobilindustrie ist ohne Frage die enge Zusammenarbeit der Fahrzeughersteller mit unabhängigen, eigenverantwortlichen Zulieferern. Eine enge Zusammenarbeit zeichnet sich dadurch aus, dass die Partner an gemeinsamen übergeordneten Zielen zum beiderseitigen Vorteil arbeiten. So sehen sich Hersteller und Zulieferer vor allem bei der Zielsetzung gemeinsam im Boot, die Attraktivität des Automobils für den Endkunden nachhaltig zu sichern und das im Einklang mit den sich ändernden Anforderungen an Umweltverträglichkeit, Sicherheit und Wirtschaftlichkeit der Fahrzeuge.

Unternehmerische Unabhängigkeit und Eigenverantwortung bedeuten, dass alle Beteiligten für ihren eigenen wirtschaftlichen Erfolg verantwortlich sind und deshalb grundsätzlich die Hoheit behalten, in vertragliche Beziehungen einzusteigen oder nicht. Das Pendant von Unabhängigkeit ist natürlich Vertragstreue, die in ein Netz von wirtschaftlichen Abhängigkeiten einbindet. So gesehen, ist Wirtschaften immer ein System von Abhängigkeiten, das allerdings zum Vorteil aller Beteiligten gestaltet sein muss. Eine einseitige Vorteilnahme ist in der Regel nur auf kürzere Frist möglich und gefährdet den langfristigen Erfolg auch für den scheinbaren „Gewinner".

Die Unabhängigkeit, vertragliche Beziehungen einzugehen, hat all die prinzipiellen Vorteile, die wir aus der arbeitsteiligen Wirtschaft erkennen. Jeder Partner spezialisiert sich auf seine Stärken, konzentriert seine Kompetenz auf die Weiterentwicklung jener Teilgebiete, für die er besondere Spezialisierungsvorteile hat. Und da beide Seiten auch wiederum auf horizontaler Ebene im Wettbewerb stehen, kommt auch von dort ein starker Druck, Innovation und Effizienz mit hoher Kreativität voranzutreiben sowie erforderliche Anpassungen flexibel und konsequent anzugehen. Bei dieser bewährten Arbeitsteilung tragen die Zulieferer mit ihren Ideen und Weiterentwicklungen ganz wesentlich zum technischen Fortschritt der gesamten Branche bei; gleichzeitig müssen sie aber auch größte Anstrengungen unternehmen, Systeme und Komponenten möglichst kostengünstig darzustellen. Und gemeinsam mit den Herstellern haben sie sicherzustellen, dass die verschiedenen Systeme im Fahrzeug optimal aufeinander abgestimmt sind.

Ungleichgewicht der Kräfte

Bei allen Vorteilen, die die Unabhängigkeit der Zulieferer für beide Seiten bringt, leidet die Zusammenarbeit jedoch häufig unter einem Ungleichgewicht der Kräfte. Tatsache ist, dass die Konzentration in der Branche stark zugenommen hat und damit auf der Herstellerseite weltweite Konglomerate entstanden sind, die ihre Marktmacht insbesondere im Einkauf konsequent einsetzen. Dieser erhöhten Marktmacht steht zwar prinzipiell entgegen, dass der Wertschöpfungsanteil der Zulieferer am Automobil inzwischen allgemein auf 60 bis 70 Prozent angestiegen ist. Dem wird vonseiten der Hersteller aber durch das Aufbrechen von Systemen entgegengearbeitet, mit dem Ziel, möglichst austauschbare Komponenten zu günstigen Preisen einkaufen zu können.

Der Druck richtet sich heute nicht nur auf die Einkaufspreise. Zunehmend geht es auch darum, Qualitätsrisiken und damit verbundene Gewährleistungskosten in erhöhtem Maße auf die Zulieferer zu übertragen – häufig auch mit dem sehr wohl erkannten Risiko unvermeidlicher negativer Rückwirkungen auf die Innovationsfähigkeit der Partner. Vor allem für kleine und mittelgroße Zulieferer ist der Erhalt einzelner Aufträge bereits für den Bestand des gesamten Unternehmens ausschlaggebend. Deshalb sind sie in ihrer Freiheit, nein zu sagen, stark begrenzt und lassen sich deshalb häufig auf Risiken ein, die existenzbedrohende Schwierigkeiten nach sich ziehen können. In solchen Fällen an die Fairness des Gegenübers zu appellieren, ist zwar redlich, in Zeiten allseits verschärften Wettbewerbs häufig aber wenig erfolgversprechend. Die Konsequenzen sind logisch: eine verschärfte Auslese und fortschreitende Konzentration auch auf der Seite der Zulieferer.

Kompetenz und breite Aufstellung stützen Unabhängigkeit

Die Kraft, als Zulieferer eine unabhängige Position zu behaupten, hängt zu allererst von einer hohen und beständigen Leistungsfähigkeit ab bei Innovationen, Qualität und Kosten. Darüber hinaus kommt es entscheidend darauf an, über ein breites Portfolio von Kunden und Erzeugnissen sowie über eine weltweite Aufstellung zu verfügen. An dieser Position hat das Unternehmen Bosch seit seiner Gründung systematisch gearbeitet und sie auch noch dadurch ergänzt, dass es über die Kraftfahrzeugtechnik hinaus auch in andere Arbeitsgebiete mit gutem wirtschaftlichem Erfolg einstieg.

Das Ergebnis dieser strategischen Ausrichtung ist für Bosch vorzeigbar: Eine nachhaltige Aufwärtsentwicklung über viele Jahrzehnte, verbunden mit einer stabilen finanziellen Position. Das wiederum versetzt Bosch in die Lage, auch hohe Vorleistungen für die Erschließung technischen Neulands aufzubringen und den Kunden eine langfristige, stabile und für beide Seiten erfolgreiche Zusammenarbeit anzubieten.

Dass dieser Weg, eine unabhängige Position zu erarbeiten und mit einer konsequenten Linie zu verteidigen, im Interesse der gesamten Automobilindustrie liegt, wird durch zahlreiche ungünstige Beispiele anderer Unternehmen, die lange Zeit einen anderen Weg gegangen sind, belegt. Das gilt derzeit besonders augenfällig für Nordamerika, wo heimische Hersteller und Zulieferer gleichermaßen mit großen wirtschaftlichen Problemen zu kämpfen haben. In Japan und Südkorea gab und gibt es vor einem anderen kulturellen Hintergrund auch heute noch die Tradition einer engen Verknüpfung zwischen Herstellern und Zulieferern, bis hin zu gesellschaftsrechtlichen Bindungen. In dieser Beziehung ist der Bewegungsspielraum der Zulieferer relativ eng; auch die Entwicklungshoheit liegt weitgehend bei den Herstellern der hauseigenen Zulieferer.

Auch dort beginnt sich aber das Bild in dem Maße zu ändern, wie die Automobilindustrie das globale Geschäft nicht mehr nur über den Export betreiben kann. Der Anstoß zur Änderung kommt von beiden Seiten: von den Herstellern, die ihre heimischen Zulieferer nicht ohne weiteres in andere Regionen mitziehen können; von den Zulieferern, weil sie entweder aus Know-how-Gründen die Zusammenarbeit mit führenden internationalen Systemanbietern suchen oder selbst eine weltweite Kundenbasis aufbauen wollen. Bosch ist heute schon in aller Regel dort, wo diese Unternehmen hin wollen: Unabhängigkeit durch Kompetenz und breite internationale Aufstellung zu gewinnen.

Zweiter Faktor einer Partnerschaft: Gemeinsames Ziel der technologischen Führung

In einer Partnerschaft geht es darum, die jeweils spezifischen Fähigkeiten und Kräfte der Beteiligten auf gemeinsame Herausforderungen und Ziele zu richten. Um die Position der europäischen und deutschen Automobilindustrie im weltweiten Wettbewerb zu behaupten, stellen sich Herstellern und Zulieferern gleichermaßen drei Hauptaufgaben: mit Innovationen technisch führend zu bleiben, den Qualitätsstandard weiter zu verbessern und die Leistungen zu wettbewerbsfähigen Kosten anzubieten.

Von wesentlicher Bedeutung für den Erfolg der europäischen und deutschen Automobilbranche gerade in den vergangenen 10 Jahren war eine Vielzahl von Innovationen, die zu einer sprunghaften Verbesserung des Leistungsvermögens der Fahrzeuge beitrugen, bei Verbrauch und Emissionen ebenso wie bei Sicherheit sowie Komfort und Fahrerunterstützung.

Auch Bosch partizipierte an dieser guten Entwicklung, wobei der starke Umsatzanstieg in der Kraftfahrzeugtechnik von 10,5 Milliarden Euro im Jahr 1995 auf rund 26 Milliarden Euro in 2005 aber ganz entscheidend auch auf verstärkte Aktivitäten außerhalb Europas zurückging. Zur Innovationsoffensive der vergangenen 10 Jahre lieferte Bosch den größten Beitrag bei ABS und ESP, bei der Diesel- und Benzindirekteinspritzung, bei Fahrzeugnavigation und Fahrerassistenzsystemen. Dazu hat die Bosch-Gruppe in den vergangenen zehn Jahren ihre Forschungs- und Entwicklungsaufwendungen in der Kraftfahrzeugtechnik stetig gesteigert, auf derzeit mehr als neun Prozent vom Umsatz. Mit dieser Quote liegt Bosch deutlich über dem Branchendurchschnitt.

Zulieferer übernehmen immer mehr Aufgaben

Die überproportional hohen Forschungs- und Entwicklungsaufwendungen bei Bosch und anderen Automobilzulieferern sind ein sichtbarer Ausdruck dafür, dass immer mehr Aufgaben bei der Fahrzeugentwicklung von den Zulieferern übernommen werden. Tendenziell werden sich die Fahrzeughersteller noch stärker auf die Gesamtarchitektur, die spezifische Fahrzeugcharakteristik, das Design der Fahrzeuge sowie auf Montage, Marketing und Service konzentrieren, um sich in weltweit zusammenwachsenden Märkten zu behaupten.

Den Zulieferern kommt dabei bei den Innovationen eine zunehmend größere Rolle zu. Sie kümmern sich verstärkt um die Entwicklung und Produktion von Systemen und speziellen Komponenten. Dies ist auch letztlich eine zwingende Notwendigkeit, um Innovationen wirtschaftlich zu machen. Soweit die Zulieferer unabhängig sind und mit unterschiedlichen Kunden zusammenarbeiten, können sie die notwendigen Stückzahlen darstellen, um die hohen Entwicklungskosten zu amortisieren. Letztlich hat dies auch bei Bosch solche Entwicklungen wie das ESP und die Hochdruck-Dieseleinspritzung erst möglich gemacht.

Zukunftsweisende Zusammenarbeit AUTOSAR

Die weitere Entwicklung der Automobiltechnik wird zukünftig noch mehr als bisher von der Elektronik getrieben. Ihr Anteil am Fahrzeug wird deshalb in den kommenden Jahren weiter steigen. Dabei ist die Elektronik – neben der größeren Modell- und Variantenvielfalt und den heute deutlich kürzeren Modellzyklen über die Vielzahl der eingesetzten Teilsysteme – ein wesentlicher Komplexitäts- und Kostentreiber. Hier ist im besonderen Maß die Partnerschaft von Herstellern und Zulieferern gefragt, um zu zukunftsfähigen Lösungen zu kommen.

Bosch gehörte 2003 neben einer Reihe weiterer deutscher Zulieferer und Hersteller zu den Gründungsmitgliedern der Industriepartnerschaft AUTOSAR. Diese Abkürzung steht für „Automotive Open Systems Architecture“. Die Industriepartnerschaft hat zum Ziel, ein gemeinsames standardisiertes Elektrik/Elektronik-Architekturkonzept zu entwickeln und auf den Markt zu bringen, das bisherige firmenspezifische Einzellösungen teilweise ablösen soll. Inzwischen sind weltweit alle großen Hersteller und Zulieferer dieser Initiative beigetreten. AUTOSAR ist damit nicht nur ein Beispiel, wie durch eine Partnerschaft die wachsende Komplexität im Interesse aller wirtschaftlich beherrschbar gemacht werden kann. Durch diese Partnerschaft wird auch den steigenden weltweiten Verflechtungen Rechnung getragen. Diese Initiative lässt jedem Partner Raum, sich zu differenzieren und damit seinen Wettbewerbsvorteil zu erarbeiten. Gleichzeitig wird es aber möglich, im Bereich der Software die Grundfunktionen zu vereinheitlichen, die nicht wettbewerbsbestimmend sind.

Das gemeinsame Ziel Qualität

Neben einer Senkung der Entwicklungskosten ist dabei ein ganz wesentliches Ziel von AUTOSAR, die Anfälligkeit der Elektronik durch die Vielzahl von Steuergeräten zu verringern. Heute arbeiten häufig mehr als 70 Steuergeräte in einem Fahrzeug. In künftigen Fahrzeugen soll ein Netz von rund 20 Steuergeräten alle Funktionen abdecken. Die Komplexität ist aber keine Willkür, sondern überwiegend eine logische Konsequenz aus den aktuellen Anforderungen hinsichtlich Emissionen und Verbrauch sowie Sicherheit und Komfort. Bei den Kunden haben jedoch Fehlfunktionen aufgrund der Komplexität zu einer neuen Qualitätsdiskussion geführt. Pannenstatistiken der vergangenen Jahre zeigen, dass die Qualitätsführerschaft nicht mehr bei den deutschen Premium-Marken liegt. Hersteller und Zulieferer haben sich dabei die Schuld an Qualitätsvorfällen gelegentlich öffentlich zugewiesen. Eine solche Diskussion schadet der gesamten Industrie, gleichgültig wie eventuelle Schuldverhältnisse liegen mögen. Inzwischen hat sich einiges wieder zum Besseren entwickelt. Auch die Qualitätsstatistiken zeigen wieder erste positive Trends für deutsche Autos im Qualitätsranking.

Einen Meilenstein markiert die Vereinbarung „Qualität – Grundlage für den gemeinsamen Erfolg" vom 22. Juni 2005 zwischen Herstellern und Zulieferern im Vorstand des VDA, der auch das Thema Kommunikation regelt. Hier geht es um Partnerschaften zwischen den Herstellern und Zulieferern, nicht nur bei der Kommunikation nach außen, sondern auch bei der gegenseitigen Information und beim raschen, abgestimmten Handeln.

Denn Partnerschaft setzt Vertrauen und Transparenz voraus. Vertrauen bedeutet, dass auch kritische, schwierige und schlechte Botschaften offen und ohne Aufschub kommuniziert werden und gemeinsam Problemlösungen gesucht werden. Dies gilt für alle Ebenen, unternehmensintern wie -extern. Bosch als Systemlieferant hat beide Rollen, die des Senders und Empfängers solcher Botschaften, in der Kommunikation mit unseren Kunden und Lieferanten wahrzunehmen.

Außerdem geht es um Transparenz. Es muss für den jeweiligen Partner klar sein, woran der andere Partner arbeitet, welche Änderungen er plant und wie die Erzeugnisse später eingesetzt werden, auch wenn ein Erzeugnis in einem anderen Fahrzeugtyp zum Einsatz kommt als ursprünglich geplant. Zu einer Partnerschaft gehört es aber auch, dass Qualitätswerkzeuge, die ein Partner mit Erfolg einsetzt, übernommen werden, wenn dies dem Produkt hilft. So hat Bosch auch einige Werkzeuge aus dem Hause Toyota übernommen.

Bosch wird in der Zukunft bei der Qualitätsarbeit intensiver denn je in die eigenen Prozesse und auch die Prozesse der Lieferanten hineinsehen. Weil es immer weniger Automobilzulieferer der ersten Ebene gibt, steigt die Verantwortung, die hohen Qualitätsansprüche der Hersteller über die ganze Lieferkette hinweg zu verfolgen. Ganz wesentlich ist dabei, den Partnerschaftsgedanken auf die gesamte Lieferkette auszudehnen.

Neuartige Produkte für neue Marktsegmente

Die deutsche Automobilindustrie war in den vergangenen 10 Jahren besonders mit Premiumfahrzeugen rund um den Globus erfolgreich. Die deutschen Zulieferer standen auf vielen Gebieten für High-Tech-Systeme und Produkte. Doch das große Wachstum ist im kommenden Jahrzehnt bei Fahrzeugen zu erwarten, deren Nettopreis unter 10.000 Euro, teilweise sogar unter 7.000 Euro liegt. Dies gilt nicht nur für die Schwellenländer Asiens, sondern auch für Osteuropa. Hier sind neue Antworten zu geben.

Gefragt sind kostengünstige Fahrzeuge, die jedoch Mindeststandards hinsichtlich Verbrauch und Emissionen einhalten müssen. Beispielsweise gilt inzwischen für Peking und Shanghai die Euro-3-Norm für Diesel. Diese einzuhalten ist nur mit modernen elektronischen Einspritzsystemen möglich. Gleichzeitig wachsen in Schwellenländern, wie Indien oder China, neue lokale Hersteller heran, die genau dieses Kundensegment im Visier haben und auch mit solchen Fahrzeugen weltweit Erfolg haben wollen. Aber nicht nur für die deutschen Zulieferer ist es eine ganz entscheidende Frage, ob sie die richtigen Produkte für diese Fahrzeuge anbieten können, um auch mit diesen neuen Herstellern ins Geschäft zu kommen. Für die deutschen Hersteller und Zulieferer wäre es von Vorteil, gemeinsam technische Lösungen zu suchen, um diese Marktchancen nutzen zu können.

Gemeinsame Marktinteressen

Ein Beispiel gemeinsamer Marktinteressen, das vor allem Bosch mit den Herstellern verband, ergab sich 2005 aus der Feinstaub-Debatte, die sich in Deutschland fast ausschließlich auf den Diesel konzentrierte. Die Dieseltechnologie mit ihren unbestrittenen Vorteilen für Kraftstoffverbrauch und Klimaschutz hat die Wettbewerbsposition der europäischen und deutschen Automobilindustrie in den vergangenen Jahren wesentlich verstärkt und kam damit auch entscheidend dem Standort Deutschland zugute. Im Jahr 2005 war bereits rund die Hälfte aller neu verkauften Pkw in Europa mit einem Dieselmotor ausgestattet.

Gegen diese Erfolgsgeschichte richtete sich vor allem in Deutschland eine vehemente Debatte, nachdem Anfang 2005 eine verschärfte Feinstaub-Richtlinie der

EU in Kraft getreten war. Es ist unbestritten, dass die Dieselabgase des örtlichen Personenwagen-Verkehrs gerade mal drei Prozent zur Feinstaub-Belastung in unseren Städten beitragen. Doch galt in der deutschen Öffentlichkeit der Diesel als der ausschließliche Verursacher. Dabei gehört das Bild vom Diesel als rauchendem Kriecher der Vergangenheit an. Der Diesel ist nicht nur sparsamer und sportlicher, sondern auch deutlich sauberer geworden: Seit 1990 konnten allein durch innermotorische Maßnahmen die Partikelemissionen um gut 90 Prozent reduziert werden.

Die Euro-5-Norm, die für 2010 geplant ist, wird für Neuwagen die Partikelemissionen gegen Null streben lassen. Würden zusätzlich die alten Fahrzeuge vorzeitig durch neue ersetzt, könnte der Partikelausstoß in fünf Jahren nochmals um nahezu 20 Prozent reduziert werden – und das bezogen auf die gesamte Flotte. Nicht zuletzt als Folge einer beharrlichen Aufklärungsarbeit durch die Automobilindustrie konnte die Debatte wieder versachlicht werden, was auch deshalb notwendig ist, damit der Diesel seine Chancen zudem über Europa hinaus nutzen kann.

Die „Globalisierung des Diesels“ liegt im Interesse der ganzen europäischen Automobilindustrie. Sie hat hier einen technischen Vorsprung, den sie in aller Welt nutzen sollte. Von entscheidender Bedeutung wird die Akzeptanz des Diesels in Nordamerika sein. Notwendig ist dazu eine gemeinsame Marketingstrategie der europäischen Automobilindustrie. Bosch hat sich bereits umfangreich engagiert: Dazu gehören „Diesel Days“ und eine Testwagenflotte. Erste Erfolge zeichnen sich ab: Rund zwei Drittel aller Autofahrer in den USA wollen beim nächsten Autokauf einen Diesel zumindest in Betracht ziehen. Läge der Dieselanteil an den Light Vehicles bereits heute auf europäischem Niveau, wären die USA von Ölimporten weitgehend unabhängig.

Im Jahr 2005 hat der amerikanische Kongress die Förderung von Fahrzeugen mit niedrigem Verbrauch beschlossen. Erfreulicherweise bezieht sich das neben dem Hybrid- auch auf den Dieselantrieb. Durch die Ergänzung mit dem Partikelfilter vergrößern sich die Chancen für die „Dieselization“ jenseits des Atlantiks weiter. Bosch arbeitet zudem an Regelkonzepten und Dosiersystemen zur Stickoxid-Reduzierung, um den US07-Grenzwert in allen Staaten einzuhalten. Dafür laufen Entwicklungsprojekte sowohl mit amerikanischen als auch mit europäischen Herstellern.

Eine weitere Herausforderung für die europäische Automobilindustrie besteht darin, gleichzeitig auch Hybrid-Lösungen zu entwickeln. Der Hybrid ist vor allem als Antrieb für das „stop and go“ geeignet, kann also in erster Linie seine Vorteile in Ballungszentren ausspielen. So könnte der Marktanteil des Hybrids bei Personenwagen und leichten Nutzfahrzeugen in Japan bis 2015 bis zu 10 Prozent erreichen. Dagegen dürften die Chancen für den amerikanischen Markt trotz beachtlicher Anfangserfolge vor allem von Toyota weniger groß sein. Die USA sind ein Land mit großen Entfernungen, schweren Autos und drehmomentstarken Motoren. In dieser Situation bieten sich geradezu Partnerschaften zwischen Herstellern und Zuliefern an, um die Kosten für die Entwicklung dieser Technologie gemeinsam zu tragen. Bosch arbeitet intensiv an verschiedenen Hybridkonzepten, auch in einem eigenen Projekthaus.

Dritter Faktor: Wirtschaftliche Strukturen und Prozesse

Die sich verändernden Anforderungen des Marktes müssen sich in den Strukturen und Prozessen der Automobilbranche abbilden. Dies ist neben dem Ringen um die technologische Führung eine weitere Grundvoraussetzung für den künftigen – gemeinsamen – Erfolg von Herstellern und Zulieferern. Wie schon erwähnt, findet eine weitere Verschiebung der Wertschöpfung von den Herstellern zu den Zulieferern statt. Die damit verbundene Änderung der Arbeitsteilung macht auch in der Zusammenarbeit zwischen Herstellern und Zulieferern eine stärkere Anpassung der Strukturen erforderlich. Dies gilt ebenso für die Verkürzung der Produktlebenszyklen bei gleichzeitiger Erhöhung der Produktvarianten. Wachsende Anforderungen an die Gestaltung der Prozesse resultieren schließlich auch aus der immer größer werdenden Zahl der weltweiten Fertigungsstandorte von Zulieferern und Herstellern.

Diese Herausforderungen lassen sich weder mit einzelnen Maßnahmen noch im Alleingang meistern. Die gesamte Wertschöpfungskette, beginnend mit dem Produktentstehungsprozess, muss betrachtet werden. Gerade hier ist auch künftig eine enge und partnerschaftliche Zusammenarbeit notwendig. Schon in einer sehr frühen Phase der Produktentwicklung müssen die Entwickler sehr eng vernetzt arbeiten. Nur so lassen sich ungünstige Konstellationen im Produktdesign verhindern, die entweder beim Hersteller oder beim Zulieferer unnötige Mehrkosten oder gar Qualitätsrisiken hervorrufen.

Diese frühzeitige und enge Verzahnung von Kunde und Lieferant gilt aber nicht nur für die Entwicklungsphase. Fast ebenso früh muss das Logistikkonzept definiert werden. Dies beinhaltet auch ein Qualitäts- und Prüfkonzept für das jeweilige Erzeugnis des Zulieferers. Ziel muss immer sein, bei beiden Partnern einerseits jegliche Verschwendung zu vermeiden, was direkt der Wettbewerbsfähigkeit zugute kommt, und andererseits so sichere Fertigungsprozesse zu schaffen, dass die Prüfung am Ende des Bandes auf ein Minimum reduziert werden kann. Dies gilt für die gesamte Lieferkette.

Räumliche Nähe bleibt wichtig

In der Applikationsphase wird die räumliche Nähe zwischen Hersteller und Zuliefererteams immer wichtiger. Während in der Konstruktions- und Entwicklungsphase neue Kommunikationstechniken manches reale Treffen ersetzen können, müssen die Ingenieure und Techniker während der Applikation quasi gemeinsam im Auto sitzen. Um den Kunden so in möglichst vielen Ländern begleiten zu können, baut Bosch die Anzahl der Applikationszentren weltweit deutlich aus.

Während der Produktionsphase, also sobald eine Komponente oder ein System in Serie gefertigt wird, ist in erster Linie eine schnelle und effektive Kommunikationsstruktur zwischen Lieferant und Hersteller wichtig, um im Falle kritischer Situationen, sei es bei Lieferengpässen oder Qualitätsthemen, schnell und effektiv handeln zu können. Das Beispiel der Dieselpumpen Anfang 2005 hat dies gezeigt: Serienbegleitende Dauerbelastungstests bei Bosch hatten ergeben, dass einige Pumpen nicht die sonst übliche Lebensdauer erreichten. Eine schnelle Meldung dieses unerfreulichen und unbequemen Resultats an die betroffenen Automobilhersteller führte dazu, dass eine Auslieferung von Fahrzeugen mit möglicherweise fehlerhaften Pumpen an die Automobilkäufer verhindert werden konnte. Außerdem haben Expertenteams von Bosch mit Werkstoffspezialisten der Hersteller gemeinsam den Fehler eingekreist, bewertet und zusammen Abhilfemaßnahmen beschlossen. Dieses Ereignis hat die Diskussion zum Thema Partnerschaften in Sachen Qualität im VDA angefacht und zu einem fruchtbaren Ergebnis geführt. Der gesamte VDA-Vorstand hat, wie bereits erwähnt, die Vereinbarung „Qualität, Grundlage für den gemeinsamen Erfolg“ unterzeichnet.

Spagat zwischen Innovations- und Kostenführerschaft

Entlang der Wertschöpfungskette ist jedes Unternehmen in unserer Branche auf die Wirtschaftlichkeit des anderen angewiesen. Aber selbstverständlich muss jeder seine Wirtschaftlichkeit zunächst für sich selbst herstellen.

Für Bosch stellt sich als weltweit größter Zulieferer der Automobilindustrie die Doppelaufgabe, sowohl bei technischen Innovationen führend zu bleiben als auch zu wettbewerbsfähigen Kosten anzubieten. Je nach Reife und Alter der Produkte überwiegt die eine oder andere Aufgabe. Bosch wird immer wieder Pionierleistungen wie ABS und ESP oder die Hochdruck-Dieseleinspritzung hervorbringen, um sich von der Preiskonkurrenz abzuheben. Aber technische Vorsprünge schmelzen immer schneller ab, sodass sich auch neue Erzeugnisse schon bald nach ihrer Einführung dem harten Kostenwettbewerb stellen müssen. Spätestens dann stellt sich die Frage, wie die Prozesse unter Kostengesichtspunkten optimiert werden können und wo produziert werden soll. Aus diesem Grund entfallen heute bereits rund 50 Prozent unserer F&E-Aufwendungen auf Produkt- und Prozessinnovationen zur Kostensenkung. Gleichzeitig gilt es, auch für High-Tech-Produkte frühzeitig einen weltweiten Fertigungsverbund aufzubauen, der kostengünstige Standorte in Schwellenländern einschließt. So findet die Wertschöpfung für das hochinnovative Dieseleinspritzsystem Common Rail bereits zu fast zwei Dritteln außerhalb Deutschlands statt. Damit kommt Bosch nicht nur Forderungen entgegen, jeweils lokal in den Märkten zu fertigen, sondern kann auch insgesamt die Produktionskosten senken.

Für die Ertragsperspektive eines Geschäftsfelds ist es entscheidend, frühzeitig zu erkennen, ab wann weniger die technische Differenzierung und mehr das Kostenargument im Wettbewerb entscheidet. Häufig löst sich das Systemgeschäft mit zunehmender technischer Reife in ein Komponentengeschäft auf. So wird heute die klassische

Benzineinspritzung kaum noch als geschlossenes System geliefert. Mit den einzelnen Komponenten, wie Einspritzventil oder Kraftstoffpumpe, ist aber eine technische Differenzierung deutlich schwieriger als mit einem ganzen System. Hier kommt es dann auf möglichst niedrige Kosten an und damit vor allem auf optimale Prozesse.

Prozessverbesserungen notwendig

Dies erfordert zunächst eine neue und vor allem selbstkritische Sicht der Prozesse. Ob Entwicklung, Beschaffung, Produktion oder Vertrieb – auf allen Stufen der Wertschöpfungskette sind viele Abläufe häufig noch aufwändig, mithin auch teuer. Um diese Reserven zu heben, ist es notwendig, sich von mancher traditionellen, aber nicht immer notwendigen Vorgehensweise zu verabschieden. So hat auch Bosch in manchem Fall durch Automatisierung der Fertigung die Komplexität zu weit getrieben. Das Bosch Production System, gestaltet nach japanischem Vorbild, geht zumindest teilweise wieder zurück zu einfacheren Abläufen und Handhabungen.

Mix aus Hochkosten- und Niedrigkostenländern

Gleichwohl kommt auch Bosch um verstärkte Wertschöpfung in kostengünstigen Regionen der Welt nicht herum. Grundsätzlich gilt jedoch: Kluge Standortpolitik ist für Bosch mehr als Kostenpolitik. Mehr denn je kommt es auf die geschickte Steuerung eines internationalen Entwicklungs- und Fertigungsverbundes an. In jedem Teil der Triade ist ein Mix notwendig – zwischen Standorten, die besondere Kostenvorteile haben, und solchen, die von der Nähe zu großen Kunden oder Forschungszentren profitieren. Und nach wie vor haben gerade die deutschen Bosch-Werke, schon wegen ihrer Erfahrung im Umgang mit komplexen Systemen, eine große Stärke bei Neuanläufen. Umgekehrt muss aber ihre Wettbewerbsfähigkeit durch den Verbund mit kostengünstigen Standorten gestützt werden.

Die Zahl der Bosch-Mitarbeiter in der Kraftfahrzeugtechnik ist in Deutschland in den vergangenen 10 Jahren auf mehr als 65.000 gestiegen. Gleichzeitig hat sich allerdings die Mitarbeiterzahl außerhalb Deutschlands in diesem Zeitraum auf mehr als 90.000 verdoppelt. Für die Zukunft stellt sich durchaus die Frage, wie die Beschäftigung an den bisherigen Standorten gehalten werden können – dies gilt nicht nur für Deutschland, sondern weltweit. Eine Lohnkostenangleichung zwischen Industrie- und Schwellenländern kann es nicht geben. Im Kern geht es um eine Justierung aller Standortfaktoren, um die Balance zwischen Standorten mit Vorteilen hinsichtlich Know-how oder auch der politischen und sozialen Stabilität sowie solchen mit besonders ausgeprägten Kostenvorteilen in Schwellenländern. Diese Justierung ist kein einmaliger Vorgang, sondern muss den weltweiten Veränderungen laufend angepasst werden.

Vierter Faktor: Internationalität

Noch ein weiterer Faktor spielt für den Erfolg der Branche und in der Zusammenarbeit der Automobilhersteller und Zulieferer zunehmend eine Rolle: die Internationalität. Die deutsche Automobilbranche ist inzwischen weltweit präsent. Das gilt in besonderem Maße für Bosch. Der Auslandsanteil unserer Kraftfahrzeugtechnik am Umsatz – inklusive Auslandsfertigung – beträgt rund drei Viertel. Der Schwerpunkt liegt mit einem Umsatzanteil von rund zwei Dritteln derzeit noch in Europa. Doch der Anteil der beiden anderen Triade-Regionen Nord- und Südamerika sowie Asien-Pazifik steigt stetig. Allein in der Kraftfahrzeugtechnik verfügte die Bosch-Gruppe 2005 über rund 110 Fertigungsstandorte in 34 Ländern.

Frühzeitige Internationalisierung bei Bosch

Bosch ist traditionell ein internationales Unternehmen. Firmengründer Robert Bosch eröffnete schon 1898 seine erste Auslandsvertretung in London, nur zwei Jahre nachdem er seine „Werkstätte für Feinmechanik und Elektrotechnik" in Stuttgart gegründet hatte. Im Jahr 1913, im letzten Friedensjahr vor dem ersten Weltkrieg, erzielte die Firma Bosch fast 90 Prozent ihres Umsatzes im und mit dem Ausland. Schlüsselprodukt für die frühe Internationalisierung war der Magnetzünder. Er machte Bosch zum Automobilzulieferer und schon damals zu einem rund um den Globus vertretenen Unternehmen. Nach den beiden Weltkriegen musste Bosch allerdings den Weg auf die internationalen Märkte neu wagen. Schwierig war der Start insbesondere nach dem zweiten Weltkrieg. Die Märkte waren inzwischen durch Wettbewerber besetzt, und ein einzigartiges Erzeugnis wie die Hochspannungszündung zu Beginn des 20. Jahrhunderts besaß Bosch nicht.

Bei der erneuten Internationalisierung folgte Bosch wie auch andere Zulieferer einem Dreisprung. Zunächst lieferte Bosch Original-Ersatzteile für exportierte deutsche Fahrzeuge, zum Beispiel für Volkswagen und Mercedes nach USA. Nachdem deutsche Automobilhersteller bereits in den 50er und 60er Jahren im Ausland Fabriken errichtet hatten, wie zum Beispiel in Brasilien, Argentinien, Mexiko und Australien, begann die zweite Phase, der Aufbau eigener lokaler Fertigungen, zumal eine Belieferung aus deutschen Werken wegen hoher Zölle und auch lokaler Vorschriften hinsichtlich des Fertigungsanteils nicht möglich war. Sie bestehen auch heute noch, allerdings – nach Öffnung der Märkte – vor allem, um nah beim Kunden zu sein und um die in der Regel niedrigeren Personalkosten zu nutzen. In einer dritten Phase gelang es schließlich, ausländische Automobilhersteller als Erstausrüstungskunden zu gewinnen. Wichtige Meilensteine der Internationalisierung waren in den 90er Jahren die Übernahme des Bremsengeschäfts des US-Herstellers Allied Signal und die Übernahme der industriellen Führung beim japanischen Zulieferer Zexel.

Wachstumsregionen verschieben sich

Die deutschen Hersteller und Zulieferer müssen sich darauf einstellen, dass die Globalisierung der Automobilindustrie weiter voranschreiten wird. Wesentlicher Grund: Das Wachstum wird in den kommenden Jahren insbesondere von Asien und Osteuropa ausgehen. Wollen die deutschen Automobilhersteller und auch die deutschen Zulieferer an diesem Wachstum partizipieren, müssen sie noch stärker auf die internationale Karte setzen. Dies gilt genauso für die Bosch-Gruppe. Langfristiges Ziel ist es, in der Kraftfahrzeugtechnik den Umsatzanteil Nord- und Südamerikas sowie Asiens von heute rund 36 Prozent auf rund 50 Prozent zu steigern. Die Internationalisierung ist dabei keine Einbahnstraße; dies zeigt sich am parallelen Aufbau von Werken japanischer und koreanischer Hersteller in Amerika und auch in Europa, aber auch an den Anstrengungen amerikanischer und asiatischer Zulieferer, auf dem europäischen Markt verstärkt Fuß zu fassen.

Globale Antworten auf lokale Anforderungen

Internationalität ist damit ein wesentlicher Faktor für die Partnerschaft von Herstellern und Zulieferern. Bosch hat für die wesentlichen Erzeugnisse nicht nur aus Kostengründen einen internationalen Entwicklungs- und Fertigungsverbund aufgebaut. Vielmehr muss ein erfolgreicher Zulieferer mindestens so global agieren wie seine Kunden. Das heißt auch, lokale Lösungen für die Besonderheiten eines jeden Landes entwickeln zu können. Bosch hat zum Beispiel in Brasilien für VW und GM eine Einspritzung realisiert, die neben Benzin auch Äthanol aus Zuckerrohr verarbeitet. Antizipieren und realisieren lassen sich solche Konzepte aber nur mit starker Präsenz vor Ort.

Doch es sind nicht nur lokale Lösungen gefragt. Ein Meilenstein für Bosch war das erste „Welt-ABS", das Mitte der 90er Jahre auf den Markt kam. Ausschlaggebend waren die Bedürfnisse japanischer Automobilhersteller, mit Fabriken sowohl in Asien als auch in Europa, die hier wie dort mit dem gleichen System beliefert werden wollten – und das möglichst mit „Local Content", also aus einer Fertigung vor Ort, zumindest aber vom selben Kontinent. Dabei hohe Stückzahlen zu realisieren, konnte nur mit einem „Welt-ABS" gelingen. Nur so ließen sich die Initialkosten bei Entwicklung und Prozesstechnik niedrig halten.

Spezielle Kundenwünsche mussten dabei nicht unberücksichtigt bleiben. Denn auf der Basis standardisierter Schlüsseltechniken waren durchaus Modifikationen möglich. Ein Verfahren, das auch Freigabeprozeduren verkürzte. Was ein Automobilhersteller in einem ABS-Werk für gut befunden hatte, musste er nicht auf der anderen Seite des Globus nochmals aufwändig prüfen. Dies setzte gleiche Fertigungsverfahren und Werkzeugmaschinen in allen beteiligten Standorten voraus – in Deutschland, Amerika und Japan ebenso wie in Australien und Südkorea. Eine Koordination, die zugleich Flexibilität erlaubte. Denn bei aller Notwendigkeit des „Local Content" ließen sich von

Fall zu Fall Kapazitätsengpässe in einem Werk durch Lieferungen aus einem anderen ausgleichen. Dem weltweiten Fertigungsverbund entsprach auch ein Entwicklungsverbund: So entstand das Hydraulikaggregat des „Welt-ABS" in einem firmeninternen Konzeptwettbewerb, an dem sich amerikanische, deutsche und japanische Entwickler beteiligten. In den schließlich realisierten Entwurf gingen Ideen von allen Seiten ein, sodass sich die Zusammenarbeit rund um den Globus nachhaltig intensivierte.

Bosch international breit aufgestellt

Heute betreibt Bosch gut 50 Entwicklungs- und Applikationszentren rund um den Globus. Jeder dritte Mitarbeiter in der Forschung und Entwicklung ist im Ausland aktiv, je 2.000 in Amerika und Asien. Allein in Japan sind nahezu 1.000 Automotive-Ingenieure von Bosch tätig. Mit gutem Grund wurden dort Entwicklungskapazitäten konzentriert. Zwar nimmt die Automobilproduktion in Japan selbst nur noch verhalten zu; die japanischen Hersteller treffen aber ihre wesentlichen Entscheidungen über technische Konzepte für das Ausland nach wie vor in Japan.

Für den globalen Erfolg von Automobilzulieferern ist es folglich zwingend erforderlich, lokal auf die jeweils besonderen Bedürfnisse der Hersteller einzugehen. Es ist deshalb kein Zufall, dass Bosch im Jahr 2004 ein neues Entwicklungszentrum mit 2.000 Ingenieuren in Abstatt bei Heilbronn, also im Südwesten Deutschlands, angesiedelt hat. Wer die deutschen Hersteller mit seinem Know-how in alle Welt begleiten will, muss als Zulieferer nah an ihren Entwicklungszentren sein. Parallel hat Bosch aber weitere technische Zentren im chinesischen Suzhou und Wuxi aufgebaut. Zudem ist im indischen Bangalore eine Software-Schmiede entstanden, von der alle Bereiche der Kraftfahrzeugtechnik bei Bosch profitieren. Zum Beispiel nutzt die Bosch-Tochtergesellschaft Blaupunkt bei der Entwicklung ihrer Navigationssysteme auch das Know-how der indischen Software-Spezialisten.

Fünfter Faktor: Langfristige Ausrichtung

Doch nicht nur Faktoren wie die immer komplexeren und internationaleren Strukturen in der weltweiten Automobilindustrie haben einen wesentlichen Einfluss auf die Zusammenarbeit zwischen Herstellern und Zulieferern. Es geht nicht nur um harte, sondern auch um scheinbar weiche Faktoren. Neben der Unabhängigkeit gehört auch die langfristige Ausrichtung dazu.

In der heutigen Zeit hektischer, von den Finanzmärkten diktierter Quartalsberichterstattung erleichtert Bosch sicherlich die Eigentümerstruktur mit einer Stiftung als Hauptgesellschafter eine solche Haltung. Bosch kann damit über längere Zeiträume hohe Vorleistungen erbringen, ohne sich nach außen für die kurzfristigen finanziellen Konsequenzen rechtfertigen zu müssen. Gerade bei grundlegenden Innovationen ist Beharrlichkeit gefragt.

Das Beispiel ESP zeigt, wie sehr die Entwicklung elektronischer Systeme einem Hindernislauf gleichen kann. Immer wieder ist der Weg zum Innovationserfolg steinig und zuweilen auch lang. Schon die Entwicklung des Antiblockiersystems stand lange und mehr als einmal vor dem Scheitern. In der ersten ABS-Wintererprobung im Jahre 1972 fiel unter härtesten Bedingungen nahezu jedes dritte Steuergerät aus. Die Elektronik war anfällig, weil sie aus gut tausend analogen Bauteilen bestand. Als dann die heutige DaimlerChrysler AG und Bosch im Sommer 1978 das ABS in der Mercedes S-Klasse auf den Markt brachten, war das gleichbedeutend mit dem ersten Serieneinsatz eines digitalen Großschaltkreises im Auto – seinerzeit ein Durchbruch, um die Elektronik auf die Straße zu bringen.

Stehvermögen und Beharrlichkeit notwendig

Auch der aktuelle Dieselboom stellte sich keineswegs von selbst ein. Eingeleitet wurde er 1989 in einem Audi 100 TDI – durch den ersten Personenwagen mit elektronisch gesteuerter Direkteinspritzung. Auch an dieser Technik hat Bosch 15 Jahre hartnäckig gearbeitet, allen Ausfällen auf den Prüfständen zum Trotz. Nicht minder schwierig war die Entwicklung des Common Rail Systems zur Serienreife Mitte der 90er Jahre. In den Injektoren zum Beispiel musste das Düsennadelspiel auf Bruchteile von Mikrometern genau gefertigt werden, und die Ausbeute in der Vorserie war zunächst nicht einmal halb so hoch wie erwartet. Es war nicht einfach, in dieser Phase der Entwicklung und Serienvorbereitung noch an einen Erfolg zu glauben.

Innovationsoffensiven allein machen damit keine Innovationen – und auch nicht die Durchsetzung guter Ideen auf dem Weltmarkt. Stehvermögen ist gefordert – auch und gerade angesichts von Rückschlägen. Dass die deutsche Automobilindustrie international nach wie vor so gut dasteht, ist auch ein Erfolg langfristigen Denkens und Handels. Technische Vorsprünge haben also auch kulturelle Voraussetzungen. Die Fähigkeit, auf dem Weg zu neuen Erzeugnissen Rückschläge als Ansporn zu betrachten, temporären Misserfolgen ein „Jetzt erst recht" entgegenzusetzen, ist eine wesentliche Basis für die große Innovationskraft der deutschen Automobilindustrie in den vergangenen Jahren.

Partnerschaft im Zeichen weltweiter Veränderungen

Doch wie sieht die Zukunft aus? Wie werden sich die Veränderungen auf die zukünftige Zusammenarbeit auswirken? Behalten die bisherigen Faktoren ihre Bedeutung?

Die Automobilbranche hat die Chance, auch im kommenden Jahrzehnt weltweit eine der wichtigen Industrien zu bleiben. Dafür sorgt weiterhin der Wunsch nach individueller Mobilität, der in den heutigen Entwicklungs- und Schwellenländern nicht geringer ist als in den bereits hoch entwickelten Ländern. Mobilität ist die Grundlage der modernen

Gesellschaft und auch die Grundlage einer prosperierenden Wirtschaft. Das Automobil spielt dabei als flexibles Transportmittel eine entscheidende Rolle.

Allerdings steht die Automobilbranche unbestritten vor großen Veränderungen. Eine der größten Herausforderungen ist die Verschiebung der weltweiten Wachstumsschwerpunkte. Bis zum Jahr 2015 wird Asien gemessen an der Stückzahl mit Abstand zum größten Kraftfahrzeugproduzenten im Vergleich zu Europa und auch Nordamerika aufsteigen. Doch das ist nicht nur eine regionale Komponente. Damit verbunden sind auch strukturelle Veränderungen in der Fahrzeugstruktur. Zudem erwartet die bisherigen Hersteller, sei es in Europa, in Nordamerika oder auch in Japan, ein intensiver Wettbewerb neuer Hersteller aus heutigen Schwellenländern. Ähnliches ist auch auf Zulieferseite zu erwarten. Diese Entwicklung zeichnet sich bereits in China und auch Indien deutlich ab. Damit steigt der globale Wettbewerb in der Automobilbranche weiter – zwischen den Herstellern ebenso wie zwischen den Zulieferern. Bei alledem bleiben Innovationen bei Produkten und Prozessen wichtig. Denn erst sie bringen die Branche weiter nach vorne.

Der Wettbewerbsdruck, aber auch steigende Anforderungen hinsichtlich Innovationskraft und internationaler Präsenz und ein höherer Anteil der Zulieferer an der Wertschöpfung mit einem damit verbundenen steigenden Kapitaleinsatz werden zu einer weiteren Konzentration in der Automobilzulieferbranche führen. Diese Aussicht ist nicht unproblematisch. Angesichts der Konzentration auf der Herstellerseite hat gerade die Zuliefererseite im vergangenen Jahrzehnt in einem wichtigen Maße für die notwendige Flexibilität gesorgt und damit auch entscheidende Impulse für die Weiterentwicklung der Automobilindustrie als einer der innovativsten Branchen weltweit geliefert.

Für den einzelnen Zulieferer wird es angesichts dieser Entwicklung in Zukunft umso wichtiger sein, sich ein unverwechselbares und eigenständiges Profil zu geben. Für diejenigen von ihnen, die diesen Veränderungsprozess erfolgreich bewältigen und ihre Innovationskraft und internationale Präsenz konsequent ausbauen, ergeben sich auch zukünftig erhebliche Marktchancen.

Welchen Einfluss hat dies auf die Zusammenarbeit von Herstellern und Zulieferern? Durch die neuen Hersteller und auch Zulieferer aus den Entwicklungs- und Schwellenländern werden die Karten im weltweiten Spiel neu verteilt. Die grundlegende Frage für die Zusammenarbeit ist aber, ob die bisherigen Spielregeln damit ebenfalls neu definiert werden.

Gemeinsame Antworten auf Zukunftsfragen

Voraussetzung für eine weltweit wachsende individuelle Mobilität, wie sie allein das Automobil ermöglicht, ist eine Lösung ganz grundlegender Zukunftsfragen. Dazu gehört – wie eingangs skizziert –, insbesondere angesichts der endlichen Ölvorkommen, die Notwendigkeit weiterer Verbrauchsreduzierungen und letztlich die Frage nach den Antrieben der Zukunft. Einen ebenso großen Stellenwert haben die aus den weltweit immer schärfer werdenden gesetzlichen Vorschriften abgeleiteten Forderungen an die Fahrzeugemissionen, die global den Klimabelastungen entgegenwirken sollen. Zudem wird die steigende Verkehrsdichte nicht nur die Anforderungen an die Sicherheit des Automobils weiter erhöhen, sondern auch die Notwendigkeit einer verbesserten Verkehrslenkung nach sich ziehen. Und nicht nur in den Industrienationen wird die Alterung der Gesellschaft einen hohen Bedarf nach zusätzlichem Komfort und Fahrerassistenz verursachen.

Die Beantwortung dieser ganz grundlegenden Zukunftsfragen erfordert ganz erhebliche Forschungs- und Entwicklungsanstrengungen von der gesamten Branche. Diese können die Automobilindustrie, Hersteller und Zulieferer, auch zukünftig nur gemeinsam leisten. Damit sind nicht nur bilaterale Partnerschaften zwischen einzelnen Unternehmen gefragt, sondern auch Kooperationen im globalen Maßstab. Wie solche Partnerschaften aussehen können, zeigt das erwähnte Beispiel AUTOSAR.

Aber hier liegen gerade auch erhebliche Zukunftschancen für die deutsche und die europäische Automobilindustrie, sofern sie ihre bewährte Entwicklungszusammenarbeit zukunftsfähig macht. Ihre Erfolge basieren auf engen, über sehr lange Zeit gewachsenen Beziehungsgeflechten. Diese sind ein entscheidender Wettbewerbsvorteil, da sie sich nur schwer künstlich und kurzfristig etablieren lassen. Zu diesen so genannten Clustern gehören neben Herstellern und Zulieferern eine hervorragende Werkzeug- und Maschinenbauindustrie, eine hoch entwickelte Ausbildung, renommierte Fachhochschulen und Universitäten sowie Forschungseinrichtungen. Zudem ist das Bewusstsein hinsichtlich Verbrauchssenkungen und Klimaschutz bereits heute in Deutschland und Europa sehr ausgeprägt, sodass sich hervorragende Testmärkte vor der Haustür ergeben.

Doch grundlegende Voraussetzung, gemeinsam diese großen Zukunftsaufgaben der Automobilbranche zu lösen, ist eine vertrauensvolle, auf Langfristigkeit angelegte und damit letztlich partnerschaftliche Zusammenarbeit. Dies spricht nicht gegen einen intensiven Wettbewerb zwischen den Herstellern sowie unter den Zulieferern. Im Gegenteil: Erst Wettbewerb ist der Garant für dauerhaft wirtschaftliche Prozesse. An ihnen konsequent zu arbeiten, ist die Aufgabe jedes einzelnen Unternehmens – ob Hersteller oder Zulieferer. Notwendig ist aber die Einigung auf gemeinsame Ziele und faire Spielregeln. Entsprechend ihrer Leistung müssen alle Beteiligten so am Ergebnis der gemeinsamen Arbeit beteiligt sein, dass sie weiterhin in die Zukunft und den Erhalt ihrer Innovationskraft investieren können. Alles andere gefährdet die langfristige Wettbewerbsfähigkeit der Gesamtformation von Herstellern und Zulieferern, der Automobilindustrie insgesamt.

Vertrauen als Basis

Ein solches Verhältnis und Vertrauen kann nur durch die gegenseitige Erfahrung von Fairness und Offenheit gesichert werden. Es ist die Voraussetzung dafür, gemeinsam langfristig angelegte, kapitalintensive und damit risikoreiche Innovationsprojekte anzugehen. Von solchen Projekten hängt die Zukunftsfähigkeit der gesamten Automobilindustrie ab.

Angesichts der immer stärkeren weltweiten Verflechtung der Automobilindustrie ist es wichtig, eine solche Vertrauenskultur weltweit zu etablieren. Das bedeutet eine Verständigung auf gemeinsame Werte oder Grundprinzipien, teilweise auch Rückbesinnung. Solche gemeinsamen Prinzipien bieten den Vorteil, dass sie trotz teilweise unterschiedlicher Kulturen rigide Reglements ersetzen können. Wirtschaftlich betrachtet reduzieren sie Risiken, ersparen Kosten, schaffen die Basis für langfristige Beziehungen. Ganz entscheidend ist dabei die gemeinsame Erkenntnis, dass eine enge und partnerschaftliche Zusammenarbeit angesichts der gemeinsamen Herausforderungen für beide Seiten – Hersteller und Zulieferer – große Vorteile bietet und damit auch zukünftig die Basis für eine erfolgreiche Weiterentwicklung der Automobilindustrie ist.

Markendifferenzierung auf Basis der Plattform- und Modulstrategie

Dr. Bernd Pischetsrieder, Vorsitzender des Vorstandes der Volkswagen AG

Fragmentierung

Seit geraumer Zeit ist der globale Automobilmarkt einem starken Veränderungsprozess ausgesetzt. Die Grenzlinien zwischen nationalen Märkten verwischen dabei zunehmend, und das Informationstempo steigt ungemein. Die automobilen Entwicklungszyklen verkürzen sich weiterhin, und gleichzeitig wird der Wettbewerb auf den Automobilmärkten insbesondere durch Überkapazitäten immer intensiver.

Die zunehmende Fragmentierung der Märkte ist eine der größten Herausforderungen für die Automobilindustrie. Aktuelle Analysen zeigen, dass die Kunden im Jahr 1987 neun unterschiedliche Fahrzeugsegmente wahrgenommen haben. Die gedanklichen Dimensionen dieser Segmentierung sind besonders Fahrspaß, Prestige, Nutzen und Vielseitigkeit sowie der Preis. Bis 1997 stieg die Zahl bereits auf 26 unterschiedliche Fahrzeugsegmente an. Im laufenden Jahr werden von unseren Kunden schon 40 verschiedene Fahrzeugsegmente gesehen. Für die Automobilhersteller bedeutet dies, dass für jedes Fahrzeugprojekt immer weniger Einheiten gefertigt werden können, mit potenziell höheren Kosten. Trotzdem muss es unser Ziel sein, jedem Kunden gerade das Automobil zu bieten, das seinen individuellen Vorstellungen und seinem Lebensstil entspricht, mit Preisen, die der Kunde akzeptiert.

Anzahl der Hersteller und Modelle

Die weitere Marktfragmentierung unterstützt die bereits bestehende Tendenz, dass sich die Anzahl der Modelle und Modellfamilien – die zukünftig angeboten werden – weiter erhöhen wird. Hinzu kommt, dass sich die Zahl der Anbieter durch den steigenden Wettbewerbsdruck auch in Zukunft noch weiter reduzieren wird. Als Fazit bleibt festzuhalten, dass immer weniger Hersteller eine deutlich höhere Modellvielfalt bei einer geringeren Stückzahl je Modell produzieren. Dabei ist die entscheidende Herausforderung, die jeweiligen Projekte trotz der geringen Stückzahlen auch betriebswirtschaftlich erfolgreich zu betreiben und den langfristigen Unternehmenserfolg sicherzustellen.

Markenrelevanz

Die Produkte werden in vielen Branchen zunehmend homogener. Technische Innovationen sind nur noch bedingt für den Kauf entscheidend beziehungsweise eignen sie sich nur begrenzt, sich vom Wettbewerb abzusetzen. In einer empirischen Befragung wurde die Relevanz von Marken in Abhängigkeit von Branchen untersucht. Dabei wurde analysiert, dass die Wichtigkeit der Marken in Abhängigkeit von der Branche deutlich variiert. Beispielsweise ist für Energieversorger die Marke von geringerer Bedeutung. Demgegenüber ist für Automobilunternehmen die Marke von sehr hoher Wichtigkeit, vergleichbar mit anderen Luxusgütern wie zum Beispiel teuren Uhren. Für unseren Kunden – den Automobilkäufer – bedeutet das Auto somit eine besondere Möglichkeit, seine Persönlichkeit individuell zur Geltung zu bringen. Mit der Auswahl der Marke verbindet sich daher auch ein gewisses Lebensgefühl beziehungsweise Wertegefüge.

Prozess der Mehrmarkenstrategie

Vor diesem Hintergrund wird die Bedeutung der unterschiedlichen Marken und die Mehrmarken-Strategie als Ganzes sowie der dazugehörige Prozess besonders deutlich. Damit zu einzelnen Hintergründen und den wesentlichen Schritten sowie Prozessstufen der Mehrmarken-Strategie: In Stufe eins werden die Marken nachhaltig im Wahrnehmungsraum der Kunden positioniert. In der folgenden Stufe erfolgt die Definition eines Markenkerns für jede Marke und die konsequente Ableitung der Markenwerte. In der dritten Stufe werden markentypische Produkt- und Designcharakteristika für jede Marke festgelegt. Anschließend werden in der vierten Stufe markentypische Segmente und Bodystyles ausgewählt.

Die Strategie der jeweiligen Marke muss dann auf operativer Ebene dauerhaft durch einen optimalen Marketing-Mix umgesetzt werden. Einige grundlegende Ansätze der Strategie sollen im Folgenden betrachtet werden. Die Positionierung der Marken muss die aktuelle und zukünftige demografische Entwicklung nachhaltig berücksichtigen. In der Vergangenheit bestand die europäische Gesellschaft zu einem großen Teil aus der Mittelschicht. Zukünftig wird diese Mittelschicht kleiner werden, was auch Konsequenzen auf die strategische Ausrichtung vieler Marken haben wird. Diese Entwicklung zeichnet sich bereits deutlich ab.

Vergleich von Wachstumsraten

Der demografische Trend könnte zukünftig noch größere Auswirkungen auf die Entwicklung der Wachstumsraten verschiedener Automobilhersteller haben. Darauf ausgerichtete Positionierungen sind bereits heute zu erkennen. Hersteller, die ihre Marken zum Beispiel in Westeuropa entweder als Basismarke oder als Premiummarke positioniert haben, wiesen zwischen 1994 und 2003 die höchsten Wachstumsraten auf. Damit einher geht zugleich die Orientierung als Kosten- oder Qualitätsführer. Es bleibt festzuhalten, dass auch vor dem Hintergrund dieser Erkenntnis eine eindeutige Positionierung einer jeden Marke zwingend erforderlich und sinnvoll ist.

Als weitere Grundlage zur Differenzierung der Marken untereinander dienen die Markenwerte, die aus den eher abstrakten Markenkernen abgeleitet wurden. Die Markenwerte sollen die Markenkerne konkretisieren und explizite Markenassoziationen nachhaltig zum Ausdruck bringen. Alle Aktivitäten einer Marke müssen kongruent mit diesen Markenwerten sein. Die definierte Mission orientiert sich ebenfalls am Markenleitbild und muss authentisch sein. Entspricht die Substanz der Produkte nicht den Ansprüchen und somit auch den Wünschen und Anforderungen der Kunden an die Marke, so fehlt der Marke die „Erdung", und sie wirkt insgesamt unglaubwürdig. Diese Erkenntnisse gelten in der Automobilindustrie deutlich stärker als in vielen anderen Industrien. Hinzu kommt vor allem für Anbieter mit mehreren Marken die erforderliche Abgrenzung der Marken und Modelle in den Produktsegmenten, um Überschneidungen im Produktangebot und damit Kannibalisierungsrisiken zu vermeiden.

Grundlage hierfür ist die klare Definition der markentypischen Segmente mit der klaren Einordnung der Karosserieformen. In den zurückliegenden Jahren ist eine immer weiter abnehmende Markenloyalität der Kunden zu beobachten. Die Kunden werden permanent und immer stärker durch neue Angebote animiert, ihre angestammte Marke zu verlassen und zu einem anderen Anbieter zu wechseln. Mit einem breiten Produktangebot und mehreren Marken kann es teilweise gelingen, diese Kunden dennoch im Unternehmen zu behalten.

Erfolgsfaktoren für die Mehrmarkenstrategie

Es ist aber bei weitem nicht ausreichend, lediglich über ein breites Portfolio an Marken zu verfügen. Vielmehr ist entscheidend, wesentliche Komponenten bei der Umsetzung der Mehrmarkenstrategie dauerhaft zu berücksichtigen. Eine globale Ausrichtung der Produktpolitik der Marken mit dem Ziel der vollständigen Marktabdeckung und gleichzeitig die Schaffung eines weitestgehend überschneidungsfreien Produktangebotes ist dabei entscheidend. Dazu gehört eine eindeutige Positionierung der Marken durch Schaffung von Markenpersönlichkeiten mit emotionaler Konsequenz und Umsetzung der Markenleitbilder. Außerdem ist eine nachhaltige Konsistenz und hohe Glaubwürdigkeit der Markenerlebniswelten vom Produkt aus bis hin zum Vermarktungsprozess zwingend erforderlich.

Vorteile der Plattformstrategie

Das Angebot einer Vielzahl von Produkten und die Bündelung von Marken in Unternehmen ist demzufolge eine mögliche Antwort auf die zunehmende Fragmentierung der Märkte. Die Plattformstrategie wiederum hat im Rahmen der Mehrmarkenstrategie das Ziel, das breiter werdende Modellangebot und die Baureihen auf einer soliden wirtschaftlichen Basis weiter auszubauen und gleichzeitig in einer hohen Qualität zu wettbewerbsfähigen Preisen anzubieten. Dazu werden bei dieser Strategie gleiche Komponenten, die der Kunde nicht sieht und fühlt, in mehreren Fahrzeugmodellen und auch ganzen Modellfamilien unterschiedlicher Konzernmarken aber innerhalb einer Fahrzeugklasse, verwendet. Nicht zur Plattform gehört dabei der jeweilige individuelle Hut. Er umfasst Teile, die der Kunde sieht oder fühlt. Aus unserer Sicht hat die Plattformstrategie einige Vorteile. Mit der Mehrfach-Verwendung von Plattformteilen können die Entwicklungszeiten reduziert werden. Somit wurde es möglich, schneller auf die sich verändernden Marktanforderungen zu reagieren. Durch die Schaffung von baugleichen Komponenten mit hohen Stückzahlen wurden die Entwicklungs- und Herstellkosten für einzelne Modelle sowie gesamte Baureihen beziehungsweise Modellfamilien gesenkt. Auf diese Art und Weise wurde die Möglichkeit eröffnet, mit einer größeren Produktvielfalt auch Nischen-Potenziale besser zu erschließen und gleichzeitig eine Antwort auf die zunehmende Fragmentierung der Märkte zu geben. Die Produktpaletten der einzelnen Marken konnten erweitert werden. Wir haben gleichzeitig durch eine Vereinfachung und Vereinheitlichung der Fertigungsprozesse die Qualität unserer Produkte erhöht.

Festzuhalten bleibt, dass eine umfassende Modelloffensive und die Einbeziehung von unterschiedlichen Marken ohne die Verwendung identischer Plattformen für mehrere Modelle beziehungsweise Modellfamilien und Baureihen in einem hohen Tempo und bei einem wirtschaftlich vertretbaren Mitteleinsatz kaum möglich ist.

Risiken der Plattformstrategie

Doch die Plattformstrategie birgt neben den Vorteilen auch Risiken, die nicht unterschätzt werden dürfen. Neben den Synergieeffekten auf der einen Seite müssen die markenpolitischen Erosionseffekte auf der anderen Seite beobachtet und beachtet werden. Die Attraktivität und scharfe Positionierung einzelner Produkte und ganzer Marken darf nicht durch den Einsatz der Plattformstrategie verwässert werden. Die größte und gefährlichste Verführung liegt sicher darin, immer weitere ähnliche Varianten auf einer Plattform zu entwickeln. Der variantengetriebene Kostendegressionseffekt der Plattformstrategie führt zu dem Risiko, dass immer mehr ähnliche Varianten auf einer Plattform und unter verschiedenen Marken angeboten werden und auf den Markt „geworfen" werden. Diese Produkte treten dann innerhalb der ähnlichen oder gleichen Marktsegmente miteinander in Wettbewerb, und es tritt eine Kannibalisierung der Produkte zwischen den Marken des Unternehmens ein. Dieser Effekt ist auch als eine „Segmentüberfüllung" zu bezeichnen. Das entscheidende Risiko einer derartigen Entwicklung ist neben den Einflüssen auf die Produkt- und Markenstärke die mögliche Auswirkung auf die Ertragskraft. Eine unkoordinierte Vielzahl immer ähnlicherer Produkte führt somit in der Regel zu steigenden Kosten und auch zu tendenziell sinkenden Erlösen.

Negative Kosteneffekte ergeben sich insbesondere durch die unvermeidlich auftretenden typspezifischen Entwicklungs-, Produktions- sowie Marketing- und Vertriebskosten. Kritisch ist auch die Spreizung der Preise und die Durchsetzung einer klaren Preishierarchie mit plattformähnlichen Produkten in einem Segment. Die möglichen Effekte einer plattform- und nicht mehr marktgetriebenen Produktpositionierung dürfen daher auf keinen Fall außer Acht gelassen werden. Vielmehr ist die Positionierung von neuen Produkten bereits in der Definitionsphase genau zu prüfen, und sämtliche Chancen und Risiken sind detailliert zu bewerten. Bei jeder Entscheidung gilt es daher, den Nutzen der Plattformstrategie mit den Werten der jeweiligen Marke und den Zielsetzungen abzugleichen und zu bewerten.

Neben den aufgezeigten möglichen Schwächen ist noch auf ein weiteres grundlegendes Defizit hinzuweisen. In der bekannten Form ist die Plattformstrategie zu stark an Segmenten und Fahrzeugklassen orientiert, da hier die Entwicklung von gleichartigen Modellen im Fokus steht.

Eine segment- und fahrzeugklassenübergreifende Entwicklung ist mit der Plattformstrategie allein nur schwer möglich. Unter anderem aus diesem Grund erscheint die Kombination der Plattformstrategie mit der Modulstrategie als überaus sinnvolle Vorgehensweise.

Vorteile einer Modulstrategie

Bei der Modulstrategie werden Komponenten und Baugruppen nicht mehr nur für ein Modell oder eine Plattform entwickelt. Es werden vielmehr Module generiert, die fahrzeugklassenübergreifend in unterschiedlichen Typen genutzt und verbaut werden können. Es wird zum Beispiel eine Achse entwickelt, die unterschiedliche Spurbreiten und Radgrößen zulässt und somit übergreifend eingesetzt werden kann. Bei einer konsequenten Umsetzung können auf diese Art und Weise größere Differenzierungen und neue Varianten schneller hergestellt werden. Durch diese neue Flexibilität ist es auch besser möglich, den Einsatz von neuen Produkten in einem Segment aus Sicht des Unternehmens zu strecken und somit betriebswirtschaftliche Ziele mit denen des Marketing in akzeptablen Einklang zu bringen. Dies ist die Basis für den wirtschaftlichen und somit unternehmerischen Erfolg. Langfristig führt die Verbindung der Plattform- und der Modulstrategie zu erheblichen Vorteilen. Die Plattformen bestehen dabei aus Modulen, die aus einem Modulbaukasten stammen. Dabei sollte es so sein, dass verschiedene Module auch in unterschiedlichen Baureihen genutzt werden. Es sollte permanent geprüft werden, ob ein vorhandenes Modul durch eine Differenzierung oder Entfeinerung beziehungsweise Aufwertung in einer weiteren Baureihe beziehungsweise Modellfamilie zum Einsatz kommen könnte. Die ständige Prüfung von allen Modulen führt dazu, alle Module technisch permanent auf einem hohen Niveau zu halten und gleichzeitig die betriebswirtschaftlichen Zielsetzungen noch besser zu realisieren. Ein weiterer Vorteil der Modulstrategie ist, dass Synergiepotenziale bei der Entwicklung der Module identifiziert und damit vorhandene Komplexitäten reduziert werden können. Als wesentliche Ziele der Modulstrategie lassen sich somit eine schnellere und flexiblere Marktorientierung, die kontinuierliche Kostensenkung, eine Glättung von Investitionen und Aufwendungen sowie eine leichtere und kostengünstigere Ableitung einer erweiterten Anzahl von Nischenmodellen festhalten. Weiterhin ist eine Zeiteinsparung zwischen Fahrzeugprojektanstoß und Markteinführung – „Time to Market“ – sowie eine deutlich optimierte Nutzungsdauer von Technologien möglich. Darüber hinaus ist die Steigerung der Qualität und insgesamt der Ausbau eines Wettbewerbsvorsprungs als wesentliches Ziel hervorzuheben.

Zusammenfassung

Ein breites Markenportfolio bietet Unternehmen die einzigartige Möglichkeit, eine umfassende Produktpalette anzubieten und sich im Markt nachhaltig und erfolgreich zu profilieren. Mehrmarkenstrategie, Markenleitbilder und ein individuelles Marketing sind entscheidende Elemente und zugleich die wesentliche Voraussetzung, um ein breites Produktportfolio erfolgreich zu führen und permanent weiter zu entwickeln. Die Plattformstrategie ist nur eine Voraussetzung, um eine Modelloffensive zügig und unter Erfüllung der betriebswirtschaftlichen Vorgaben nachhaltig umzusetzen. Die Modulstrategie ist die Weiterentwicklung einer Plattformstrategie auf das gesamte Fahrzeug über Modellhierarchien hinweg und bietet vor allem aus Sicht der Technik dadurch auch vertikale Entwicklungsmöglichkeiten. Durch sie erfährt die Plattformstrategie eine Evolutionsstufe und wird insgesamt noch effizienter. Durch die aufgezeigten Bausteine bietet sich für das Unternehmen insgesamt die Möglichkeit, das Produktprogramm kontinuierlich zielgerichtet weiterzuentwickeln und auf die immer spezifischer werdenden Kundenwünsche und Marktgegebenheiten noch schneller als bisher einzugehen.

Visteon Corporation – Umgestaltung der Geschäftsprozesse vom Automobilhersteller zum Zulieferer

Dr. Heinz Pfannschmidt, ehemaliger President Europe & South America, Visteon Corporation

Die Gründung von Visteon

Am 8. September 1997 stellte die Ford Automotive Products Operations ihren Betrieb für eine Stunde ein, um ihren Mitarbeitern ein neues Unternehmen vorzustellen: Visteon. Den externen Zielgruppen und der Öffentlichkeit wurde Visteon am 9. September 1997 auf der Automobilmesse in Frankfurt präsentiert. Eine neue Identität, eine neue Organisation und neue Geschäftsprozesse waren geboren. Von Anfang an war Visteon einer der international größten Zulieferer für Komponenten und Systeme in der Automobilindustrie. Visteon war zum Zeitpunkt seiner Gründung ein Unternehmen der Ford Motor Company mit 78.000 Mitarbeitern in 19 Ländern der Welt.

Die wichtigsten Führungspersönlichkeiten während der Gründungsphase von Visteon waren Edward E. Hagenlocker, der ehemalige Vorsitzende von Visteon und stellvertretende Vorsitzende der Ford Motor Company, und Charles W. Szuluk, ehemaliger Präsident von Visteon und Group Vice President der Ford Motor Company. „Visteon wurde als unabhängiges, sich selbst finanzierendes Profitcenter gegründet mit dem Ziel, eine größere Wertschöpfung für die Anteilseigner von Ford zu schaffen“, sagte Hagenlocker. Charles W. Szuluk fügte hinzu: „Es ist Visteons Vision, der weltweit führende Anbieter für Fahrzeugkomponenten und integrierte Systeme zu werden.“

Die Gründung von Visteon erfolgte nach nur kurzer Planungsphase. Erst zehn Monate bevor Visteon auf dem Markt eingeführt wurde, hatte die Ford Motor Company im November 1996 ihre vier Unternehmensbereiche für verschiedene Komponenten in einem Unternehmen zusammengefasst – damals die Ford Automotive Products Operations (APO) –, um ihr Zuliefergeschäft durch Steigerung des Umsatzes mit anderen Automobilherstellern, die nicht zur Ford Gruppe gehörten, auszuweiten. Die Gründung Visteons war das Ergebnis einer umfassenden internen Geschäftsanalyse mit Schwerpunkt auf Entwicklung und Lieferung integrierter Systeme. Bedingt durch seine Historie als Unternehmen der Ford Motor Company konnte Visteon auf fast hundert Jahre Erfahrung im Automobilbau zurückblicken. Diese Erfahrung kombiniert mit dem Plan einer weltweiten Vermarktung, um das Geschäft mit anderen Kunden als Ford massiv auszubauen, machten Visteons Geschäftsmodell aus. Wichtige Ziele der Anfangszeit waren unter anderem die Steigerung des Umsatzes in Schwellenmärkten sowie die Schaffung neuer Absatzmöglichkeiten für die umfassende Palette der

Aftermarket-Produkte. Visteon startete seine Geschäftsaktivitäten mit 74 Werken und 30 Vertriebs-, Engineering- und Technologiezentren in 19 Ländern der Welt.

Ursprünglich war Visteon in sieben Produktsystembereiche gegliedert: Klimatisierung, Innenraum, Elektronik, Exterieur, Glas, Fahrwerk und Antriebsstrang. Diese Produktbereiche waren in 24 strategische Geschäftseinheiten (SBUs) unterteilt, welche die unternehmerische Basis von Visteon darstellten. Jede Einheit war für ihr Gesamtergebnis (Gewinn und Verlust) selbst verantwortlich. Ein umfassendes Produktportfolio mit 27 Systemen, 10 Hauptmodulen und 64 Komponenten machte die sieben Produktbereiche aus. Zur Unterstützung der weltweiten Vertriebs- und Marketingaktivitäten war Visteon zunächst organisatorisch in fünf Regionen unterteilt: Nordamerika, Südamerika, Asien, China und Europa, inklusive Mittlerer Osten und Afrika. Im Rahmen der globalen Strategie hatte jede Region einen eigenen Geschäftsplan und die notwendigen Ressourcen, um so den Bedürfnissen der Kunden der jeweiligen Märkte gerecht zu werden. Standorte von Visteon gab es damals in Argentinien, Australien, Brasilien, China, Deutschland, England, Frankreich, Indien, Japan, Kanada, Mexiko, Portugal, Südkorea, Spanien, Taiwan, Thailand, der Tschechischen Republik und in Ungarn. Die weltweite Zentrale befand sich in Dearborn (Michigan), USA.

Die europäische Zentrale für Marketing, Vertrieb und Service befand sich zu diesem Zeitpunkt in Basildon, England. In Deutschland gab es ein Büro für Marketing, Vertrieb und Service in Köln, ein weiteres Vertriebsbüro war in der Nähe von Ford in Köln-Merkenich angesiedelt. In Europa hatte Visteon die folgenden fünf Technologiezentren: das Technologiezentrum für Fahrzeugklimatisierung in Charleville, Frankreich; das Technologiezentrum für Fahrzeugklimatisierung in Köln; das Technologiezentrum für Elektronik und Interieursysteme in Dunton, England, sowie das Autopal Technologiezentrum für Beleuchtung in Nový Jičín, Tschechische Republik.

Im Kalenderjahr 1997 betrug der Umsatz von Visteon mehr als 17 Milliarden US-Dollar, der Nettogewinn belief sich auf 518 Millionen Dollar. 81 Prozent von Visteons Umsatzerlösen des Jahres 1997 wurden in Nordamerika erzielt, 15 Prozent in Europa und nur 4 Prozent in Südamerika und Asien. In den Jahren 1997/1998 war Visteon bereits auf dem besten Weg, sein Ziel zu erreichen, 20 Prozent oder mehr seiner Umsatzerlöse mit Aufträgen außerhalb des Fordgeschäfts zu generieren, indem es Möglichkeiten außerhalb von Ford im OEM-Markt, dem Aftermarket und angrenzenden Geschäftsfeldern außerhalb der Automobilindustrie verfolgte.

Die Corporate Identity von Visteon – Name und Logo verkörpern Vision und Dynamik

»Kombinieren Sie die Worte „visionär“ und „eon“ (Ewigkeit) und sie erhalten die Essenz von Visteon.« Die neue Marktidentität weist Visteon in der Branche der Automobilzulieferer als ein schnell agierendes Unternehmen mit unternehmerischem Denken, solider Erfahrung und bedingungslosem Engagement für den Erfolg seiner Kunden aus.

„Wir erfinden uns selbst neu als führenden Anbieter in der Automobilzulieferindustrie und wir ändern viel mehr als nur unseren Namen", so Szuluk auf der Pressekonferenz zur Einführung des Unternehmens während der Frankfurter Automobilausstellung am 9. September 1997. Um diese Botschaft zu vermitteln, hatte das neue Unternehmen einen Namen erhalten, der visionäre Führung und Innovation in einer schnelllebigen Branche signalisierte. Der Name „Visteon" deutet auf ein Unternehmen, das zukunftsgerichtet, visionär und innovativ ist und gleichzeitig langjährige Erfahrung und bewährtes Know-how mitbringt. Visteon ist ein Kunstwort, eine Kombination aus Wörtern lateinisch-griechischen Ursprungs, die dem neuen Namen Prestige verleihen und gleichzeitig sicherstellen, dass der Name in den verschiedensten Sprachen „verstanden" wird. Einen Monat bevor das neue Unternehmen 1997 vorgestellt wurde, konnte die Welt schließlich auch erste Blicke auf Visteons visuelle Identität erhaschen. Die Punkte und Farben des Logos erschienen auf einer Reihe von Plakatwänden an Highways in Detroit und in Werbebeilagen von Fachzeitschriften für die Automobilindustrie. Ende August und Anfang September wurde die Kampagne auf Europa und Südamerika ausgedehnt. In Frankfurt zum Beispiel waren die Visteon-Punkte mehrere Wochen lang vor der Automobilausstellung auf 400 Taxen zu sehen. Am Abend vor der Eröffnung der Messe wurden die Punkte dann zu dem vollständigen Namen zusammengefügt.

Visteon expandiert weltweit

Im Mai 1998 war Visteon bereits mit ersten Produktions-, Engineering- und Vertriebsniederlassungen in der ganzen Welt expandiert. Ein wichtiger Meilenstein zwischen der Gründung von Visteon im Jahr 1997 und seiner Ausgliederung und Verselbstständigung im Jahr 2000 war die Einrichtung von Kundenservicezentren. Eines der ersten Kundenservicezentren, das Visteon eröffnete, war die Einrichtung in Toyota City, Japan, im Juli 1998. Dieses Zentrum wurde errichtet, um den Mitarbeitern von Visteon einen direkteren Kontakt zu Toyota und anderen asiatischen Automobilherstellern zu ermöglichen. Außerdem weihte Visteon 1998 ein Kundenservicezentrum in Wolfsburg, dem Firmensitz der Volkswagen-Gruppe, ein. Die neuen Kundenservicezentren in Japan und Deutschland verdeutlichten die globale Strategie von Visteon, sich künftig auf eine breitere Kundenbasis zu stützen und die Geschäftsaktivitäten auf andere Automarken als Ford auszuweiten. Durch die strategische Einrichtung von Vertriebs- und Serviceniederlassungen in der Nähe von wichtigen Automobilherstellern in der ganzen Welt hatte Visteon die ersten Möglichkeiten geschaffen, Beziehungen auf regionaler Ebene mit den einflussreichsten Autobauern der Welt zu knüpfen.

Um die Ernsthaftigkeit seiner Verpflichtung, den Kunden Produkte und Service von Weltklasse zu liefern, zu untermauern, kündigte Visteon Investitionen in seinen Werken und technischen Einrichtungen in der ganzen Welt an. Diese Investitionen umfassten zum Beispiel die Erweiterung des Visteon-Werks in Palmela, Portugal, um

Visteons Kapazitäten im Bereich Fahrzeugklimatisierung auszubauen, damit das Unternehmen der wachsenden europäischen Nachfrage nach Klimaanlagen gerecht werden konnte. Weitere Investitionen in bestehende Werke wurden in Deutschland, Frankreich, Großbritannien, der Tschechischen Republik, in Ungarn und den USA durchgeführt. Gleichzeitig expandierte Visteon in Asien mit neuen Werken in Thailand und Indien. Durch den Ausbau der Präsenz von Visteon in der ganzen Welt waren auch die Beschäftigungszahlen gestiegen. Die Zahl der Mitarbeiter war von 78.000 in 1997 auf 82.000 im Jahr 1999 gewachsen, die in mehr als 120 Fertigungs-, Engineering-, Vertriebs- und Technologiezentren in 21 Ländern angestellt waren.

Visteon in Osteuropa

Als Visteon gegründet wurde, war das Unternehmen in Osteuropa nur wenig vertreten. Es gab Produktionswerke in zwei osteuropäischen Ländern: in Ungarn und in der Tschechischen Republik. Das Alba-Werk in Székesfehérvár in Ungarn war 1991 von Ford errichtet worden. Hier wurden schwerpunktmäßig Komponenten für Antriebsstrangsysteme und Kraftstoffzufuhr hergestellt. Das Autopal-Werk in Nový Jičín in der Tschechischen Republik war 1993 von Ford erworben worden. Damals wie heute werden dort Komponenten für Beleuchtung und Fahrzeugklimatisierung hergestellt. 1998 baute Visteon seine Präsenz in Osteuropa mit Firmenkäufen in Polen weiter aus. Auch heute expandiert Visteon in den Niedrigkostenländern, indem es seine Kapazitäten in Ungarn aus- und neue Standorte in der Slowakischen Republik und der Türkei aufbaut.

Kunden, die nicht zu Ford gehören

Bereits 1999 hat Visteon seine Geschäftsaktivitäten auf Kundenbeziehungen zu anderen Unternehmen als Ford ausgerichtet. Um sicherzustellen, dass Visteons Kunden überall in der Welt der gleiche Vertriebsservice geboten werden kann und um die geschäftlichen Aktivitäten an die Bedürfnisse der Kunden anzupassen, strukturierte Visteon seine Vertriebs- und Serviceteams neu, und zwar in drei globale Organisationen, deren Schwerpunkt auf verschiedenen Automobilmärkten und -kunden lag. Es wurden separate globale Kundenteams für das Geschäft mit der Ford Motor Company, anderen weltweit agierenden Automobilherstellern und für das Aftermarket-Geschäft gegründet. Visteon baute seine strategisch günstig, in der Nähe wichtiger Automobilhersteller platzierten Niederlassungen weiter aus. Im März 1999 beispielsweise eröffnete es ein neues Vertriebs- und Technologiezentrum in Coventry, um von hier aus Jaguar und die Automobilindustrie Großbritanniens zu bedienen.

Ausbau des strategischen Produktportfolios: Erwerb der Unternehmensbereiche Halla Climate Control and Plastic Omnium Interior sowie Einrichtung des Unternehmensbereichs Visteon Aftermarket in Europa

Im Rahmen eines aggressiven Plans zur Gewinnung weiterer Marktanteile im wachsenden Segment der Fahrzeugklimatisierung gab Visteon im Januar 1999 eine Vereinbarung zur Vergrößerung seines Anteils an der Halla Climate Control Corp. (HCC) bekannt. HCC ist ein renommiertes Unternehmen für Klimasysteme mit Sitz in Taejon, Südkorea. Durch diese Aktion steigerte Visteon seinen Anteil an HCC von 35 auf 70 Prozent. Der Erwerb verhalf Visteon zu einer deutlich besseren Marktposition im Bereich Fahrzeugklimatisierung, vor allem auch in der Region Asien-Pazifik. HCC wurde 1986 mit Produktionswerken in Taejon und Pyongtaek sowie Joint Ventures in Kanada, Portugal, Thailand und Indien gegründet. Zum Zeitpunkt des Anteilserwerbs durch Visteon zählte HCC Hyundai, Kia, Mazda, General Motors und Ford zu seinen Kunden.

Parallel dazu bereitete sich Visteon darauf vor, seine Kompetenz im Bereich Innenraumausstattung und Automobil-Aftermarket auszubauen.

Der Erwerb der Fahrzeuginnenraumsparte von Plastic Omnium im Jahr 1999 stellte einen wichtigen Meilenstein für Visteon dar, nicht nur im Hinblick auf den Ausbau seines Technologie-Portfolios, sondern auch auf den Ausbau des Kundenportfolios. Dieser strategische Schritt machte Visteon zu einem führenden Anbieter für Innenraumkomponenten einschließlich Cockpitsystemen. Craig Muhlhauser, der 1999 als Nachfolger von Charles W. Szuluk zum Präsidenten von Visteon ernannt wurde, kommentierte den Erwerb von Plastic Omnium Interior: „Der Erwerb dieses Unternehmensbereichs ist die perfekte Ergänzung für Visteon, denn dadurch verbindet sich unsere globale Kompetenz im Bereich Fahrzeug-Engineering und Fahrzeugelektronik mit dem europäischen Interieur-Know-how und dem Kundenbestand von Plastic Omnium. Außerdem geht eine sofortige Vergrößerung unseres europäischen Kundenportfolios einher und ist ein weiterer Schritt hin zu unserer Vision, der weltweit führende Automobilsystemlieferant zu werden." Mit dem Erwerb hatte Visteon 14 neue Werke in den vier Ländern Frankreich, Italien, Spanien und England hinzugewonnen. Dies brachte eine Steigerung der Europa-Umsätze um 17 Prozent. Visteon hatte in Europa ein neues Gesicht bekommen. Durch die Plastic-Omnium-Akquise stieg die Zahl der Beschäftigen von Visteon in Europa auf 23.000 Mitarbeiter, die in 52 Technologiezentren, Vertriebsniederlassungen und Produktionsstätten beschäftigt waren. Der Bereich Fahrzeuginnenraumsystem von Plastic Omnium bediente Renault und Renault Nutzfahrzeuge, PSA Peugeot-Citroën, die Fiat-Gruppe, Nissan, Honda, Volkswagen, Seat und andere. Durch den Erwerb dieses Unternehmensbereichs konnte der jährliche Umsatzerlös von Visteon in Europa aus Geschäftsaktivitäten mit Neukunden auf über 20 Prozent des gesamten Umsatzerlöses in Europa gesteigert werden – fast drei Jahre früher, als Visteon es sich für 2002 zum Ziel gesetzt hatte.

Ein weiterer wichtiger Schritt für Visteon war der Start seiner Geschäftsaktivitäten im weltweiten Ersatzteil- und Zubehörmarkt, dem Aftermarket. Im September 1999 eröffnete Visteon in Deutschland ein neues Zentrum für seine Aftermarket-Aktivitäten in Europa. Zu den Produktlinien für den europäischen Aftermarket zählen seither Fahrzeug-Entertainmentsysteme, Heiz-/Klimasysteme und Lenkungskomponenten. Heute ergänzen weitere Produkte das Portfolio.

Visteon wird Aktiengesellschaft

Am 14. April 2000 wurde bekannt gegeben, dass die Visteon Corporation nach dem geplanten Spin-off von der Muttergesellschaft, der Ford Motor Company, ein eigenständiges Unternehmen werden würde. Am 29. Juni 2000 führte Peter J. Pestillo, ehemaliger Chairman und Chief Executive Officer, das Unternehmen an der New Yorker Börse ein. Ein neues Kapitel in der Geschichte von Visteon begann. „Die Selbstständigkeit ermöglicht uns, unseren Kundenbestand auszubauen und uns auf die Lieferung von Fahrzeugkomponenten und -systemen für die führenden Automobilhersteller in der Welt zu konzentrieren“, erklärte Pestillo. Als eigenständiges Unternehmen mit einem Umsatz von 19,4 Milliarden US-Dollar 1999 rangierte Visteon unter den ersten 100 Unternehmen der „Fortune 500“ und wurde in den Standard & Poor 500 Index aufgenommen.

Am Ende des Jahres 2000 machten Visteons Aufträge mit Neukunden 16 Prozent seines Gesamtumsatzes aus, verglichen mit 12 Prozent in 1999. Visteon berichtete, dass es Neugeschäft in beträchtlichem Umfang mit General Motors, Honda, PSA Peugeot-Citroën, Hyundai, Volkswagen, DaimlerChrysler, Renault und Fiat gebucht hatte. Mit Blick in die Zukunft sagte Pestillo: „Im Jahr 2001 werden wir den Schwerpunkt noch mehr auf den Ausbau der Kundenbasis und auf die Entwicklung neuer Technologien legen, um am 500 Milliarden US-Dollar schweren Weltmarkt für Fahrzeugkomponenten partizipieren zu können. Wir sind dabei, Visteon in ein straff organisiertes Unternehmen umzustrukturieren, das schlank, global und kundenorientiert ist.“ Trotz eines rückläufigen Geschäftsvolumens in der Branche in der zweiten Hälfte des Jahres 2000 stand Visteon am Ende des Jahres finanziell sehr gut dar. Barmittel und Wertpapiere des Umlaufvermögens beliefen sich zum Jahresende auf insgesamt 1,5 Milliarden US-Dollar und das Unternehmen erreichte bei den Betriebsergebnissen die Meilensteine, die es sich im Januar 2000 für Gewinn, Neugeschäft, Kostenreduzierung, Cashflow und Qualität gesetzt hatte.

„Wir haben alle Meilensteine, die wir uns zum Ziel gesetzt hatten, erreicht und das Jahr mit einem sehr starken Ergebnis abgeschlossen“, so Pestillo. „Wir haben strukturelle und kostenbasierte Maßnahmen auf den Weg gebracht, die unsere Fähigkeiten, Neugeschäft zu akquirieren und noch größere Gewinne zu erzielen, deutlich steigern werden.“

Unsere Zielsetzung ist es, eine größere Wertschöpfung für den Kapitalmarkt zu erzielen. Unsere Vision erreichen wir durch Systemlösungen, die es unseren Kunden ermöglichen, ihre Ziele zu übertreffen – Systemlösungen, die noch sicherer und umweltverträglicher sind und Visteon als bevorzugten Lieferanten und Arbeitgeber sowie als Unternehmen mit sozialer Verantwortung positionieren.

Die ersten fünf Jahre als eigenständiges Unternehmen

2001, das erste vollständige Geschäftsjahr nach der Ausgliederung von Visteon aus der Ford Motor Company, war weltweit ein schwieriges Jahr für den Automobilmarkt. Aufgrund der Bedingungen auf dem Markt war es für Visteon noch dringlicher, sich einen größeren Kundenstamm und eine breitere geografische Basis zu schaffen und die Kosten zu minimieren. In beiden Bereichen konnte Visteon wesentliche Fortschritte erzielen.

Die Umsätze mit anderen Kunden als Ford stiegen um 6 Prozent auf 3,2 Milliarden US-Dollar und machten 18 Prozent des Gesamtumsatzes von Visteon aus. Gleichzeitig übertraf Visteon sein Ziel, neue Aufträge im Wert von 1 Milliarde Dollar bei anderen Kunden als Ford zu gewinnen. „Fast 50 Prozent unseres Auftragsbestands von 5 Milliarden kommt von anderen Kunden als Ford und 40 Prozent davon entfallen auf andere Länder als Nordamerika. In Anbetracht dieses Auftragsbestands gehen wir davon aus, dass bis zum letzten Quartal 2003 etwa 25 Prozent unseres Geschäfts von anderen Kunden als von Ford stammen wird", sagte Pestillo in einer Mitteilung an die Aktionäre im Jahresbericht von 2001.

Dennoch hat Visteon in 2001 einen Verlust von 118 Millionen US-Dollar ausgewiesen. Der Umsatz für das gesamte Jahr 2001 betrug 17,8 Milliarden Dollar und lag damit mehr als 1,6 Milliarden Dollar unter dem Ergebnis von 2000. Dieser Rückgang war durch eine geringere Produktion bei Ford in Nordamerika bedingt. Der Umsatz mit Ford ging im Laufe von 2001 um 1,8 Milliarden Dollar zurück. „2001 war ein hartes Jahr. In der ersten Hälfte des Jahres konnten wir eine gute Auslastung verzeichnen, größere Einschnitte bei der Produktion und schwankende Absatzpläne bei unseren größten Kunden führten dann in der zweiten Jahreshälfte zu einem schlechteren Ergebnis", so Pestillo. „Vorangegangene Umstrukturierungs- und andere Maßnahmen haben dazu beigetragen, die Auswirkungen der schwachen Wirtschaft abzumildern, und ermöglichen uns, eine solide finanzielle Position zu halten."

Einführung einer kundenorientierten Organisationsstruktur

Visteon förderte das Wachstum des Unternehmens durch Investitionen in zukünftige Technologien, Einrichtungen und Verfahren. Es wurden bedeutende Investitionen in den verschiedensten Bereichen getätigt, angefangen bei der Modernisierung von Anlagen bis hin zu umfassenden Kundenserviceprogrammen. Im Januar 2001 kündigte

Visteon seine neue kundenorientierte Organisation an. „Visteons Unternehmensstruktur hat gut funktioniert, als sie auf einem einzigen Kundenfokus basierte. Unsere neue Organisationsform wird noch effizienter sein und wir werden noch schneller auf alle Bedürfnisse unserer Kunden reagieren können", so Michael F. Johnston, der zu dem Zeitpunkt Präsident und Chief Operating Officer von Visteon war.

Im Rahmen der neuen Organisation wurde Visteon in die beiden Geschäftsregionen Nordamerika/Asien-Pazifik und Europa/Südamerika aufgeteilt. In jeder Region wurden engagierte Kundenteams gebildet. 13 Kundengeschäftsgruppen und 25 Kundenservicezentren nahmen ihre Arbeit ganz in der Nähe der Automobilhersteller in der ganzen Welt auf, um den Kunden die bestmögliche Unterstützung vor Ort zu gewähren. Die Geschäftsergebnisse für 2001 zeigten, dass die neue Strategie aufging. 2001 konnte Visteon Aufträge mit fast allen wichtigen weltweit agierenden Automobilherstellern gewinnen und verbuchte neues Nettogeschäft im Wert von fast 1,5 Milliarden US-Dollar Jahresumsatz. Mehr als 75 Prozent davon stammten von Neukunden, die nichts mehr mit Visteons ehemaliger Ford-Verwurzelung zu tun hatten.

Fertigung, Produktentwicklung, Beschaffung und Stabsfunktionen wurden zentral organisiert, sodass Synergien genutzt, beste Praktiken gemeinsam verwendet und Kosten reduziert werden konnten. Die neue Organisationsstruktur brachte viele Vorteile im Umgang mit Neukunden. Visteon konnte jetzt eine zentrale Anlaufstelle anbieten, wodurch sich Reaktions- und Entscheidungszeiten verkürzten. Im Rahmen der Umstrukturierung wurden Organisationsebenen abgeschafft und Stabsfunktionen rationalisiert. Zudem startete Visteon strategische Initiativen zur kontinuierlichen Verbesserung der Qualität seines Produktportfolios sowie Initiativen im Fertigungsbereich zur Verbesserung der Qualität und Verschlankung von Verfahren. So hat Visteon verschiedene sogenannte regionale Montagewerke (heute „Focused Factories") in der Nähe der Montagewerke der Kunden eröffnet, sodass das Unternehmen schnell mit Just-in-Time-Lieferungen, „Configuration-to-Order" und „Ship-in-Sequence"-Produktions- und Lieferprozessen auf die Bedürfnisse der Kunden reagieren kann.

Stärkung der regionalen Struktur von Visteon

Visteon hat nicht nur seine Vertriebs-, Produktentwicklungs-, Engineering- und Produktionskapazitäten in der ganzen Welt ausgebaut. Auch die Stärkung der regionalen Struktur des Unternehmens und die Schaffung eines starken Führungsteams waren Schwerpunkte. Visteon erweiterte sein Top-Management um zwei regionale Präsidenten in Nordamerika/Asien und Europa/Südamerika sowie um einen Geschäftsführer für Asien. Jeder dieser Führungskräfte brachte umfassende Erfahrung im Management eines Zulieferers in das Unternehmen ein. Jim Orchard kam als Präsident für Nordamerika und Asien zu Visteon und Dr. Heinz Pfannschmidt als Präsident für Europa und Südamerika. Bob Pallash übernahm die Geschäfte in Asien.

Umstrukturierungsmaßnahmen

Mit der Ausgliederung Visteons aus Ford wurde ein neues 20-Milliarden-Dollar-Unternehmen geschaffen, das sich von seiner Geschichte als Automobilhersteller frei machen musste, um ein wettbewerbsfähiger Automobilzulieferer zu werden. Seit der Gründung von Visteon haben immer wieder Umstrukturierungsmaßnahmen auf der Agenda des Unternehmens gestanden; ein starker Fokus auf Cash Management ist dabei zu einer der wichtigsten Prioritäten für das Unternehmen geworden. Im Jahr 2001 hat Visteon die Produktentwicklung, die Fertigung und alle Supportfunktionen zentralisiert, was zu einem Abbau von mehr als 2.000 Stellen weltweit führte. Visteon hat auch den Bereich Glas umstrukturiert und einige andere Geschäftsaktivitäten konsolidiert wie zum Beispiel im Segment Airbag-Elektronik.

Die Maßnahmen zur Kostenreduzierung und Verschlankung des Unternehmens wurden 2002 mit dem Ziel fortgesetzt, in einem stagnierenden Markt Gewinn zu erzielen. Eine wichtige Initiative wurde in der Zulieferkette durchgeführt, um Ideen der Unterlieferanten zur Kosteneinsparung durch ein Programm namens $AVE zu nutzen. Der Name steht für „Suppliers And Visteon Excel". Mit diesem Programm generierten die Abteilungen Qualität und Einkauf innerhalb eines Jahres mehr als 1.500 Ideen für Einsparmöglichkeiten.

Eine neue Identiät für Europa: Visteon investiert in Technologiezentren und einen Firmensitz in Europa

Gleichzeitig änderte sich die Organisationsstruktur von Visteon in Europa in großem Maße. Das Unternehmen konzentrierte sich stark auf die Verbesserung und Erweiterung seines technischen Know-hows und seines Leistungsvermögens in der Region. In Europa schuf Visteon seine Produktentwicklungs- und Engineeringkapazitäten vor allem im Zusammenhang mit vier wichtigen Technologiezentren – für Elektronik (England), Interieur (Frankreich), Beleuchtung (Tschechische Republik) und Fahrzeugklimatisierung (Deutschland). Zusätzlich zu dem Know-how, das in diesen technischen Kompetenzzentren gebündelt war, blieb Visteon auch in den Segmenten Antriebsstrang und Fahrwerk ein Anbieter mit umfassendem Produkt-Know-how. Es wurden größere Investitionen getätigt, um Visteons europäische Produktlinie Fahrzeugklimatisierung zu stärken. Visteon expandierte mit einem neuen Technologiezentrum für Fahrzeugklimatisierung in Kerpen, eröffnet im September 2001. Das neue Technologiezentrum in Kerpen widmet sich der Entwicklung innovativer Klimakomponenten und -systeme. Nur neun Monate später gab Visteon einen Ausbau in Kerpen bekannt – den Bau der Europazentrale. „Der Plan, eine Zentrale speziell für Europa zu eröffnen, zeigt, welch entscheidende Rolle Europa als Motor für Wachstum und Innovation in der globalen Automobilindustrie spielt", sagte Dr. Heinz Pfannschmidt, Präsident der Visteon Corporation für Europa und Südamerika, als er die geplante Investition im Mai 2002 bekannt gab. 2005 wurde Visteons Europazentrale und Innovationszentrum um einen innovativen Klimawindkanal erweitert.

Neben der neuen Europazentrale investierte Visteon auch in einen neuen Bürokomplex in Basildon, England. Gleichzeitig gab Visteon den Umzug der weltweiten Zentrale des Unternehmens von Dearborn nach Van Buren Township in Michigan – etwa 25 Kilometer westlich von Detroit – bekannt. Sowohl die europäische als auch die weltweite Zentrale sind darauf ausgelegt, das Geschäftsmodell von Visteon insgesamt zu unterstützen, die kundenorientierte Organisationsstruktur zu integrieren, eine gemeinsame Entwicklung und Engineering für die globalen Produktlinien zur Verfügung zu stellen und einen größeren Gemeinschaftssinn unter den Mitarbeitern zu schaffen. „Diese neuen Einrichtungen sind Zeugnis der großen Veränderungen des Geschäftsmodells von Visteon, die das Unternehmen seit seiner Gründung als unabhängiges Unternehmen vorgenommen hat. Wir haben die neue Firmenzentrale in den USA und die neue Europazentrale so gestaltet, dass sie die regionalen Bedürfnisse der Kunden und Mitarbeiter befriedigen", sagte Pestillo.

2005 – Ein Jahr entscheidender Veränderungen

„Mitte 2000, als wir Aktiengesellschaft wurden und auf den Weg blickten, der vor uns lag, stellten wir uns einen Weg zum Erfolg vor, der ein wenig einfacher gewesen wäre, als der, den wir schließlich gegangen sind. So schwierig diese Reise aber auch war, wir haben niemals unser endgültiges Ziel aus den Augen verloren – ein profitables, wettbewerbsfähiges, innovatives Unternehmen zu werden, dessen Schwerpunkt darauf liegt, die Kunden dabei zu unterstützen, Fahrzeuge zu produzieren, die sich von den anderen auf dem Markt abheben", so Pestillo im Geschäftsbericht 2003. Die Reise geht weiter, und es sind viele Erfolge zu vermelden. Die neue Führungsriege des Unternehmens – jetzt unter dem Vorsitz von Michael F. Johnston, Chairman und Chief Executive Officer (CEO), und Donald J. Stebbins, Präsident und Chief Operating Officer (COO) – hat entscheidende Maßnahmen ergriffen, um nachhaltige Erfolge zur Sicherung der Zukunft des Unternehmens zu schaffen.

Bereits in 2004 hatte Visteon bekannt gegeben, dass es Möglichkeiten für strategische und strukturelle Veränderungen zur Schaffung eines nachhaltigen und wettbewerbsfähigen Geschäftsmodells untersuchen würde. Im Mai 2005 unterzeichneten Visteon und Ford eine entsprechende gemeinsame Erklärung. Am 1. Oktober 2005 führte Visteon verschiedene Transaktionen mit der Ford Motor Company durch. Ziel dieser Vereinbarungen war die Schaffung einer wettbewerbsfähigeren Organisationsstruktur für die Fertigungsaktivitäten von Visteon in Nordamerika. Außerdem sollte dem Unternehmen damit ermöglicht werden, seine Ressourcen noch stärker auf die Kernprodukte zu konzentrieren. Im Rahmen dieser Transaktionen übertrug Visteon 23 Betriebsstätten in Nordamerika an die Automotive Components Holdings (ACH), einem Unternehmen, das dem Management von Ford untersteht. Zudem kündigte

Visteon seine Leasingvereinbarung mit Ford für 18.000 Ford-United-Auto-Workers-Lohnempfänger, die in diesen an ACH übertragenen Einrichtungen arbeiten. Derzeit unterstützen etwa 5.000 Angestellte von Visteon in Nordamerika ACH in verschiedenen Bereichen wie Fertigung, Produktentwicklung, Projektmanagement, Beschaffung und Logistik, Qualität, Finanzen, IT oder Human Resources.

Darüber hinaus bewertet Visteon die Gesamtstruktur immer wieder neu und sucht nach weiteren Möglichkeiten der Kostenreduzierung in Zusammenarbeit mit seinen Lieferanten und Dienstleistern, um die Kostenstruktur weiter anzupassen. Visteon hat vor allem in Nordamerika und Westeuropa mehr als 20 weitere Standorte ermittelt, die ihre Möglichkeiten noch nicht ausschöpfen oder nicht strategisch ausgerichtet sind. Hier wird das Management einen starken Schwerpunkt setzen, damit langfristige Lösungen für diese Standorte gefunden werden können. „Die Umstrukturierung von Visteon in den kommenden Jahren ist ganz klar eine unserer höchsten Prioritäten", sagte Johnston. „Zusätzlich konzentrieren wir uns weiterhin darauf, die tagtäglichen Arbeitsabläufe bei Visteon zu optimieren."

Heute hat das Unternehmen mehr als 170 Niederlassungen in 24 Ländern. Die Anzahl der Mitarbeiter hat sich auf etwa 50.000 reduziert. Auch bei der Organisation wurden einige entscheidende Veränderungen vorgenommen. Visteon richtete globale Produktgruppen für die Bereiche Fahrzeugklimatisierung, Elektronik und Interieur ein. Die Leitung der global geführten Produktgruppen verteilt sich auf regionaler Ebene. Fahrzeugklimatisierung ist in den USA angesiedelt, Interieur in Europa und Elektronik in Asien. Visteons Bereiche Antriebsstrangelektronik und Beleuchtung sind in die Produktgruppe Elektronik integriert worden. In Europa wurde eine separate Produktgruppe für Fahrwerk- und andere Antriebsstrang- sowie Kraftstoffsysteme gebildet. Alle Fertigungsstätten von Visteon sind nun einer Produktgruppe zugeordnet. Die Geschäftsaktivitäten von Visteon werden in drei großen Regionen (Nordamerika einschließlich Mexiko, Europa/Südamerika sowie Asien), vier Produktgruppen und den Kundenorganisationen geführt. Die Kundenorganisationen sind im Rahmen der Restrukturierung nicht verändert worden. Die Unternehmenszentralen befinden sich in Van Buren Township, USA, in Kerpen sowie im chinesischen Shanghai.

Gleichzeitig hat Visteon seine Kapazitäten weltweit mit neuen Einrichtungen in China, Mexiko und der Slowakischen Republik ausgebaut. In Shanghai hat Visteon ein Kunden- und Technologiezentrum eröffnet. Die neue Einrichtung ist als Kompetenzzentrum für Fahrzeuginnenraum- und Elektroniksysteme für den Raum Asien-Pazifik ausgelegt und stellt einen entscheidenden Schritt in Visteons Gesamtstrategie zur Stärkung seiner Engineering-Ressourcen dar.

Visteon hat jetzt bei den Umsätzen einen gesunden Mix der verschiedenen Regionen erzielt, wobei rund 60 Prozent des konsolidierten Produktumsatzes außerhalb Nordamerikas realisiert werden. Das Unternehmen ist gut aufgestellt mit einer starken Produktpositionierung bei allen Kernproduktlinien. Im Bereich Fahrzeugklimatisierung steht Visteon umsatzmäßig weltweit auf Platz zwei nach Denso, ist größenmäßig vergleichbar mit Valeo und größer als Delphi und Behr. Im Bereich Elektroniksysteme nimmt Visteon weltweit Platz vier ein. Visteons Elektronikgeschäft entspricht ungefähr dem von Denso. In diesem Segment sind Delphi, Bosch und Siemens VDO die größten drei. Visteons wichtigste Produktlinien im Segment Elektronik sind Audiosysteme und Fahrerinformationssysteme, Antriebsstrangelektronik und Beleuchtung. Beim Interieur ist Visteon in ausgewählten Bereichen weltweit die Nummer zwei, vor allem bei Instrumententafeln, Türverkleidungen und Cockpitmodulen.

Zusammenfassend kann man sagen, dass Visteon es geschafft hat, sich in einen schlankeren, stärker fokussierten, globalen Automobilzulieferer zu wandeln. Die Umstrukturierungsmaßnahmen haben das Unternehmen Visteon des Jahres 2004 mit einem Umsatzerlös von 18,7 Milliarden US-Dollar zu einem schlankeren, wettbewerbsfähigeren Unternehmen mit einem Umsatzerlös von 11,2 Milliarden Dollar (geschätzter Umsatz für das Jahr 2006) gemacht. Der Blick in die Zukunft zeigt, Visteon verfolgt eine gesunde Strategie, plant und realisiert zahlreiche Maßnahmen, die in den nächsten Jahren eine substanzielle Verbesserung hinsichtlich Gewinnmargen und Cashflow bringen werden.

Neuer Schub für General Motors in Europa

Carl-Peter Forster, President General Motors Europe

Allein 80 Weltpremieren und ein Millionenpublikum, das sich vor allem für die Hingucker aus Europa interessierte: Die 61. Internationale Automobilausstellung (IAA) im Jahr 2005 bot den Herstellern wieder eine große Bühne, die neuen Modelle mit einem Fokus auf Zukunftslösungen glanzvoll zu präsentieren. Und wie bestellt haben vor der IAA die Pkw-Neuzulassungen in Deutschland und Europa deutlich angezogen. Nach fünf dramatischen Jahren sieht man Lichtstreifen am Horizont und glaubt wieder an eine Wende zum Besseren.

Unter den europäischen Herstellern macht sich langsam wieder eine positive Grundstimmung breit und der bisher vorherrschende, gesamtwirtschaftliche Trend weit verbreiteter Resignation hat sich gewendet. Hauptgrund für diese Stimmung ist eine kräftige Marktbelebung in Westeuropa. Der August 2005 war mit rund 838.000 verkauften Personenkraftwagen rund 8 Prozent stärker als der August im Jahr zuvor. Er war damit der verkaufsstärkste August seit vier Jahren, und das trotz der Kraftstoffpreise auf einem noch nie gekannten Rekordniveau. Der Monat September setzte diesen Trend fort. Mit beigetragen zu dieser überaus positiven Entwicklung haben mit Sicherheit die neuen Modelle und die hohen Kaufanreize. Deutsche Autobauer haben dabei überdurchschnittlich gut abgeschnitten. Und besonders Opel hat derzeit einen Lauf. Nicht nur die Klappdach-Variante des Opel Astra, der TwinTop, zeigt die Chancen der Marke. Noch mehr fiel das gleißende Scheinwerferlicht bei der IAA in Frankfurt auf die markanten Formen des Antara GTC, eines kompakten, coupéartigen Offroaders, der von Kennern der Szene schon als neuer Trend mit Vorbildfunktion für hoch emotionalisierte SUVs angesehen wird. Die übrigen GM-Marken setzten ihre Neuerungen ebenfalls gekonnt in Szene. Mit dem BLS zeigte die Luxusmarke Cadillac eine markant gestylte Limousine, die nicht nur eigens für den europäischen Markt entwickelt wurde, sondern auch dort produziert wird: im schwedischen Trollhättan. Saab präsentierte mit dem 9–3 Sportkombi und dem komplett überarbeiteten 9–5 ebenfalls tolle Autos, die Emotionen wecken.

Doch trotz der positiven Stimmung: Den Konzernen ist längst bewusst, dass ihnen die in diesem Jahr erstmals wieder anziehenden Verkaufszahlen allein nicht helfen werden, eine ruinöse Preisschlacht und den weltweit intensivierten Wettbewerb zu überstehen.

Wir bei General Motors Europe konzentrieren deshalb unsere Anstrengungen darauf, den Standort Europa wettbewerbsfähig zu machen und die Weichen auf Wachstum zu stellen. Dazu müssen die bereits erreichten Effizienzsteigerungen weiter ausgebaut werden.

General Motors hat in seinem Europageschäft mit einem konsequenten Programm zur Effizienzsteigerung enorme Fortschritte gemacht, und die Region gilt mittlerweile als Vorbild für die Restrukturierung des US-Geschäfts. Trotzdem bleibt auch bei GM Europe noch ein Stück Arbeit zu leisten.

Mit einer Produkt- und Qualitätsoffensive auf Weltklasseniveau

Beste Voraussetzung, um im Wettbewerb erfolgreich zu sein, ist unsere Produkt- und Qualitätsoffensive. Autos wie Vectra, Astra und Meriva sammeln Vergleichstest-Siege in Serie, und mit dem neuen Zafira steht die zweite Auflage des Erfolgsmodells am Start. Nach der jüngsten Studie des renommierten Instituts J. D. Power & Associates stellt General Motors weltweit bei der Zuverlässigkeit mit Abstand die meisten Qualitätssieger vor allen anderen Wettbewerbern. Auch bei der Auslieferungsqualität ist General Motors weltweit mit fünf Siegern in 18 Segmenten Spitze.

In ähnlichem Tempo vollzieht sich der Turnaround bei der Qualität auch in Europa, was besonders bei unserer Kernmarke Opel in beeindruckenden Zahlen deutlich wird. So konnte sich Opel bei der J.-D.-Power-Studie in Deutschland im Kreis der Volumenhersteller beim „Customer Satisfaction Index“ (CSI-Kundenzufriedenheitsindex) seit Beginn der Untersuchung im Jahr 2002 am stärksten verbessern. Den größten Einzelerfolg erzielte der Signum. In den vier Einzelkategorien Qualität/Zuverlässigkeit, Sympathie, Händler/Werkstätten und Unterhaltskosten profilierte sich das variable Raummobil als das höchstbewertete Modell aller europäischen Hersteller. In puncto Kundenzufriedenheit also fahren wir bei General Motors auf der Überholspur, und die Marke Opel hat daran den Löwenanteil. Denn die Neuwagen der Marke lassen sich im Vergleich zu den Produkten der Wettbewerber am günstigsten betreiben. Das hat der Allgemeine Deutsche Automobilclub (ADAC) in einer Vergleichsstudie herausgefunden.

Aber nicht nur der größte europäische Automobilclub, auch zwei der renommiertesten Forschungseinrichtungen der Automobilwirtschaft, die Forschungsstelle Automobilwirtschaft der Universität Bamberg (FAW) und das Institut für Automobilwirtschaft der Fachhochschule Nürtingen (IFA), die die Zufriedenheit der Händler untersucht haben, geben unserer Marke Opel Bestnoten und bestätigen so den Trend der jüngsten Vergangenheit.

Volle Zufriedenheit bei Kunden und Händlern

Der Qualitätsfortschritt in Europa kann auch durch fundierte interne Eckdaten belegt werden. So konnte bei Opel beispielsweise die Zahl der Garantiefälle von 1999 bis 2004 um 65 Prozent reduziert werden. Die Kosten für Garantie und Kulanz gingen im selben Zeitraum um 20 Prozent zurück. Ein neues Bewusstsein der Fehlervermeidung, in das alle unsere Mitarbeiter der GM-Organisation eingebunden sind, hat dieses

Ergebnis möglich gemacht. Unsere Mitarbeiter sind heute dazu in der Lage, ein aufgetretenes Problem im Schnitt viermal schneller als noch Mitte der neunziger Jahre komplett zu beseitigen.

GM-Werke beherrschen das Anlaufmanagement. Unsere Fertigungsstätten in Europa sind auf den Produktstart neuer Modelle bestmöglich vorbereitet. Auch das ist das Ergebnis einer Vergleichsstudie unter Automobilherstellern und -zulieferern, die die Universität St. Gallen und die Rheinisch-Westfälische Technische Hochschule Aachen (RWTH) veröffentlichten. Eine der wesentlichen Konsequenzen dieser Kompetenz: Das Risiko von kostspieligen und für die Kunden lästigen Rückrufaktionen wird minimiert. Während die überwiegende Mehrzahl der in den vergangenen Jahren durchgeführten Serienanläufe in der europäischen Automobilindustrie die gesetzten Ziele verfehlte, bildet Opel zusammen mit einem weiteren Hersteller und zwei Zulieferern die löbliche Ausnahme. Der von Kunden und Fachleuten wegen seiner Qualität gewürdigte neue Astra ist dafür das beste Beispiel.

Opel setzt bei Serienanläufen neuer Fahrzeuge jeweils ein so genanntes Supportteam ein. Diese interdisziplinäre Expertengruppe unterstützt die Werke und zeichnet für die Entwicklung, Einführung und kontinuierliche Verbesserung der Fertigungsprozesse verantwortlich. Das Team wird je nach Komplexität schon bis zu 30 Monate vor dem Produktionsstart aktiv und stellt so die Weichen für reibungslose Abläufe. Der renommierte Inhaber des Lehrstuhls für Produktionssystematik an der RWTH und Direktor des Fraunhofer Instituts für Produktionstechnik in Aachen, Prof. Dr. Günther Schuh, urteilt: „Erfolgreiches Anlaufmanagement kann Rückrufaktionen vermeiden."

Spezialisten und der internationale Erfahrungsaustausch

Nicht nur die Supportteams zeichnen verantwortlich für diesen Erfolg. Alle Mitarbeiter werden in die einheitlichen Fertigungsprozesse, die ein wichtiger Aspekt der ganzheitlichen Qualitätsphilosophie von GM sind, in allen europäischen Werken einbezogen. Neben der Einbeziehung der Mitarbeiter gelten dabei vier andere Prinzipien: Standardisierung, Qualität von Anfang an, kurze Durchlaufzeiten und kontinuierliche Verbesserung. Dabei hat jeder Mitarbeiter die Pflicht, die Andon-Leine zu ziehen, wenn er auf ein Problem stößt, das in der vorgegebenen Taktzeit nicht zu lösen ist. Damit gibt er ein Signal an den Gruppensprecher, der umgehend Unterstützung leistet. Außerdem müssen während der Herstellung klar definierte „Qualitätstore" erfolgreich passiert werden.

Dabei findet ein reger internationaler Informationsaustausch zwischen den Werken statt. So war das Rüsselsheimer Opel-Werk Pionier bei der Einführung eines standardisierten Wassertests, den ausnahmslos jedes Fahrzeug absolvieren muss. Nach einem zweiminütigen Aufenthalt in der Wasserkammer untersuchen die Qualitätsprüfer mit speziellen elektronischen Feuchtigkeitsschnüfflern nach Undichtigkeiten. Die Prüfprozedur erwies sich als so erfolgreich, dass sie nunmehr weltweit bei General

Motors Standard wird. Der Erfahrungsaustausch läuft in beide Richtungen: Die europäischen GM-Werke haben einen Geräuschtest von ihren amerikanischen Kollegen übernommen. Jedes Fahrzeug wird dabei während der Endabnahme von Spezialisten über eine Rüttelstrecke bewegt, um störende Geräusche bemerken und abstellen zu können.

Bei General Motors sind es aber nicht immer die High-Tech-Einrichtungen, die die Qualität nach vorn bringen. Kleinigkeiten machen oft den Unterschied. Es gehört zu den alltäglichen Problemen in allen Autowerken der Welt, dass die Mitarbeiter bei der Endmontage mit ihren Werkzeugen versehentlich den frischen Lack beschädigen. Mitarbeiter des Opel-Werks in Rüsselsheim haben Schutzhülsen aus Kunststoff entwickelt, mit denen die Spitzen der Elektroschrauber abgedeckt werden. Auch diese kleine Idee hat beste Chancen, bei GM weltweiter Standard zu werden.

Nicht nur an den Symptomen zu kurieren, sondern Probleme gründlich zu analysieren und dann an der Wurzel zu packen – das ist der wesentliche Aspekt der nachhaltigen Verbesserung der Qualität bei General Motors. Dafür steht in den europäischen GM-Werken eine schnelle Eingreiftruppe von rund 275 Ingenieuren und Technikern, das „Red-X-Team". Diese Task Force trägt wesentlich dazu bei, Problemlösungen zu beschleunigen. Dabei arbeitet dieses Team eng mit dem Current Engineering zusammen. Fahrzeugentwickler und Konstrukteure verstehen ihre Aufgabe nicht mehr als beendet, wenn ein neues Modell den Produktionsanlauf erfolgreich absolviert hat. Für jede Modelllinie kümmert sich ein Kernteam von Ingenieuren um die Verbesserung „seines" Modells. In den europäischen Werken von GM sind mehr als 4.000 Mitarbeiterinnen und Mitarbeiter in den Bereichen Förderung und Sicherung der Qualität in der Fertigung eingesetzt.

Motivierte Mitarbeiter haben entscheidenden Anteil am Erfolg

20 Opel-Teams wurden 2005 für Kreativität und Teamwork für den GM Chairman's Honors Award nominiert. Die von GM ausgewählten Projekte dokumentieren beispielhaft die Unternehmenskultur und weisen den Weg in die Zukunft einer noch intensiveren globalen Zusammenarbeit. Sie alle haben in ihren Bereichen Hervorragendes geleistet – und bereits die Nominierung ist eine hohe Anerkennung ihrer Arbeit. Teamgeist beflügelt das Geschäft auch bei General Motors Europe. Kreative Ideen der Mitarbeiter steigern die Effizienz und führen zu besseren Produkten.

Auch die Zulieferqualität rückt angesichts des steigenden Anteils der Lieferanten an der Fahrzeugfertigung immer weiter in den Fokus. Erste Voraussetzung für höchste Qualität aller Zulieferteile ist eine enge Zusammenarbeit zwischen Lieferant und General Motors. Ein genau definierter Prozess legt beispielsweise fest, wann letzte Konstruktionsänderungen bei einem neuen Modell durch GM erfolgen können und wie davon selbst nur am Rande betroffene Lieferanten informiert werden müssen.

Die Lieferanten werden von General Motors Europe in Sachen Qualität eingehend unterstützt. So ist ein Team von über 100 spezialisierten Ingenieuren ausschließlich damit beschäftigt, eventuell aufgetretene Qualitätsprobleme der Partner an der Quelle zu lösen. Sie tun das mit einem bemerkenswerten Erfolg: Die Quote der die Qualitätsnormen nicht erfüllenden Zulieferteile sank in den vergangenen Jahren um 80 Prozent.

Qualität erleben – und fühlen

Gerade bei der Qualität gilt: Kontrolle ist unvermeidbar, so gut die Ideen und so stabil die Prozesse auch sind. Bei GM sorgt dafür eine europäische „Qualitätspolizei", die den Qualitätsprüfern in den einzelnen Werken unangekündigt über die Schulter schaut.

Qualität aber nur unter dem Teilaspekt Fertigungsqualität zu sehen, wäre zu kurz gegriffen. Wir bei GM Europe sind uns bewusst, dass mit unseren Produkten in den verschiedensten Aspekten der Qualität nur Spitzenplätze erreicht werden, wenn die Kunden auch bei der Qualitätsanmutung und mit dem Gesamtauftritt unserer Autos vollkommen überzeugt werden können.

Qualität muss für den Kunden fühlbar und erlebbar sein. Darum kümmern sich bei uns mehr als 40 Spezialisten, die sich im Internationalen Technischen Entwicklungszentrum (ITEZ) in Rüsselsheim als Repräsentanten des Kunden verstehen. Sie haben die Aufgabe, eine Neuentwicklung nicht primär unter den Gesichtspunkten eines Ingenieurs zu beurteilen. Sie vertreten systematisch und institutionalisiert die Wünsche und Anliegen des Kunden schon im Entwicklungsstadium. Das bereichsübergreifend orientierte Team, das vom Marktforscher über den Designer bis zum Produktentwickler ein breites Kompetenzspektrum abdeckt, bedient sich dabei einer internen Hilfstruppe. 800 GM-Mitarbeiter am Standort Rüsselsheim sind die repräsentativen Testpersonen. Wenn Ingenieure beispielsweise einen neuen Klappmechanismus für die Rücksitze oder Halterungen für Kindersitze entwickeln, wissen sie innerhalb weniger Stunden ganz genau, ob der Mechanismus wirklich so praktisch ist, wie von ihnen erdacht.

Qualität bedeutet heute wesentlich mehr, als nur fehlerfreie Fahrzeuge zu produzieren. Bei General Motors haben wir verstanden, dass positive Resultate nur dann erzielt werden, wenn alle Mitarbeiter jederzeit einbezogen sind. Zu unserer Unternehmenskultur gehört, dass Fehler nicht akzeptiert werden. Ganz gleich an welcher Stelle im Unternehmen.

Der Kunde kauft Schönheit – Kompetenz im Design

Nicht nur die Qualitätsanmutung eines Autos ist ein kaufentscheidender Faktor. Ein wichtiges Merkmal ist das Design des Fahrzeugs, denn Schönheit wird zuerst gekauft. Design ist ein zentrales Element in der GM-Produktphilosophie. Um diesen außerordentlichen Stellenwert zu verdeutlichen, wird General Motors im Frühjahr 2006 ein neues europäisches Designzentrum in Rüsselsheim eröffnen. Dort wird neben dem Styling für laufende Serienmodelle auch das Team, das sich mit dem Design künftiger Baureihen befasst (Advanced Design), beheimatet sein. Durch die direkte Verbindung zu Vorausentwicklung und Produktplanung sowie den Markenteams können Synergien besser genutzt werden. Damit wird auch die Verbindung zum ITEZ in Rüsselsheim verstärkt.

Das europäische Designzentrum ist in die weltweite Designorganisation des Unternehmens eingebettet. Rund um den Globus verfügt das multinationale GM-Designteam über elf vernetzte Einrichtungen. Dank Virtual-Reality-Technologie kann in jedem Studio an jedem Produkt gearbeitet werden. Das neue europäische Zentrum ist eine wichtige Ergänzung der internationalen Zusammenarbeit. Es hilft auch, die Bedeutung, die GM in der Designkompetenz hat, weltweit zu sichern.

Die Entscheidung für den Standort Rüsselsheim sichert auch Beschäftigung in Deutschland und ist ein Ausdruck des Vertrauens, das General Motors in die Kompetenz der Opel-Organisation setzt. Die GM-Ingenieure und -Designer in Rüsselsheim haben im weltweiten Netzwerk von General Motors künftig eine Schlüsselrolle. Mit der Entwicklungsverantwortung für die Kompakt- und Mittelklasse wird Rüsselsheim innerhalb des Konzerns für die technische Basis eines großen Teils der GM-Palette verantwortlich sein. Dass unsere Rüsselsheimer Mitarbeiter zu den besten ihres Fachs zählen, haben sie mit dem Opel Vectra hinlänglich bewiesen. Kaum eine Automobil-Produktionsstätte auf der Welt ist so flexibel wie das moderne Werk in Rüsselsheim. Derzeit baut GM mit der vier- und fünftürigen Vectra-Limousine, Vectra-Caravan und Signum vier Karosserievarianten auf einer Linie – und das in höchster Qualität. In Zukunft werden wir diese Flexibilität noch steigern und die Möglichkeiten des Werkes weiter ausbauen.

Denn Rüsselsheim hat auch den Zuschlag für den Bau zukünftiger Fahrzeug-Architekturen ab 2008 erhalten. Ausgewählte Opel- und Saab-Modelle, die auf einer gemeinsamen Architektur basieren, werden an diesem Standort produziert. Die Entscheidung basiert auf einer umfassenden Analyse zahlreicher Faktoren wie zum Beispiel Kapazitätserfordernisse, Investment, Arbeitskosten, Effizienz des Werkes, Flexibilität, Arbeitszeitmodelle und Logistik sowie Währungsfragen. Die Werke Rüsselsheim und Trollhättan haben dabei überzeugende Studien präsentiert, am Ende hatte Rüsselsheim leichte Vorteile und war über die Laufzeit kosteneffektiver als Trollhättan.

Doch bei General Motors Europe stehen wir auch zu einem wettbewerbsfähigen Standort in Schweden, zur Marke Saab, deren Kernprodukte weiterhin die Modelle 9–3 und 9–5 sind, und zu Trollhättan. Denn dort werden wir ein Saab Brand Center eröffnen, das ganz im Zeichen des Saab-Markencharakters stehen soll. Es wird ein Designteam beherbergen, das sich hauptsächlich mit Saab-spezifischem Styling befasst. Saab blickt, was das Design angeht, auf eine besonders reichhaltige Geschichte zurück. Dies gilt es zu bewahren und auszubauen. Saab-Modelle sollen auch in der Zukunft diese Marken-Gene in sich tragen und die Elemente betonen, mit denen die Individualistenmarke Saab, die für sportliche Fahreigenschaften, faszinierende funktionale Attribute und Fahrzeugsicherheit steht, seit fast 60 Jahren gegen den Mainstream antritt.

Ein Kernteam von Ingenieuren und Marketingspezialisten wird im Saab Brand Center eng mit den Designern zusammenarbeiten. Dieses Team soll die Saab-spezifischen Elemente auf allen Gebieten herausbilden, weiterentwickeln und pflegen – von der Konzeption zukünftiger Produkte bis hin zu einer einheitlichen Kommunikation rund um den Globus. Hauptaufgabe des Saab Brand Centers wird die Antwort auf die Frage sein: Was macht Saab so einzigartig? In Design, Entwicklung, Marketing, Kommunikation und in vielen anderen Bereichen sollen sich die Saab-Qualitäten widerspiegeln.

In Trollhättan eröffnet General Motors zudem ein neues Wissenschaftsbüro, das das Programm der Vorausentwicklung auf den Gebieten der Fahrzeugsicherheit, Emissionen und Fertigungstechnologien erweitert. Das neue Wissenschaftsbüro wird Kompetenzzentren in Schweden etablieren und alle GM-Aktivitäten und Projekte in Forschung und Entwicklung koordinieren. GM verfügt in Schweden über ein umfangreiches Netzwerk von Partnern, unter ihnen die Königliche Technische Hochschule (KTH) in Stockholm, die Chalmers-Universität in Göteborg sowie landesweite Forschungseinrichtungen und Zulieferer. Das ist das Ergebnis einer außerordentlich erfolgreichen Arbeit von Saab beim Aufbau von Kooperationen.

Das Wissenschaftsbüro ist die erfolgreiche Weiterentwicklung bestehender Kooperationspartnerschaften. Die schwedische Regierung gibt GM die hervorragende Gelegenheit, sein globales Partner-Netzwerk weiter auszubauen.

Die Positionierung des Portfolios

Opel und Vauxhall, Saab, Chevrolet und Cadillac – diese Marken müssen bei uns, dem weltweit größten Automobilhersteller, klar positioniert sein, um ein breites Marktspektrum zielgerichtet abzudecken. Dazu mussten und müssen wir unsere Marken nicht neu erfinden, sondern ihr Profil im Rahmen einer Mehrmarkenstrategie schärfen. Cadillac ist unsere Luxusmarke im Topsegment, Saab die klassische, deutlich ausgeprägte Premiummarke, Opel und Vauxhall sind die innovativen, hochwertigen Kernmarken des Volumengeschäfts, und Chevrolet bietet als Einstiegsmarke ins Volumengeschäft ein hohes Wachstumspotenzial. Mit jedem Modell, das General Motors auf den Markt bringt, werden die Positionierungen klarer. Bei Opel zeigen die Erfolge des neues Zafira und Astra deutlich, dass die Profilierung mit Schwerpunkten auf Dynamik, Vielseitigkeit und Qualität hervorragend ankommt. Weitere Modelle, wie ein SUV, werden Opel eine noch breitere Basis geben. Bei Saab hat GM die wichtige Erweiterung des Produktportfolios in diesem Jahr mit dem 9–3 Sportkombi gestartet, weitere Modelle werden folgen. Bei Chevrolet ist General Motors mit preiswerten Einstiegsmodellen wie dem Matiz hervorragend für die aktuellen Markttrends gerüstet.

Ein weltweit agierender Automobilhersteller muss in Europa breit aufgestellt sein. Aber er darf sich darauf nicht ausruhen. General Motors muss Trends aufspüren und das Modellportfolio dementsprechend aufstellen. Auch Erfolgsmodelle wie der Opel Vectra, die meistverkaufte Mittelklasse-Limousine in Europa, müssen ständig aktualisiert werden. Die Kunden erwarten auch bei diesen Modellen Innovationen in Technik und Innenraum.

Unsere Entscheidung, die auf Europa zugeschnittenen Fahrzeuge aus der koreanischen Fertigung von GM Daewoo in Europa als Chevrolets zu vermarkten, ist richtig gewesen. Das bestätigen unsere Verkaufszahlen. GM Europe hat im ersten Halbjahr 2005 in ganz Europa rund 117.000 Chevrolets verkauft, 25 Prozent mehr als in der gleichen Vorjahresperiode. Das Ziel liegt bei 200.000 verkauften Autos pro Jahr. Chevrolet-Modelle sind die GM-Einstiegsmodelle, in Europa wie auch weltweit. Die Marke ist unterhalb von Opel angesiedelt, bietet aber nicht nur einen ausgezeichneten Gegenwert für den Preis, sondern vor allem auch Qualität, Wirtschaftlichkeit, Langlebigkeit und attraktives Design. Mit den preiswerteren Einstiegsmodellen wie dem Matiz, der sich bereits über viele Jahre erfolgreich am Markt behauptet, ist General Motors in diesem Segment sehr aktiv.

Aber auch auf dem Premium-Sektor muss sich ein Weltkonzern behaupten. Wer ein Premium-Automobil, aber keine der üblichen Marken fahren will, dem bietet der im schwedischen Trollhättan gebaute Cadillac BLS die Möglichkeit, hochwertige Ausstattung mit einem attraktiven Preis zu verbinden. Zudem ist dies der erste Cadillac mit Dieselmotor und der erste, der speziell für den europäischen Markt entwickelt wurde. GM Europe sieht für den BLS europaweit ein Potenzial von jährlich bis zu 10.000 Einheiten. Wirtschaftlich ist dies eine durchaus interessante Größenordnung. Mit dynamisch-straffen Fahrzeugen, einer modernen Motorenpalette und einem innovativen, sehr markanten Design unterstreicht die Marke Cadillac ihr zukunftsweisendes Image.

Marktrelevanz erhalten Innovationen immer erst dort, wo sie Kundeninteresse erzeugen und spezifische Anforderungen der Käufer befriedigen. Das gilt auch und vor allem im Bereich der Antriebstechnik.

Ein Antrieb für die Zukunft

Auf der Welle der Rekordspritpreise rücken deshalb sparsamere Alternativantriebe in den Mittelpunkt des Interesses. Der durchschnittliche Spritverbrauch bei Pkw in Europa ist seit 1998 um fast 15 Prozent zurückgegangen. Die Entwicklung der Ölpreise zeigt, dass es richtig ist, verstärkt auf Energieeffizienz und erneuerbare Energien zu setzen. Wir bauen daher unser Angebot an verbrauchsarmen und umweltfreundlichen Motoren kontinuierlich aus. Beim Antrieb sehen wir langfristig die Brennstoffzelle mit Wasserstoff, kurz- und mittelfristig Hybrid-Technologie, aber auch zukunftsweisende

Weiterentwicklungen des klassischen Verbrennungsmotors – im Hinblick auf Effizienz, Verbrauch und Schadstoffe. Dabei steht die Entwicklung einer fortschrittlichen Dieselmotoren-Technologie künftig im Mittelpunkt. GM wird gemeinsam mit Bosch und der Stanford Universität in den USA den HCCI-Motor weiterentwickeln, der ein Kraftstoff-Luft-Gemisch bei extremer Verdichtung ohne Zündung kontrolliert verbrennt. Diese Technologie wird deutlich effizienter als derzeitige Motoren sein. Wir werden in Zukunft darüber hinaus in Zusammenarbeit mit BMW und DaimlerChrysler einen Hybridantrieb entwickeln. GM hat das ehrgeizige Ziel, ab 2007 die großen Geländewagen mit Hybrid-Antrieb der nächsten Generation auszustatten, die 25 Prozent weniger Kraftstoff verbrauchen.

Neben der situationsabhängigen Aktivierung von Elektro- und Verbrennungsantrieb werden dabei noch weitere Technologien wie die Zylinderabschaltung genutzt. GM hat auf der IAA in Frankfurt das SUV-Konzeptfahrzeug Graphyte der Marke GMC vorgestellt. Dank des bimodalen Vollhybridsystems erreicht dieser Wagen bereits dieses Verbrauchsziel. Die Erfahrungen des Graphyte werden auch anderen GM-Marken zugute kommen. Die Premiummarke Saab hat das erste „Flexible Fuel Vehicle“ (FFH) auf den Markt gebracht, das wahlweise mit Bioäthanol oder mit reinem Benzin in jeder denkbaren Konstellation betrieben werden kann. Das Modell BioPower wird als Limousine und Sportkombi angeboten und basiert auf der Version des 9–5 2.0t, der in der BioPower-Ausführung über eine Leistung von 132 kW/180 PS verfügt. Der Philosophie von Saab folgend, vereint auch dieser PKW verschiedene Vorteile in einem einzigartigen Produkt: Umweltfreundlichkeit und Sportlichkeit. Der BioPower-Motor wurde von schwedischen Ingenieuren in Zusammenarbeit mit GM-Powertrain-Experten in Brasilien entwickelt. Das Land selbst produziert aus Zuckerrohr 100-prozentiges Äthanol, den auf dem heimischen Markt dominierenden Treibstoff E100.

Mit der Weltpremiere des neuen Zafira 1.6 CNG (Compressed Natural Gas) hat Ergas-Marktführer Opel auf der IAA in Frankfurt die Neuauflage des meistgekauften Erdgas-Autos in Deutschland präsentiert. Opel hat Ergasfahrzeuge populär gemacht, und jedes dritte verkaufte Fahrzeug dieser Art ist ein Opel Zafira. Herausragende Ergebnisse bei Crashtests haben entscheidend dazu beigetragen, Vorurteile und Ängste gegenüber Erdgasfahrzeugen abzubauen. Die besondere Stärke des neuen Zafira CNG ist seine Wirtschaftlichkeit. Bei einem Kraftstoffverbrauch von durchschnittlich cirka 5,3 Kilogramm Erdgas pro 100 Kilometer und einem derzeitigen Erdgas-Preis von etwa 0,78 Euro pro Kilogramm reduzieren sich die Treibstoffkosten im Vergleich zu den Diesel-Varianten um rund 30 Prozent, gegenüber den Benzinmotoren sogar um 50 Prozent. Steuer- und Versicherungseinstufung liegen auf dem Niveau des technisch verwandten 1,6-Liter-Benziners. Auch was die Umweltverträglichkeit angeht, bietet der 71 kW/97 PS starke Van klare Vorteile: Sein Antrieb setzt prinzipbedingt 80 Prozent weniger Stickoxid als ein Diesel und rund 25 Prozent weniger CO_2 als ein Benziner frei (Diesel: minus 10 Prozent). Darüber hinaus sind die Emissionen frei von Rußpartikeln, wodurch er von möglichen Fahrverboten in Großstädten verschont bleibt.

Elektronik sinnvoll einsetzen

Innovationen werden heute vor allem angetrieben von Elektronik und Software. Wir gehen davon aus, dass rund 90 Prozent der zukünftigen Innovationen im Automobil auf Elektronik basieren werden. Der Software-Umfang in Fahrzeug-Steuergeräten verdoppelt sich alle zwei bis drei Jahre. Heute schon entfallen über 22 Prozent der Herstellungskosten eines Pkw auf Elektrik und Elektronik. Im Jahr 2010 wird dieser Wert aller Voraussicht nach bei 35 Prozent liegen. In Zukunft werden mehr Technologien und elektronische Innovationen zur Verfügung stehen als jemals zuvor. Deshalb müssen alle Hersteller eine sehr sorgfältige und umsichtige Auswahl treffen. Jeder Hersteller muss sich fragen, ob die verfügbaren Innovationen auch tatsächlich vermarktbar sind. General Motors Europe verfolgt dabei eine klare Strategie und legt den Fokus ausschließlich auf wirklich zweckmäßige Technologien und Innovationen. Was das konkret bedeutet, lässt sich in drei Punkten fassen: Neue Technologien und Innovationen müssen einen deutlichen Beitrag zur Kundenzufriedenheit leisten. Zudem muss das Preis-Leistungs-Verhältnis stimmen. Und schließlich muss die Balance zwischen technologischem Fortschritt, Kosten, Qualität und Kundennutzen im Mittelpunkt stehen und darf nicht vom technisch Machbaren getrieben werden. Außerdem geht es darum, dass ihre Kosten in Relation zum Nutzen stehen. Deshalb sieht GM Europe für die Zukunft weitere Anwendungsmöglichkeiten primär im Bereich der aktiven und passiven Sicherheit.

So arbeiten die Ingenieure des europäischen Entwicklungszentrums von General Motors momentan intensiv daran, ein Fahrerassistenzsystem mit innovativer Sensortechnik für die Serieneinführung vorzubereiten. Ziel dieser Entwicklungen ist es, den Autofahrer weiter zu entlasten und damit die Sicherheit und den Komfort im Straßenverkehr zu erhöhen. Es entspricht der Philosophie von General Motors, sinnvolle Innovationen möglichst vielen Autofahrern zu bezahlbaren Preisen zugänglich zu machen. Das zukunftsweisende Fahrerassistenzsystem mit adaptiver Abstands- und Geschwindigkeitsregelung hält sowohl im Stop-and-go-Verkehr als auch bei schnellerer Fahrt auf Landstraßen und Autobahnen selbstständig einen ausreichenden Sicherheitsabstand zum Vordermann ein. Die in einen Vectra GTS integrierte, bereits voll alltagstaugliche Technologie übernimmt zudem mit Hilfe der Fahrspurinformation sowie einer erweiterten Servolenkung die Spurhaltung, das heißt, Abweichungen von der Fahrbahnmitte werden durch einen gezielten Lenkeingriff korrigiert.

Grundsätzlich entwickelt General Motors neue Technologien im Rahmen des globalen GM-Verbundes. Sie stehen prinzipiell jeder Marke zur Verfügung. Das gilt für zukünftige Antriebssysteme ebenso wie für Weiterentwicklungen in der Fahrzeugelektronik. Neue Antriebskonzepte wie Brennstoffzelle oder Erdgas haben die Autofahrer in Europa immer mit der Marke Opel verbunden, denn die Technologien müssen bezahlbar sein, was nur bei hohen Stückzahlen möglich ist.

Wachstum über dem Branchentrend

Wer in der Automobilindustrie ganz vorne mitspielen will, der muss neue technologische Trends setzen und insgesamt Technologie auf der Höhe der Zeit anbieten. Deshalb wird sich GM Europe auch in Zukunft intensiv in diesem Bereich engagieren. Natürlich erfordert das hohe Investitionen, die aber zahlen sich aus. Man muss sich nur den raschen Aufstieg der Marke Opel im Qualitätsranking ansehen. Das sind unschlagbare Argumente für die Kunden. General Motors bietet ihnen eine weit mehr als nur wettbewerbsfähige Motorenpalette. Die Aufholjagd beim Diesel wie auch das Partikelfilterangebot setzt Maßstäbe. Der Anstieg des Marktanteils zeigt deutlich, dass sich Qualität auszahlt. General Motors hat im ersten Halbjahr 2005 über 1.063.000 Fahrzeuge in Europa verkauft. Das entspricht einem Zuwachs von mehr als 23.000 Einheiten oder 2,3 Prozent zum Vergleichszeitraum des Vorjahres. Der Anteil am weitgehend stagnierenden europäischen Markt stieg von 9,5 auf 9,7 Prozent.

Gerade in ihren Heimatmärkten entwickeln sich die GM-Volumenmarken Opel und Vauxhall ausgesprochen positiv, in beiden Fällen schneller als der Markt. Chevrolet setzte sein starkes Wachstum in Europa in der ersten Jahreshälfte 2005 fort. Der Absatz von Saab variiert innerhalb Europas im gleichen Zeitraum. In Großbritannien nahmen die Verkäufe um 41 Prozent zu und erreichten ein Allzeithoch von fast 14.000 Fahrzeugen. Obwohl Saab außerdem erhebliche Zuwächse in Irland (+ 12 %), Deutschland (+ 5 %) und anderen kleineren Märkten erreichte, wird dieses Wachstum durch abnehmende Verkäufe in anderen Regionen aufgehoben. Die Luxusmarken von General Motors, Cadillac, Corvette und Hummer, entwickelten sich 2005 gut in ihren entsprechenden Nischenmärkten. Der Verkauf der Marke Corvette war dreimal so hoch wie noch ein Jahr zuvor, die Verkaufszahlen bei Cadillac in Europa verdoppelten sich. Beim Hummer blieben sie mit knapp unter 200 Fahrzeugen stabil. Der neue Hummer 3 geht jetzt an den Start in Europa.

Die schwache Konjunktur überwinden

Weltweit stehen alle Pkw-Hersteller unter enormem Druck. In Europa waren in den letzten fünf Jahren die Zulassungszahlen rückläufig. Alle westeuropäischen Standorte müssen auf den Prüfstand, denn die strukturellen Probleme ähneln sich in vielen Ländern auf frappierende Weise. Aus der Sicht von General Motors stehen für die Automobilindustrie fünf Herausforderungen im Mittelpunkt: die stagnierende Nachfrage, die Überkapazitäten und die mangelnde Produktivität in der Fertigung, der wachsende Wettbewerb, fallende Preise und der Angriff der Wettbewerber aus den Niedriglohnländern, insbesondere China. Angesichts der Marktentwicklung der letzten Jahre hat niemand mehr in der Branche Zeit zu verlieren. Die Herausforderungen müssen jetzt schnell und entschlossen angepackt werden. General Motors Europe setzt seit Anfang 2005 ein umfangreiches Restrukturierungsprogramm um. Zentraler

Punkt ist dabei die Reduktion der Strukturkosten um mindestens 500 Millionen Euro jährlich bis 2006. Um dieses Ziel zu erreichen, wird das Unternehmen die Zahl seiner Mitarbeiter europaweit um 12.000 reduzieren. Zugleich wird die bereits erwähnte Produkt- und Qualitätsoffensive der GM-Marken fortgesetzt. Das wichtigste Ziel dabei ist der Erhalt aller wettbewerbsfähigen Standorte in Europa.

Ein weiterer Schwerpunkt der Restrukturierung liegt in den Bereichen Design und Engineering. Mit der Entscheidung für das europäische Designzentrum und der Entwicklung zukünftiger Fahrzeugarchitekturen in Rüsselsheim hat General Motors insgesamt einen großen Schritt nach vorn gemacht. Doppelentwicklungen werden vermieden. Dafür sorgt die Anpassung und gemeinsame Ausrichtung des Engineering in Schweden, Großbritannien und Deutschland. Gleichzeitig werden damit die Marken des Konzerns gestärkt. Saab fehlte beispielsweise aufgrund der nicht ausreichenden kritischen Größe die eigenen Engineering-Kapazitäten. Die sind aber für den Aufbau eines umfassenden Angebots im Premiumbereich unbedingt erforderlich. Auch aus diesem Grund setzt General Motors auf die volle Integration des Internationalen Technischen Entwicklungszentrums in Rüsselsheim und des Technischen Entwicklungszentrums von Saab in Trollhättan in die weltweite Engineering-Organisation von GM.

Diese Entscheidung schafft für General Motors zusätzliche Größenvorteile und setzt Ressourcen frei durch die Entwicklung global nutzbarer Komponenten und Fahrzeug-Architekturen für mehrere Marken. Von zentraler Bedeutung ist dies für die gemeinsame Nutzung neuer Nischenmodelle wie SUVs und Roadstern. Auch die Kunden werden davon profitieren. GM kann ihnen in kürzerer Zeit mehr neue Modelle, Varianten und Technologien anbieten. Ein erfolgreicher Turnaround beginnt mit sehr guten, attraktiven Produkten und GM hat diesen Teil des Geschäftes in Europa deutlich im Griff.

Allen Beteiligten am Restrukturierungsplan von General Motors ist vollkommen klar: Es geht dabei nicht ohne schmerzhafte Einschnitte. Das Ziel, den Plan ohne betriebsbedingte Kündigungen und Werksschließungen umzusetzen, ist erreicht worden.

Neue Herausforderungen des Marktes

Die wirtschaftlichen Rahmenbedingungen werden sich in den kommenden Jahren substanziell nicht nachhaltig verbessern. Darüber hinaus hat sich auch die Nachfrage in den verschiedenen Fahrzeugsegmenten grundsätzlich verändert. Zudem haben sich völlig neue Segmente entwickelt, weil sich die Wünsche der Kunden verändert haben. Der Wandel des Marktes in West- und Zentraleuropa ist grundlegend. Zum Beispiel hat sich das Mittelklasse-Segment seit 1999 dramatisch verkleinert. Es ist um über vier Prozentpunkte von 17,2 auf 13,1 Prozent Anteil am Gesamtmarkt geschrumpft. Ähnliches gilt für die Kompaktklasse. Hier beträgt der Rückgang des Anteils am

Gesamtmarkt über sechs Prozentpunkte seit 1999. Gleichzeitig haben sich neue Segmente und Nischenmärkte etabliert. Ein gutes Beispiel dafür ist die Entwicklung des Monocab- oder Van-Segments. Dort hat Opel/Vauxhall bereits heute großen Erfolg etwa mit dem Zafira in der Kompaktvan-Klasse und mit dem Meriva im Minivan-Segment. Das sind Erfolge, auf die General Motors Europe setzt und die ausgebaut werden sollen. Der deutliche Trend hin zu neuen Segmenten und Nischenmodellen setzt sich fort. Einer der wichtigsten strategischen Wettbewerbsvorteile ist die Fähigkeit, neue Nischen zu entdecken und zu besetzen.

Wir beklagen die Entwicklungen der letzten Jahre im Automobilmarkt nicht, sondern analysieren ganz sachlich den Wandel der Kundenwünsche hin zu mehr Dynamik, Vielseitigkeit, Flexibilität und Komfort. Dieser Wandel wurde in den letzten Jahren mit vielen Modellen erfolgreich aufgenommen. Das jüngste Beispiel dafür sind erfolgreiche Nischenmodelle wie der Opel Speedster und der Tigra TwinTop. Der Astra TwinTop wird diesen Erfolg fortsetzen. Die Restrukturierung von General Motors Europe trägt dieser Segmentierung in besonderem Maße Rechnung. Sie ebnet den Weg für mehr Innovationen. Mit neuen Konzepten für Flexibilität und Vielseitigkeit gehen wir daran, innovative Automobile und Nischenmodelle zu entwickeln. Insgesamt plant GM in den nächsten fünf Jahren 45 attraktive neue Modelle und Varianten: ein Crossover-SUV von Opel, ein Chevrolet-SUV, die nächste Generation des Corsa und ein neuer zweisitziger Roadster sind nur erste Beispiele. Mit der Restrukturierung schafft GM bei seinen Marken wichtige Voraussetzungen für diese Offensive. Eine deutlich verbesserte Effektivität beim Einsatz von Kapital ist ein weiteres Ziel.

One Company

Der Schlüssel zum Erfolg für das Europageschäft liegt im Denken und Handeln als „One Company" – ein Unternehmen. General Motors ist traditionell ein Mehrmarken-Unternehmen, ein Vollsortimenter, in dem Marken weitgehend unabhängig und dezentral geführt wurden. Das vorteilhafte Ergebnis dieser Arbeitsweise sind starke regionale Marken und eine gute Anpassung an sowie die Erfüllung von spezifischen regionalen Marktbedürfnissen. Wir dürfen allerdings auch die Nachteile nicht übersehen. Konkret bedeutet das: Die Vorteile, die ein Unternehmen der Größe von GM bietet, wurden nicht in ausreichendem Maß realisiert. Denn GM hat gemeinsame Fahrzeug-Architekturen, Komponenten oder auch Prozesse in der Vergangenheit nur in einem geringen Umfang umgesetzt.

Allerdings hat die Idee eines Weltautos, wie es zeitweise von anderen Herstellern favorisiert wurde, die Grenzen dieser Entwicklung aufgezeigt. Denn dieses Konzept hat nicht funktioniert und wird auch nicht funktionieren. General Motors wird deshalb sehr genau auf eine Balance achten, die von strategischer Bedeutung ist. Nämlich auf die Balance zwischen zentraler Steuerung und Kontrolle einerseits und dezentraler Verantwortung für die Bearbeitung regionaler Marktbedürfnisse andererseits. Anders ausgedrückt: GM hat das Konzept des „Best of Both Worlds" im Visier – eine dezentrale Markenpflege und eine zentrale strategische Steuerung zugleich. Das ist eminent wichtig für den zukünftigen Erfolg von GM, General Motors Europe und den verschiedenen Konzernmarken.

GM wird Automobile für länder- und regionalspezifische Märkte entwickeln und bauen. So wird eine Markenidentität erkennbar und für den Kunden erlebbar. Andererseits müssen die Größenvorteile besser genutzt werden. Erforderlich sind dafür gemeinsame Entwicklungsprozesse, die gemeinsame Entwicklung neuer Technologien, gemeinsame Fahrzeug-Architekturen und gemeinsame Komponenten. Grundsatz dabei wird aber bleiben: GM-Fahrzeuge passen sich stets den regionalen Märkten an.

General Motors hat dabei aufgrund seiner Größe einen entscheidenden Vorteil, wenn diese Größe richtig und effizient genutzt wird. Alle Ressourcen der globalen GM-Organisation müssen effektiv eingesetzt, redundante Prozesse und Doppelentwicklungen innerhalb General Motors Europe und GM müssen vermieden und die Ressourcen, über die nur ein Global Player wie GM verfügt, müssen effizienter genutzt werden.

Auf Europa bezogen werden deshalb alle Marken und Funktionen unter dem Dach von General Motors Europe auf einem einheitlichen Kurs in die gleiche Richtung arbeiten. GM verfolgt ein klares Ziel: Weiterentwicklung und Wachstum der Marken. Dazu bestimmt GM die Positionierung der Marken im Markt, wie bereits weiter vorne beschrieben.

Die Stärke einer Mehrmarken-Organisation wie General Motors Europe ist nicht nur im Hinblick auf die Ausschöpfung der Größenvorteile von zentraler Bedeutung. Die Größe und Leistungskraft eines Unternehmens ist auch entscheidend, um das zunehmende Tempo technologischer Entwicklungen zu bewältigen. Hier steht die Automobilindustrie insgesamt vor enormen Herausforderungen.

General Motors als weltweite Nummer eins der Automobilindustrie kann vielleicht gerade hier die Vorteile seiner Größe ausspielen. Die Kernpunkte dabei sind: Komplexe und kostenintensive Forschung – Entwicklung und Engineering müssen nur einmal geleistet werden – alle Marken profitieren von der neuen Technologie. Die Geschäftsrisiken werden minimiert, weil die Ausgaben für Innovationen auf mehrere Marken verteilt werden können. Strategisches Innovationsmanagement in einer Mehrmarken-Organisation wie General Motors bedeutet ferner, dass nicht nur gefragt wird, welche neue Technologie in den Fahrzeugen eingeführt wird. Vielmehr geht die Fragestellung darauf hinaus, ob die neue Technologie einen greifbaren Mehrwert für den Kunden generiert. Letztendlich steht die bereits gestellte Frage im Zentrum: Wird der Kunde bereit sein, für diesen Mehrwert zu bezahlen? Deshalb ist auch eine enge und frühzeitige Zusammenarbeit zwischen Marketing und Entwicklung unerlässlich, um die Bedürfnisse und Wünsche des Marktes erfolgreich in konkrete technische Entwicklungen zu transformieren.

Selbstverständlich ziehen wir bei der Fahrzeugentwicklung alle verfügbaren Technologien in Betracht. Sie werden in das Technologie-Portfolio integriert, allerdings nur dann, wenn eine vernünftige Balance zwischen technischem Fortschritt, Kosten, Qualität und echtem Kundennutzen erreicht werden kann. Neue Technologien können für den Kunden eine wichtige Rolle spielen. Zwangsläufig tun sie das allerdings nicht. Bestes Beispiel für den sinnvollen Umgang mit technologischen Innovationen ist das Fahrwerk des neuen Opel/Vauxhall Astra. GM hat im neuen Astra eine weiterentwickelte McPherson-Querlenker-Achse vorne und eine spezifisch adaptierte Torsionslenkerachse hinten eingesetzt. Damit hat GM bewährte und qualitativ hervorragende Technik zum Einsatz gebracht. Zugleich bietet GM optional das IDSPlus-Fahrwerk (Interaktives Dynamisches Fahrsystem), das über eine elektronische Dämpferregelung (CDC – Continuous Damping Control) und die Vernetzung aller fahrdynamischen Systeme zu einer integrierten Fahrwerkskontrolle (ICC – Integrated Chassis Control) verfügt. Dieses System ermöglicht die Ausbalancierung von Fahrdynamik und -komfort bei gleichzeitig mehr aktiver Sicherheit auf einem noch höheren Niveau. Dabei ist die Vernetzung von ABS, CDC und ESP Plus nicht nur eine Innovation in der Kompaktklasse, sondern in der gesamten Autoindustrie. Für diese Form der Innovation sind die Kunden auch bereit, Geld auszugeben.

Bei einem Unternehmen von der Größe und der Bedeutung von GM kann und darf der Fokus jedoch nicht nur auf die kurz- und mittelfristigen Zyklen technologischer Innovation gerichtet sein. GM arbeitet schon heute auch an den langfristigen Perspektiven der individuellen Mobilität mit dem Auto. Deshalb hat das Unternehmen bislang eine Milliarde US-Dollar in die Entwicklung von Brennstoffzellen-Fahrzeugen investiert. Das Ergebnis dieses Investments ist der HydroGen3, ein seriennaher Prototyp, basierend auf dem Opel Zafira, der sich bereits im Alltagsbetrieb bewährt hat. Mit dem Sieg bei den Brennstoffzellen-Fahrzeugen hat der HydroGen3 die erste „Rallye Monte Carlo Fuel Cell and Hybrids“ absolviert und damit einen weiteren Härtetest erfolgreich bestanden.

Die europäischen und weltweiten Ressourcen von GM sind eine entscheidende Voraussetzung, die Brennstoffzellen-Technologie zur Großserienreife zu bringen. Profitieren davon werden alle GM-Marken. Aber keine Marke allein könnte die Lasten der Entwicklung und Markteinführung einer solchen Basistechnologie schultern.

Designvorbild Europa

So wie ein neues, hocheffizientes Produktionssystem entscheidend war für die Reorganisation der GM-Fabriken in den USA, sind jetzt die Europäer das Muster für das Design der Pkw. Langweilige Entwürfe oder unnötigen Zierrat lassen wir bei General Motors Europe nicht mehr durchgehen und haben unsere Philosophie geändert. Emotionalität ist ein entscheidender Kauffaktor. Mit einer neuen Formensprache und neuen Fahrzeugformaten trägt General Motors Europe dem Anspruch Rechnung und zeigt den Weg in eine neue stilistische Zukunft. Die neuen Modelle müssen auch den Charakter, die Historie und den kulturellen Background der Marken reflektieren und eine erfolgreiche Ahnenreihe fortsetzen. Autos für Individualisten zu bauen, die ihre automobile Leidenschaft auch nach außen demonstrieren wollen, war stets ein Anspruch von General Motors Europe. Der legendäre Opel GT ist nur ein Beispiel für diesen Anspruch. Bei den Coupés haben die Rüsselsheimer Autobauer es immer verstanden, den französischen Ursprung von der „abgeschnittenen Dachpartie" kurzerhand als Auto mit sportlicher Linienführung und fließender Heckpartie zu interpretieren. Opel-Coupés waren Kreuzungen aus kostengünstiger Großserientechnik und starker Motorleistung. Eine erfolgreiche Ahnengalerie zeugt davon, von Commodore A, B und C über Monza bis hin zum Calibra. Diese erfolgreiche Tradition sportlicher und zugleich bezahlbarer Fahrzeuge wird insbesondere mit den OPC-Modellen (Opel Performance Center) fortgesetzt. Stärker, schneller und dynamischer, so präsentieren sich die Hochleistungsvarianten von Astra, Vectra und Zafira. Weitere OPC-Modelle werden folgen. Mit aufregenden Nischenmodellen wie Tigra und Astra TwinTop setzt die GM-Marke Opel ebenfalls verstärkt auf die Themen Emotionalität und Dynamik.

Auch unsere Premiummarke Saab hat Erfolg mit emotionalen Fahrzeugen. 9–3 Cabrio und 9–3 SportCombi treffen in besonderer Weise den individuellen Geschmack der Kunden. Positiv ist in diesem Zusammenhang auch die aktuell vorgelegte Studie des renommierten J. D. Power Instituts, das den Fahrzeugen der Marke Saab hinsichtlich Zuverlässigkeit, Qualität und Kosten deutliche Steigerungen bescheinigt.

Für eine erfolgreiche Zukunft gerüstet

Insgesamt steht die Automobilindustrie in Europa vor enormen Herausforderungen. Entscheidend ist, dass die Wettbewerbsfähigkeit verbessert wird und die Weichen wieder stärker auf Wachstum gestellt werden. Zu den dringendsten Maßnahmen gehören eine stärkere Flexibilisierung der Arbeit, eine Reform der sozialen Sicherungssysteme und ein Verzicht auf jede weitere Verteuerung der Mobilität. Wer rechtzeitig und konsequent handelt, der hat umso mehr die Chance, Beschäftigung in Europa zu halten. Die Fahrzeughersteller müssen dabei neue Wege finden, um sich der veränderten globalen Wettbewerbsituation anzupassen. Dazu gehört, dass die Produktportfolios diversifiziert werden. Das Innovationstempo vor allem bei der Elektronik ist rasant. Neue Basistechnologien wie der Brennstoffzellen-Antrieb müssen zur Marktreife gebracht werden. Dies alles muss gleichzeitig geschehen, unter ständig steigendem Preis- und Wettbewerbsdruck. Und dieser Druck hat in Westeuropa noch nicht einmal seinen Höhepunkt erreicht. Der Markt ist nahezu gesättigt und substanzielles Wachstum ist kaum vorherzusehen. Die Folge von Stagnation und schrumpfenden Märkten wie in Deutschland sind massive Überkapazitäten. Experten haben errechnet, dass die Automobilwerke in Europa aktuell durchschnittlich zu weniger als 80 Prozent ausgelastet sind. Der Break-even der Rentabilität liegt aber im

Schnitt bei rund 85 Prozent. Zugleich kündigen einige Hersteller den Ausbau ihrer Kapazitäten in Europa an. Damit wächst die technische Kapazität insgesamt zusätzlich um eine Million Einheiten.

Analysten prognostizieren deshalb eine Krise nach nordamerikanischem Muster. Um die Werke auszulasten, werden mehr und mehr Fahrzeuge mit Rabatten in den Markt gedrückt. Die Folge: Der Preisdruck steigt, die Profitabilität sinkt. Das Gesamtbild klärt sich auch mit Blick auf die langfristigen Perspektiven nicht auf. Denn nun beginnen auch die Wettbewerber aus China und Indien auf den europäischen Markt zu drängen. Die IAA in Frankfurt gab einen Vorgeschmack auf diese Entwicklung.

Erste Exporte nach Europa und USA haben den Blick auf die Billiganbieter aus China gelenkt. Diese Hersteller, die sich erstmals auf der IAA in Frankfurt präsentiert haben, hätten noch einen „langen, holprigen Weg vor sich", verweisen selbst chinesische Experten auf Probleme bei Qualität und Kundenservice. Aber der Weg nach Europa ist fest in ihrem Blick.

General Motors Europe hat sich auf den weiter verschärfenden Wettbewerb der kommenden Jahre vorbereitet. Die Marken und das Geschäft werden mit dem Restrukturierungsplan auf Kurs gebracht. Unser Ziel sind wettbewerbsfähige Beschäftigung an ultraproduktiven Standorten und starke, profitable Marken. Dafür haben wir uns aufgestellt. Unsere Modelloffensive ist sichtbarer Ausdruck für diese Zukunftsorientierung.

„Wie Elektronik die Automobilindustrie verändert" Vom Komponentenlieferanten mit klarer Strategie zum Systempartner

Peter Bauer, Mitglied des Vorstandes Infineon AG

Vom komplexen mechanischen zum komplexen elektronischen System

Seitdem in den 70er Jahren die ersten Transistoren im Auto Einzug hielten, haben sich Fahrzeuge von komplexen, überwiegend mechanischen zu komplexen, zunehmend elektronischen Systemen entwickelt. Während zunächst einfache Elektriksysteme zur Energieversorgung von Beleuchtungs- und Antriebselementen Anwendung fanden, gibt es heute nur wenige mechanische Funktionen, die nicht durch Elektronik beeinflusst beziehungsweise verbessert werden. Darüber hinaus sind viele neue Funktionen hinzugekommen. ABS, Stabilitätskontrolle, Airbag, Klimaregelung, Regensensor, Abstandswarnung, Navigationssysteme, Onboard-Diagnose, Fahrerassistenzsysteme und Telematikdienste – eine Vielzahl der Antriebs-, Sicherheits-, Komfort- und Infotainmentanwendungen könnten ohne Elektronik gar nicht realisiert werden (Abbildung 1).

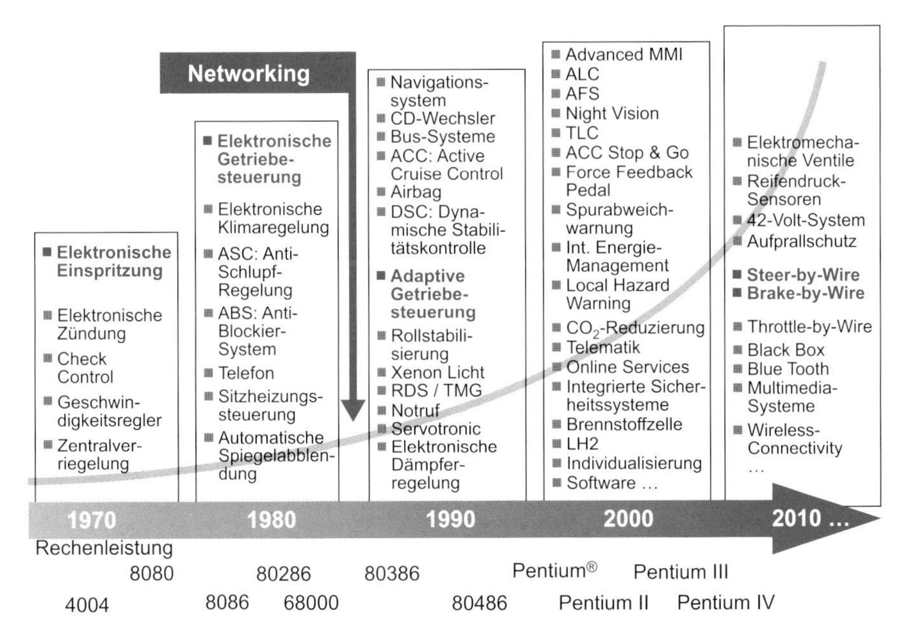

Abbildung 1: Entwicklung Automobilelektronik 1970 bis 2010
Quelle: BMW

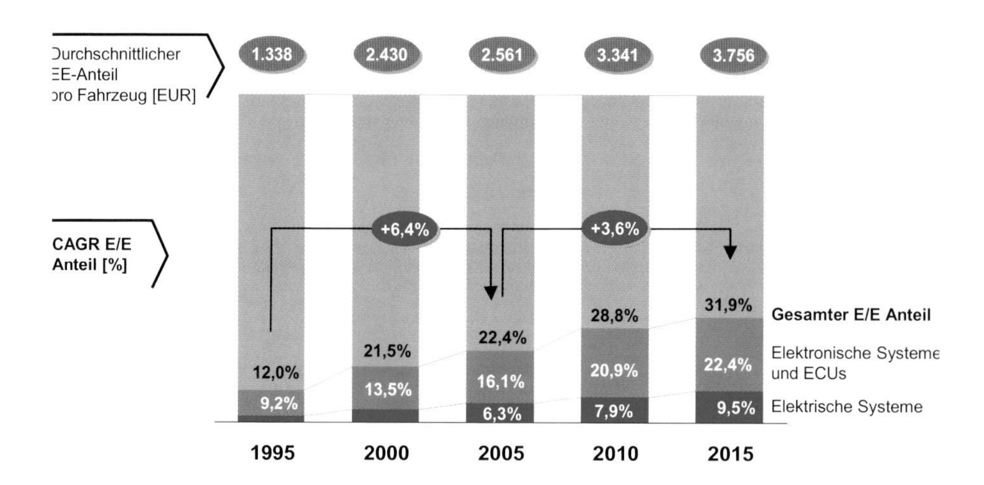

Abbildung 2: Entwicklung Elektronikanteil pro Fahrzeug
Quelle: Strategy Analytics; Roland Berger Analyse

Trotz aller Fortschritte in der Automobilelektronik steht ihre Verbreitung immer noch relativ am Anfang. Bei den Komfort-Anwendungen ist das Potenzial an elektronischen Innovationen längst nicht ausgeschöpft, und insbesondere im Bereich Sicherheit ist in den nächsten Jahren das stärkste Wachstum, unter anderem durch Fahrerassistenzsysteme, zu erwarten. Schätzungen von Roland Berger zufolge wird der Elektrik- und Elektronikanteil eines Fahrzeugs in den nächsten zehn Jahren von gut 22 Prozent (2005) auf etwa 32 Prozent (2015) ansteigen (Abbildung 2).

In Zukunft wird es kaum noch eine automobile Innovation geben, die nicht auf Elektronik basiert. Das ist einerseits für die auf Elektronik spezialisierten Zulieferer eine sehr positive Entwicklung. Halbleiterunternehmen beispielsweise profitieren davon, dass die Automobilelektronik das gesamte Spektrum an Halbleiterprodukten benötigt – angefangen bei Sensoren, Microcontrollern und Leistungshalbleitern über Speicher bis hin zu Chips für die drahtlose Kommunikation. Bis 2010 wird der Halbleiteranteil im Auto um schätzungsweise 50 Prozent wachsen.

Automobilindustrie in der Produktivitätszange

Andererseits ergibt sich aus der zunehmenden „Elektronifizierung“ des Automobils sowohl für die Zulieferindustrie als auch für die Fahrzeughersteller eine Vielzahl von Herausforderungen. Die technologischen Veränderungen, aber auch gesetzliche Anforderungen in den Bereichen Sicherheit und Umweltschutz, der Kundenwunsch nach mehr Funktionalität und die Gefahr, den Anschluss an neue Technologien zu verpassen, üben einen immensen Innovationsdruck auf die Automobilindustrie aus. Da der Endkunde in der Regel nicht bereit ist, für die Mehrkosten neuer Technologien zu

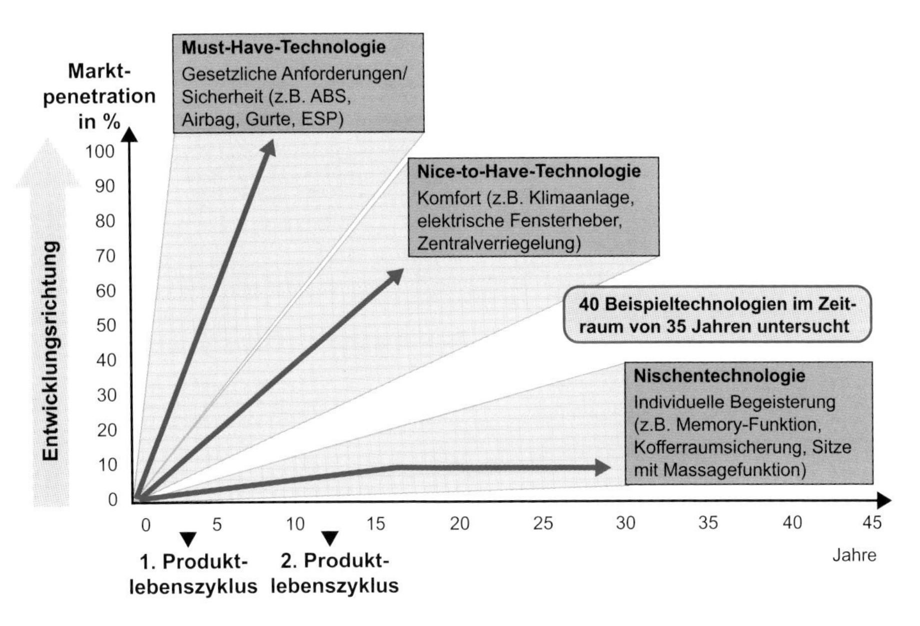

Abbildung 3: Einführungsgeschwindigkeit von Innovation
Quelle: McKinsey / PTW-HAWK-Survey 2003

zahlen, wird die Preisentwicklung in fast allen Fahrzeugklassen inflationsbereinigt stagnieren. Der Automobilhersteller ist daher gezwungen, seine Produktivität ständig zu erhöhen (Abbildungen 3 und 4).

Der durch die Forderung nach Innovationen bei geringen Kosten sowie höchster Qualität und Zuverlässigkeit entstehende Produktivitätsdruck betrifft nicht nur den Automobilhersteller, sondern alle vorgeschalteten Glieder der Wertschöpfungskette. Qualitätsstandards, die sonst nur in der Raumfahrt oder im Militär zu finden sind, zu Preisen der Unterhaltungsindustrie, so lassen sich die Anforderungen der Fahrzeughersteller an die Zulieferindustrie auf den Punkt bringen. Der Kostendruck führt unter anderem dazu, dass die Autohersteller jedes Jahr Preissenkungen in Höhe von drei bis zehn Prozent von ihren Zulieferern verlangen. Manchen Herstellern fehlt jedoch das Bewusstsein dafür, dass die Kostenoptimierung bestehender Systeme oder Einsparungen durch Volumenvorteile nur bedingt möglich ist und dass eine Finanzierung der Innovation durch die Zulieferindustrie auf Dauer nicht tragbar ist. Da der Kostendruck in der Regel von den Zulieferern der ersten Ebene an die Sublieferanten weitergegeben wird, stellt sich auch für ein Halbleiterunternehmen die Frage, welches Maß an Innovation und Qualität in einem von Fahrzeugherstellern und Zulieferern der ersten Ebene bestimmten Wettbewerb überhaupt geleistet werden kann.

Diese Herausforderungen sind nur mit einem Paradigmenwechsel in der automobilen Wertschöpfungskette zu bewältigen. Dieser Paradigmenwechsel geht einher mit der Erkenntnis, dass heute die Anzahl der zusätzlichen Leistungen und Ausstattungs-

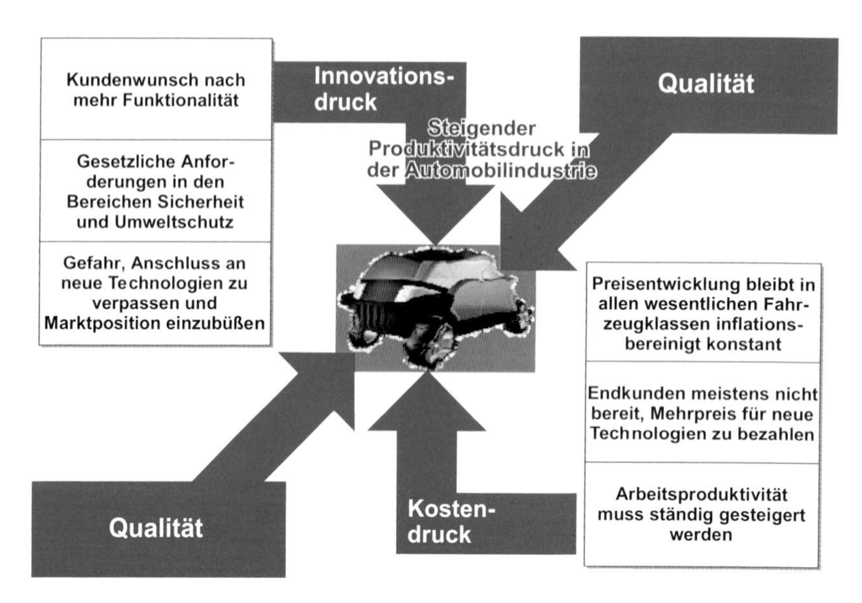

Abbildung 4: Die Atomobilindustrie in der Produktivitätszange
Quelle: McKinsey / PTW-HAWK-Survey 2003, Infineon

komponenten für den Erfolg im Wettbewerb nicht nachhaltig ausschlaggebend sind, sondern passende Geschäfts- und Gewinnmodelle, die die zugrunde liegenden Kostenstrukturen bestimmen, sowie eine geeignete Aufstellung der Wertschöpfungskette. Die große Aufgabe für die Automobilindustrie besteht also in der Beantwortung der Finanzierungsfrage: Wie können Innovationen angesichts der zunehmenden Komplexität der Automobilelektronik künftig bezahlbar und zuverlässig zur Verfügung gestellt werden und wer trägt die Kosten der Innovationen?

Zunehmende Komplexität muss beherrschbar gemacht werden

Die zunehmende Komplexität der Fahrzeugplattformen, die mit dem hohen Innovationsgrad einhergeht, ist ein weiteres Thema, mit dem sich die Fahrzeughersteller und Zulieferer im Zuge der Finanzierungsfrage beschäftigen müssen. Dominierten bisher eher lose gekoppelte elektronische Steuergeräte, so genannte Electronical Control Units (ECU), werden künftige Innovationen nur über hochgradig integrierte und vernetzte Systeme realisierbar sein. Prognosen zufolge werden die bis zu 80 heute oft noch voneinander unabhängigen elektronischen Systeme und Komponenten im Auto bis 2010 alle miteinander vernetzt sein und in hohem Maße interagieren (Abbildung 5).

Einerseits ist dieser hohe Grad an Vernetzung eine Grundvoraussetzung für die Realisierung neuer, systemübergreifender Funktionen – zumeist für zusätzliche Sicherheit – sowie für die Nutzung von Synergien und damit einhergehenden Kosteneinsparungen. Andererseits entstehen dadurch komplexe funktionale Abhängigkeiten zwischen den unterschiedlichen Elektronik-Komponenten, deren Beherrschung für die Fahrzeughersteller unabdingbar ist. Denn mit jedem Teilsystem und mit jedem weiteren elektronischen Steuergerät, das vernetzt wird, steigt die statistische Wahrscheinlichkeit, dass sich Teilsysteme gegenseitig stören oder das Gesamtsystem ausfallen könnte.

Es gibt die unterschiedlichsten Ansätze, mit denen versucht wird, die steigende Komplexität beherrschbar zu machen und den hohen Anforderungen hinsichtlich Kosten und Funktionalität Rechnung zu tragen. Eine Methode, die sowohl seitens der Zulieferindustrie als auch der Fahrzeughersteller vorangetrieben wird, ist die Durchsetzung von Standards. Die Strukturierung des gesamten Elektroniksystems eines Autos in Domänen ist ebenfalls ein Weg, der unter anderem von Herstellern wie BMW und Zulieferern wie Bosch verfolgt wird. Auch die Vergabe größerer Baugruppen an einen Zulieferer wird diskutiert. Trotz der zahlreichen Bemühungen, die sowohl von den Zulieferern als auch von den Herstellern vorangetrieben werden, dürfte die Suche nach einer abschließenden Lösung aus den unterschiedlichsten Gründen noch einige Zeit in Anspruch nehmen.

Elektronik-Kompetenz wird zum entscheidenden Wettbewerbsfaktor

Mit dem hohen Innovationsgrad und der zunehmenden Komplexität der Elektronik im Auto steigt auch die Möglichkeit technischer Risiken, die schlimmstenfalls zu Pannen, Ausfällen oder Rückrufaktionen führen können und mit einem hohen finanziellen Aufwand verbunden sind. Diese Risiken müssen, genau wie die der Mechanik, beherrschbar gemacht werden. Probleme treten unter anderem dann auf, wenn elektronische Neuerungen noch nicht ausgereift sind, wenn sie vom Fahrzeughersteller in die Serienproduktion übernommen werden. Mehr Elektronik-Know-how bei den Auto-

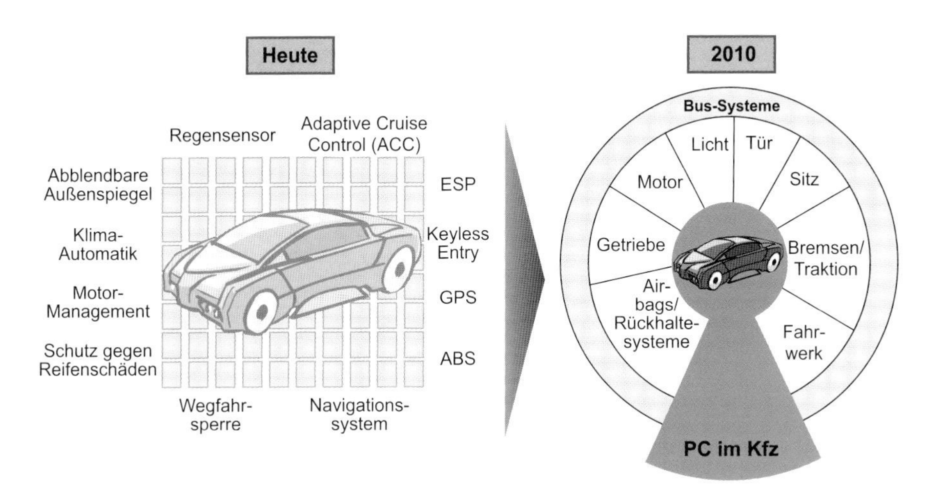

Abbildung 5: Von einzelnen Applikationen zum komplexen Netzwerk

mobilherstellern kann dazu beitragen, diese Risiken zu minimieren. Automobilhersteller, die sich als Innovatoren verstehen, sind sogar zwingend auf den Aufbau eigener Kompetenzen in der Elektronik angewiesen.

Zwei höchst unterschiedliche Industrien treffen aufeinander

Historisch bedingt orientiert sich ein Großteil der Automobilhersteller eher an der Mechanik. Das Know-how für Elektronik – im Gegensatz zu den klassischen Kernkompetenzen der Fahrzeughersteller, das heißt Fahrzeugdesign, Karosserie- und Motorbau – war lange Zeit ausschließlich bei den Elektronikzulieferern angesiedelt. Die meisten Hersteller haben allerdings erkannt, dass es nicht mehr ohne Elektronikwissen geht, und verstärkt entsprechende Kompetenzen aufgebaut – einerseits um nicht den Anschluss zu verlieren, andererseits um sich nicht komplett in die Abhängigkeit der Zulieferer zu begeben. Hier spielen vor allem die Premium-Hersteller eine Vorreiterrolle, die Elektronik inzwischen ganz klar als eine Kernkompetenz definiert haben.

Diese Entwicklung spiegelt sich unter anderem in der Gründung von Tochterunternehmen wider (Beispiele: BMW Car IT, Audi Electronics Venture, Porsche Engineering Group), in der Gründung von Kompetenzzentren wie dem Mitte 2005 gestarteten Audi-Elektronik-Center, im Aufbau eigener Entwicklungsabteilungen und der Einführung spezifischer Elektronik-Strategien. Auch beschäftigen Automobilhersteller immer mehr Elektroningenieure und Informatiker.

Der Aufbau von Elektronikwissen bei den Fahrzeugherstellern ist nicht nur aufgrund der erwähnten technischen Risiken wichtig. Ein ausgeprägtes Verständnis für die Anforderungen in der automobilen Elektronik ist die Grundvoraussetzung dafür, die entsprechenden Aufgaben optimal an Zulieferer zu vergeben, zu beurteilen und zu koordinieren. Das Gleiche gilt für die kommerzielle Bewertung der Zulieferleistung. Nur mit einem entsprechenden technischen Verständnis ist der Fahrzeughersteller in der Lage, die Komponenten und Leistungen der Zulieferer vergleichbar zu machen. Nicht zuletzt kann er das Gesamtsystem Elektronik nur dann optimal in das Fahrzeug integrieren, wenn er über die notwendige Kompetenz verfügt.

Mit zunehmender Elektronik im Auto wird sich in den nächsten Jahren auch der Bedarf an umfassendem Software-Know-how erhöhen, denn die Wertschöpfung wird sich zunehmend in diese Richtung verschieben. Erst die Software ermöglicht eine Vielzahl neuer Fahrzeugfunktionen und nicht nur eine höhere Integrationsdichte und Flexibilität. Mit Software lassen sich beispielsweise neue Anwendungen auch während des Lebenszyklus in ein Fahrzeug integrieren.

Fahrzeughersteller sehen hier eindeutig eine neue Einnahmequelle und werden sich mehr und mehr über Software differenzieren (Abbildung 6). Um das Potenzial von Software als neues Geschäftsmodell optimal nutzen zu können, ist auch hier entsprechendes Know-how eine zentrale Voraussetzung. Wie wichtig dies ist, zeigt das Beispiel

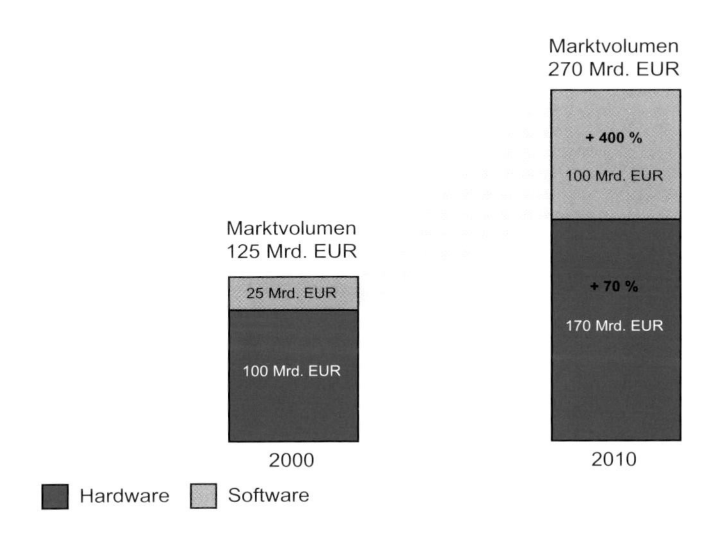

Abbildung 6: Wachsendes Marktvolumen Automobilelektronik
Quelle: Mercer / Hypo Vereinsbank

Mobilfunkindustrie. Trotz zwischenzeitlicher Versuche von Handyherstellern im Volumensegment, komplette Plattformen einzukaufen und Software-Know-how auszulagern, zeigt sich, dass der Erfolg im Markt in hohem Maße durch die Beherrschung der Technologie bestimmt wird: Die Erfolgreichen der Branche sind aktuell diejenigen, die ausgeprägte und anwendungsorientierte Software-Kompetenz im Unternehmen gehalten beziehungsweise ausgebaut haben.

Für viele Fahrzeughersteller ist Software ein relativ neues Feld, insbesondere bei der Software-Wartung und bei -Updates gibt es noch viele ungeklärte Fragen, die die Fahrzeughersteller nur in enger Zusammenarbeit mit ihren Zulieferern lösen können. Kompetenzen im Bereich Software werden bei der zukünftigen Aufgabenverteilung innerhalb der automobilen Wertschöpfungskette eine immer wichtigere Rolle spielen. Durch den zunehmenden Software-Anteil in der Automobilelektronik verändern sich auch die Prozesse, hier ist die Automobilindustrie gefordert, stärker von der IT-Industrie lernen.

Bedeutung der Elektronik-Zulieferer nimmt weiter zu

Trotz des Aufbaus von Elektronik-Kompetenz scheinen die Fahrzeughersteller aber nicht in die Wertschöpfungsstufe ihrer Zulieferer expandieren, sondern primär als „mündiger Kunde“ auftreten zu wollen. Eine Studie von Mercer Management Consulting beispielsweise zeigt, dass die Verteilung der Wertschöpfung im Bereich Automobilelektronik, die 2002 zu 84 Prozent bei den Zulieferern und zu 16 Prozent bei den Fahrzeugherstellern lag, sich auch in den nächsten Jahren nicht maßgeblich verändern wird. Da es angesichts des hohen Produktivitäts- und Kostendrucks nicht für jeden Fahrzeughersteller ohne weiteres möglich ist, proportional zum steigenden Elektronikanteil im Auto in den Aufbau entsprechender Ressourcen zu investieren, werden viele Aufgaben auch weiterhin bei den Zulieferern angesiedelt sein.

Allein schon wegen der höchst unterschiedlichen Innovationszyklen und der daraus resultierenden Probleme wird die Bedeutung der Zulieferer sogar weiter zunehmen. Angesichts des steigenden Elektronikanteils werden künftig auch Teile der Steuerungselektronik zu den klassischen Autoersatzteilen gehören müssen, die Fahrzeughersteller sind also auf eine reibungslose Versorgung mit elektronischen Bauelementen über den gesamten Produktlebenszyklus hinweg angewiesen. Dies gestaltet sich jedoch angesichts der extrem unterschiedlichen Entwicklungs- und Produktlebenszyklen der Automobil- und der Halbleiterindustrie als problematisch (Abbildung 7). Während die Entwicklungszeit in der Halbeiterindustrie zwischen neun und 24 Monaten liegt, dauert die Entwicklung eines neuen Fahrzeugmodells drei bis fünf Jahre, das dann etwa sieben Jahre lang produziert und nach Produktionsende durchaus noch 15 Jahre genutzt wird. Damit der Fahrzeughersteller die Ersatzteilversorgung garantieren kann, ist er in hohem Maße auf seine Elektronikzulieferer angewiesen.

Die Diskrepanz zwischen dem unterschiedlichen Innovationstempo der Automobilindustrie und der Halbleiterindustrie lässt sich nur schwer lösen. Würden sich die Fahrzeughersteller an den rasanten Zyklus der Halbleiterindustrie anpassen, wäre mit jedem neuen Halbleiterelement ein Re-Design der Elektronik im Auto erforderlich, auch

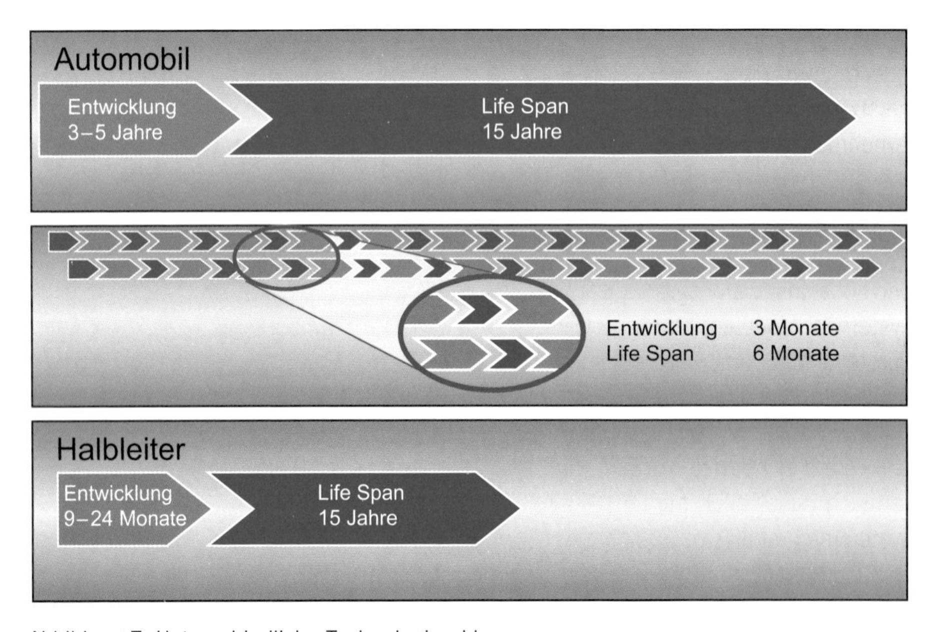

Abbildung 7: Unterschiedliche Technologiezyklen

nach Auslauf eines Modells. Elektronikbauteile für 20 Jahre einzulagern, ist nicht nur angesichts der Empfindlichkeit der Bauteile extrem aufwändig. Die Lagermöglichkeit wird auch dadurch begrenzt, dass der Bedarf nur ungenau geschätzt werden kann und niemand das zusätzliche Risiko und die damit verbundenen Kosten für die Lagerung tragen will.

In der Arbeitsgruppe „Langzeitversorgung der Automobilindustrie mit elektronischen Ersatzteilen" des Zentralverbands Elektrotechnik- und Elektronikindustrie (ZVEI) arbeiten Fahrzeughersteller, Zulieferer und Chip-Hersteller, unter anderem auch Infineon, an der Entwicklung geeigneter Konzepte. Die Standardisierung der verwendeten Bauteile sowie die Nachentwicklung nicht mehr lieferbarer Komponenten könnte eine Lösung sein, deren Praktikabilität angesichts der immensen Kosten aber sehr eingeschränkt ist. Zwar lässt sich mit einer Verbesserung der Lagerfähigkeit die Versorgungslücke zumindest verkleinern, der Aufwand bleibt jedoch nach wie vor extrem hoch.

Mit einem frühzeitigen Informationsaustausch innerhalb der gesamten Prozesskette könnten eventuell entstehende Versorgungsprobleme zumindest teilweise gelöst werden, das gilt auch, wenn es während der Produktionsdauer eines Fahrzeugmodells zu Änderungen bei den Halbleiterprodukten kommt. Nur mit einer klaren Kommunikation und mehr Transparenz lassen sich die Langzeitversorgung und das geforderte Maß an Qualität sicherstellen und damit das hohe Innovationspotenzial der Elektronik im Auto in vollem Umfang nutzbar machen. Der Fahrzeughersteller ist auf strategische Partnerschaften mit Halbleiterherstellern angewiesen, die sich ganz klar zu einer längerfristigen Verfügbarkeit der für die Automobilelektronik erforderlichen Halbleitertechnologien verpflichten. In diesem Zusammenhang muss der Fahrzeughersteller jedoch zwei Punke berücksichtigen: Das Vorhalten älterer Technologien ist mit zusätzlichen Kosten verbunden und die Langzeitversorgung kann nur von Halbleiterunternehmen geleistet werden, für die Automobilelektronik zum Kerngeschäft gehört.

Systemintegration wird zu großen Herausforderung

Der hohe Innovationsgrad in der Automobilelektronik bringt eine enorme Vielfalt an Systemen, Modulen, Komponenten, Betriebssystemen und Software unterschiedlicher Hersteller mit sich. Dazu kommen immer komplexere Entwicklungsstrukturen, mehrschichtige Software-Modelle und immer umfassendere Bus-Protokolle. Damit steigt auch der Aufwand der Integration auf Fahrzeugebene, das gilt für Hardware und Software gleichermaßen. Die Beteiligten der automobilen Wertschöpfungskette müssen sich daher auch mit der Frage auseinandersetzen, mit welchen Mitteln sich die Systemintegration trotz steigender Komplexität vereinfachen lässt und wie gleichzeitig ein Höchstmaß an Funktionalität und Qualität garantiert werden kann.

Ein bereits erwähntes Modell zur Reduzierung dieser Komplexität und damit zur Vereinfachung der Systemintegration ist eine in Domänen strukturierte Architektur, wie sie unter anderem von Fahrzeugherstellern wie BMW gefördert wird. Dieses Konzept sieht vor, einzelne Funktionen mit ähnlichen Anforderungen zusammen mit den jeweiligen Kontrolleinheiten zu größeren Domänen zu kombinieren. Innerhalb dieser Domänen agieren zentrale Steuergeräte, die gleich mehrere Funktionen integrieren, sowie Aktoren und Sensoren, die über eigene Intelligenz verfügen. Die Vernetzung der Domänen erfolgt über bewährte Bussysteme wie CAN oder LIN oder neue, deterministische Systeme wie Flexray, die derzeit von Industriegremien erarbeitet werden. Damit das Ganze optimal funktioniert, müssen sich die Prinzipien der Domänenarchitektur in der Systempartitionierung wiederfinden.

Offene und standardisierte Lösungen gelten heute für viele als Königsweg, um eine lückenlose Kommunikation zwischen den einzelnen Systemen beziehungsweise Steuergeräten zu garantieren sowie die Vernetzung von Systemen verschiedener Lieferanten zu vereinfachen. Initiativen wie HIS (Herstellerinitiative Software) oder Entwicklungspartnerschaften wie AUTOSAR (Automotive Open System Architecture) bemühen sich darum, die Standardisierung von Software-Schnittstellen und Software-Modulen voranzutreiben. Ziel von AUTOSAR ist die Entwicklung eines offenen Standards der Elektronikarchitektur von Fahrzeugen für eine vereinfachte „Wiederverwendbarkeit" und Austauschbarkeit von Software-Modulen in unterschiedlichen Fahrzeugtypen und -klassen.

Eine Standardplattform, die die grundlegende Software-Architektur und die Basisfunktionen festlegt, würde erheblich zur Senkung der Kosten beitragen, da sich nicht nur die Entwicklungszeit verkürzt, sondern auch die Integration neuer Funktionen erheblich vereinfacht wird. Bei einem Austausch einzelner Komponenten müsste nicht jedes Mal das ganze System überarbeitet und neu qualifiziert werden, stattdessen werden die betreffenden Bausteine oder Erweiterungen einfach mit den notwendigen Software-Schnittstellen versehen. Der Anteil bereits getesteter und erprobter Bausteine kann deutlich erhöht werden, was langfristig zu einer Senkung der Systemkosten und gleichzeitig zu einer Erhöhung der Qualität führt.

Verhindert Standardisierung Wettbewerb?

Standardisierung ist mit Sicherheit ein gangbarer Weg, um die komplexe Automobilelektronik und die Systemintegration sicher zu beherrschen. Die Implementierung eines einheitlichen Standards in größerem Umfang dürfte allerdings noch einige Zeit auf sich warten lassen. Das hängt nicht nur damit zusammen, dass Standardisierung ein langwieriger und aufwändiger Prozess ist, bei dem von der Verifikation bis zur formellen Verabschiedung mitunter Jahre vergehen können, sondern auch, weil Standardisierung für die einzelnen Marktteilnehmer eine unterschiedliche hohe Bedeutung hat.

Auf den ersten Blick könnte man nämlich meinen, dass der Fahrzeughersteller der einzige ist, der Vorteile daraus zieht, weil er aufgrund eines verstärkten Wettbewerbs auf Zulieferseite flexibler zwischen verschiedenen Anbietern auswählen kann. Tatsache ist, dass Standardisierung vor allem für die Komponentenzulieferer zunächst deutlich

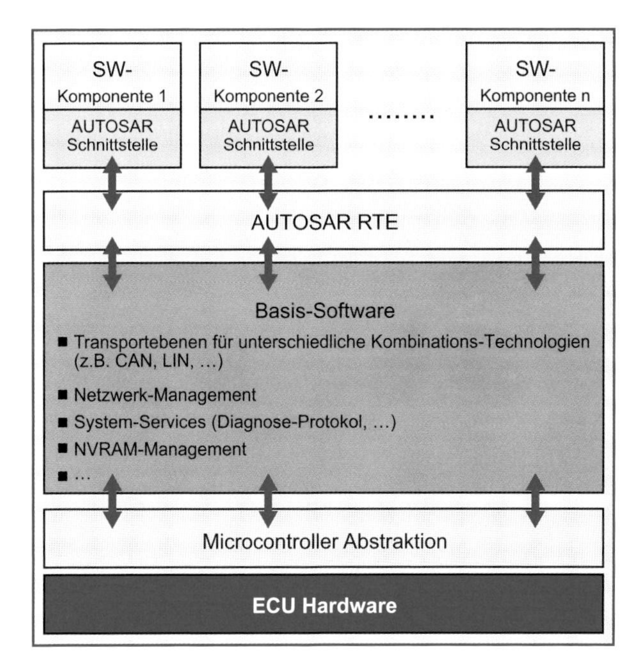

Abbildung 8: Standardisierungsansatz AUTOSAR

höhere Entwicklungsaufwendungen vor allem bei der Bereitstellung von Software zur Folge hat, die vor allem für kleinere Zulieferer nicht ohne weiteres finanzierbar sind. Damit könnte – entgegen der ökonomischen Gesetzmäßigkeiten von Standardisierung – genau der gegenteilige Effekt eintreten, nämlich dass der Wettbewerb und damit die Wahlfreiheit für den Fahrzeughersteller geringer wird, weil einige Zulieferer angesichts der höheren Aufwendungen und geringerer Margen aus dem Markt gedrängt werden.

In einem Papier zur Standardisierung hat der ZVEI die Frage aufgeworfen, ob Standardisierung Differenzierung im Wettbewerb verhindert. Wenn man diese Fragestellung weiterführt und Standardisierung mit der Austauschbarkeit von Produkten, Systemen und letztlich von Herstellern gleichsetzen würde, könnte man zum Schluss kommen, dass Zulieferer mit ihrem Engagement in Standardisierungsinitiativen wie AUTOSAR darin investieren, sich austauschbar zu machen. Dass dies nicht das Interesse der Zulieferer sein kann, ist offensichtlich, und somit muss es neben dem Streben nach mehr Qualität und Sicherheit einen ökonomischen Grund geben, dass Halbleiterunternehmen wie Infineon Mitglied von Entwicklungspartnerschaften wie AUTOSAR sind und aktiv an der Standardisierung mitarbeiten (Abbildung 8).

Mit einer sinnvollen Standardisierung von elektronischen Grundfunktionen, die nicht zur Differenzierung beitragen, können sich sowohl Hersteller als auch Zulieferer von Aufgaben befreien, die keinen differenzierenden Beitrag zur Wertschöpfung leisten. Stattdessen können sie sich auf Aufgaben konzentrieren, die die Wertschöpfung direkt beeinflussen. Differenzierung und damit Wettbewerb erfolgen im Zuge der Standardisierung von Automobilelektronik hauptsächlich über die unterschiedliche Implementierung spezifischer Funktionen und Bedienkonzepte sowie über Software.

Wichtig ist, dass Standardisierung von den Fahrzeugherstellern nicht als Initiative zur Vereinheitlichung der Zulieferindustrie verstanden wird, sondern ausschließlich als Mittel zur Reduzierung der Komplexität und zur Vereinfachung der Systemintegration. Standardisierung muss Differenzierung erlauben und darf einer höheren Integration nicht im Wege stehen. Eine zu weitreichende Standardisierung wirkt letztlich als Innovationsbremse.

Wer trägt die Verantwortung für die Systemintegration?

Angesichts der immer höher werdenden Integrationsdichte stellt sich die Frage, in wessen Hoheit die Verantwortung für die Systemintegration in Zukunft liegen wird. Ist es denkbar dass ein Partner aus der Zulieferindustrie sich künftig darum kümmert, dass die Systeme und Module zusammen passen? Die Übertragung der Gesamtverantwortung oder die Verantwortung für größere Pakete an einen Zulieferer hätte den Vorteil, dass sich die Reibungsverluste an den Schnittstellen zwischen zwei Systemen sowie der Aufwand für die systemübergreifende Abstimmung deutlich reduzieren würden. Allerdings kommen für jede Systemkomponente nur einige wenige ausgewählte Zulieferer infrage, die über das für eine solche komplexe Aufgabe erforderliche breite Know-how verfügen.

Auch das Thema Haftung spielt in diesem Zusammenhang eine zentrale Rolle. Hier gehen einige Fahrzeughersteller mitunter einen „schizophrenen" Weg: Sie wollen die Systemverantwortung mitsamt Haftung an ihre Zulieferer delegieren, aber gleichzeitig die Kontrolle behalten, weil sie eine zu große Abhängigkeit fürchten. Wenn Verantwortung und Kompetenz nicht mehr in der gleichen Hand liegen, lassen die Probleme allerdings nicht lange auf sich warten. Fehlerhafte Abstimmungen, die den Projekterfolg gefährden, sind hier keine Seltenheit. Eine solche Vorgehensweise geht nicht nur zulasten der Entwicklung. Oftmals wird auch vergessen, dass ein funktionierendes Gesamtsystem günstiger sein kann als die Summe der Kosten der Einzelkomponenten und dem entstehenden Integrationsaufwand.

Im Hinblick auf die Vielzahl der Beteiligten steht und fällt der Erfolg der Systemintegration mit dem Gesamtprojektmanagement, das beim Fahrzeughersteller liegen muss. Er ist das Bindeglied zwischen den verschiedenen Zulieferern, die nach seinen Spezifikationen einzelne, miteinander vernetzte Teilsysteme liefern. Werden die beteiligten Parteien nicht konsequent während des gesamten Prozesses an einen Tisch geholt, besteht wenig Aussicht auf eine funktionsfähige Lösung, und Probleme bei der Entwicklung und Abstimmung der vielen Subsysteme sind bereits vorprogrammiert. Darüber hinaus ist der Fahrzeughersteller auf ein hohes Maß an Transparenz hinsichtlich der Prozesse der Zulieferer angewiesen, denn nur mit einem Gesamtüberblick ist er in der Lage, die vielen Systeme im Auto optimal aufeinander abzustimmen.

Fahrzeughersteller in Know-how- und Geschäftsmodell-induzierten Abhängigkeiten

Die Fahrzeughersteller sind nicht nur von der Kompetenz, sondern auch von den Geschäftsmodellen ihrer Zulieferer abhängig. Aus der hohen Komplexität des Gesamtsystems „Automobilelektronik“ resultiert eine zunehmende Spezialisierung der Zulieferindustrie, sodass es für die jeweiligen Systeme nur eine begrenzte Anzahl an Anbietern gibt. Kleine und mittelständische Zulieferer können bei entsprechendem Technologievorsprung zwar bestehen, die von den Fahrzeugherstellern geforderten Einsparungen allerdings nur sehr bedingt realisieren. Als Halbleiterunternehmen braucht man jedoch in jedem Fall sowohl eine kritische Größe als auch ein breites Portfolio, um diese Herausforderung zu meistern.

Das Maß an Kompetenz, das der Fahrzeughersteller erhält, wird in großem Umfang durch seine Einkaufstrategie bestimmt. In den USA und teilweise auch in Europa gibt es schon seit längerem einen Trend zu einer rein kostengetriebenen Einkaufstrategie. Diese hat bereits solche Ausmaße angenommen, dass viele Fahrzeughersteller ihre Aufträge sogar über das Internet versteigern. Hier stellt sich die Frage, inwieweit mit einer solchen Einkaufstrategie eine langfristige Kooperation realisiert werden kann, von der alle profitieren können, nicht nur die Hersteller und die Zulieferindustrie, sondern letztlich auch der Autokäufer.

Eine von Kosten bestimmte Anbieterauswahl mag dem Fahrzeughersteller zwar kurzfristiges Einsparungspotenzial bieten, langfristig überwiegen jedoch ganz klar die Nachteile. Mit solchen Strategien werden rein preisorientierte Entwicklungen gefördert, die nicht nur zulasten der Innovationsfreudigkeit gehen, sondern schlimmstenfalls auch zulasten von Qualität und Fahrzeugsicherheit und damit auch für den Fahrzeughersteller keine erstrebenswerte Marschrichtung sein können. Eine rein kostengetriebene Einkaufstrategie ist der wesentliche Hinderungsgrund für eine langfristige, strategische und auf gemeinsamen Erfolg ausgerichtete Zusammenarbeit über mehrere Glieder der Wertschöpfungskette. Der Weg aus der Produktivitätszange kann für die Fahrzeughersteller aber nur über enge, strategische Partnerschaften mit wenigen, ausgewählten Zulieferern gehen.

Große Fahrzeughersteller wie zum Beispiel BMW und Toyota verfolgen bereits seit langem eine solche Strategie und sind dabei sehr erfolgreich. Die positive Zusammenarbeit mit Zulieferern spiegelt sich unter anderem in den regelmäßigen Lieferantenbewertungen und dem kommerziellen Erfolg dieser Unternehmen wider. Toyota beispielsweise fördert die Zusammenarbeit zwischen seinen Zulieferern und nimmt damit keine Position am Ende der klassischen Wertschöpfungskette ein, sondern eher die eines Dirigenten in einem großen Orchester, der für ein harmonisches Zusammenspiel aller Beteiligten sorgt.

Neue Qualität der Zusammenarbeit

Es besteht eine dringende Notwendigkeit, die beschriebene Art der Partnerschaft über die gesamte Wertschöpfungskette auszudehnen, da bereits Architekturentscheidungen seitens der Fahrzeughersteller, aber auch Systempartitionierungen seitens der Systemzulieferer einen hohen Einfluss auf die Kostenstruktur der Halbleiterlösungen haben können. Technisch zuverlässige Produkte verlangen nach einer engen, partnerschaftlichen Zusammenarbeit zwischen Fahrzeughersteller und Zulieferer. Um einerseits nicht aufwändig viele Partnerschaften zu pflegen, andererseits aber den Wettbewerb aufrecht zu erhalten, verfolgen viele Fahrzeughersteller heute eine „Second-Source“-Strategie. Das bedeutet, dass der Fahrzeughersteller sich auf einen Hauptlieferanten und einen zweiten Lieferanten mit einem geringeren Auftragsanteil konzentriert. Bei technisch weniger anspruchsvollen Komponenten haben die Systemlieferanten die freie Auswahl bei den Komponentenlieferanten, wodurch dieser Beschaffungsmarkt recht fragmentiert ist. Bei technisch anspruchsvolleren Komponenten schränkt üblicherweise der Fahrzeughersteller für den Systemlieferanten die Auswahl möglicher Komponentenlieferanten ein. Diese Vorauswahl wird stark durch die technische Kompetenz der Komponentenlieferanten, ihre Qualität und ihre Zuverlässigkeit beeinflusst.

Darüber hinaus gibt es heute einige Fahrzeughersteller, die zusätzliche Komponentenhersteller zur Entwicklung proprietärer Lösungen motivieren. Damit wird es für den einzelnen Halbleiterhersteller immer schwieriger zu innovieren, die Realisierung der gerade für die Halbleiterindustrie wichtigen Skaleneffekten ist für viele Halbleiterunternehmen in dieser Situation nicht möglich. Die Konsequenz: Nur die großen Halbleiterunternehmen, die den Bedarf eines fragmentierten Marktes bündeln und eine über ihr eigenes Produkt hinausgehende technische Kompetenz mitbringen, werden in der Lage sein, das notwendige Maß an Qualität und Innovation bereitzustellen.

Fahrzeughersteller und auch Zulieferer, die die Bedeutung eines partnerschaftlichen Miteinanders noch nicht erkannt haben, müssen – um wettbewerbsfähig bleiben zu können – umdenken und eine neue Qualität in die Beziehungen mit ihren Lieferanten bringen. Im Idealfall ist die Zusammenarbeit durch eine enge Kooperation zwischen Komponentenlieferanten, Systemzulieferern und Fahrzeugherstellern geprägt, wobei die Halbleiterhersteller frühzeitig in die Vorentwicklungs- und Entwicklungsprojekte bei den Zulieferern der ersten Ebene und den Fahrzeugherstellern eingebunden sein sollten. Infineon verfolgt bereits seit vielen Jahren eine enge Zusammenarbeit sowohl mit den Systemlieferanten als auch mit den Fahrzeugherstellern, um eine optimal abgestimmte und effiziente Halbleiterlösung anbieten zu können. Um die Anforderungen an die Applikationen rechtzeitig zu erfassen und sicher zu stellen, dass die Lösungen den Anforderungen voll entsprechen, setzt Infineon auf einen engen Austausch mit den Fahrzeugherstellern. Diese Form der Interaktion spielt auch im Hinblick auf die frühzeitige Entwicklung von Innovationen eine wichtige Rolle.

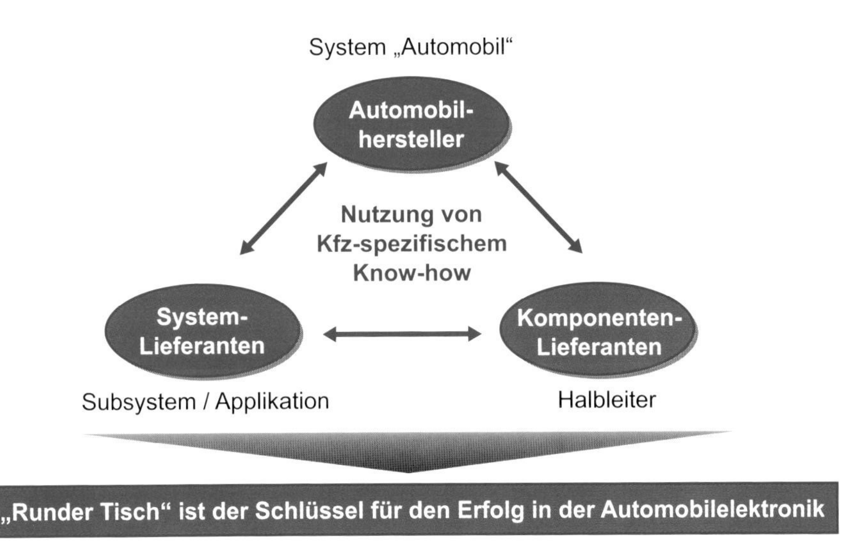

Abbildung 9: Geschäftsmodell für eine erfolgreiche Zukunft

Das Thema Finanzierung wird bei der Vergabe eines Entwicklungsauftrags oftmals sehr nachrangig behandelt. Niedrige Margen und die starke Globalisierung des Wettbewerbs haben viele, nicht nur kleine und mittelständische Zulieferer an die Grenze ihrer finanziellen Leistungsfähigkeit gebracht. Für Halbleiterunternehmen hat das Thema Finanzierung eine besondere Bedeutung angesichts der hohen Kapitalintensität, der Volatilität der Halbleiterbranche und der damit einhergehenden Anforderungen des Kapitalmarkts. Im Gegensatz zu anderen Branchen, wo Renditen im unteren einstelligen Bereich ausreichen, um die Investoren zufrieden zu stellen und die Kapitalkosten zu verdienen, müssen Halbleiterfirmen Gewinnmargen größer 10 Prozent erwirtschaften. In der Diskussion um die zukünftige Zusammenarbeit und die Kostenverteilung der Wertschöpfungskette sollten daher neue Geschäftsmodelle berücksichtigt werden.

Neue Geschäftsmodelle erforderlich

Vereinheitlichung und Kostenreduktion auf der einen Seite, innovieren auf der anderen Seite, Verantwortung und Haftung delegieren, aber gleichzeitig Kontrolle über den Zulieferer behalten, Qualitätskosten vermeiden, die Zulieferlandschaft fragmentieren – dass viele Fahrzeughersteller sich in diesem Spannungsfeld bewegen, lässt sich in erster Linie auf den hohen Kostendruck zurückführen. Der Weg aus diesem Spannungsfeld kann jedoch nicht zulasten der Zulieferindustrie gehen, sondern kann nur über eine gemeinschaftliche Kooperation über die gesamte Wertschöpfungskette hinweg gehen (Abbildung 9).

Die Bewältigung der Herausforderungen, denen sowohl Fahrzeughersteller als auch die Zulieferer einschließlich der Halbleiterunternehmen ausgesetzt sind, erfordert neue Geschäftsmodelle. Ziel dieser neuen Geschäftsmodelle muss sein, Innovationen bei verträglichen Systemkosten im Volumen darstellen zu können und die Systemkomplexität beherrschbar zu machen, Entwicklungen unter Zeit- und Kostendruck zu beherrschen und gleichzeitig ein hohes Qualitätsniveau sicherzustellen. Zukunftsfähige Modelle werden durch eine partnerschaftliche Gestaltung der Wertschöpfungskette gekennzeichnet sein, in der Leistungen und Gegenleistungen in einem ausgewogenen Verhältnis zueinander stehen. Rein preisorientierte Geschäftsmodelle dürften schon bald der Vergangenheit angehören, denn Innovationen sind auf Dauer nur bezahlbar, wenn die Innovationskosten nicht einseitig durch das jeweils vorgeschaltete Glied der Wertschöpfungskette getragen werden müssen.

In diesem Zusammenhang ist vor allem zu definieren, wer für die Entwicklungskosten aufkommt, insbesondere für Software. Denn Software wird in Zukunft mehr als nur ein Zubehör von Hardware sein, sondern zunehmend zum eigenständigen Produkt werden. Es gibt immer wieder Forderungen von Fahrzeugherstellern gegenüber der Halbleiterindustrie, sich stärker in diesem Bereich zu engagieren. Die zunehmende Bedeutung von Software und die Bestrebungen, eine standardisierte Software-Architektur zur Verfügung zu stellen, haben natürlich Konsequenzen für Halbeiterunternehmen und machen eine verstärkte Auseinandersetzung mit dem Thema Hardware-Software-Codesign notwendig. Dass Halbleiterunternehmen eine neue Kernkompetenz für anwendungsspezifische Software aufbauen werden, ist jedoch eher unwahrscheinlich. Zum einen steht dies den Interessen der Tier-1-Zulieferer entgegen, zum anderen ist eine sinnvolle Vermarktung durch einen Halbleiterhersteller nur schwer möglich. Halbleiterunternehmen werden daher längerfristig Software nur in Form von Hardware-naher Software, also Firmware, beisteuern.

Damit trotz der systembedingten, unterschiedlichen Innovations- und Produktlebenszyklen der Automobil- und Halbleiterindustrie auch künftig Innovationen möglich sind, müssen neben langfristigen Standards, längerer Verfügbarkeit von Bauteilen und einer intensiven Kommunikation bei Anlauf, Änderungen und Abkündigung von Produkten auch neue Ansätze für die Finanzierung und das Risiko-Management diskutiert und geklärt werden. Denkbar sind zum Beispiel Netzwerkorganisationen, Zusammenschlüsse oder Kooperationen zwischen ausgewählten Partnern. Wichtig ist auch, dass alle Beteiligten der automobilen Wertschöpfungskette ihre jeweiligen Kernkompetenzen identifizieren und sich auf diese konzentrieren. Während Fahrzeughersteller die Entwicklung offener Standards und intern den Aufbau von Integrationskompetenz weiter vorantreiben und ihre Partner entsprechend unterstützen sollten, können sich Zulieferer durch stabile, skalierbare und innovative Lösungen als zuverlässiger Systempartner einbringen.

Der Schlüssel für den Erfolg liegt in vernetzten, langfristig ausgelegten, strategischen System- und Entwicklungspartnerschaften, wo Zulieferer weit mehr sind als nur

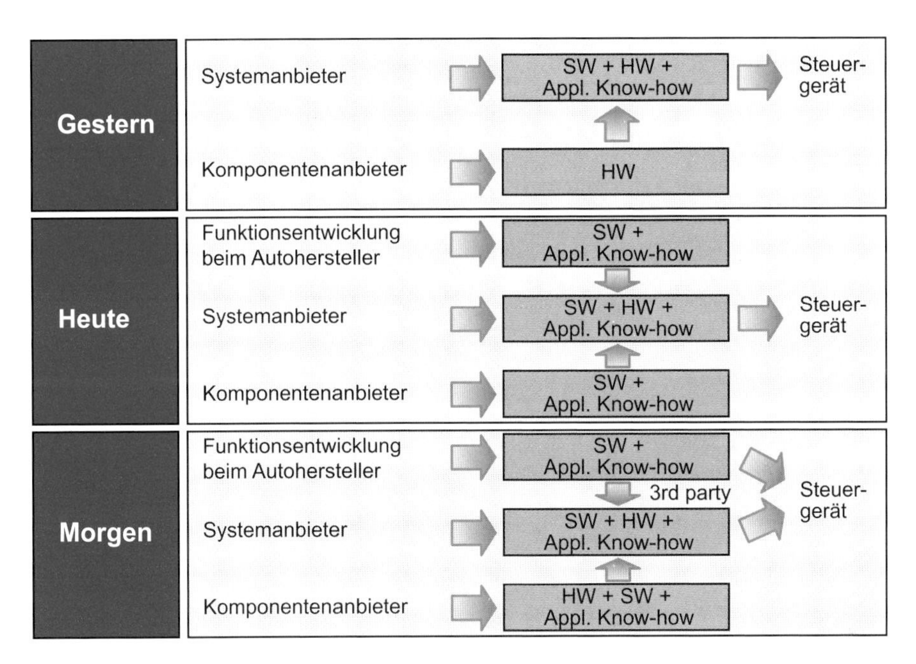

Abbildung 10: Veränderungen in der Wertschöpfungskette

Lieferanten preiswerter Komponenten, sondern gleichwertige Partner, die früh in den gesamten Entwicklungsprozess des Fahrzeugherstellers eingebunden sind. Mit Hilfe einer Kooperation über die gesamte Wertschöpfungskette hinweg, in der der Fahrzeughersteller für das Gesamtsystem, die Spezifikation und die Koordination der Zulieferer verantwortlich zeichnet, der Systemlieferant für die Einbettung seiner jeweiligen Applikation und Halbleiterunternehmen wie Infineon für die Integration ihrer Chips, lassen sich bei Innovationen erhebliche Synergien erzielen, von denen alle Beteiligten der Wertschöpfungskette profitieren, und die letztlich zur Finanzierung der Innovationskosten beitragen (Abbildung 10).

Trotz aller Bemühungen sind heute noch viele Fragen offen, wie die Herausforderungen der Automobilelektronik im Interesse aller Beteiligten zufriedenstellend gelöst werden können. Interessant ist in diesem Zusammenhang die Frage, warum der Markt für Automobilelektronik trotz der enormen Herausforderungen so heiß umkämpft ist. Sowohl die Systemzulieferer als auch Komponentenlieferanten wie Halbleiterunternehmen richten ihre Aktivitäten zunehmend auf diesen Markt aus. Ein Grund ist mit Sicherheit, dass trotz des moderaten Wachstums des Kfz-Marktes von jährlich schätzungsweise knapp 3 Prozent ein deutliches Wachstum bei der Automobilelektronik zu erwarten ist. So wird für den Automobil-Halbleitermarkt von 2005 bis 2010 ein jährliches durchschnittliches Wachstum von etwa 7 Prozent prognostiziert (Abbildung 11).

Infineon ist durch sein umfassendes Anwendungsverständnis, sein breites Produktportfolio und die Unternehmensstruktur gut positioniert, um den Herausforderungen

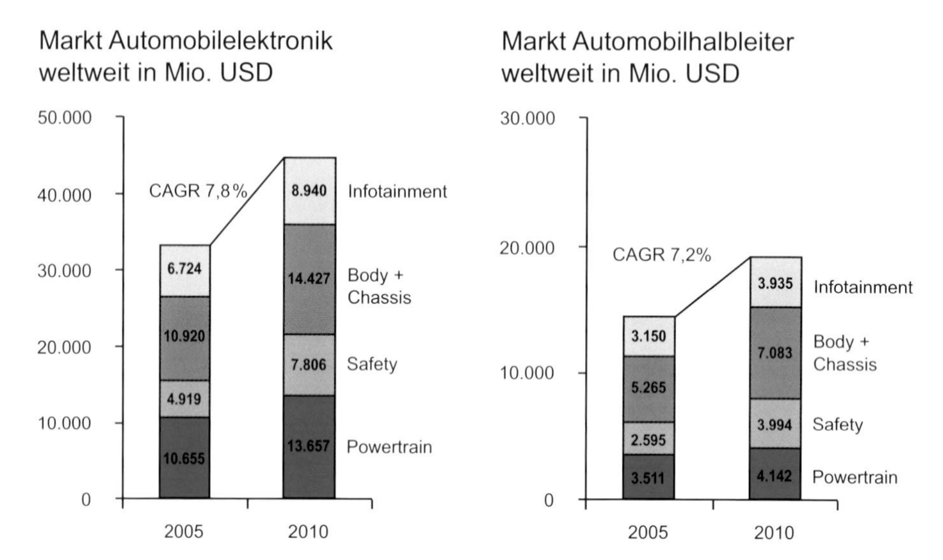

Abbildung 11: Marktentwicklung Automobilelektronik und -halbleiter
Quelle: Strategy Analytics, Oktober 2004, August 2005

der Fahrzeughersteller Rechnung zu tragen und von diesem Wachstum zu profitieren. So kann Infineon beispielsweise sein Wissen aus anderen Bereichen wie Kommunikation, Sicherheit oder Speicherprodukte ideal einbringen.

Innovationen sind und bleiben der Treiber der deutschen Automobilindustrie, und der komparative Wettbewerbsvorteil der deutschen Automobilindustrie lässt sich in hohem Maße auf Innovationen zurückführen. Auch wenn die deutsche Automobilindustrie im weltweiten Vergleich als „effizientester Innovator“ gilt, müssen wir bei allen Bemühungen, einen Weg aus der Produktivitätszange zu finden, aufpassen, dass Deutschland seinen Wettbewerbsvorteil nicht an aufstrebende Volkswirtschaften wie China oder Korea verliert. Dies geht nur, wenn Fahrzeughersteller, Systemlieferanten und Komponentenhersteller an einem Strang ziehen.

Der nächste Evolutionsschritt der Automobilindustrie steht kurz bevor – Faktoren für tragfähigen Erfolg im Zusammenspiel von OEMs und Zulieferern

Siegfried Wolf, CEO Magna International

Einleitung

Die Welt des Automobils ändert sich mit rasender Geschwindigkeit: Die Wünsche der Käufer werden immer differenzierter, ihre Ansprüche an Mobilität steigen, Entwicklungszeiten und Produktionszyklen verkürzen sich dramatisch. Die Globalisierung hat ihr Tempo noch einmal deutlich verschärft. Während die Automobilhersteller neue Nischenmärkte erschließen, drängen neue Wettbewerber in die Märkte. Zudem lassen die Rekord-Rohstoffpreise die Kosten steigen und fordern immer effizientere Entwicklungs- und Produktionsverfahren. Parallel dazu haben Hedge-Fonds die traditionell eher für sie unattraktive Branche entdeckt und prüfen Übernahmen, die noch vor wenigen Jahren undenkbar waren.

Trotz dieser gravierenden Veränderungsprozesse zählt die Automobilindustrie im Jahr 2005 ohne jede Einschränkung zu den Schlüsselindustrien der globalen Wirtschaft. Als High-Tech-Branche mit einem riesigen Innovationspotenzial fasziniert sie die Menschen von Kindesbeinen an. Allein die vielen Millionen Besucher, die jedes Jahr die Automobilausstellungen rund um den Globus besuchen, lassen die Faszination erahnen, die die Welt des Automobils auf die Menschen ausübt. Dies lässt sich unter anderem darauf zurückführen, dass die Autoindustrie wie kaum eine andere Industriebranche mit besonderen Emotionen verbunden ist. So sind Automobile ein bedeutender Teil unseres täglichen Lebens. In ihnen manifestiert sich in besonderem Maße das unverändert zunehmende gesellschaftliche Bedürfnis nach Mobilität, und sie sind zunehmend auch Ausdruck der Persönlichkeit. So verkörpern Automobile wie kaum ein anderes Produkt den Wunsch nach Individualität. Auf den Punkt gebracht: Die Käufer möchten sich ihr eigenes „Wohnzimmer auf vier Rädern" gestalten.

Das Thema „Automobil" hat also im Laufe der Jahre scheinbar nichts an seiner Faszination eingebüßt. Experten gehen davon aus, dass das Auto auch zukünftig das mit Abstand wichtigste Verkehrsmittel im Personenverkehr bleiben wird. Schon heute lässt sich vorausahnen, dass die Begeisterung für Autos auch künftig nicht nachlassen wird – im Gegenteil.

Die Zukunft der Automobilbranche ist jedoch alles andere als eindeutig. In den ersten Jahren des neuen Jahrtausends laufen die Verkäufe schleppend und in der Folge hat sich der Margendruck für nahezu alle Original Equipment Manufacturer (OEM) stark erhöht. Die Automobilindustrie sieht sich somit mit gewaltigen strukturellen

Umbrüchen konfrontiert, bei denen die Wertschöpfungsketten neu hinterfragt werden. Der Markteintritt japanischer und koreanischer Hersteller vor rund zwanzig Jahren hatte bereits zu grundlegenden Veränderungen der Wettbewerbs- und Marktsituation geführt. Weitere Veränderungsprozesse sind durch den echten Markteintritt chinesischer Hersteller insbesondere in Europa zu erwarten. Für die Automobilhersteller hat zu Beginn des neuen Jahrtausends ein Verdrängungswettbewerb eingesetzt, der in seiner Härte bereits neue Dimensionen erreicht, aber seinen Höhepunkt noch nicht gefunden hat.

Bemerkenswert im Zusammenhang der strukturellen Veränderungsprozesse ist, dass die Impulse zur Neudefinition der Wertschöpfungsketten einmal mehr aus der Branche selbst kommen. So waren bereits die weitreichenden Veränderungsprozesse der neunziger Jahre von der Automobilbranche selbst eingeleitet worden. Ein Teil der Faszination der automobilen Welt besteht anscheinend auch darin, Dinge stets zu hinterfragen, immer weiter verbessern zu wollen und Veränderung als Chance zur Verbesserung zu begreifen. Der Wille zur Spitzenleistung ist in der Automobilbranche besonders stark ausgeprägt, allein in diesem Buch findet sich eine Vielzahl aktueller Beispiele dafür.

Orientierung für andere Branchen

Kaum eine Branche hat andere Wirtschaftszweige dermaßen beeinflusst wie die Automobilindustrie. Insbesondere in der Produktion von Gütern haben die Automobilhersteller Maßstäbe gesetzt und eine neue Art zu denken in der Wirtschaft etabliert. So findet der Aufbruch der Wertschöpfungsketten, den die Automobilindustrie unter den Stichworten „Lean Production“ oder „Kaizen“ in den neunziger Jahren umgesetzt hat, zunehmend auch in anderen Branchen statt. Zahlreiche Unternehmen unterschiedlichster Branchen sehen sich – zumeist getrieben durch die Globalisierung – dazu gezwungen, ihr Selbstverständnis zu hinterfragen und die gesamte Organisation ihrer Prozesse vom Kopf auf die Füße zu stellen, um auch in der Zukunft Spitzenleistungen erbringen zu können. In der Folge werden zur Reduzierung der Fertigungstiefe ganze Produktionsketten gekappt und operative Abläufe komplett neu entwickelt, um „Just-in-Time“-Szenarien zu ermöglichen.

Beispiel Bankensektor: Die steigende Wettbewerbsintensität im Finanzdienstleistungssektor fordert ein Aufbrechen aller traditionellen Wertschöpfungsketten. Um ihre Profitabilität im internationalen Wettbewerb entscheidend zu verbessern, beginnen mehr und mehr Finanzinstitute damit – gemeinsam mit spezialisierten Dienstleistern –, ihre Primärprozesse, wie Vertrieb oder Produktentwicklung, von den Sekundärprozessen, wie der Abwicklung, zu trennen. Nach Ansicht von Branchenexperten finden sich gerade bei den Sekundärprozessen zahlreiche fragmentierbare Abläufe, die deutlich flexibilisiert werden können. Damit erinnert das einsetzende Denken im Bankensektor stark an das Denken in der Automobilindustrie der neunziger Jahre. Mehr noch: Die Automobilbranche ist zum Vorbild für andere Industriezweige geworden.

Anderes Beispiel: Einzelhandel. Auch im Einzelhandel halten Konzepte aus der Automobilbranche Einzug. Einer McKinsey-Studie zufolge will insbesondere der deutsche Einzelhandel über ein effizientes Prozessmanagement seine anhaltend schwache Profitabilität steigern. Unter dem Rubrum „Lean Retailing“ wird dazu die gesamte Lieferkette vom Produzenten bis ins Verkaufsregal auf den Prüfstand gestellt. Vereinfachte Prozesse sollen künftig dafür sorgen, dass Waren schneller zum Kunden gelangen, teure Lagerbestände sinken und dem Händler mehr Zeit für Serviceaktivitäten bleibt.

Aktuelle Herausforderungen im Zusammenwirken von Herstellern und Zulieferern

Einen Weg zur Bewältigung der eingangs in aller Kürze skizzierten Herausforderungen sehen die Fahrzeugproduzenten zunehmend in Allianzen. Besonders hohe Aufmerksamkeit hat zuletzt die Finanzbeteiligung von Porsche an Volkswagen gefunden. Im operativen Bereich entwickeln und produzieren die beiden Autobauer seit längerem gemeinsam die Grundkonstruktionen für den Porsche Cayenne und den VW Touareg. Die Beispielreihe strategischer Kooperationen lässt sich mühelos weiter fortsetzen: Toyota und PSA Peugeot-Citroën produzieren gemeinsam, und Ford und VW kooperieren bereits seit den neunziger Jahren. Zur Entwicklung und zum Bau eines Hybridantriebs sind General Motors, DaimlerChrysler und BMW eine Allianz eingegangen.

Die steigende Anzahl an strategischen Allianzen lässt sich – hierin sind sich die Experten einig – insbesondere auf die zunehmende Fragmentierung der Märkte zurückführen. Eine geringere Stückzahl pro Modell bei wachsender Modellvielfalt lässt die Entwicklungs- und Produktionskosten pro Modell steigen. Darüber hinaus haben die Überkapazitäten die Margen unter Druck gebracht, während die Ausgaben für Innovationen und ihre Integration in die betrieblichen Abläufe immer höheren Ressourceneinsatz verlangen. Vor diesem Hintergrund nutzen die OEMs strategische Allianzen und teilweise auch Modularisierungskonzepte, um die Einmalkosten zu reduzieren.

Aber auch aus einem anderen Grund haben strategische Allianzen positive Effekte: Die Bereitschaft von OEMs mit unmittelbaren Konkurrenten Allianzen zu bilden, zeigt, dass bei allem Wettbewerb, der gut und notwendig ist, auch das Gesamtoptimum für die Branche in die Überlegungen der OEMs einfließt. Dahinter steht die simple, aber zutreffende Erkenntnis, dass die Perspektive des einzelnen OEM verbessert wird, wenn es gemeinsame Bemühungen gibt, die globale Wettbewerbsfähigkeit der gesamten Branche zu steigern.

Der durch die Globalisierung zusätzlich beschleunigte Trend zu niedrigeren Kosten im Allgemeinen und niedrigeren Entwicklungskosten im Speziellen sowie das Bedürfnis nach höherer Flexibilität wirkt sich längst nicht mehr nur auf die Hersteller aus, sondern in verstärktem Maße auch auf die Automobilzulieferer.

Viele, in erster Linie mittelständische Zulieferer in Nordamerika und Mitteleuropa stecken aufgrund dessen in einer prekären Lage. Neben der Weitergabe des Kosten- und Margendrucks sowie der Entwicklungsrisiken durch die Hersteller belasten zusätzlich die steigenden Rohstoffpreise die Leistungsfähigkeit der Zulieferer. Die Zulieferer befinden sich dadurch, plakativ formuliert, in einer Sandwich-Position: Oben lastet der Kostendruck, den die OEMs weitergeben, von unten drücken die explodierenden Rohstoffpreise. Was bleibt, ist eine Einlage in diesem Sandwich, die für viele Zulieferer bereits so dünn geworden ist, dass man sie kaum noch sehen und allenfalls noch riechen kann.

Einige Branchenexperten prognostizieren, dass für zahlreiche kleinere Unternehmen eine weitere Preisrunde das Aus bedeuten würde.

Wie ernst die Lage für die Zulieferer ist, zeigt sich unter anderem auch an der steigenden Zahl von Insolvenzen innerhalb der Branche, von der auch die großen Konzerne nicht verschont bleiben. So musste selbst ein Branchenriese wie Delphi im Oktober 2005 für den nordamerikanischen Unternehmensteil einen Insolvenzantrag nach Chapter 11 stellen. Was dies für die rund 185.000 Mitarbeiter bedeutet und welche Konsequenzen dies insbesondere für den amerikanischen Markt haben wird, wird sich erst in Zukunft zeigen. Gleichwohl verdeutlicht das Beispiel Delphi die gewaltige Dynamik der Veränderungsprozesse.

Es stellt sich daher nun die Frage, was die Erfolgsfaktoren sind, um sich unter den beschriebenen Rahmenbedingungen erfolgreich im Wettbewerb zu behaupten.

Magna – Ein Beispiel für nachhaltiges Wachstum im Zuliefer-Sektor

Das Beispiel Magna International zeigt, dass sich bei den Zulieferern diejenigen Unternehmen an die Spitze des Wettbewerbs gesetzt haben, die bereits frühzeitig die kommenden Herausforderungen erkannt und sich entsprechend aufgestellt haben. Wer sich im Zuge der so genannten „zweiten automobilen Revolution“ in den neunziger Jahren den Maßgaben des „Lean Managements“ entsprechend strategisch positioniert hat, zählt heute zu den Profiteuren des Strukturwandels innerhalb der gesamten Automobilbranche.

Gleichzeitig führte die Verringerung der Wertschöpfungstiefe auf Seiten der OEMs zu einem starken Outsourcing-Trend. Hier boten sich jenen Unternehmen die besten Perspektiven, die sich nicht nur auf ihre Rolle als „verlängerte Werkbank“ reduzierten, sondern sich zum echten Produktions- und Entwicklungspartner der Hersteller weiterentwickelten. Dazu gehört sicherlich die Fähigkeit, die Bedürfnisse und Probleme der Hersteller zu verstehen, sowie das Wissen, ihnen proaktiv neue Produkte und Dienstleistungen anbieten zu können.

Generell ist eine konsequente Orientierung an den Bedürfnissen und Wünschen der Kunden ein zentraler Erfolgsfaktor für Unternehmen der Zulieferindustrie. Bei Magna ist diese Denkweise fest verankert und kann auf einen einfachen Nenner gebracht werden: Auf die Kundenaufforderung „Spring!" antwortet Magna nicht „Warum?", sondern „Wie hoch?". Dahinter steht die simple, aber absolut zutreffende Erkenntnis, dass ein Zulieferunternehmen in letzter Konsequenz nur so erfolgreich sein kann wie die Kunden, die es bedienen darf.

Ein weiterer Aspekt besteht zweifelsohne in der technologischen Kompetenz. Wer erkannt hat, welche Technologien sich am Markt durchsetzen und wer diese Technologien auch grundlegend beherrscht und weiterentwickeln kann, ist in der Lage, den Kunden Lösungen zu liefern, die diesen eine besonders aussichtsreiche Position im Wettbewerb verschaffen. Mit der Allrad-Technologie im Bereich der Antriebstechnik etwa hat sich Magna einen entscheidenden Vorteil im Wettbewerb verschafft und konnte den OEMs spezielles Know-how anbieten, das vom Endkunden verstärkt nachgefragt wurde. Durch diese Fähigkeit, bis zum Endkunden zu denken – oder anders formuliert: an die Kunden der Kunden zu denken –, hebt sich Magna von vielen Mitbewerbern ab.

Magna heute

Magna ist in den zurückliegenden Jahren sowohl quantitativ als auch qualitativ äußerst dynamisch gewachsen. In diesem Zusammenhang stellte die Übernahme der Steyr-Daimler-Puch im Jahr 1998 sicherlich einen besonderen Meilenstein dar. Abgesehen von der damit verbundenen Umsatzsteigerung stieß Magna mit dieser Akquisition in eine neue Dimension der Automobilzulieferbranche vor. So sorgte die hinzugewonnene „Gesamtfahrzeug-Kompetenz" dafür, von den Autoherstellern als wirklich vollwertiger Entwicklungs- und Produktionspartner anerkannt zu werden. Dieses umfassende Know-how in Kombination mit dem umfassenden und qualitativ hochwertigen Produktportfolio und der globalen Aufstellung sind echte Alleinstellungsmerkmale im Wettbewerb.

Im Zusammenspiel dieser Faktoren realisierte Magna im Geschäftsjahr 2004 einen neuerlichen Wachstumssprung. Auch hier kam der Magna Steyr Gruppe besondere Bedeutung zu, da das Volumen der Fahrzeugproduktion von 118.000 Fahrzeugen in 2003 auf insgesamt 227.000 Fahrzeuge im Jahr 2004 gesteigert werden konnte. In der Folge verdoppelte sich der Umsatz und das EBIT bei Magna Steyr erreichte nahezu den dreifachen Wert.

Insgesamt ist Magna mit einem Umsatz von 20,7 Milliarden US-Dollar, rund 83.000 Mitarbeitern und 279 Standorten (223 Produktion, 56 Engineering) in 23 Ländern der drittgrößte Automobilzulieferer der Welt (Abbildung 1).

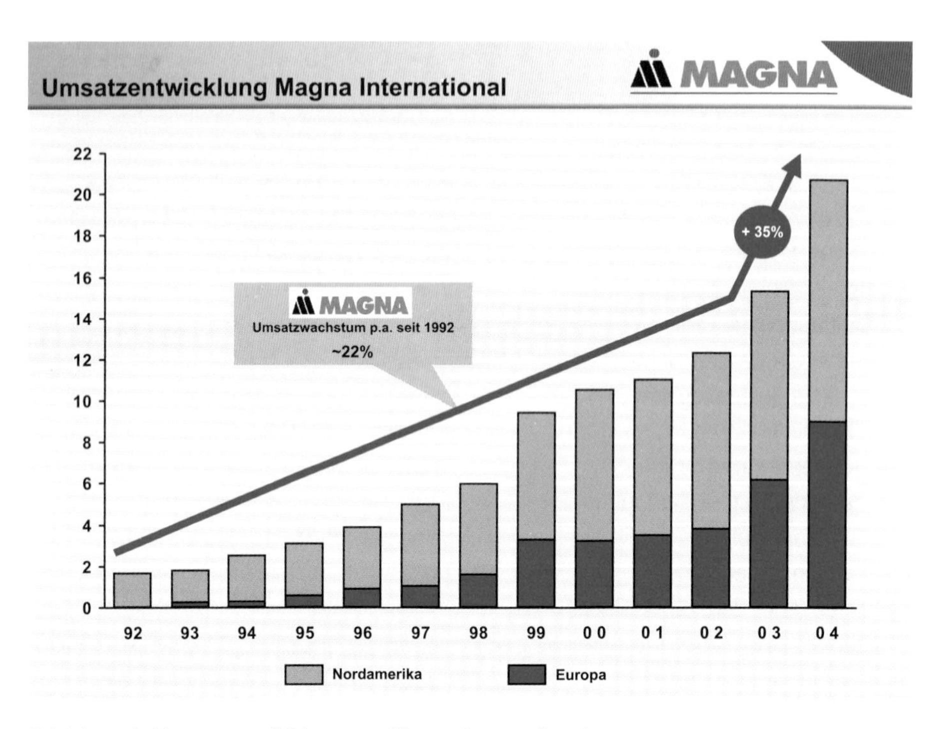

Abbildung 1: Umsatzentwicklung von Magna International

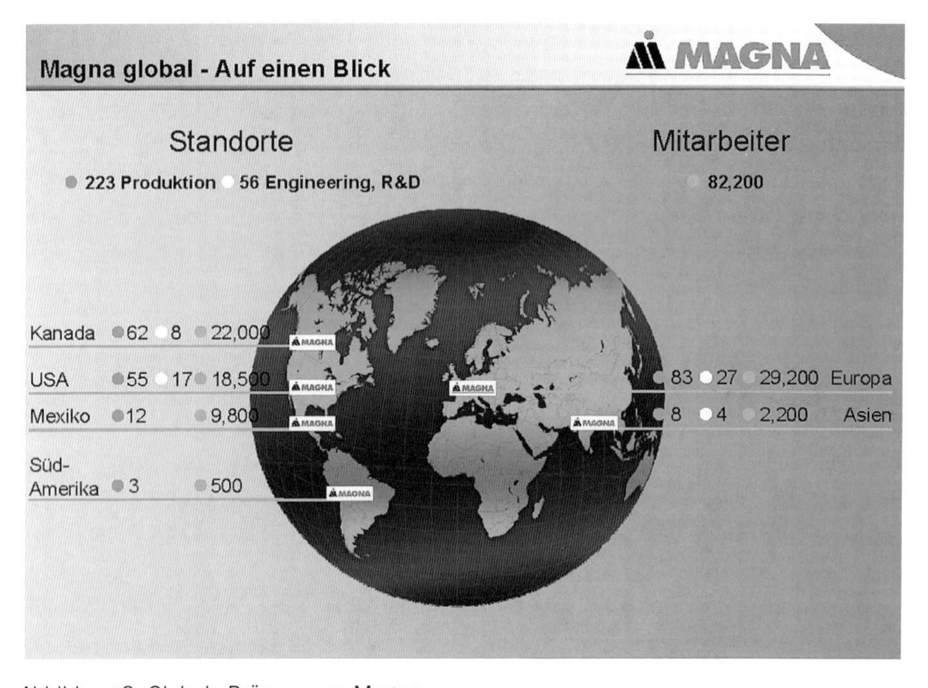

Abbildung 2: Globale Präsenz von Magna

Meilensteine der Unternehmensentwicklung

Der Erfolg von Magna in den vergangenen Jahrzehnten ist in großem Maße mit dem Namen Frank Stronach verbunden. Frank Stronach gründete im Jahr 1957 in einer Garage in Toronto den Ein-Mann-Betrieb „Multimatic". Im Jahr 1969 fusioniert die damalige „Multimatic" mit „MAGNA Electronics" und wurde 1973 in „MAGNA International Inc." umbenannt. In den Folgejahren führte Frank Stronach das bald wachsende Unternehmen an die Weltspitze und baute dieses, auch durch eine gezielte Akquisitionspolitik, zum heutigen globalen Unternehmen Magna International aus.

Strategisch waren die verschiedenen Akquisitionen darauf ausgerichtet, Magna in erster Linie technologisch zu stärken. So wurden im Laufe der Jahre kontinuierlich neue Spezialkompetenzen in das Unternehmensnetzwerk integriert. In der Folge stieg das Wissen rund um das Automobil im Unternehmen kontinuierlich an. Magna wurde auf diese Weise mehr und mehr zum Outsourcing-Partner der wichtigsten OEMs.

Nach der erfolgreichen Etablierung des Unternehmens in Nordamerika, die in erster Linie durch organisches Wachstum getragen wurde, wandte sich Magna Ende der achtziger Jahre dem europäischen Markt zu. Auch hier erarbeitete sich Magna in den Folgejahren, verstärkt auch über Akquisitionen, eine führende Marktposition. Einen besonderen Meilenstein bei der Erschließung des europäischen Marktes stellte die Übernahme der Aktienmehrheit bei der damaligen Steyr-Daimler-Puch AG im Jahr 1998 dar, die den Grundstein zur Gründung der heutigen Magna Steyr Gruppe im Jahr 2001 legte.

Aber auch alle anderen Magna-Gruppen erweiterten sukzessive ihre Präsenz in Europa, teilweise durch Neugründungen, teilweise durch Akquisitionen, um das Leistungsspektrum strategisch zu ergänzen und abzurunden. Bemerkenswert ist in diesem Zusammenhang sicher die Tatsache, dass sich dieses rasche Wachstum auf einem Markt abspielte, der schon zum Zeitpunkt des Eintritts als relativ gesättigt betrachtet werden konnte.

Soweit zur Historie. Was aber – und dies ist die entscheidende Frage – haben Frank Stronach und Magna anders gemacht als seine Wettbewerber? Oder anders formuliert: Was war das entscheidende Kriterium dafür, dass sich die Kunden vermehrt für Magna als Zulieferpartner entschieden haben?

Ein zentraler Punkt bei der Beantwortung dieser Fragen ist, neben der bereits angesprochenen strategischen Akquisitionspolitik, das Thema „Flexibilität". Frank Stronach hat über die Jahre eine Unternehmensstruktur aufgebaut, die bis zum heutigen Tag ein Höchstmaß an Flexibilität erlaubt. Die Gedanken des „Lean Management" waren dabei für Magna niemals ein implementiertes Management-Tool, sondern vielmehr Grundüberzeugung.

Die daraus resultierenden hohen Freiheitsgrade versetzten Magna seit der Gründung in die Lage, sich voll und ganz auf die Bedürfnisse und Wünsche der Kunden auszurichten, statt sich mit zu hoher interner Komplexität zu belasten. Gleichzeitig war

Magna aufgrund seiner flexiblen Struktur schneller in der Lage, neue Anforderungen und Trends aufzugreifen und im Sinne der Kundenanforderungen umzusetzen, ehe diese zum Allgemeinwissen der Branche wurden. Gepaart mit der zunehmenden technologischen Kompetenz versetzte dies Magna in die Lage, bei zahlreichen unternehmerischen Entscheidungen ein besonderes Momentum zu nutzen.

Dabei vertraute Frank Stronach immer auf die Leistungskraft und den Leistungswillen seiner Mitarbeiterinnen und Mitarbeiter. Noch heute zählt die Mitarbeiterorientierung zu den Grundwerten von Magna und manifestiert sich vor allem in der Unternehmensverfassung.

Erfolgsfaktoren für das nachhaltige Wachstum von Magna

Einer der zentralen Gründe für das dynamische Wachstum von Magna in den zurückliegenden Jahren ist die Fähigkeit, kommende Veränderungen innerhalb der Automobilindustrie frühzeitig zu erkennen und sich entsprechend der neuen Rahmenbedingungen im Markt zu positionieren. Magna hat die Vorgaben des Erfolgsprinzips „Lean Management" umgesetzt – und zwar lange bevor dies „Common Knowledge" wurde. Parallel dazu wurde die Flexibilität aller Unternehmensprozesse durch eine dezentrale Organisationsstruktur laufend gesteigert. Zusätzlich stärkte die eingangs beschriebene, aktiv vorangetriebene Portfoliopolitik mit zielgerichteten Akquisitionen die technologische Positionierung der Gruppe.

Während des dynamischen Wachstumsprozesses ist es – und daran sind nicht wenige Unternehmen gescheitert – gelungen, die zentralen Prinzipien und Werte der Gruppe zu sichern. Mehr noch, die ausgeprägte Entrepreneur-Kultur wurde erfolgreich auch auf neu hinzugekommene Unternehmensbereiche übertragen. Die hohe Integrationsfähigkeit von Magna sicherte dabei den Erfolg der Zukäufe und die schnelle Nutzbarkeit von Synergien zwischen den verschiedenen Einheiten.

Erfolgsfaktor Aktive Portfoliopolitik

Die gezielte Akquisitionspolitik und das nachhaltige, profitable Wachstum der vergangenen Jahre haben Magna zu einem der führenden, global agierenden Zulieferer von Systemen, Komponenten und kompletten Modulen für die Automobilindustrie gemacht. In Bezug auf die Breite des Produktspektrums ist Magna mit den aktuellen Gruppen Magna Steyr, Magna Powertrain, Cosma, Magna Donnelly, Decoma, Intier Automotive Interiors, Intier Automotive Seating und Magna Closures seit Jahren der meistdiversifizierte Automobilzulieferer der Welt (Abbildung 3).

Die Produktpalette, die Magna den Kunden anbieten kann, reicht vom Kleinteil über größere Module und komplexe Systeme bis hin zum gesamten Fahrzeug, das Magna Steyr im Grazer Werk im Kundenauftrag fertigt.

Abbildung 3: Magna Gruppenstruktur

Erfolgsfaktor führende Technologiekompetenz

Die Kompetenz für das Gesamtfahrzeug hat Magna auf ein neues Niveau gehoben und dem Unternehmen damit einen besonderen Wettbewerbsvorteil verschafft. Großprojekte wie das Saab 9–3 Cabriolet, der BMW X3 oder der Geländewagen Jeep Grand Cherokee stellen die hohe Akzeptanz der Leistungsfähigkeit in Bezug auf das Gesamtfahrzeug von Magna Steyr unter Beweis. Im Jahr 2004 stellte Magna Steyr im Grazer Werk über 227.000 Fahrzeuge her, dies bedeutete zum Jahr 1998 eine Versechsfachung der Produktionsvolumina. Aus dem ehemaligen Kleinserienhersteller ist damit der weltgrößte Automobilentwickler und -hersteller ohne eigene Marke geworden. Die Mitarbeiterzahl stieg dabei von 5.000 auf rund 10.000 Mitarbeiter an.

Bei Magna Powertrain ist die Allrad- und Antriebstrang-Kompetenz des Unternehmens gebündelt. In diesem Bereich ist Magna weltweit Technologieführer. So gibt es kaum ein Allrad-Fahrzeug der Premium-Klasse, das nicht Allrad-Kompetenz von Magna Powertrain enthält. Darüber hinaus ist Magna Powertrain seit der Übernahme von New Venture Gear und der Integration der früheren Magna-Gruppe Tesma einer der weltweit führenden Spezialisten für den gesamten Bereich Antriebsstrang.

Cosma ist der weltweit größte Metallverarbeiter in der Automobilzulieferindustie, das Lieferspektrum reicht von kleinsten Press – oder Stanzteilen, über Fahrzeugrahmen und große Blechteile (Class-A Stampings) bis hin zu Komplett-Karosserien.

Die Magna Donelly Gruppe, die sich auf Spiegelsysteme und Elektronik konzentriert, ist ebenfalls Marktführer in ihrem Bereich. So finden sich Produkte von Magna Donelly in mehr als der Hälfte aller produzierten Fahrzeuge. Im boomenden chinesischen Markt hat Magna Donelly im Spiegelbereich einen Marktanteil von rund 80 Prozent. Bei den elektrischen Spiegelmotoren kommt rund ein Drittel von Magna Donelly.

In der Decoma Gruppe arbeiten die Magna-Experten für den Außenbereich des Fahrzeugs. Auch die Decoma verfügt als Komplett-Anbieter für den Kunststoff-Außenraum über eine führende Position im Wettbewerb. Das Produktspektrum reicht von Zierleisten über Stoßfänger, Scheinwerfersysteme, Seitenverkleidungen, Heckklappen bis zu gesamten Front- und Heckmodulen.

Intier Automotive Interiors deckt den gesamten Bereich des Fahrzeug-Innenraums ab. Das Leistungsspektrum spannt sich von kompletten Cockpit-Systemen über Seiten- und Dachhimmel-Verkleidungen, Schalldämmungen, Teppichen bis zur Komplettintegration des gesamten Fahrzeug-Innenraumes.

Bei Intier Automotive Seating liegt der Schwerpunkt in der Entwicklung und Produktion von Fahrzeugsitzen, kompletten Sitzsystemen und einer Vielzahl von Sitzmechanismen.

Die Geschäftsfelder von Magna Closures liegen in den Bereichen Schließsysteme, Elektrik und Mechanik für Fensterhebesysteme sowie Antriebe und Mechanismen für Türen und Heckklappen.

Erfolgsfaktor dezentrale Organisationsstruktur

Die gravierenden Veränderungen im Automobilsektor haben dazu geführt, dass der Faktor Flexibilität in den zurückliegenden Jahren im Zulieferbereich zunehmend an Bedeutung gewonnen hat. Der Wandel in den globalen Märkten, dessen Dynamik in den kommenden Jahren weiter zunehmen wird, fordert Organisationsstrukturen, die es den Unternehmen ermöglichen, sich besonders schnell auf neue Marktanforderungen einstellen zu können. Gleichermaßen wird die Fähigkeit, so zeitnah wie möglich aktuelle Wünsche und Erwartungen der Kunden erfüllen zu können, zum wichtigen Kriterium bei der Differenzierung im Wettbewerb. Dies bedeutet beispielsweise, bestimmte Entwicklungsprozesse besonders schnell durchzuführen oder gegebenenfalls benötigte Kapazitätsverlagerungen möglichst problemlos begleiten zu können.

Um ein Höchstmaß an Flexibilität im Engineering wie auch im Manufacturing zu gewährleisten, hat sich Magna konsequent über eine dezentrale Struktur in den Märkten positioniert (Abbildung 4). Diese dezentrale Organisationsstruktur ist gleichzeitig auch sichtbarstes Element der besonderen Magna-Unternehmenskultur. So ist Magna nicht wie ein Großkonzern, mit einer oftmals sehr statischen und streng hierarchischen Architektur, aufgebaut. Vielmehr besteht das Unternehmen aus zahlreichen kleinen Einheiten. Die einzelnen Unternehmens-Divisionen bestehen aus einzelnen Gesellschaf-

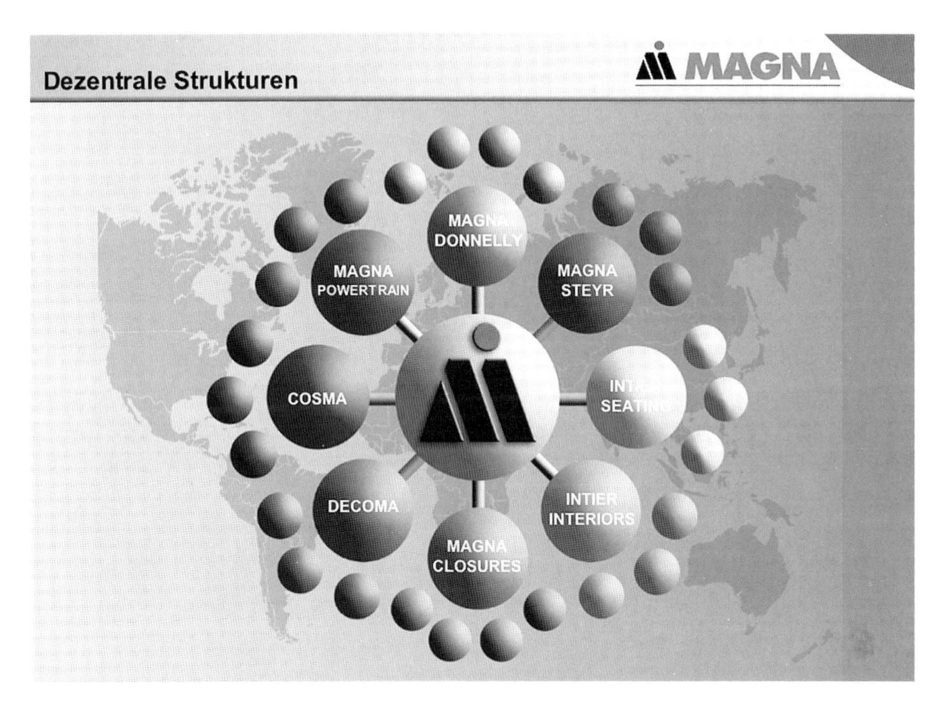

Abbildung 4: Dezentrale Struktur

ten, deren Größe in der Regel auf 300 bis 800 Mitarbeiter beschränkt ist. Wächst eine Einheit dynamisch und überschreitet eine gewisse Größe, so wird sie in der Regel in kleinere Einheiten unterteilt, auch um damit die Spezialisierung und Fokussierung auf Kernkompetenzen zu fördern. Die einzelnen Divisionen arbeiten im täglichen Geschäft mit einem hohen Grad an Selbstbestimmung und Selbstorganisation und agieren am Markt als eigene Profitcenter. Diese Aufstellung garantiert den einzelnen Divisionen und dem jeweiligen Divisionsmanagement ein Höchstmaß an persönlicher Freiheit. Diese Freiheitsgrade machen Magna zu einem attraktiven Betätigungsfeld für fähige und leistungswillige Köpfe. Damit kommt der dezentralen Struktur auch im so genannten „War for Talents" besonders hohe Bedeutung zu.

Über den einzelnen Divisionen stehen die Unternehmens-Gruppen, in denen übergreifende, organisatorisch aber immer sehr schlank gehaltene Back-Office-Funktionen gebündelt sind. Die Gruppen sorgen darüber hinaus für die Koordination der einzelnen Divisionen mit Blick auf das Marketing oder auch auf operative Synergien.

Magna selbst, gesteuert durch das Magna Executive Management, übernimmt – ähnlich wie ein großer Schirm, der sich über viele Mittelbetriebe spannt – die langfristige strategische Steuerung und sorgt vorrangig für finanzielle aber auch technologische und systemische Synergieeffekte. Nach außen gerichtet sichert das Dach von Magna ein hohes Maß an Kundenorientierung („One Face to the Customer").

Insgesamt lässt sich Magna trotz der Größe somit weniger als schwerfälliger Supertanker beschreiben. Das Unternehmen trägt vielmehr Züge eines Flottenverbundes kleiner, wendiger Schnellboote, die besonders flexibel manövrieren und dennoch die Stärke eines großen Verbundes nutzen.

Erfolgsfaktor Entrepreneurship

Aufgrund der veränderten Marktsituation, des hohen Margen- und Kostendrucks sowie des zunehmenden Wettbewerbs haben zahlreiche Unternehmen der Automobilbranche – Zulieferer wie auch OEMs – in den letzten Jahren und Jahrzehnten immer neue Effizienzsteigerungsprogramme gestartet, um ihre Profitabilität zu erhöhen. Nicht selten haben sich diese Programme in reinen Kostensenkungen erschöpft und im Nachhinein nicht in vollem Maße zu den gewünschten Effekten geführt. Zwar sind kurzfristige Entlastungen sichtbar geworden, die zweite und dritte Runde vieler Effizienzsteigerungsprogramme deuten jedoch darauf hin, dass es sich hierbei nicht um nachhaltige Fortschritte handelte.

Ein Grund für die eingeschränkte Wirksamkeit ist sicherlich, dass diese Effizienzsteigerungsprogramme innerhalb der Unternehmen als negative Maßnahmen empfunden werden, da sie in der Regel mit harten Schnitten verbunden sind. Zudem greifen viele Ansätze oftmals zu kurz, da sie sich auf die Auswirkungen bestimmter Probleme richten, nicht aber die Ursache bekämpfen. Sozusagen kommen die eingeleiteten Maßnahmen stets zu spät und scheinen nur mit sehr zurückhaltender Motivation durchgeführt zu werden.

Magna verfügt über ein systemimmanentes Programm zur ständigen Steigerung der Profitabilität. Dieses Programm ist nach außen hin weniger sichtbar, aber gleichermaßen von hoher Bedeutung für die positive Performance in den zurückliegenden Jahren wie die dezentrale Aufstellung. So verfügt Magna über eine besonders stark ausgeprägte und in vielen Jahren etablierte Entrepreneur-Kultur. Die Mitarbeiter sorgen auf jeder Ebene dafür, dass sich das Unternehmen weiterentwickelt und unnötiger Ballast gar nicht erst entsteht. Diese Art, unternehmerisch zu denken, wird getragen von einer über die Jahrzehnte bewährten Gewinnbeteiligung. In diesem eindeutigen Bekenntnis zu seinen Mitarbeitern kommt Magna eine Vorreiterfunktion innerhalb der Branche zu.

Magna ist bewusst über die Jahre als Stakeholder-orientiertes Unternehmen geführt worden. Im Mittelpunkt stehen hier vor allem die Investoren, die Mitarbeiter, das Management und die Gesellschaft. Um sicherzustellen, dass die Stakeholder – und hier speziell die Mitarbeiter – nachhaltig an der positiven Entwicklung des Unternehmens beteiligt werden, hat sich Magna eine eigene Unternehmensverfassung gegeben, in der exakt geregelt ist, welcher Anteil der Gewinne an die Mitarbeiter ausgeschüttet oder beispielsweise sozialen Zwecken zur Verfügung gestellt wird. Die Unternehmensverfassung, der in ihrer Transparenz und Verbindlichkeit nicht nur branchenintern Vorbildfunktion zukommt, ist der Garant dafür, dass die wichtigsten Stakeholder entsprechend am Erfolg und Wachstum von Magna beteiligt werden.

Aus der Überzeugung, dass es die Mitarbeiterinnen und Mitarbeiter in allen Bereichen des Unternehmens sind, die durch ihre Qualifikation, ihre Motivation und ihre Leidenschaft über Erfolg oder Misserfolg des gesamten Unternehmens entscheiden, leistet sich Magna eine besonders hohe soziale Komponente. Im Vergleich mit vielen Wettbewerbern ist dies sicherlich ein wichtiges Differenzierungsmerkmal. Dieses System, das bei Magna auch mit dem Begriff „Fair Enterprise" bezeichnet wird, sichert ein konstruktives Miteinander zwischen Unternehmensleitung und Mitarbeitern und sorgt auf sehr transparente Weise dafür, dass alle Mitarbeiter an einer guten Performance interessiert sind, da sie direkt an der Profitabilität des Unternehmens partizipieren.

Magna-Unternehmensverfassung

Die Magna-Unternehmensverfassung definiert und beschreibt die zentralen Rechte der Arbeitnehmer und Aktionäre. Gleichzeitig regelt sie die Verwertung des Unternehmensgewinns (Abbildung 5).

Mit Blick auf die Gewinnbeteiligung der Aktionäre schreibt die Verfassung vor, dass Magna im Durchschnitt mindestens 20 Prozent des Jahresnettogewinns an die Aktionäre ausschüttet.

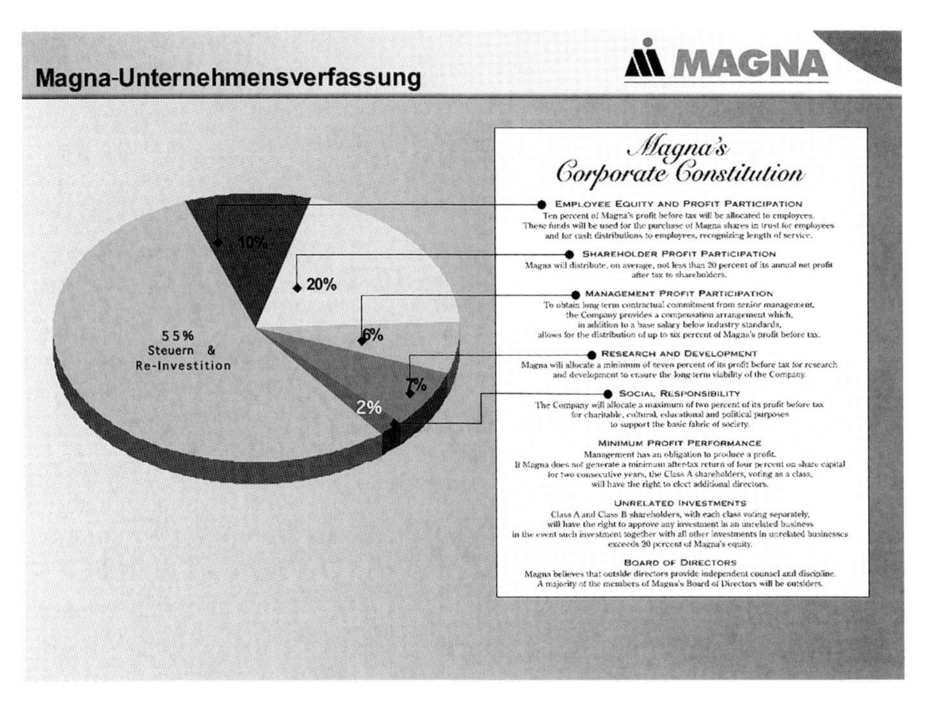

Abbildung 5: Magna-Unternehmensverfassung

Ein Kernelement der speziellen Magna-Kultur ist die Beteiligung der Mitarbeiter an den erzielten Gewinnen und am Unternehmen selbst. Die Mitarbeiterbeteiligung, die in der Unternehmensverfassung festgeschrieben ist, fördert das unternehmerische Denken und hilft dadurch, Ineffizienzen zu reduzieren. Mitarbeiterinnen und Mitarbeiter werden zu Miteigentümern und Unternehmern im Unternehmen. Sie haben somit ein ganz individuelles Interesse daran, den Kunden innovative und qualitativ hochwertige Lösungen zu bieten und gleichzeitig die Kosten im Griff zu halten. Hinsichtlich der Kapital- und Gewinnbeteiligung der Mitarbeiter sieht die Unternehmensverfassung konkret vor, dass insgesamt 10 Prozent der Gewinne vor Steuern den Mitarbeitern zufließen. Diese Mittel werden – abhängig von der Dauer der Zugehörigkeit zu Magna – einerseits zum Kauf von Magna-Aktien für die Mitarbeiter und andererseits für direkte Geldzahlungen und Boni verwendet.

Um das obere Management langfristig an das Unternehmen zu binden, beinhaltet die Unternehmensverfassung einen Passus zur Gewinnbeteiligung des Managements. Diesem zufolge sind, zusätzlich zu der Auszahlung von unter dem Industriestandard liegenden Grundgehältern, Bonuszahlungen an das Management von bis zu 6 Prozent des Gewinns von Magna vor Steuern vorgesehen.

Um den langfristigen und nachhaltigen Erfolg des Unternehmens zu sichern und einen kontinuierlichen Innovationsprozess zu garantieren, sieht die Unternehmensverfassung darüber hinaus vor, dass Magna jährlich 7 Prozent des Gewinns vor Steuern für den Bereich Forschung und Entwicklung einsetzt. Dies kann als Bekenntnis gewertet werden, wie sehr sich Magna dem Ziel verschrieben hat, durch ständige Produkt- und Prozessinnovationen zur Wertschöpfung der Kunden beizutragen. Selbstverständlich sind die laufenden Investitionen von Magna in den Bereich Forschung und Entwicklung weit höher.

Wie zuvor bereits beschrieben, zählt auch die gesellschaftliche Verantwortung zu den Grundprinzipien von Magna. Um dieser sozialen Verantwortung zu entsprechen, gibt die Unternehmensverfassung vor, dass bis zu 2 Prozent des Gewinns vor Steuern für wohltätige, kulturelle und politische Zwecke sowie für Erziehungs- und Bildungszwecke zur Verfügung gestellt werden sollen.

Des Weiteren verpflichtet die Unternehmensverfassung das Management dazu, Gewinne zu erwirtschaften. Diese Mindestgewinnorientierung ist als essenzieller Beitrag zur Sicherung der Unternehmensexistenz zu verstehen. Gelingt es Magna in zwei aufeinander folgenden Geschäftsjahren nicht, einen Mindestertrag nach Steuern von vier Prozent gemessen am Aktienkapital (After-Tax Return of four Percent on Share Capital) zu erzielen, so haben die Aktionäre der Aktiengattung A (Class A- Shareholders) das Recht, zusätzliche „Directors“ zu wählen.

Um einen Investitionsprozess im Sinne der Unternehmensziele zu gewährleisten, haben die Aktionäre der Aktiengattung A und B (Class A and B Shares) das Recht, nicht mit dem Geschäftsgegenstand in Beziehung stehende Investitionen per gesonderter Abstimmung zu genehmigen, sofern eine solche Investition, zusammen mit allen

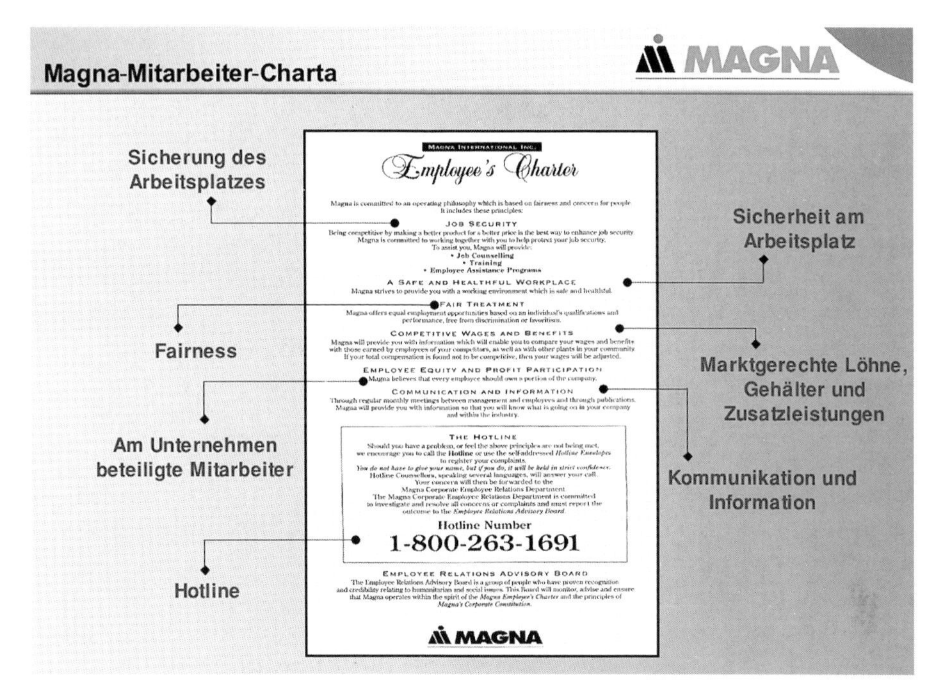

MAGNA INTERNATIONAL INC.

Employee's Charter

Magna is committed to an operating philosophy which is based on fairness and concern for people. It includes these principles:

JOB SECURITY

Being competitive by making a better product for a better price is the best way to enhance job security. Magna is committed to working together with you to help protect your job security. To assist you, Magna will provide:

- Job Counselling
- Training
- Employee Assistance Programs

A SAFE AND HEALTHFUL WORKPLACE

Magna strives to provide you with a working environment which is safe and healthful.

FAIR TREATMENT

Magna offers equal employment opportunities based on an individual's qualifications and performance, free from discrimination or favoritism.

COMPETITIVE WAGES AND BENEFITS

Magna will provide you with information which will enable you to compare your wages and benefits with those earned by employees of your competitors, as well as with other plants in your community. If your total compensation is found not to be competitive, then your wages will be adjusted.

EMPLOYEE EQUITY AND PROFIT PARTICIPATION

Magna believes that every employee should own a portion of the company.

COMMUNICATION AND INFORMATION

Through regular monthly meetings between management and employees and through publications, Magna will provide you with information so that you will know what is going on in your company and within the industry.

THE HOTLINE

Should you have a problem, or feel the above principles are not being met, we encourage you to call the **Hotline** or use the self-addressed *Hotline Envelopes* to register your complaints.
You do not have to give your name, but if you do, it will be held in strict confidence.
Hotline Counsellors, speaking several languages, will answer your call. Your concern will then be forwarded to the Magna Corporate Employee Relations Department. The Magna Corporate Employee Relations Department is committed to investigate and resolve all concerns or complaints and must report the outcome to the *Employee Relations Advisory Board*.

Hotline Number
1-800-263-1691

EMPLOYEE RELATIONS ADVISORY BOARD

The Employee Relations Advisory Board is a group of people who have proven recognition and credibility relating to humanitarian and social issues. This Board will monitor, advise and ensure that Magna operates within the spirit of the *Magna Employee's Charter* and the principles of *Magna's Corporate Constitution*.

MAGNA

Abbildung 6: Magna-Mitarbeiter-Charta

anderen Investitionen in nicht mit dem Unternehmensgegenstand von Magna in Beziehung stehenden Geschäftszweigen, mehr als 20 Prozent des Eigenkapitals von Magna ausmacht.

Die Unternehmensverfassung beinhaltet auch eine Regelung zur Besetzung des obersten Führungsorgans (Board of Directors). Aus der Grundüberzeugung, dass Mitglieder des obersten Führungsorgans von Magna International Inc., die nicht aus dem Unternehmen selbst kommen, so genannte „Outside Directors“, unvoreingenommenen Rat und unabhängige Führung in das Unternehmen einbringen, sollen die „Outside Directors“ mehrheitlich im Gremium vertreten sein.

Die Magna-Mitarbeiter-Charta

Basierend auf der Unternehmensverfassung sieht sich Magna einer Unternehmensphilosophie verpflichtet, die auf Fairness und Verantwortungsbewusstsein gegenüber den Mitarbeitern beruht. Diese Unternehmensphilosophie manifestiert sich in der Magna-Mitarbeiter-Charta (Abbildung 6).

Einige der zentralen Inhalte der Mitarbeiter-Charta verdeutlichen, wie es Magna gelingt, die ausgeprägte Entrepreneur-Kultur dauerhaft zu sichern. So ist Magna etwa davon überzeugt, dass der erfolgreichste Weg, einen Arbeitsplatz zu erhalten, darin besteht, ein besseres Produkt kostengünstiger herzustellen. Grundvoraussetzung dazu ist eine qualifizierte Aus- und Weiterbildung der Mitarbeiterinnen und Mitarbeiter. Zur Förderung der individuellen Qualifikation und zum Ausbau des Wissensnetzwerkes im Unternehmen bietet Magna daher spezielle Programme zur Personalentwicklung an. Diese beinhalten die Beratung zur weiteren beruflichen Entwicklung, eine konkrete, individuelle auf die jeweiligen Neigungen und Fähigkeiten abgestimmte Aus- und Weiterbildung sowie Hilfe bei der Kontaktaufnahme zu anderen externen Unterstützungseinrichtungen.

Ein weiterer Punkt in diesem Zusammenhang besteht in der offenen Informationspolitik des Unternehmens. Durch eine konsequente und unternehmensübergreifende „Open-Door"-Politik fördert Magna die Kommunikation im Unternehmen und schafft ein positives Klima für bereichsübergreifende Zusammenarbeit.

Ein Instrument wie die Magna-Mitarbeiter-Charta entfaltet seine gewünschte Wirkung jedoch nur dann, wenn es mehr als ein bloßes Lippenbekenntnis ist. Dass die Prinzipien in den Standorten auch tatsächlich eingehalten und von den Führungskräften gelebt werden, wird durch den Mitarbeiter Meinungsspiegel (Employee Opinion Survey) sichergestellt. Dabei werden alle Mitarbeiter in allen Magna-Standorten in regelmäßigen Abständen von 12 bis 16 Monaten in einem standardisierten System befragt. Die Resultate des Meinungsspiegels fließen einerseits unmittelbar in die Beurteilung der Führungskräfte durch die oberste Unternehmensleitung ein und führen andererseits zu konkreten Aktionsplänen, um aufgezeigte Probleme schnell zu lösen.

Erfolgsfaktoren gebündelt: Operating Principles

Durch die Unternehmensverfassung und die Mitarbeiter-Charta stellt Magna sicher, dass das Prinzip „Fair Enterprise" nicht nur ein theoretischer Ansatz bleibt, sondern tagtäglich von Management und Mitarbeitern gleichermaßen gelebt wird. Der Begriff vom „Unternehmer im Unternehmen", anders formuliert: vom „Entrepreneur" trifft auf die Mitarbeiterinnen und Mitarbeiter von Magna daher im Besonderen zu. Die dezentrale Organisation der Gruppe in weitgehend unabhängigen Profitcentern sorgt dabei für die nötigen Freiräume, reduziert den bürokratischen Aufwand und ermöglicht einen besonderen Grad an Kundennähe. Hinzukommend können auch die einzelnen Mitarbeiter innerhalb der relativ kleinen und flexiblen Einheiten stärker in die unternehmerische Verantwortung miteinbezogen werden. Dies erhöht die Eigeninitiative – insbesondere mit Blick auf interne Effizienzgesichtspunkte – in erheblichem Maße.

Die Ausschüttung von 10 Prozent des Unternehmensgewinnes vor Steuern an die Mitarbeiter verstärkt diese Art zu denken zusätzlich, denn Leistung, Qualität und Effizienz werden direkt belohnt. Je besser also die Qualität ist, die Magna seinen Kunden bieten kann, und je kostengünstiger dieses Qualitätsniveau realisiert wird, desto größer fällt die Ausschüttung aus.

Magna hat mit seiner Aufstellung einen Weg gefunden, Leistung und Vergütung in ein faires Verhältnis zu bringen und nachhaltiges Lean Management im Unternehmen zu etablieren. Das dynamische Wachstum des Unternehmens in den vergangenen Jahrzehnten – nicht selten gegen den allgemeinen Trend der Branche – belegt die Gültigkeit der Grundprinzipien von Magna und zeigt, dass sich unternehmerischer Erfolg und ein faires Miteinander von Arbeitgebern und Arbeitnehmern keineswegs ausschließen.

Blick in die Zukunft der Branche

Richtet man den Blick auf die Zukunft der Automobilzulieferindustrie, so zeichnen sich vier wichtige Trends ab. Zunächst weisen viele Indikatoren darauf hin, dass sich künftig in erster Linie diejenigen Unternehmen im Wettbewerb behaupten werden, die kontinuierlich Spitzenleistungen erbringen. Deutlich wird auch, dass es dabei nicht allein um Kostenführerschaft gehen kann, sondern das Verhältnis von Kosten und Qualität zusammen betrachtet werden muss. Darüber hinaus wird die Konsolidierung der Branche dazu führen, dass das Leistungsniveau insgesamt auf eine neue Ebene gehoben wird. Die Automobilbranche wird also auch zukünftig eine Branche nicht nur technologischer Spitzenleistungen bleiben.

Als zweiter Trend deutet vieles darauf hin, dass Outsourcing bei den Herstellern anhalten wird. Bis zum Jahr 2015 rechnen Branchenexperten mit einer Erhöhung des Wertschöpfungsanteils auf Seiten der Zulieferer auf rund 77 Prozent. Dies ist zum einen auf die Effizienzsteigerungsprogramme der OEMs und zum anderen auf die anhaltend wachsende Modellvielfalt zurückzuführen.

Der dritte wichtige Trend innerhalb der Automobilbranche ist, dass die Quantität und Komplexität der bei den Zulieferern angesiedelten Entwicklungsprojekte in Zukunft weiter steigen wird. Dies hat als Konsequenz unter anderem einen gesteigerten Finanzierungsbedarf. Um auch weiterhin konkurrenzfähig zu bleiben, werden daher viele Zulieferer den eingeschlagenen Weg fortsetzen, über Produktionsverlagerungen in Länder mit niedrigeren Produktionskosten ihre Kosten zu senken. Ob diese Verlagerungen mit einem veränderten Qualitätsniveau verbunden sind und ob sie überhaupt den gewünschten Erfolg mit sich bringen, wird sich erst im Einzelfall zeigen.

Der vierte Trend zeigt sich, wenn man den Fokus der Analyse auf die Entwicklung der globalen Märkte richtet. So wird die Bedeutung Asiens mit Schwerpunkt China und der osteuropäischen Märkte in der Zukunft weiter wachsen. Insbesondere China als Produktionsstandort mit niedrigen Kosten ebenso wie als Absatzmarkt wird seine Position im weltweiten Wettbewerb in den kommenden Jahren ausbauen.

Zusammenfassend lassen sich demnach vier wichtige Trends beschreiben:

1. Die Automobilbranche bleibt eine Branche der (technologischen) Spitzenleistungen.
2. Die Outsourcing-Prozesse bei den OEMs werden weitergehen.

3. Die Komplexität der Entwicklungsprozesse bei den Zulieferern wird weiter zunehmen.
4. Die Märkte in Osteuropa und Asien werden weiter an Bedeutung im globalen Wettbewerb gewinnen.

Eckpfeiler der Magna-Wachstumsstrategie

Um den Erfolgskurs der letzten Jahre auch vor diesem Hintergrund in der Zukunft fortzusetzen, hält Magna konsequent an der „Step-by-Step"-Strategie in Richtung disziplinerten, profitablen und aus eigenen Mitteln finanzierten Wachstums fest (Abbildung 7). Operativ verfolgt Magna dabei insgesamt vier strategische Stoßrichtungen:

Kundenbasis kontinuierlich verbreitern

Als Zulieferer der ersten Ebene stellt Magna sein umfassendes Leistungsportfolio natürlich allen OEMs zur Verfügung. Damit reagiert Magna auf die erkennbare Bereitschaft der OEMs, gewisse Kompetenzen zu teilen und die Vorteile von Entwicklungspartnerschaften im Nicht-Kerngeschäft zu nutzen. Magna wird dabei die Nutzung der Synergien zwischen den Gruppen zusätzlich forcieren, um als qualifizierter Wertschöpfungspartner neue Kunden zu gewinnen, wobei Bemühungen um erweiterte Geschäftsbeziehungen zu französischen und asiatischen OEMs hohe Priorität haben.

Abbildung 7: Magna-Wachstumsstrategie

Neue Märkte erschließen

Über 100 Magna-Standorte – Produktionsstätten sowie Engineering- und Entwicklungszentren – befinden sich in Europa. Im NAFTA-Raum liegen über 150 Fabriken und F&E-Zentren. In Asien ist Magna derzeit mit über zehn Produktionsstätten und Engineering-Niederlassungen präsent.

In Zukunft wird sich Magna stark darauf konzentrieren, den OEM-Kunden in neue Wachstumsmärkte zu folgen. Besonders interessant sind dabei vor allem die „Emerging Markets" in Osteuropa und China.

Um neue Potenziale zu heben, verstärkt Magna Schritt für Schritt seine Aktivitäten in den Wachstumsmärkten. So werden neue Vertriebszentralen in Seoul und Shanghai aufgebaut und die Kapazitäten der Werke in China und Osteuropa sukzessive erweitert. Jeder Schritt auf neue Märkte folgt immer dem Magna-Prinzip des disziplinierten, profitablen und aus eigenen Mitteln finanzierten Wachstums.

Parallel dazu hält Magna daran fest, die Kapazitäten in Amerika und Europa auf den Kundenbedarf auszurichten und bei Bedarf zusätzlich auszubauen. Denn Wachstum bei Magna bedeutet immer „zusätzlich zu" und nicht „an Stelle von".

Innovationen und technologischer Fortschritt

Mit über 5.000 Mitarbeitern in Forschung, Entwicklung und Engineering zählt Magna zu den größten und leistungsfähigsten Engineering-Dienstleistern der Zulieferindustrie. Magna wird seine Rolle als Innovationstreiber innerhalb der Automobilbranche auch künftig weiter ausbauen und die OEMs bei der Bewältigung der zunehmenden Komplexität der technologischen Anforderungen unterstützen. Dazu wird Magna seine Gesamtkompetenz rund um das Automobil einsetzen, um den Kunden – aus eigenem Antrieb heraus – Antworten auf kommende technologische Anforderungen, neue gesetzliche Richtlinien und gesellschaftliche Trends liefern zu können. Das Leistungsspektrum in allen Anwendungsbereichen rund um das Automobil reicht dabei von der Konzeptidee über alle Phasen der Produkt-, Programm- und Prozessentwicklung bis zur Erprobung und Homologation.

Die Gesamtfahrzeugkompetenz von Magna versetzt das Unternehmen dabei in die Lage, die Autohersteller nicht nur bei Detailentwicklungen zu unterstützen, sondern bei Bedarf auch bei der Entwicklung und Fertigung des kompletten Fahrzeugs.

Ganz besonderen Wert legt Magna dabei auf seine Facharbeiterinnen und Facharbeiter. Die besten Ingenieure und Innovationen nützen nämlich nur wenig, wenn die Facharbeiter fehlen, die neue Entwicklungen kostengünstig und schnell in qualitativ hochwertige Produkte umsetzen können. Daher hat Magna umfassende Aus- und Weiterbildungsprogramme etabliert, um dieses Qualitätsniveau im Sinne des „World Class Manufacturing" nachhaltig zu sichern.

Einige innovative Beispiele sollen verdeutlichen, wie sich Magna weiter in die Wertschöpfungskette der OEMs einbringt – und dabei den Fokus immer auch auf die

Anforderungen der Endkunden, der Autofahrer, legt: So entwickelt etwa die Decoma-Gruppe ein „Composite Intensive Vehicle“, das für eine signifikante Gewichtsreduktion des gesamten Fahrzeugs sorgen wird und dadurch ein besseres Fahrverhalten und geringeren Treibstoffverbrauch ermöglicht. Die Interiors-Gruppe arbeitet mit ihrem umfassenden Wissen hinsichtlich Flachleitertechnik und „Integrated Airbag“ an Lösungen für zusätzlichen, versteckten Stauraum, um den Komfort im Fahrzeug weiter zu erhöhen. Die Donnelly-Gruppe treibt unter anderem die Weiterentwicklung eines kameragestützten Einparksystems voran, und die Cosma-Gruppe nutzt ihr führendes Wissen um die Entwicklung und Verarbeitung von leichten, hochfesten Stählen, um die Fahrzeuge leichter und gleichzeitig sicherer machen. Denn höhere Sicherheit bei weniger Gewicht bedeutet weniger Verbrauch und auch niedrigere Versicherungsstufen. Magna Steyr hat anläßlich der diesjährigen IAA das Concept MILA (Magna Innovation Lightweight Auto) vorgestellt, das als Technologieträger die gebündelten Kompetenzen der Gruppe eindrucksvoll präsentiert (Abbildung 8). Die Palette der Technologien, die sich im Concept MILA vereinen, spannt sich von einem umweltfreundlichen Erdgasantrieb, der sportliche Fahrleistungen (150 PS, von 0 auf 100 in 6,9 Sekunden, Spitzengeschwindigkeit über 200 km/h) erlaubt, über konsequente Leichtbauweise, ein modulares Konstruktionsprinzip mit vorentwickelten, kosten- und gewichtsoptimierten Baugruppen bis hin zum höchsten Sicherheitsstandard, der durch einen äußerst steifen Aufbau in Monocoque-Bauweise gewährleistet wird. Neben diesen „Hard-Facts“ sind auch die „Soft-Facts“ rund um das Concept MILA bemerkenswert, da das

Abbildung 8: Concept MILA

gesamte Fahrzeug in nur sechs Monaten entwickelt und aufgebaut wurde, wobei sämtliche Entwicklungsschritte virtuell erfolgt sind.

Nutzung des anhaltenden Outsourcing-Trends bei den OEMs

Zahlreichen unabhängigen Studien zufolge wird der Bedarf an Technologiepartnerschaften zwischen Zulieferern und OEM weiter zunehmen. Um zu dieser Erkenntnis zu gelangen, muß man als Vertreter eines Zulieferunternehmens allerdings keine Studien zitieren. Im täglichen Gespräch mit Kunden zeigt sich, dass diese immer anspruchsvollere und umfangreichere Leistungen von ihren Lieferanten erwarten. Und dass sie die dafür notwendigen Fähigkeiten auf Lieferantenseite auch voraussetzen. Magna ist mit seinen Kompetenzen in Entwicklung und Fertigung operativ wie strategisch sehr gut positioniert. Die stark wachsende Modellvielfalt und der steigende Anteil von Nischenfahrzeugen sowohl in Europa als auch in Amerika und Asien eröffnet für Magna gute Chancen, den anhaltenden Outsourcing-Trend zur Ausweitung der Marktposition zu nutzen.

Natürlich dürfen die Zulieferer nicht den Fehler machen, diese Chancen quasi als „Freibrief" für künftiges Geschäft zu verstehen. Gerade vor dem Hintergrund aktueller, teilweise politisch motivierter Insourcing-Tendenzen, die vor allem in Deutschland beobachtet werden können, sind die Zulieferer gefordert, den OEMs laufend zu beweisen, dass sie die wirtschaftlich und technologisch besseren Alternativen bieten.

Letzteres muss sich jedoch nicht auf aktuelle Programme oder konkrete Lieferumfänge beschränken, sondern kann sich auch auf neue Geschäftsmodelle und neuartige Formen der Zusammenarbeit beziehen.

Mit Blick auf Technologie- und Optimierungspartnerschaften zwischen OEMs und Zulieferern kann das Konzept „Spitzenbrecherwerk" von Magna Steyr als tragfähiges Zukunftsmodell dargestellt werden.

Betrachtet man die Stückzahlverläufe verschiedener Modelle unterschiedlicher Automobilhersteller, so wird deutlich, dass zur Abdeckung von Produktionsspitzen oder zur Produktion von Nischenmodellen Kapazitäten erforderlich sind, die nicht über den gesamten Produktlebenszyklus benötigt werden.

Vor dem Hintergrund, dass schwankende Stückzahlen und ineffiziente Kapazitätsauslastungen überproportional hohe Kosten verursachen, diskutiert Magna Steyr derzeit mit verschiedenen OEMs über so genannte „Spitzenbrecherwerke" (Abbildung 9). Diese würden von einem externen Partner, im konkreten Fall durch Magna Steyr, betrieben werden und in ihrer „Peak-Shaving"-Funktion zum integralen Bestandteil der Strategien mehrerer Hersteller werden.

Grundvoraussetzung für ein solches Modell ist die Bereitschaft mehrerer Hersteller, mit direkten Konkurrenten zu kooperieren, um daraus einen Vorteil für alle Beteiligten zu erzielen. Die derzeitigen Veränderungsprozesse innerhalb der Automobilindustrie und die wachsende Bereitschaft zu strategischen Allianzen und Kooperationen deuten darauf hin, dass für dieses Modell durchaus Bedarf besteht.

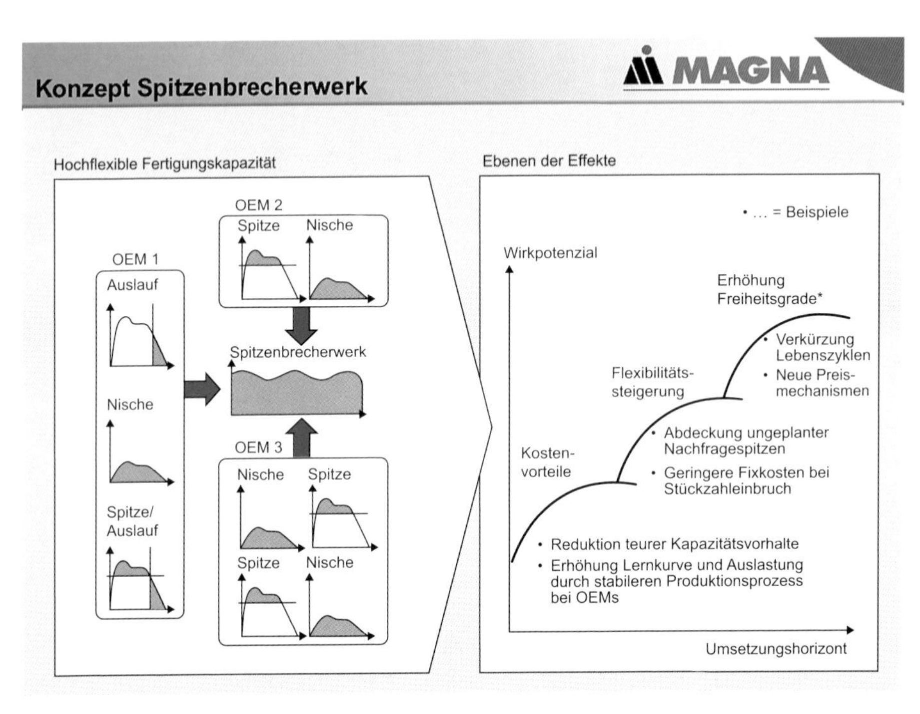

Abbildung 9: „Spitzenbrecherwerk"

Der Betreiber dieses Spitzenbrecherwerkes muss in der Lage sein, in einer Produktionsanlage unterschiedlichste Fahrzeuge herzustellen. Das Grazer Magna Steyr Werk ist in diesem Zusammenhang das erprobte und bewährte Musterbeispiel einer derart hochflexiblen Fabrik („Flex Plant"). Aus diesem Werk kommen aktuell sieben verschiedene Fahrzeuge – alle auf jeweils eigenständigen Plattformen – von fünf unterschiedlichen Marken und drei wiederum sehr verschiedenen OEM-Welten – selbstverständlich unter vollständiger Wahrung der jeweiligen Markencharakteristika. Diese Fähigkeiten, die im Magna-Steyr-Produktionssystem (MSPS) gebündelt und operationalisiert sind, versetzen Magna Steyr in die Lage, sich den OEMs als geeigneter Betreiber eines derartigen Spitzenbrecherwerks zu präsentieren.

Fazit

Die Zukunft der Automobilbranche wird von Technologiepartnerschaften auf Augenhöhe geprägt sein, dabei werden die Zulieferer mehr und mehr vom Teile- zum Modullieferanten beziehungsweise zum Systemintegrator. Damit durchläuft die Automobilbranche einen weiteren Evolutionsschritt. Die Spielregeln dieses Veränderungsprozesses lauten nicht „Groß schlägt Klein" oder „Stark schlägt Schwach", sondern vielmehr „Flexibel schlägt Unflexibel", „Schnell schlägt Langsam" oder „Offen und Lernbereit schlägt Starr und Bürokratisch".

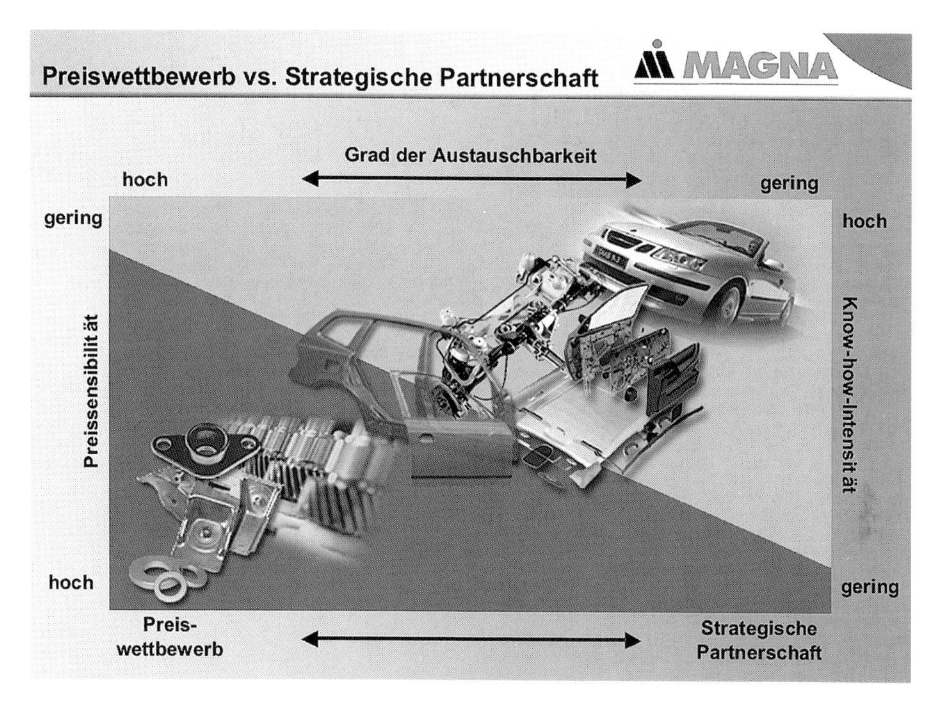

Abbildung 10: Preiswettbewerb versus strategische Partnerschaften

Magna wird die führende Technologiekompetenz im Automobilbereich weiter ausbauen, um weiterhin Schrittmacher des technologischen Fortschrittes innerhalb der Branche sein zu können. Dies ist im Interesse einer positiven Entwicklung und einer nachhaltigen Verbesserung der Wettbewerbsposition des Unternehmens auch notwendig.

Preiswettbewerb und strategische Partnerschaften können als Endpunkte eines Kontinuums betrachtet werden, innerhalb dessen es verschiedenste Abstufungen (Commodities – Komponenten – Module – Systeme – Gesamtfahrzeuge) gibt (Abbildung 10). Die Entscheidung, wo sich ein Zulieferunternehmen positioniert, ist zentral für die langfristige Perspektive des Unternehmens. Für global tätige Zulieferunternehmen mit einer starken Präsenz in westlichen, hochindustrialisierten Ländern kann die Bewegung dabei nur in Richtung eines strategischen Partners der OEMs gehen. Also weg von den bloßen Commodities mit reinem Preiswettbewerb und hoher Austauschbarkeit der Lieferanten und hin zu innovativen Gesamtlösungen, die viel Know-how enthalten und technologisch hochwertig sind – auch weil Lieferanten auf dieser Ebene nicht mehr beliebig austauschbar sind. Diese Position muss jedoch systematisch erarbeitet werden, durch eine klare, strategische Richtungsentscheidung, durch den Aufbau der notwendigen Ressourcen – personell wie strukturell – sowie durch innovative Lösungen, mit denen man proaktiv auf die Kunden zugeht.

Magna hat sich für diesen Weg entschieden. Dabei bleibt die Maxime für alle Mitarbeiterinnen und Mitarbeiter von Magna auch in der Zukunft unverändert: „Producing a better Product for a better Price!"

BLUETEC – Der Weg zum saubersten Diesel der Welt

Dr. Thomas Weber, Mitglied des Vorstandes DaimlerChrysler AG

Der Dieselantrieb: Geschichte mit Zukunft

Der Dieselmotor erfreut sich größter Beliebtheit. In Europa hat er bei den Neufahrzeugen inzwischen einen Marktanteil von über 50 Prozent erreicht, und die Tendenz ist – unter anderem aufgrund der hohen Kraftstoffpreise – weiter steigend. So wurden in Westeuropa in 2005 insgesamt 7,2 Millionen neue Diesel-Pkw zugelassen. Bei Mercedes-Benz betrug der Anteil der dieselbetriebenen Pkw sogar 54 Prozent. Aber nicht nur in Europa wird dem Dieselantrieb eine vielversprechende Zukunft prognostiziert, verschiedene Studien sehen auch ein großes Potenzial in „neuen" Diesel-Märkten, wie beispielsweise den USA. So prognostiziert J. D. Power einen mehr als doppelt so hohen Dieselanteil in 2012 gegenüber 2005, was dann 10 Prozent der neu zugelassenen Fahrzeuge in den USA entspräche.

Tradition und Moderne: Die Ursprünge des Dieselantriebs

Die Geschichte des Dieselmotors ist eng mit der Marke Mercedes-Benz und dem Unternehmen Daimler-Benz sowohl im Pkw- als auch im Lkw-Bereich verbunden.

Zu den Pionieren des Dieselmotors gehört Prosper L'Orange als Vorstandsmitglied der Benz & Cie. AG, der den Vorkammer-Dieselmotor entwickeln und das Verfahren patentieren ließ. Ein Meilenstein in der Dieselgeschichte war die erste Versuchsfahrt am 10. September 1923 bei Gaggenau mit dem ersten serienmäßigen Vierzylinder-Vorkammerdieselmotor für ein Straßenfahrzeug. Der Motor leistete aus 8,8 Liter Hubraum 45 bis 50 PS und wurde bei den 5-Tonner-Lastwagen eingesetzt. Das große Sparpotenzial des Diesels konnte schon bei diesen Versuchsfahrten festgestellt werden und wurde von den Entwicklungs-Pionieren hocherfreut wie folgt notiert: „Der Verbrauch ist um etwa 25 Prozent niedriger als bei unseren normalen, mit Benzol betriebenen Lastwagen".

Auf dem Genfer Automobilsalon 1932 präsentierte Daimler-Benz den Leicht-Lkw Lo 2000, einen so genannten Schnell-Lastwagen, der mit dem neu konzipierten 3,8-Liter-Vorkammerdiesel OM 59 bestückt war und dem Selbstzünder zum Durchbruch auf breiter Front verhalf. Das Fahrzeug erreichte eine für die damalige Zeit überwältigende Stückzahl von über 13.000 Einheiten.

Auch optisch waren die Lastwagen mit Dieselmotor gut zu erkennen: Unten im mächtigen Mercedes Stern prangt in großen Buchstaben das Wort „Diesel". Der Stolz war berechtigt: Daimler-Benz hatte beim Dieselmotor längst eine führende Rolle eingenommen.

Gestärkt von den Erfolgen des Dieselmotors im Lkw und überzeugt von den vielfältigen Vorteilen des Dieselmotors gegenüber dem Benzinmotor, setzte Mercedes-Benz als erster Fahrzeughersteller bereits vor mehr als 70 Jahren das Dieselverbrennungsprinzip in einem Pkw-Motor um. Im Herbst 1935 kommen die ersten 170 Personenwagen mit Dieselantrieb auf die Straße, fast alle als Taxi. Ein Jahr später, 50 Jahre nach der Erfindung des Automobils und 44 Jahre nach Erteilung des Patents für den Dieselmotor an Rudolf Diesel, wird mit dem Mercedes-Benz 260 D der erste dieselbetriebene Serien-Pkw in Berlin der staunenden Öffentlichkeit vorgestellt (Abbildung 1). Der Vierzylinder-Dieselmotor mit 2,6 Liter Hubraum leistete 45 PS und konnte aufgrund einer fünffach gelagerten Kurbelwelle wirkungsvoll Schwingungen und Vibrationen eindämmen. Dies ermöglichte eine Motordrehzahl von 3.200 Umdrehungen pro Minute, sodass die Fachwelt bald bewundernd vom „Schnellläufer" sprach. Das neue und robuste Aggregat ermöglichte eine Höchstgeschwindigkeit von 97 Kilometer pro Stunde und konsumierte lediglich zwischen neun und elf Liter Dieselöl pro 100 Kilometer. Somit war der erfolgreiche Start der Dieseltechnologie im Pkw vollzogen und der Weg für weitere wegweisende Innovationen geebnet.

In den Jahrzehnten darauf folgten weitere Meilensteine. Der Mercedes-Benz 180 D – besser bekannt als „Diesel-Ponton" – wurde zum Taxi der fünfziger Jahre schlechthin, und schon beim Typ 180 konnte der Diesel den Wettkampf mit dem Benziner in den Verkaufszahlen für sich entscheiden. 1971 fährt der 1.000.000ste Diesel-Pkw in Sindelfingen vom Band. Über die Jahre werden zahlreiche Rekorde mit Mercedes-Benz Diesel-Pkw aufgestellt, und vor allem technologisch entwickelt sich der Dieselantrieb entscheidend fort. 1996 geht der erste Pkw-Dieseldirekteinspritzer an den Start, und 1997 erlebt die Technologie mit der Einführung der Common-Rail-Direkteinspritzung in Verbindung mit der Vierventiltechnik einen Quantensprung. Seither steht das Kürzel CDI – heute in der dritten Generation mit Piezo-Einspritzventilen verfügbar – ebenso für unübertroffen wirtschaftlichen Kraftstoffverbrauch wie für eine enorme Steigerung des Drehmoments – ein Synonym für hohe Durchzugskraft, die viel Fahrspaß garantiert und Dieselfahrzeuge oft leistungsgleichen Benziner-Modellen überlegen macht.

Abbildung 1: Der erste Serien-Pkw mit Dieselantrieb – Der Mercedes-Benz 260 D von 1936

Der wesentliche Vorteil des Dieselmotors im Vergleich zum Ottomotor ist bis heute der deutlich höhere Wirkungsgrad und der damit verbundene geringere Verbrauch. So benötigt der Diesel gegenüber einem vergleichbaren Benziner zwischen 20 und 40 Prozent weniger Kraftstoff. Die spezifischen Nachteile, wie Leistungsentfaltung, Vibrationen und Geräuschentwicklung wurden über die Jahre mit einer Vielzahl technischer Innovationen – erster Fünfzylinder-Diesel und serienreifer Turbodiesel – stark verbessert.

Der Weg zu niedrigen Emissionen beim Dieselmotor

Emissionsvorschriften für Dieselmotoren im Pkw

Die technologischen Neuerungen führten neben der deutlichen Leistungssteigerung und der merklichen Verbrauchsreduzierung gleichzeitig auch zu einer signifikanten Reduzierung der Emissionen. So liegen beispielsweise beim heutigen Mercedes-Benz C 220 CDI im Vergleich zum Mercedes-Benz 190 D 2.5 von 1993 die Kohlenmonoxid-Emissionen (CO) um circa 92 Prozent niedriger. Vor allem innermotorische Maßnahmen und der Oxidationskatalysator sorgten dafür, dass die Kohlenmonoxid- und Kohlenwasserstoff-Emissionen deutlich abgenommen haben. Zusätzlich konnten die Stickoxide (NO_x) ebenfalls durch die innermotorischen Maßnahmen innerhalb der letzten 15 Jahre um rund 75 Prozent reduziert werden (Abbildung 2).

Hatte der Dieselmotor bislang überhaupt noch Nachteile gegenüber einem Ottomotor, so waren es die spezifischen Emissionen des Dieselmotors, vor allem Rußpartikel (PM) und Stickoxide. Auf diesen beiden Abgasbestandteilen liegt auch das Hauptaugenmerk der verschiedenen Abgasnormen der Länder, die mit aufeinander

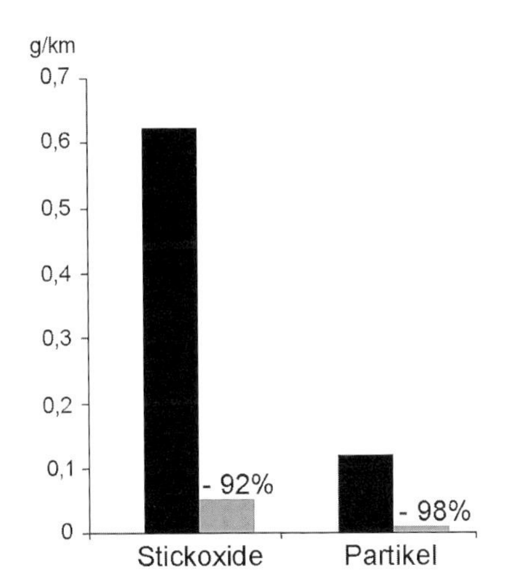

Abbildung 2: Emissionsreduktion beim Dieselmotor

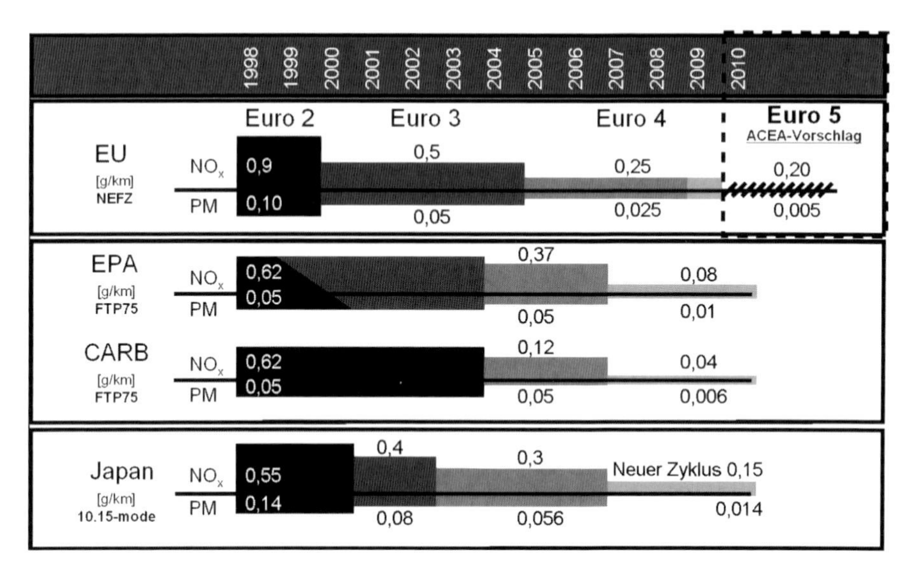

Abbildung 3: Emissionsgrenzwerte in der Triade für Diesel-Pkw

aufbauenden Stufen eine kontinuierliche Absenkung über die Jahre vorschreiben. Derzeit werden in der Europäischen Union die genauen Abgasgrenzwerte für die Euro-5-Norm diskutiert, wobei mit einer weiteren Reduzierung der Stickoxid- und der Partikel-Emissionen im Vergleich zur Euro-4-Norm zu rechnen ist (Abbildung 3).

Seit nun gut einem Jahr rücken die Grenzwerte für Feinstaub PM_{10} vermehrt in die öffentliche Diskussion. Auslöser hierfür war die EU-Luftqualitätsrichtlinie, die 2002 in nationales Recht überführt wurde. Als Konsequenz aus dieser Verordnung haben einige Städte, wie beispielsweise Stuttgart, je nach Überschreitung oder sich andeutender Überschreitung der zulässigen Tagesmittelwerte ein Durchfahrverbot für Lkw verhängt. Das trifft speziell die stark frequentierten innerstädtischen Verkehrsadern. Dass diese Maßnahmen nachhaltig zum Erfolg führen, muss bezweifelt werden, zumal aus verschiedenen Untersuchungen bekannt ist, dass in Deutschland der Straßenverkehr mit einem Anteil von maximal nur rund 25 Prozent an den Feinstaub-Emissionen beteiligt ist (Abbildung 4).

Eine deutliche Reduzierung der Dieselpartikel-Emissionen und die Einhaltung zukünftiger Partikelgrenzwerte konnte mit der Einführung des wartungsfreien Partikelfilters bei den Diesel-Pkw im Herbst 2003 erreicht werden. Seit Sommer 2005 werden in vielen Ländern alle Diesel-Modelle von Mercedes-Benz serienmäßig mit dem wartungsfreien Dieselpartikelfilter ausgestattet. Die Stickoxide sind der einzig verbleibende Abgasbestandteil, der beim Diesel noch über dem Wert von Benzinern liegt. Für Stickoxide, die ab einer bestimmten Konzentration die Atemwege reizen können, zur Entstehung von Saurem Regen und zur Ozonbildung beitragen, existieren für Pkw ab 2007 in den USA und im Speziellen in Kalifornien die strengsten Abgaslimits.

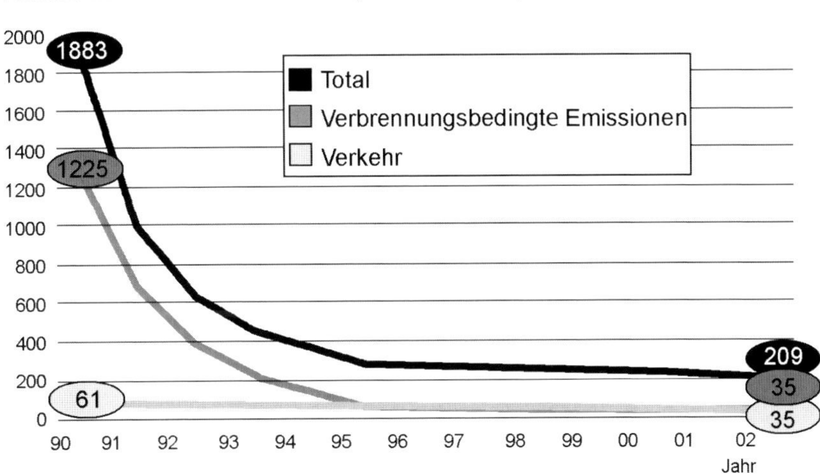

Abbildung 4: Entwicklung und Verursacher der Feinstaub-Emissionen
Quelle: Umweltbundesamt 2004

Emissionsvorschriften für Dieselmotoren im Lkw

Die gleichen Herausforderungen hinsichtlich Stickoxid- und Dieselpartikel-Elemissionen bestehen bei den Lkw, die mit Dieselaggregaten angetrieben werden. Auch hier hat der Gesetzgeber in mehreren Stufen eine kontinuierliche Reduzierung der Emissionen festgeschrieben (Abbildung 5). Ab Oktober 2006 gilt in der EU die neue Abgasvorschrift Euro 4, die den Ausstoß von Stickoxiden gegenüber den gesetzlichen Vorschriften des Jahres 1990 um rund 75 Prozent reduziert. In einem weiteren Schritt senkt dann die Euro-5-Norm ab Oktober 2009 noch einmal die Grenzwerte für Stickoxide, womit dann der Grenzwert um 85 Prozent gegenüber der gesetzlichen Vorschrift von 1990 abgesenkt ist. Die Emission der Rußpartikel wird bei beiden Normen um annähernd 98 Prozent gegenüber 1990 reduziert. Zusätzlich zu den europäischen Abgasvorschriften gibt es parallel dazu vergleichbare Emissionsvorschriften für Lkw in den USA und Japan.

Unsere Strategie: Der sauberste Diesel der Welt

BLUETEC – modulare Technologie für den Pkw

Damit der Diesel zukunftsfähig bleibt und die neuen Abgasnormen erfüllen kann, sind neue Lösungen für den Verbrennungsprozess und neue Technologien für die Abgasnachbehandlung notwendig. Mit den strengen zukünftigen Grenzwerten für Stickoxide war bereits absehbar, dass diese nicht allein durch innermotorische Maßnahmen

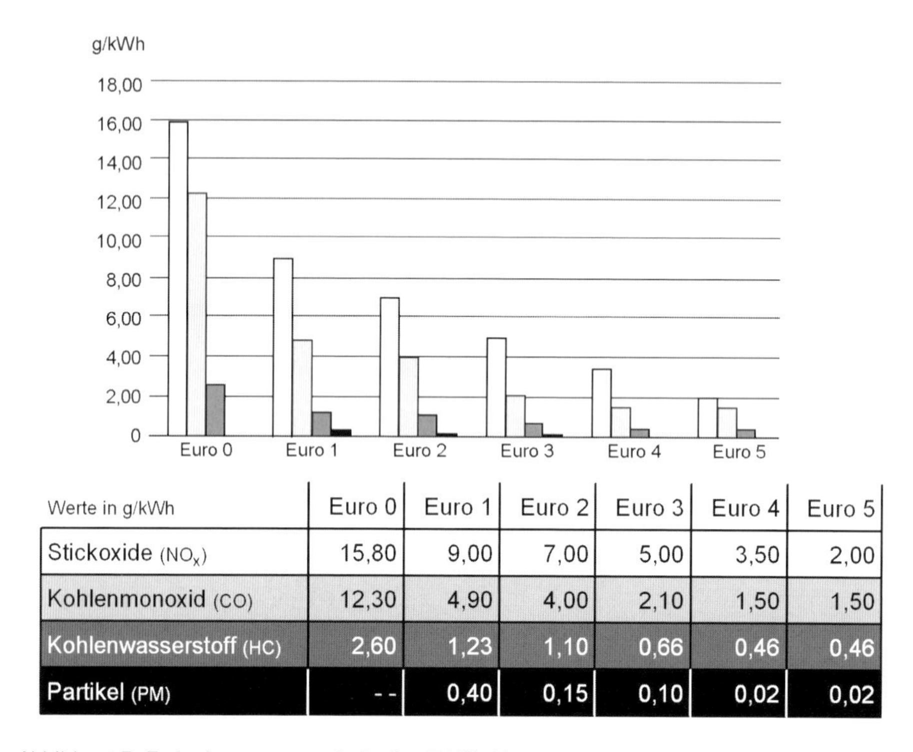

Werte in g/kWh	Euro 0	Euro 1	Euro 2	Euro 3	Euro 4	Euro 5
Stickoxide (NO_x)	15,80	9,00	7,00	5,00	3,50	2,00
Kohlenmonoxid (CO)	12,30	4,90	4,00	2,10	1,50	1,50
Kohlenwasserstoff (HC)	2,60	1,23	1,10	0,66	0,46	0,46
Partikel (PM)	- -	0,40	0,15	0,10	0,02	0,02

Abbildung 5: Emissionsgrenzwerte in der EU für Lkw

einzuhalten sein würden. Wir haben uns deshalb frühzeitig dazu entschlossen, die SCR-Technologie (Selective Catalytic Reduction) einzusetzen, um die schädlichen Stickoxide im Abgas zu neutralisieren und können nun ein Lösungspaket zur Abgasnachbehandlung präsentieren, mit dem es möglich ist, die strengsten Emissionslimits weltweit zu erfüllen.

Mit drei Schritten zum saubersten Dieselmotor im Pkw

Es ist unser Ziel, den saubersten Diesel der Welt für den Pkw zu entwickeln, ohne dabei die Vorteile bei Fahrspaß und Fahrkomfort der drehmomentstarken Motoren zu verlieren. Um diese optimale Kombination der Eigenschaften eines Dieselmotors zu erreichen, gehen wir in drei Schritten vor (Abbildung 6):

- Mit innermotorischen Maßnahmen und sauberen Kraftstoffen gestalten wir die Verbrennung zunächst so sauber und effizient wie möglich, um damit die Rohemissionen so weit wie möglich zu reduzieren – noch bevor Systeme zur Abgasreinigung überhaupt zum Einsatz kommen. Erreicht wird dies mit einer angepassten Motorsteuerung, der Vierventiltechnik, der Common-Rail-Direktein-

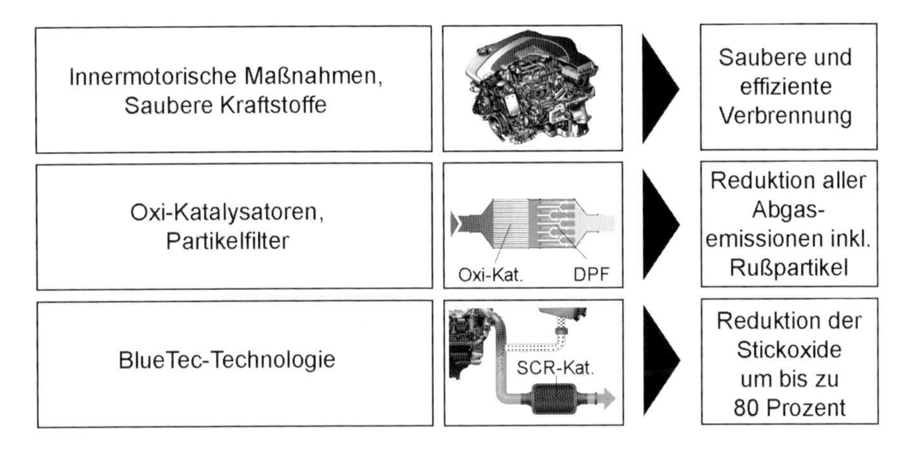

Abbildung 6: In drei Schritten zum saubersten Diesel der Welt

spritzung der dritten Generation mit Piezo-Injektoren, einem Turbolader mit variabler Geometrie sowie einer genau kontrollierten Abgasrückführung.

- Mit dem Oxidationskatalysator werden die Emissionen von Kohlenmonoxid (CO) und unverbrannten Kohlenwasserstoffen (HC) minimiert. Im Rohgas enthaltenes Stickstoffmonoxid (NO) oxidiert der Oxidations-Katalysator zwar zu Stickstoffdioxid (NO_2), kann jedoch den Gehalt an Stickoxiden (NO_x) insgesamt nicht vermindern. Der Partikelfilter reduziert anschließend die Partikel-Emissionen um bis zu 98 Prozent. Damit werden selbst die zuvor aufgezeigten Euro-4-Partikelgrenzwerte mehr als deutlich unterboten. Auch alle geltenden US-Grenzwerte werden damit erfüllt.
- Die Stickoxide – deren Konzentration im Dieselabgas konzeptbedingt über dem Niveau von Benzinmotoren liegt – gilt es so weit zu reduzieren, dass damit die weltweit strengsten Abgaslimits eingehalten werden können. Hierzu kommt die so genannte BLUETEC-Technologie zum Einsatz. Dabei wird entweder ein weiterentwickelter DeNOx-Speicher-Katalysator oder die AdBlue®-Einspritzung eingesetzt. In Verbindung mit der Selective Catalytic Reduction (SCR) entsteht die zurzeit leistungsfähigste Methode der Abgasnachbehandlung. Damit lassen sich die Stickoxide um bis zu 80 Prozent mindern.

BLUETEC mit AdBlue®-Einspritzung

Prinzipbedingt herrscht im Abgas eines Dieselmotors ein Sauerstoffüberschuss. In dieser oxidierenden Atmosphäre ist es sehr schwierig, unerwünschte Stickoxide chemisch zu reduzieren und sie durch Sauerstoffentzug in harmlosen Stickstoff umzuwandeln. Das SCR-Verfahren basiert auf der Zugabe des Reduktionsmittels AdBlue® in den Abgasstrang. Dieses Verfahren ist zwar technisch aufwändig, aber auch sehr wirkungsvoll (Abbildung 7). AdBlue® ist eine wässrige Harnstofflösung, die in einem Zusatztank mitgeführt und über ein Dosierventil in den vorgereinigten Abgasstrom eingedüst wird. Beim Einspritzen wird AdBlue® durch die Wärme im Abgas zu Ammoniak (NH_3) degradiert, das dann im nachgeschalteten SCR-Katalysator die Reduktion der Stickoxide zu unschädlichem Stickstoff und Wasser veranlasst. Entscheidend für den hohen Wirkungsgrad ist eine exakte Mengenzuteilung an den jeweiligen Betriebszustand des Motors. Diese Regelung erfolgt mit Hilfe eines Sensors am Ende des Abgasstrangs. Da durchschnittlich nur etwa 0,1 Liter pro 100 Kilometer benötigt wird, lässt sich der Tank im Pkw so gestalten, dass er nur zu den regelmäßigen Wartungsintervallen vom Service-Personal nachgefüllt werden muss. Mit einer elektrischen Heizung des Zusatztanks und der Leitungen wird gewährleistet, dass das System auch bei Minusgraden einwandfrei arbeitet und die AdBlue®-Lösung nicht einfrieren kann.

BLUETEC mit weiterentwickeltem DeNOx-Katalysator

Neben der BLUETEC-Variante, bei der AdBlue® zur NO_x-Reduktion eingesetzt wird, besteht prinzipiell auch die Möglichkeit, die Stickoxide in einem so genannten Stickoxid-Speicherkatalysator zu sammeln (Abbildung 8). Dies geschieht während des Normalbetriebs, bei dem der Diesel mit Luftüberschuss arbeitet. Von Zeit zu Zeit wird das Gemisch kurzfristig fett eingestellt (das heißt, das Diesel-Luft-Gemisch hat für eine vollständige Verbrennung bezogen auf die vorhandene Verbrennungsluft zu viel Diesel), sodass durch den Kraftstoffüberschuss Luftmangel herrscht und reduzierende Bedingungen entstehen, in denen die gespeicherten Stickoxide abgebaut werden. Mit zunehmender Alterung sinkt aber die Stickoxid-Reduktionseffizienz, sodass der Stickoxid-Speicherkatalysator die immer strengeren Abgasgrenzwerte allein nicht mehr einhalten kann. Einen eleganten Ausweg bietet nun der verbesserte Stickoxid-

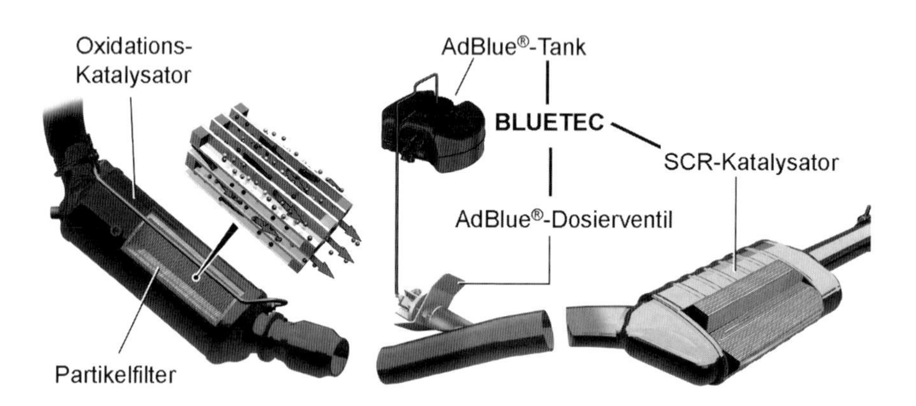

Abbildung 7: Technologiepaket BLUETEC mit AdBlue®-Einspritzung

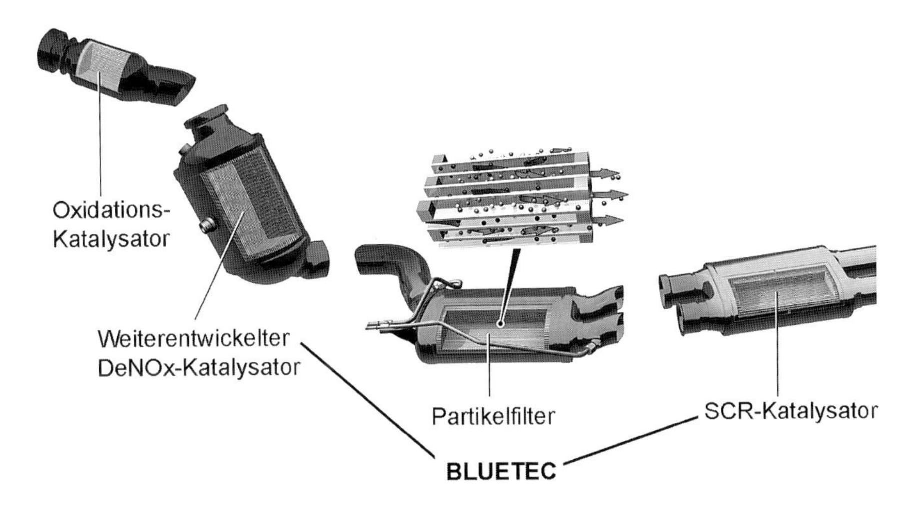

Abbildung 8: Technologiepaket BLUETEC mit weiterentwickeltem DeNOx-Katalysator

Speicherkatalysator kombiniert mit dem SCR-Katalysator (ohne AdBlue®-Einspritzung) zu einem neuartigen, autarken Katalysatorsystem, das eine optimierte Betriebsstrategie ermöglicht. Die Auslegung und die Anpassung des gesamten Systems berücksichtigt dabei das schwierige Zusammenspiel zwischen Oxidations-, Stickoxidspeicher- und SCR-Katalysator und dem diskontinuierlichen Motorbetrieb, also dem Wechsel zwischen Mager- und Fettbetrieb. Von dem regelmäßigen Wechsel zwischen Mager- und Fettbetrieb bemerkt der Fahrer nichts, das System ist so optimal ausgelegt, dass dadurch keine Leistungseinbußen auftreten. Dadurch lässt sich die Wirksamkeit des Gesamtsystems deutlich verbessern, und die Alterung wird zum Teil kompensiert.

Erster Serien-Pkw: E 320 BLUETEC

Gestartet haben wir unsere BLUETEC-Initiative für Pkw bereits im Juni 2005: Auf dem Innovationssymposium in New York zeigte das Mercedes-Benz bionic car als erstes Fahrzeug weltweit, wie sich durch BLUETEC auf der Basis der AdBlue®-Einspritzung die Stickoxide auch in einem Pkw drastisch verringern lassen (Abbildung 9). Der moderne CDI-Motor mit 103 kW/140 PS unterbietet dank Oxidationskatalysator und Partikelfilter die strengen Euro-4-Abgasgrenzwerte deutlich und trägt zeitgleich maßgeblich zur Kraftstoffeinsparung bei. Im neuen europäischen Fahrzyklus (NEFZ) verbraucht das Konzeptfahrzeug 4,3 Liter Kraftstoff je 100 Kilometer – das sind 20 Prozent weniger als ein vergleichbares Serienmodell. Nach US-Messverfahren (FTP 75) beträgt die Reichweite rund 70 Meilen pro Gallone und liegt um 30 Prozent über dem Wert eines Serienautomobils. Bei Konstantfahrt mit 90 Kilometer pro Stunde konsumiert der Direkteinspritzer 2,8 Liter Dieselkraftstoff je 100 Kilometer.

Abbildung 9: Studie Mercedes-Benz bionic car

Mit dem Konzeptfahrzeug S 320 BLUETEC HYBRID folgte auf der IAA 2005 der zweite Pkw mit der neuen Technologie und demonstrierte die Machbarkeit von BLUETEC in einer großen Limousine (Abbildung 10). Am Beispiel des Konzeptfahrzeugs wurde gezeigt, wie in naher Zukunft Kraftstoffverbrauch und Emissionen noch einmal deutlich verbessert werden können bei gleichzeitig hohem dynamischem Fahrkomfort. Im Mittelpunkt stand dabei die Kombination des optimierten Dieselmotors mit der BLUETEC-Technologie und einem Mild-Hybrid-System. Der im Antriebsstrang integrierte Elektromotor ermöglicht es vor allem im innerstädtischen Stop-and-go-Betrieb, den Kraftstoffverbrauch noch einmal deutlich zu senken. Beim Rollen und Bremsen gewinnt der Elektromotor als Generator Energie zurück und kann diese für den Fahrbetrieb benutzen, wenn der Verbrennungsmotor abgeschaltet hat. Die Maßnahmen am Verbrennungsmotor und der Elektromotor erlauben so, den Kraftstoffverbrauch beim S 320 BLUETEC HYBRID um 20 Prozent gegenüber dem vergleichbaren Vorgängermodell zu senken.

Abbildung 10: Vision S 320 BLUETEC HYBRID

Abbildung 11: Vision GL 320 BLUETEC und Konzeptfahrzeug Jeep® Grand Cherokee BLUETEC

Auf der North American International Auto Show in Detroit im Januar 2006 stellte DaimlerChrysler weitere BLUETEC-Fahrzeuge vor. In der Vision GL 320 BLUETEC und im Konzeptfahrzeug Jeep“ Grand Cherokee BLUETEC wurde BLUETEC mit der AdBlue®-Einspritzung umgesetzt (Abbildung 11). Die beiden Fahrzeuge demonstrieren, dass sparsamer Verbrauch und niedrigste Emissionen auch bei großen SUVs möglich sind. Die Vision GL 320 BLUETEC hat mit einem Verbrauch von 9,9 Liter pro 100 Kilometer (NEFZ) das Potenzial, das sparsamste Fahrzeug und mit BLUETEC zugleich das sauberste Dieselfahrzeug in dieser Klasse zu sein.

Der E 320 BLUETEC – ebenfalls in Detroit vorgestellt – wird der erste Serien-Pkw mit BLUETEC sein und ab Herbst 2006 zunächst in den USA angeboten werden (Abbildung 12). Das BLUETEC-Serienfahrzeug ist das weltweit sauberste Dieselfahrzeug, welches für den Kunden erhältlich ist, und hat somit das Potenzial, die strengsten Abgaslimits weltweit und auch in allen 50 Staaten der USA zu erfüllen. Eine Grundvoraussetzung für den erfolgreichen Einsatz von BLUETEC ist schwefelarmer Kraftstoff mit einem Schwefelgehalt von weniger als 15 parts per million (ppm). Dieser wird in den USA ab Herbst 2006 flächendeckend zur Verfügung stehen.

Abbildung 12: Der E 320 BLUETEC mit weiterentwickeltem DeNOx-Katalysator

Abbildung 13: Die Vision CLS 320 BLUETEC

In Genf folgte im Frühjahr 2006 als jüngstes Konzeptfahrzeug die Vision CLS 320 BLUETEC (Abbildung 13). Auch die Vision CLS 320 BLUETEC gehört mit ihren 7,9 Liter pro 100 Kilometer (NEFZ) zu den sparsamsten und saubersten Fahrzeugen in seiner Klasse. Im Gegensatz zur Vision GL 320 BLUETEC und zum Konzeptfahrzeug Jeep® Grand Cherokee BLUETEC sind E-Klasse und CLS-Klasse mit dem weiterentwickelten DeNOx-Katalysator und dem SCR-Katalysator ausgestattet.

Derzeit wird die Technologie von uns auf den weltweiten Einsatz in den verschiedenen Modellen der Fahrzeugmarken vorbereitet. Wann welche BLUETEC-Variante zum Einsatz kommt, hängt von den spezifischen Marktbedingungen, den Fahrzyklen und vom jeweiligen Fahrzeugkonzept ab. Dazu muss das Technologiepaket sorgfältig an die jeweiligen äußeren Bedingungen angepasst werden. Diese sind beispielsweise in Europa völlig anders als in den USA. Die Entwicklungsaktivitäten für den europäischen Markt konzentrieren sich auf eine maximale Stickoxidminderung, die Anpassung an europäische Fahrprofile sowie eine möglichst verbrauchsneutrale (CO_2-neutrale) Umsetzung der BLUETEC-Technologie. Spätestens im Jahr 2008 werden wir auch in Europa BLUETEC im Pkw anbieten.

In Kundenhand: BlueTec® im Lkw

Als erster Hersteller von Nutzfahrzeugen bieten wir die Abgasreinigung BlueTec® mit SCR-Technologie und AdBlue® bereits seit Anfang 2005 erfolgreich für alle Nutzfahrzeuge über sechs Tonnen zulässigem Gesamtgewicht an. Inzwischen wurde die Technologie in mehr als 14.000 Fahrzeugen wie dem Actros, dem Axor und dem Atego verkauft, wobei 96 Prozent der Fahrzeuge die Euro-5-Norm vorerfüllen, die erst 2009 in Kraft tritt (Abbildung 14). Im Gegensatz zu den Pkw müssen Lkw-Fahrer die wässrige Harnstofflösung regelmäßig nachtanken. Auch wenn immer wieder Anderes kolportiert wird: die Versorgung mit AdBlue® ist flächendeckend sichergestellt. In Europa gibt es heute bereits etwa 2.500 öffentlich zugängliche Betankungsstellen vom Polarkreis bis nach Südspanien und von Irland bis Moskau. Da der AdBlue®-Verbrauch in der

Abbildung 14: BlueTec®-Actros mit Euro-4- oder Euro-5-Abgasgrenzwerten und AdBlue®-Zusatztank

Größenordnung von nur zwei bis drei Prozent des Dieselverbrauchs liegt, kann eine sehr große Strecke mit einer Tankfüllung zurückgelegt werden. Die Gefahr ist dementsprechend gering, dass ohne AdBlue® gefahren und nicht rechtzeitig die nächste Tankmöglichkeit gefunden wird.

Die Dieseltechnologie BlueTec® basiert im Kern auf weiterentwickelten Motoren sowie der beschriebenen BlueTec®-Abgasnachbehandlung. Dabei sorgt die optimale Verbrennung mit einer hohen Effizienz für niedrigsten Kraftstoffverbrauch und Emissionen, die hinsichtlich Rußpartikel und Feinstaub-Anteilen bereits gefilterten Abgasen entsprechen. Erkauft werden diese Vorzüge zulasten relativ hoher Stickoxidemissionen, die dann mit der BlueTec®-Technologie behandelt werden. Wer auf BlueTec®setzt, erfüllt nicht nur die Voraussetzungen zur Einhaltung der anstehenden Abgasnormen Euro 4 und Euro 5, sondern reduziert auch wirksam die Emissionen von Feinstaub. Unabhängige Untersuchungen vom TÜV-Nord haben dies bestätigt. Ein Vergleichstest zwischen einem Actros 1846 mit Euro 3 und einem Actros mit BlueTec®-5-Ausstattung ergab eine Reduzierung der Partikelemissionen um 84 Prozent und einen um 80 bis 90 Prozent geringeren Ausstoß von Nanopartikeln, einem Bestandteil des Feinstaubs. Zudem lagen andere gesetzlich nicht limitierte Schadstoffe unterhalb der Nachweisgrenze oder waren praktisch nicht mehr vorhanden. Die Stickoxide werden mit Hilfe der Abgasnachbehandlung nach dem SCR-Wirkprinzip unter Zugabe von AdBlue® gezielt in unschädlichen Stickstoff und Wasserdampf umgewandelt.

BlueTec® lohnt sich für den Kunden nicht nur aus ökologischer Sicht. Die innovative Technologie bringt Verbrauchsvorteile und wird durch finanzielle Anreizsysteme in verschiedenen europäischen Ländern gefördert. So reduziert sich in Deutschland die Lkw-Mautgebühr bei Euro-5-Fahrzeugen um zwei Cent pro Autobahnkilometer gegenüber einem Euro-3-Fahrzeug. In Österreich gibt es für BlueTec®-Lkw eine Befreiung von dem Nachtfahrverbot auf der Inntalautobahn.

Ein BlueTec®-Lkw im Fernverkehr hat ein Kraftstoffeinsparpotenzial von 1.500 bis 2.000 Litern im Jahr. Unabhängige Tests mit den Lkw zeigen dieses Potenzial eindrucksvoll auf: So schickte beispielsweise die Zeitschrift Trucker einen Actros 1848 mit BlueTec® 5 auf einen über 350 Kilometer langen Rundkurs mit Steigungen von bis zu 10 Prozent. Bei einem Durchschnittstempo von 76 Kilometer pro Stunde verbrauchte der Actros lediglich 31 Liter Diesel pro 100 Kilometer – ein „Traumergebnis", so das Fachblatt in der Juli-Ausgabe des vergangenen Jahres.

Ab Herbst 2006: BlueTec® in Bussen

Ab Oktober 2006 wird die BlueTec®-Dieseltechnologie auch in den Bussen der Marken Mercedes-Benz und Setra im Stadt-, Reise- und Überlandbereich verfügbar sein. Im Jahr 2007 werden weitere Fahrzeuge mit BlueTec® 5 folgen, die die ab 2009 gültige Euro-5-Norm vorerfüllen werden.

Mit der BlueTec®-Dieseltechnologie in den Omnibussen von DaimlerChrysler wollen wir den Erfolg der jungen Technologie in Europa weiter ausbauen. Jährlich nutzen die Menschen allein in Deutschland den Bus für mehr als fünf Milliarden Fahrten. Damit ist der Omnibus nach einer VDA-Studie das zweitwichtigste Beförderungsmittel nach dem Pkw. Die Verschärfung der Euro-Abgasrichtlinien in den letzten Jahren hat die Schadstoffe in den Abgasen unserer dieselgetriebenen Omnibusse – wie auch schon im Abgas aller anderen Dieselfahrzeuge – drastisch reduziert. Mit der Dieseltechnologie können wir auch bei den Bussen die anstehenden Abgasgrenzwerte der Euro-4- und Euro-5-Normen mit den zuvor aufgezeigten Vorteilen hinsichtlich Verbrauch und Wirtschaftlichkeit erreichen.

Sollen die Partikel-Bestandteile im Abgasstrom über die bereits sehr guten Euro-4- und Euro-5-Grenzwerte der BlueTec®-Technologie hinaus reduziert werden, so kann BlueTec® mit einem Diesel-Partikelfilter kombiniert werden, den wir ab Anfang 2007 als Sonderausstattung für Linienbusse anbieten werden (Abbildung 15). Unser System wird dann die Anforderungen nach EEV (Enhanced Environmentally friendly Vehicle), den gegenwärtig anspruchvollsten europäischen Abgasstandard für Busse und Lkw, der noch über die Euro-5-Norm hinausgeht, erfüllen.

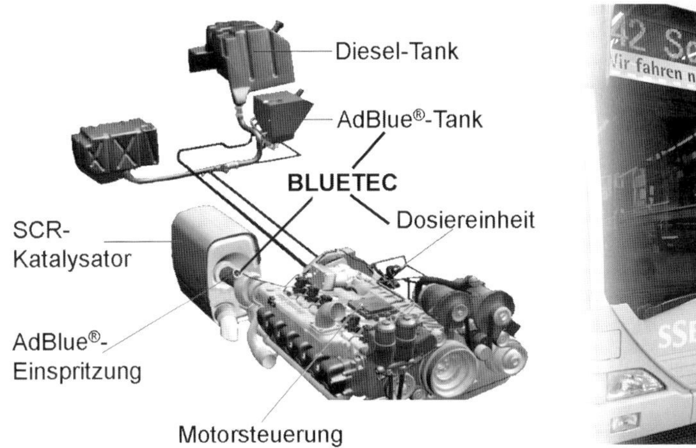

Abbildung 15: Mercedes-Benz Citaro-Bus mit BlueTec®

Auch für den Busbetrieb gilt: Umweltschonung und Wirtschaftlichkeit müssen heute mehr denn je in Einklang gebracht werden. BlueTec® ermöglicht es, dieses Dilemma zu lösen: Die Mehrkosten gegenüber den bisherigen Bussen mit Euro-3-Motoren amortisieren sich innerhalb kürzester Zeit, denn Kraftstoff-Einsparungen gegenüber heutigen Euro-3-Fahrzeugen in Höhe von rund 6 Prozent bedeuten nicht nur eine deutliche Verringerung der Emissionen für die Umwelt, sondern auch Kosten-Einsparungen für den Busbetreiber.

Klare Perspektive: Die Zukunft des Diesels ist blau

Das Beste für den Kunden anzubieten, ist für uns die Maxime bei Konzeption und Bau unserer Fahrzeuge. In besonderem Maße gilt das auch für den Dieselantrieb. Dies war vor 70 Jahren beim ersten Diesel-Pkw unser Leitgedanke, und daran hat sich bis heute nichts geändert. Im Gegenteil: die Erfolgsgeschichte des Diesels ist für uns Verpflichtung und Ansporn, weiter zu denken und neue Technologien für unsere Kunden erlebbar zu machen. Mit BLUETEC reiht sich eine weitere wegweisende Innovation in die weltweit längste Diesel-Tradition eines Fahrzeugherstellers ein und unterstreicht einmal mehr unsere große Kompetenz für bahnbrechende Lösungen in der Antriebstechnologie, die gleichzeitig unsere Technologieführerschaft stärken. BLUETEC setzt eine klare Botschaft: Der Dieselantrieb hat das Potenzial, selbst die strengsten Abgas-Normen weltweit zu erfüllen, ohne dass die Vorteile von Fahrdynamik und Fahrspaß verloren gehen. Im Nutzfahrzeugbereich bewährt sich diese Innovation schon seit über einem Jahr im harten Alltagseinsatz und entpuppt sich als wahre Win-Win-Situation für den Kunden und die Umwelt. BLUETEC stellt für uns eine Welttechnologie dar. Wir werden mit entschlossenem Engagement die Einführung dieser Technologie in einer Vielzahl von Fahrzeugmodellen und Märkten konsequent vorantreiben – zum Vorteil unserer Kunden und zum Nutzen der Umwelt.

BLUETEC: Bestandteil der Roadmap innovativer Antriebstechnologien

Neben den ökologischen Vorteilen, die Fahrzeuge mit optimierten Dieselmotoren zusammen mit der innovativen BLUETEC-Technologie hinsichtlich einer erheblich geringeren NO_X-Emission und einem reduzierten CO_2-Ausstoß bieten, lassen sich weitere Potenziale bei der Verbrauchsreduzierung auf der Basis von optimierten Verbrennungsmotoren durch Hybridfahrzeuge erschließen (Abbildung 16). In diesem Zusammenhang ist zu erwähnen, dass jedes Hybridfahrzeug nur so gut ist wie der Verbrennungsmotor, der es antreibt. Deshalb kommt jede Optimierung auf der Verbrennungsmotorenseite, auch den Hybridfahrzeugen zugute. So ist uns beispielsweise beim Ottomotor mit dem Direkteinspritzkonzept der zweiten Generation ein Innovationssprung hinsichtlich Kraftstoffverbrauch und Motorleistung gelungen. Das neue strahlgeführte Brennverfahren erlaubt eine optimale Gemischbildung, wodurch sich der thermodynamische Wirkungsgrad deutlich verbessert. Günstiger Kraftstoffverbrauch und gute Leistungsentfaltung stehen bei dieser Technologie nicht im Widerspruch. Ergänzt wird die Weiterentwicklung der Verbrennungsmotoren durch neue hochwertige, alternative und synthetische Kraftstoffe. Nur in der Kombination mit optimierten Kraftstoffen lassen sich Verbrauch und Emissionen – sowohl beim Benziner als auch beim Diesel – weiter reduzieren.

Dass der Hybridantrieb aber kein Allheilmittel hinsichtlich einer generellen Verbrauchsminderung und CO_2-Reduzierung darstellt, hat ein deutsches Automobil-Fachmagazin beispielhaft anhand einer Vergleichsfahrt zwischen einem Diesel- und einem Hybridfahrzeug auf einer Strecke quer durch die USA belegt. Auf den rund 5.200 Kilometern verbrauchte ein Mercedes-Benz ML 320 CDI mit neuem V6-Dieselmotor im Schnitt etwa einen Liter weniger auf 100 Kilometer als der Konkurrent mit Hybridantrieb. Ein Großteil der Strecke führte über Autobahnen und Überlandstraßen, auf denen der Dieselantrieb beim Verbrauch dem Hybridantrieb deutlich überlegen war. Selbst bei der Fahrt durch die Städte zeigte das moderne und hocheffiziente Dieselaggregat sein ganzes Können und benötigte nur etwa 2 Prozent mehr Kraftstoff als das vergleichbare Hybridfahrzeug. Der Vergleichstest macht auf eine sehr anschauliche Weise deutlich, dass die Vorteile des Hybridantriebs überwiegend im Stadtverkehr zur Geltung kommen.

In den kommenden Jahren kann der Hybrid – entweder als Mild-Hybrid oder als Full-Hybrid – je nach Region und Verkehrssituation den Verbrennungsmotor ergänzen, wo es zur effizienteren Nutzung des Kraftstoffes und zur Erhöhung von Dynamik und Komfort sinnvoll und wirtschaftlich ist. Daher ist es unser Ziel, die verschiedenen

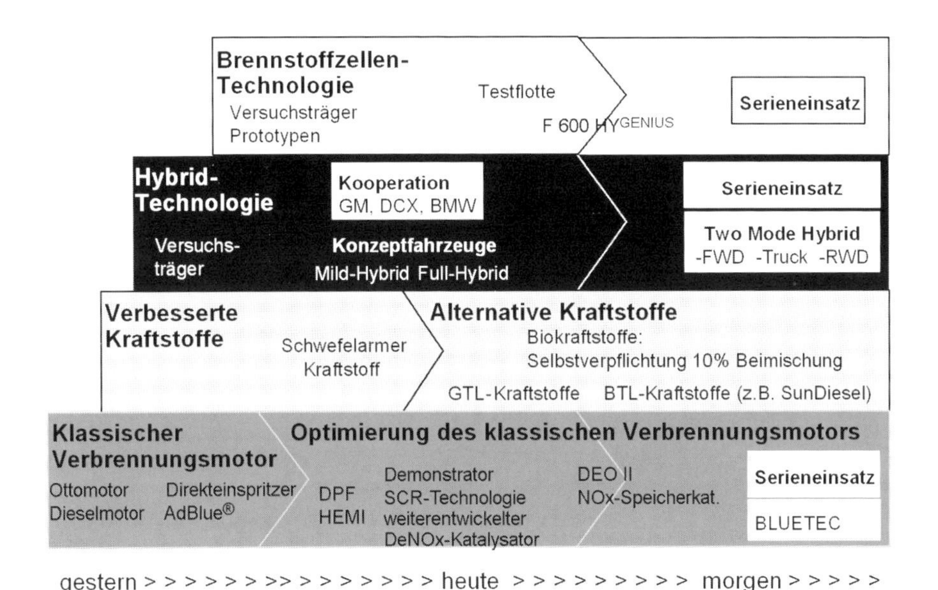

Abbildung 16: Roadmap für innovative Antriebstechnologien

Kundenwünsche mit einem entsprechend geeigneten Antriebskonzept bedienen zu können. Mit dem Two-Mode-Hybridsystem entwickeln wir in Kooperation mit der General Motors Cooperation und der BMW Group eine Full-Hybrid-Technologie, die die Leistungsmerkmale sowie den Kraftstoffverbrauch und die Reichweite eines herkömmlichen Hybridfahrzeugs verbessert. Durch die Vorteile des neuen Systems können wir unseren Kunden überzeugende Hybridfahrzeuge mit attraktiven Leistungs-, Komfort-, Verbrauchs- und Emissionsmerkmalen zu wettbewerbsfähigen Kosten anbieten. Wir werden den ersten Two-Mode-Hybridantrieb mit dem Dodge Durango Anfang 2008 auf den Markt bringen und kurz darauf das Angebot mit weiteren Modellen ergänzen.

Langfristig ist für uns nach wie vor die Brennstoffzelle der Zukunftsantrieb für eine nachhaltige Mobilität. DaimlerChrysler hat mit über 100 Fahrzeugen – Pkw, Bussen und Transporter – die größte Brennstoffzellen-Flotte aller Automobilhersteller im täglichen Einsatz bei Kunden weltweit. Bis Ende März 2006 hat die gesamte Flotte eine Laufleistung von fast 2 Millionen Kilometern in über 100.000 Betriebsstunden erreicht. Die aktuelle Brennstoffzellen-Generation liegt mit mehr als 2.000 Betriebsstunden ohne Leistungsverlust deutlich über den Erwartungen. Die wegweisenden Weiterentwicklungen der letzten Jahre belegen, welch großes Potenzial in dieser vergleichsweise jungen Technologie steckt. Wir glauben an dieses Potenzial und an den Mehrwert für den Kunden und die Umwelt. Der Brennstoffzellenantrieb ist eine feste Größe in unserer Strategie für innovative Antriebstechnologien. Wir beabsichtigen, die ersten Brennstoffzellen-Fahrzeuge zwischen 2012 und 2015 auf den Markt zu bringen.

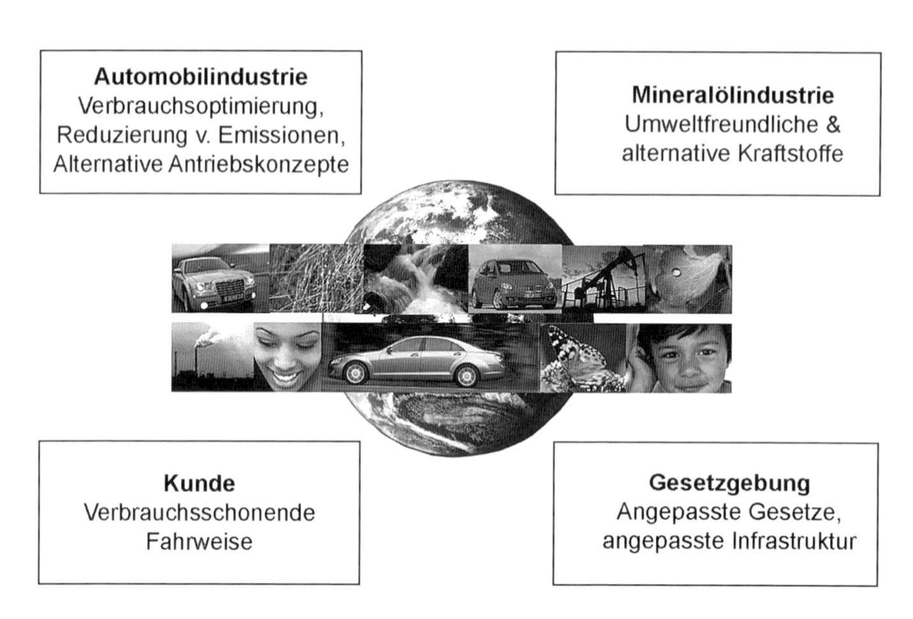

Abbildung 17: Integrierter Ansatz – Beitrag von allen Beteiligten

Unser integrierter Ansatz in der Antriebstechnologie beinhaltet also eine Vielzahl von Maßnahmen und technischen Innovationen, die zur Ressourcenschonung und Verbrauchsreduzierung beitragen und unseren Kunden bereits heute ein breites und attraktives Technologie-Portfolio bieten (Abbildung 17). Den Weg zu mehr Nachhaltigkeit gehen wir in diesem Sinne konsequent weiter – Schritt für Schritt. Sicher aber ist, dass die Fahrzeugtechnik allein nicht in der Lage sein wird, Nachhaltigkeit sicherzustellen. Vielmehr müssen alle Beteiligten – angefangen vom Automobilhersteller über die Mineralölindustrie und die Politik bis hin zu den Autofahrern – einbezogen werden.

Wir als Automobilhersteller stellen uns dieser Herausforderung und Verantwortung jeden Tag mit allergrößtem Engagement.

Bharat Forge – Neue Anbieter aus Emerging Markets

Babasaheb N. Kalyani, Chairman, Bharat Forge Group

In diesem Artikel möchten wir ein schnell wachsendes Automobilzulieferunternehmen aus Indien vorstellen, das sich zu einem erfolgreichen multinationalen Konzern entwickelt hat. Die Analyse unserer Fortschritte zeigt, dass sich neue Anbieter nicht nur wegen des Kostengefälles im globalen Wettbewerb behaupten können. Ihre Stärken liegen vielmehr im Bereich des intellektuellen Kapitals (Makroebene) und dessen Management (Mikroebene). Wir wollen versuchen, unsere Managementphilosophie mit Blick auf Vision, Fokus und Handeln darzulegen. Hierzu gehen wir auf drei wesentliche Treiber unseres Geschäfts ein:

1. Technologie
2. Größe & Wachstum
3. Wettbewerbsfähigkeit

Abschließend stellen wir unsere Perspektive und Pläne für die Zukunft vor. Diese drehen sich im Wesentlichen darum, wie wir unser intellektuelles Kapital für bestmöglichen Service, Innovation und Synergien nutzen. Damit möchten wir dem interessierten Leser zeigen, dass Unternehmen sehr viel bewegen können, wenn sie einen geschäftsbasierten Ansatz mit Risikobereitschaft kombinieren.

Die vielseitigen Probleme der Automobilindustrie treffen die Zulieferer noch härter. Die Nachfrage der Zulieferer leitet sich natürlich aus der Nachfrage der Hersteller ab. Die Nachfrageprognosen sind als solche zyklisch und hängen von den belieferten Programmen und Kunden ab. Die ohnehin fragmentierte Zuliefererbasis steht von zwei Seiten unter Druck: die mächtigen Abnehmer auf der einen, die mächtigen Rohstofflieferanten auf der anderen. All dies lässt das Automobilzuliefergeschäft an sich nicht eben attraktiv wirken.

Dennoch konnte sich Bharat Forge zu einem erfolgreichen, weltweit tätigen Fahrzeugkomponentenunternehmen entwickeln – und darauf sind wir stolz. Mit unserem größten Fertigungsstandort in Indien und dem Ausbau unserer globalen Präsenz durch Akquisitionen in Europa und den USA haben wir alle Voraussetzungen geschaffen, um schon bald nicht nur den Einkaufsabteilungen der Automobilhersteller ein Begriff zu sein.

Für alle, die uns bisher noch nicht so gut kennen: Wir haben uns in unserer nur 40-jährigen Unternehmensgeschichte eine führende Position in der Schmiedeindustrie erarbeitet. Wir sind heute Hauptlieferant nahezu aller globalen OEMs und Tier-1-Lieferanten für geschmiedete und bearbeitete Motoren- und Fahrgestellkomponenten, die für die Sicherheit und Leistung von Kraftfahrzeugen eine kritische Rolle spielen, wie etwa Kurbelwellen und Achsträger. Für die meisten der von uns geschmiedeten Stahl- und Aluminiumkomponenten bieten wir auch Mehrwertdienste im Rahmen hochkomplexer Bearbeitungsvorgänge. Wir unterstützen unsere Kunden bei Konstruktion und Entwicklung sowie der Produktion und nachgelagerten Prüfungs- und Validierungsvorgängen. Wir beliefern die Nutzfahrzeug- und Personenkraftwagensegmente, aber auch Bereiche außerhalb des Automobilsektors wie etwa die Öl- und Gasindustrie. In einigen Produktkategorien sind wir bereits Weltmarktführer.

In den letzten Jahren haben wir ein organisches Unternehmenswachstum von atemberaubenden 40–45 Prozent pro Jahr erzielt. Dies haben wir jetzt durch verschiedene Unternehmensübernahmen noch aufgestockt. Im am 30. März 2005 zu Ende gegangenen Geschäftsjahr betrug unser Konzernumsatz 500 Millionen US-Dollar, wovon nahezu zwei Drittel außerhalb Indiens erzielt wurden. Das Jahreswachstum (CAGR) des Gesamtumsatzes der Gruppe belief sich in den letzten vier Jahren auf 66 Prozent, der entsprechende Wert für den außerhalb Indiens erzielten Umsatz beträgt 126 Prozent. Unser Werk in Indien verkauft nahezu die Hälfte seiner Produktion ins Ausland (vor nur fünf Jahren waren es lediglich 20 Prozent) und ist der größte indische Exporteur von Fahrzeugkomponenten.

Die erste und häufigste Reaktion auf den Erfolg von Unternehmen wie uns ist, dass „sie aus Niedriglohnländern“ stammen und demzufolge das Ergebnis der Outsourcing-Bestrebungen der OEMs sind. Doch für welchen Einkäufer in der Automobilindustrie sind die Kosten das alleinige Entscheidungskriterium? Die Kosten von Produktionsunterbrechungen infolge logistischer oder Qualitätsprobleme beispielsweise können weitaus höher sein als die Einsparungen auf Komponentenebene. Günstige Preise mögen die Voraussetzung zur Teilnahme am globalen Wettbewerb sein, aber sie allein garantieren noch keinen Erfolg.

Die nächste Erklärung ist, dass die Abnehmer selbst die Lieferanten aus Emerging Markets mit „Hygienefaktoren“ wie Qualitätssystemen und Supply Chain Management ausstatten, um im Gegenzug die Waren günstiger zu beziehen. Dies mag bis zu einem gewissen Grade zutreffen, gilt aber nicht für alle Unternehmen. Es erklärt auch nicht abschließend, wie manche Zulieferer nachhaltig überdurchschnittlich profitabel arbeiten, denn dazu müssen sie in die Weltklasse aufrücken, und das ist nur aus eigener Kraft möglich.

Was also erklärt nun die Tatsache, dass es einige neue Player wie uns aus Emerging Markets gibt, die – sofern noch nicht geschehen – in ein paar Jahren ins Blickfeld der Kunden, der Wettbewerber und der Weltöffentlichkeit treten werden?

Ehe ich darauf eingehe, möchte ich einen kleinen Exkurs wagen und einräumen, dass es einen Indien-Vorteil gibt, der uns einen Wettbewerbsvorsprung auf der Makroebene verschafft, doch gestaltet sich dieser Vorteil anders als er normalerweise wahrgenommen wird.

Das Outsourcing von Automobilkomponenten gewinnt zunehmend an Bedeutung, da die Verkaufspreise für Kraftfahrzeuge in Zukunft gleich bleiben sollen, die Kunden aber erwarten, dass die Wagen mit immer neuen und besseren Leistungsmerkmalen ausgestattet sind. OEMs und Tier-1-Lieferanten in Westeuropa und den USA sind bestrebt, die Kosten zu senken, indem sie Komponenten aus den Niedriglohnländern Osteuropas, Südamerikas, Südostasiens, Chinas oder Indiens beziehen oder dort Produktionsbasen aufbauen.

Die indische Fahrzeugkomponentenindustrie konnte in den letzten Jahren zweistelliges Wachstum verzeichnen, das insbesondere durch die Exporte getrieben wurde. Doch selbst auf einem Niveau von 9 Milliarden US-Dollar (davon etwa 1,5 Milliarden US-Dollar aus Exporten) hat sie noch nicht einmal angefangen, das globale Outsourcing-Potenzial richtig auszuschöpfen. Sie ist zwar in vielerlei Hinsicht unabhängig, doch nur 5 % ihrer stark fragmentierten Basis von über 6.000 Produzenten ist gut genug organisiert, um diese weltweite Chance tatsächlich wahrnehmen zu können.

Dabei sind die Berichte, Vorhersagen und Indikatoren für die Branche durchweg sehr positiv. Mit jedem Jahr entfällt ein höherer Anteil der Exporte auf OEMs und Tier-1-Lieferanten, und der Anteil der Ersatzteile an den Exporten geht zurück. Laut McKinsey-Report sind indische Automobilkomponentenhersteller in der Lage, ihre Umsätze bis 2015 auf 33–40 Milliarden US-Dollar bei einem Exportanteil von 20–25 Milliarden US-Dollarzu steigern. Der Inlandsverbrauch kann sich ebenfalls auf 13–15 Milliarden US-Dollar ausweiten, wenn man bedenkt, dass Indien stückzahlenmäßig der zweitgrößte Traktoren- und Zweirad- und der fünftgrößte Nutzfahrzeugproduzent der Welt und zudem der viertgrößte Pkw-Markt Asiens ist.

Doch liegt dies alles wirklich nur an den niedrigen Arbeitskosten in Indien? Es ist nicht von der Hand zu weisen, dass die Stundenlöhne in Indien niedrig sind. Aber über die Nettoauswirkung auf den Gewinn nach Berücksichtigung der geringeren Produktivität lässt sich streiten. Selbst wenn das Produktivitätsniveau steigt, lässt sich dieser Arbeitskostenvorteil im Vergleich zu Ländern wie China strukturell auf Dauer nicht halten. Indiens wichtigster Vorteil ist seine starke Basis an intellektuellem Kapital. Sie erlaubt uns, selbst bei geringen Mengen und vergleichsweise höherer Technologieintensität kosteneffektiv zu produzieren. Die Qualität der Ingenieure und Manager, die in Indien in großer Zahl und mit dem richtigen Altersprofil verfügbar sind, bestimmen Indiens Wettbewerbsfähigkeit heute und in Zukunft. In A. T. Kearneys Offshore Location Attractiveness Index 2004 erreichte Indien mit deutlichem Abstand einen Spitzenplatz wegen seiner vorteilhaften Kombination aus geringen Kosten und umfangreichen Personalressourcen. Neueren KPMG-Berichten zufolge ist Indien trotz seiner Infrastrukturprobleme aus eben diesen Gründen in einer bevorzugten Position.

Lassen Sie mich am Beispiel unseres Unternehmens verdeutlichen, welches Vertrauen wir in unser intellektuelles Kapital setzen können. Ende der sechziger Jahre stellten wir von unserer Hammertechnologie auf hochautomatische Press-Straßen um und entschlossen uns auch, Arbeiter durch Hochschulabsolventen zu ersetzen, die zumeist frisch von der Universität kamen. Unsere Überlegung war, dass das eingehende Verständnis der neuen Technologie eine gewisse intellektuelle Reife und womöglich sogar einen anderen kulturellen Hintergrund erforderte. Im Laufe der Jahre sind die Mitarbeiterzahlen gewachsen und die Mischung zwischen Arbeitern und Angestellten hat sich erheblich zugunsten der Angestellten verschoben – wir beschäftigen heute über 1.200 Ingenieure, und dabei sind unsere Lohn- und Gehaltskosten in Prozent vom Umsatz sogar zurückgegangen.

Es ist natürlich eines, etwas selbst mit absoluter Sicherheit zu wissen, und etwas anderes, andere davon zu überzeugen. Die indische Maschinenbauindustrie hat der indischen IT-Branche viel zu verdanken, denn sie hat der Welt gezeigt, dass Indien einen Wettbewerbsvorsprung in Bezug auf intellektuelles Kapital hat und hat die Glaubwürdigkeit Indiens hinsichtlich der Qualität seiner Produkte, Leistungen und Lieferungen gestärkt.

Vielleicht hat die indische Maschinenbauindustrie ihren rechtmäßigen Platz in der globalen Geschäftswelt noch nicht gefunden, aber sie ist dabei, sich zu positionieren – und das mit großem Selbstvertrauen, wie sich in den Investitionen zur Erweiterung von Kapazität, Produktivität und Technologie zeigt.

Um auf unsere Schmiedeindustrie zurückzukommen: Es mag wohl sein, dass dieser Industriezweig in der westlichen Welt bereits im Rückgang begriffen ist, aber für uns stellt dieser Markt eine Wachstumschance dar, die sich je nach Outsourcing-Intensität mit bis zu 15 Milliarden US-Dollar beziffern lässt.

Doch nun zurück zur Unternehmensebene: Ich bin der Ansicht, dass wir viel erreicht haben, und die Erklärung hierfür ist ganz einfach. Nach meiner Überzeugung ergibt sich dies aus den drei grundlegenden „unantastbaren“ Managementprinzipien Vision, Fokus und Handeln, auch wenn wir vielleicht ein etwas anderes Verständnis dieser Begriffe haben. Deshalb möchte ich zunächst auf diese drei Prinzipien eingehen, um sie anschließend einfacher zu unserem Geschäft – dem historischen wie dem zukünftigen – in Bezug setzen zu können:

- Vision: Für uns ist eine Vision ein Traum – und zwar einer, der zunächst vielleicht sogar mit Skepsis aufgenommen wird. Aber ich bin der festen Überzeugung, dass wir nur deshalb etwas erreicht haben, weil wir von Anfang an in wirklich großen Dimensionen geträumt haben. Dabei darf eine Vision kein Wunschtraum bleiben. Ambitionierte und dabei doch pragmatische visionäre Einblicke können sich nur aus der Kenntnis und der rationalen Analyse der zukünftigen Entwicklung der Branche ergeben. Eine Vision ist deshalb keine einmalige Zielformulierung, sondern das kontinuierliche Bestreben, für unser Unternehmen den Platz zu bestimmen, den wir in der Entwicklung der Branche besetzen wollen. Anders ausgedrückt bedeutet eine Vision auch, uns selbst in unserer eigenen Zukunft immer wieder neu zu erfinden. (Wie Alan Kay sagte, „die beste Art, die Zukunft vorherzusagen ist, sie zu erfinden“.) Um dieses Uns-selbst-neu-Erfinden kommen wir nicht herum, egal wie klein oder groß wir sind, weil die externen Veränderungen zu dynamisch, zu umwälzend und zu überwältigend sind. Es hat keinen Sinn, gegen den Strom schwimmen zu wollen, wir müssen lernen, mit ihm zu schwimmen. Eine Vision bedeutet also, einen ehrgeizigen Traum zu haben und immer wieder neue Geschäftsmodelle für sich selbst zu erfinden.

- Fokus: Jedes Geschäft dreht sich um die überlegte Nutzung begrenzter Ressourcen wie Management und Finanzen. Deshalb ist der Fokus wichtig, damit wir die vorhandenen Ressourcen nicht zu breit streuen. Dies bedeutet aber nicht, dass wir bei allem, was wir tun, besonders sparsam vorgehen müssen. Alle unsere Ressourcen sollten sich auf das Kerngeschäft und seine wesentlichen Treiber konzentrieren. Die Geschäftstreiber können außerhalb unseres Unternehmen liegen, wenn es darum geht, welchen Wert wir liefern, oder sie können in unserem Unternehmen angesiedelt sein, wenn es darum geht, wie wir diesen Wert zu liefern haben. Dies ist auch die Grundlage der Geschäftsstrategie.
- Handeln: Wenn es einen Unterschied zwischen entwickelten Volkswirtschaften und Emerging Markets gibt, dann liegt er hier, denn die Niedriglohnländer haben viel aufzuholen und müssten ihre Geschäftspläne eigentlich mit fast fanatischem Ehrgeiz umsetzen. Ehrgeizige Träume werden bedeutungslos, wenn wir nicht aggressiv handeln, um sie zu realisieren. Lassen Sie mich hierzu ein Beispiel anführen: Wegen der Werkzeug- und Rüstkosten benötigen wir eine bestimmte wirtschaftliche Mindestmenge, um etwas zu produzieren. Aber als ein potenzieller Kunde aus den USA uns besuchte, um unsere Fertigungskapazität zu bewerten, produzierten wir dieses Produkt vor seinen Augen und gaben ihm ein Muster zu Testzwecken mit. Wir erhielten den Auftrag für ein umfassendes Programm. Wir sind der Auffassung, dass das Risiko des (sicher angenehmeren) Nichthandelns in den meisten Fällen größer ist als das Risiko des falschen Handelns. „Proaktives Management" umfasst eine kluge Vision und Strategie, der tatkräftiges Handeln folgt.

Lassen Sie mich nun auf die wichtigsten Facetten und Entwicklungen unseres Geschäfts eingehen, um die vorstehenden Prinzipien zu beleuchten.

Es gibt meiner Ansicht nach drei grundlegende Werttreiber: Technologie, Größe & Wachstum und Wettbewerbsfähigkeit. Ich werde näher auf die einzelnen Werttreiber eingehen, und es wird sich zeigen, dass sie auch die Eckpunkte der historischen Entwicklung unseres Unternehmens waren. Man mag sich fragen, warum die Kundenorientierung hier keine Erwähnung findet. Das Geschäft dreht sich darum, den Kunden Wert zu liefern, deshalb sind Werttreiber nur im Zusammenhang mit den Kunden von Bedeutung.

1. Technologie: Ich möchte auf dieses Thema näher eingehen, da es mir besonders am Herzen liegt und weil es Auswirkungen auf die anderen Aspekte hat, die wir besprechen wollen.

Unser Unternehmen wurde in den sechziger Jahren gegründet. Das war die Ära der „Lizenzen und Konzessionen", in der der indischen Industrie die Hände gebunden waren. Obwohl die Politik eine eigenständige einheimische Industrie in Indien förderte und diese auch dringend gebraucht wurde, dauerte es vier Jahre, bis wir die Zulassung zur Errichtung eines Schmiedewerks erhielten. So konnten wir erst Mitte der 1960er Jahre die Produktion aufnehmen. Auch gab es in Indien keinen Zugang zur Technologiebasis – wir mussten eine Kooperation eingehen und waren damals nahezu ausschließlich auf die Beiträge unseres Kooperationspartners angewiesen.

Langsam, aber kontinuierlich erarbeiteten wir uns in Indien bis Mitte der achtziger Jahre eine führende Position. Dennoch konnten wir uns auf dem globalen Markt, vor allem in der entwickelten Welt, trotz unserer konzertierten Bemühungen fast zehn Jahre lang kaum einen Namen machen. Uns wurde langsam klar, dass wir dazu eine völlig neue Plattform in der Produktionstechnologie brauchten. Eine Technologieplattform, die weitaus zuverlässigere Produktionsprozesse und einen einheitlichen Output sicherstellen konnte.

Ende der achtziger Jahre investierten wir deshalb in modernste automatische Press-Straßen. Die Technologie war so fortschrittlich, dass sie damals nur von sehr wenigen Menschen auf der Welt und von keinem unserer internen Mitarbeiter voll und ganz verstanden wurde. Wir mussten uns sehr anstrengen, damit uns diese hochkomplexe Anlage nicht über den Kopf wuchs. Und wir haben es geschafft. Unsere potenziellen Kunden erkannten bald, was wir erreichen konnten, und dass wir in der Lage waren, ihnen technologisch komplexe Produkte äußerst kosteneffektiv zu liefern. Diese proaktiven Investitionen in modernste Technologien und Fertigungsanlagen sind die treibende Kraft unseres Erfolgs. Derzeit richten wir eine technologisch ähnlich moderne Schmiedeanlage für Pkw-Komponenten ein.

Die maschinelle Bearbeitung ist ein weiteres Beispiel. Bis zum heutigen Tage verfügen die meisten Anbieter von Schmiedekomponenten nicht über eigene Bearbeitungsmöglichkeiten. Wir erkannten, dass die Herstellung von Schmiedeteilen an sich im Laufe der Zeit zur Commodity werden würde. Daher entschieden wir uns schon Anfang der siebziger Jahre zur Einrichtung eigener Bearbeitungsanlagen, um nachgelagerte Wertschöpfung anbieten zu können. Derzeit generieren wir mit unseren Bearbeitungsaktivitäten fast genauso viel Wert wie mit unserer Schmiedeproduktion. Da auf Kundenseite zunehmend Outsourcing-Bedarf für komplett fertig gestellte Produkte besteht, die direkt an die Montagestraßen geliefert werden können, haben wir eine weitere hochmoderne Bearbeitungsanlage eingerichtet. Diese sehr fortschrittliche Anlage liefert eine umfassend verbesserte Produktqualität bei sehr kurzen Vorlaufzeiten.

Ein weiterer wesentlicher Technologieschwerpunkt ist das Engineering. Die Schmiedeindustrie hat seit den Tagen der Werkzeugmacher, die im Grunde

genommen spezialisierte Handwerker waren, eine kolossale Entwicklung durchgemacht. Mit den aktuellen CAD/CAE/CAM-Anwendungen lässt sich aus der Zeichnung eines Bauteils die Konstruktion des Werkzeugs ableiten, die direkt zur Herstellung eines Formwerkzeugs verwendet werden kann, das dann das physische Bauteil entsprechend der Originalzeichnung produziert. Wir haben uns darauf konzentriert, durch die Optimierung dieses gesamten Zyklus sicherzustellen, dass wir mit unserem Time-to-Market immer vorn liegen.
Letztendlich geht es bei der Technologieumstellung um die Neudefinition der Schmiedetechnik von einer jahrhundertealten Kunst zu einer modernen Wissenschaft. Das Wissen war zuvor in demjenigen verankert, der auch der Ausführende war, oder vielmehr besaßen die Ausführenden das Wissen. Heute sind für die Ausführung keine besonderen Kenntnisse und Fertigkeiten mehr erforderlich, da das gesamte erworbene Wissen in die Maschinen und Prozesse eingeflossen ist. Dies ist von zentraler Bedeutung, um zuverlässige und konsistente Produktionsergebnisse sicherzustellen. Dennoch kann nicht jeder einfach die Ausrüstung kaufen und sofort so gut wie jeder andere produzieren. Es gibt viele „Touchpoints", die das Technologiemanagement ebenso kompliziert machen wie die zugrunde liegende Technologie.

2. Wachstum & Größe: Größe hat ihre eigenen Vorteile. Diese liegen jedoch nicht nur in den Skalenvorteilen der Produktion, sondern auch in den Verbundvorteilen – dem Unternehmen steht eine größere und bessere Auswahl an Möglichkeiten in Bezug auf F&E, Marketing, HR und langfristige Investitionen zur Verfügung. Größe gibt einem Unternehmen eine gewisse Statur, um bei Diskussionsrunden mit den weltweiten Autogiganten mit am Tisch sitzen zu können. Auch heute hat von den über 300 Schmiedeunternehmen in Indien nur eine Hand voll die erforderliche Größe und die Kompetenz, weltweit aktive OEMs zu beliefern. Wir hätten eines dieser vielen Unternehmen werden können, aber wir haben Größe und Wachstum aggressiv angestrebt. Als wir uns Ende der achtziger Jahre entschieden, auf automatische Pressen umzustellen, entschieden wir uns auch, ausreichend Kapazität aufzubauen, um ab sofort mit den führenden Herstellern der Welt in derselben Liga zu spielen. Das war ein riskanter Schachzug – die „hochmoderne" Technologie und eine Investition, die etwa unserem damaligen Umsatz entsprach, hätten uns ausbluten können! Doch dank dieser Maßnahmen haben wir Schritt für Schritt eine globale Größe erreicht, die uns eine breite Palette an Produkten sehr kostengünstig herstellen lässt. Im Laufe der letzten zehn Jahre haben wir unsere Schmiedekapazität fünf Mal ausgebaut. Sie beträgt derzeit 500.000 Tonnen pro Jahr. Unsere maschinelle Bearbeitungskapazität ist ebenfalls beeindruckend (in Stückzahlen pro Jahr) – 650.000 Kurbelwellen, 500.000 Vorderachsträger und 600.000 Achsschenkel. In unseren Gesenkschmiedeanlagen können wir Komponenten von 2 bis 250 kg herstellen.
   Unsere Investitionen waren stets proaktiv. Darüber hinaus waren sie in einer

Größenordnung und betrafen eine Technologie, die die Kunden immer attraktiver fanden. Unser aktuelles Investitionsprogramm, das uns bereits zum größten Werk an einem einzigen Standort gemacht hat, läuft zum Ende dieses Jahres aus.
Doch schon als wir dieses Investitionsprogramm konzipierten, hatten wir begonnen, auch über anorganisches Wachstum nachzudenken. Einen Anfang hatten wir bereits 2002 mit der Übernahme der Auftragsbestände von Kirkstall Forge in Großbritannien gemacht. Dies stärkte auch unsere Position im Öl- und Gassektor.
Wir zogen anorganisches Wachstum über den Zukauf von Kapazitäten in Betracht, weil wir den Eindruck hatten, dass OEMs, insbesondere in Europa, für bestimmte Produkte Lieferanten bevorzugen, die in ihrer Nähe angesiedelt sind, um ein paar Kostennachteile abwälzen zu können. Wir suchten aktiv nach Übernahmekandidaten und kauften Ende 2003 Carl Dan. Peddinghaus (CDP) und Ende 2004 CDP Aluminiumtechnik. Beide haben ihren Sitz in Deutschland und beschäftigen etwa 1.000 Mitarbeiter. CDP ist eines der ältesten und größten Schmiedeunternehmen in Deutschland. Es wurde 1839 gegründet und hat Werke in Ennepetal und Daun (bei Düsseldorf). CDP Aluminiumtechnik wurde 1997 in Brand Erbisdorf (bei Dresden) gegründet und ist auf das Nischensegment Aluminium-Fahrgestellkomponenten spezialisiert.
Mit diesen Akquisitionen konnten wir unsere Position in den verschiedenen Fahrzeug- und Marktsegmenten schnell konsolidieren. Sobald die Übernahmen abgeschlossen waren, stellten sich auch immense immaterielle Vorteile ein. Tatsächlich weit mehr als materielle. Da fiel die Entscheidung für den Aufbau einer globalen Präsenz mit Blick auf den weltweit größten Markt, die USA, nicht schwer. Steigende Stahlpreise und Preisdruck seitens der OEMs haben in den USA eine Reihe von Zulieferern ein Insolvenzverfahren nach Chapter 11 anstreben lassen. Federal Forge Inc. mit Sitz in Lansing, Michigan, war ein solches Zulieferunternehmen, und hatte im Februar 2004 Gläubigerschutz beantragt. Das Unternehmen interessierte uns. Federal Forge war ein 43 Jahre altes, gut eingeführtes und renommiertes Unternehmen mit hochkarätiger Kundenliste, das auf die Konstruktion und Fertigung komplexer Schmiedekomponenten für Pkw wie Querlenker, Verbindungselemente, Achsschenkel und Pleuelstangen spezialisiert war. Aus unserer Sicht bot dies eine bedeutende Gelegenheit zum Ausbau unseres globalen Netzes und zur Einrichtung einer Präsenz in der Nähe der Big Three.
Erst vor kurzem, im September 2005, haben wir Imatra Kilsta AB in Schweden und ihre Tochtergesellschaft Scottish Stampings in Schottland (Imatra Forging Group) übernommen. Die Imatra Forging Group ist der größte Hersteller von Vorderachsträgern und der zweitgrößte Kurbelwellenproduzent in Europa. Diese Akquisition vervollkommnet unsere globale Dual-Shore-Fähigkeit. Wir können jetzt alle unsere Kernprodukte – Kurbelwellen, Achsträger, Achsschenkel und Kolben an mindestens zwei Standorten auf der Welt fertigen und bieten unseren Kunden

Konstruktion und Engineering sowie Endproduktunterstützung für diese Produkte in ihrer Nähe.

Alle diese Akquisitionen entsprechen dem Kern unserer Strategie. Wir wollen unseren Wettbewerbsvorteil ausbauen, indem wir unseren globalen Kunden umfassenden Service und Mehrwertdienste bieten und so unseren Geschäftsanteil mit ihnen kontinuierlich weiter steigern. Bei allen Akquisitionen haben wir uns stets darauf konzentriert, die intrinsischen Stärken dieser Unternehmen zu nutzen und so ihre Leistung erheblich zu steigern. Wir freuen uns, feststellen zu können, dass diese Unternehmen mit unveränderter lokaler Geschäftsführung ihr Geschäft ausbauen konnten und die Gruppe insgesamt ebenfalls davon profitiert hat.

Nein, unsere Expansionsbestrebungen sind noch nicht zu Ende. Wir haben vor, unsere Präsenz in Europa, Nordamerika und auch in China weiter auszubauen, sodass wir bis Ende dieses Jahres überall auf der Welt Niederlassungen in der Nähe der Standorte unserer globalen Kunden haben.

3. Wettbewerbsfähigkeit: Das Erhalten der Wettbewerbsfähigkeit berührt eine Reihe strategischer und operativer Themen, denn die Wettbewerbsfähigkeit „erhalten“ bedeutet, sie ständig zu verbessern. Das Thema Strategie ist zum Teil mit den zyklischen Nachfragemustern der Branche verknüpft. Bedingt durch die hohen Kapitalkosten kann eine Rezession ein Unternehmen bereits in die Insolvenz treiben. Unter strategischen Gesichtspunkten haben wir das Risiko unseres Geschäfts reduziert, indem wir unsere Kundenbasis verbreitert haben. Zudem haben wir unser Produktportfolio kontinuierlich bereinigt und auf Produkte höherer technologischer Komplexität konzentriert. Auf betrieblicher Ebene hat die Erzielung von Excellence grundlegende Bedeutung, diese Theorie und Praxis wird ja von der Automobilindustrie maßgeblich propagiert. Deshalb möchte ich hierauf nicht weiter eingehen, sondern vielmehr kurz ansprechen, was wir erreicht haben. Im Laufe der letzten vier Jahre ist unsere Mitarbeiterproduktivität um das Zweieinhalbfache gewachsen, unser Cash-to-Cash-Cycle wurde durch umsichtiges Bestandsmanagement auf ein Drittel reduziert, wogegen sich das Verhältnis von Umsatz zu Nettoanlagevermögen beinahe verdoppelt hat.

Die Zukunft hält weitere Herausforderungen bereit und bietet deshalb auch größere Chancen. In den nächsten drei Jahren wollen wir unseren Umsatz verdoppeln und die 1-Milliarde-US-Dollar-Marke erreichen – das ist unser ehrgeiziger Traum. Aber dabei geht es nicht nur um weitere Kapazitäten, sondern auch um den Ausbau unserer Kompetenzen. Das bringt uns wieder zum Wettbewerbsvorteil durch intellektuelles Kapital. Bei dieser Perspektive besteht meine Agenda für die Zukunft aus drei wesentlichen – im Übrigen allesamt „weichen“ – Komponenten: Dienstleistungskompetenz, Innovation und Synergie.

1. Umfassende Dienstleistungskompetenz: Ich denke, wir sind schon lange kein produktionsgetriebenes Unternehmen mehr, sondern haben uns zu einem technologiegetriebenen Unternehmen entwickelt. Bei dieser Umstellung zählt weniger die physische Menge als vielmehr das einzelne differenzierte Produkt. Wir haben uns bereits auf die nächste Umstellung vorbereitet, nach der wir nicht mehr nur das Produkt allein liefern, sondern auch alle damit verbundenen Leistungen wie Konstruktion und Entwicklung sowie Validierung und Prüfung erbringen. Derzeit sind bei uns über 150 Ingenieure mit derartigen Aufgaben betraut. Doch in dem Maße, wie wir mit unseren Hauptkunden verstärkt Entwicklungspartnerschaften eingehen, wird sich diese Zahl um ein Vielfaches erhöhen.
2. Innovation: Bisher haben Komponentenhersteller sich auf Innovation in Bezug auf Produktionskosten und Operational Excellence konzentriert. Aber die Zeiten, in denen ein Hersteller von Automobilkomponenten die Teile einfach nach der Zeichnung des Kunden gefertigt hat, sind längst vorbei. Der Komponentenhersteller verfügt über das Fachwissen im Zusammenhang mit den Komponenten, deshalb ist er am besten in der Lage, Innovationen einzuführen, um den Wert der Produkte zu steigern. Dies kann über die Konstruktion, auf die tatsächlich ein erheblicher Anteil der Kosten des Endprodukts entfällt, oder über Qualitätsaspekte geschehen. Die Notwendigkeit proaktiver gemeinsamer Entwicklungen wird heute von den meisten OEMs erkannt und ist der Schlüssel zur Reduzierung der Time-to-Market. Unsere Gruppe hat zahlreiche Programme ins Leben gerufen, im Rahmen derer das Fachwissen, das wir im Laufe der Jahre in den Bereichen Metallurgie, Schmieden und maschinelle Bearbeitung erworben haben, in systematischer Form eingesetzt werden kann, um uns zu einem echten Entwicklungspartner unserer wichtigsten globalen Kunden zu machen.
3. Synergie: Mit unserem globalen Fertigungsnetz verfügen wir nicht nur weltweit über Kapazitäten, wir haben auch intellektuelles Kapital und eine Reihe überaus wertvoller globaler Best Practices aufgebaut. Schon das Benchmarking innerhalb der Gruppe und das Sicherstellen, dass die Best Practices auch von allen Unternehmen der Gruppe übernommen und durchgängig umgesetzt werden, trägt dazu bei, den Wert der einzelnen Unternehmen weiter zu steigern. Daraus ergeben sich weitere Synergievorteile und Möglichkeiten, Optimierungen nicht auf lokaler, sondern auf Systemebene durchzuführen. Beispielsweise können wir den globalen Niederlassungen unserer Kunden mit Dual-Shoring-Fähigkeit zur Seite stehen. Wir sind bereits dabei, unsere F&E- und Engineering-Aktivitäten zu poolen.

Das Management von intellektuellem Kapital in einem interkulturellen Umfeld ist eine besondere Herausforderung. Es ist keine leichte Aufgabe, aber wir arbeiten daran im Zuge strukturierter und nicht strukturierter Integrationsmaßnahmen.

Wir hoffen, dass wir dem Leser einige Einblicke dazu geben konnten, wie sich die Herausforderungen in der Automobilindustrie bewältigen lassen. Erlauben Sie mir eine abschließende Bemerkung: Die Welt steht heute im Zeichen des Wettbewerbs, und wir dürfen uns niemals zufrieden zurücklehnen. Erfolg ist nicht das endgültige Ziel, sondern bestenfalls ein Meilenstein auf unserem Weg, und wir dürfen niemals stehen bleiben.

Zusammenfassung

Ralf Kalmbach, Roland Berger Strategy Consultants

Die Automobilindustrie zählt in nahezu allen entwickelten Volkswirtschaften zu den Schlüsselindustrien. Sie hat hinreichend bewiesen, dass sie global einer der stärksten Treiber von Technologie, Wachstum und Beschäftigung ist.

Über acht Millionen Menschen sind weltweit allein in der Herstellung von Fahrzeugen und Teilen beschäftigt. Die Industrie investiert jährlich circa 70 Milliarden Euro in Forschung und Entwicklung. Allein diese beiden Kennzahlen zeigen eindrucksvoll die Bedeutung der Automobilindustrie auf. Doch sie ist nicht nur Treiber. Ihre Unternehmen werden auch mehr und mehr zu Getriebenen der initiierten und ablaufenden Veränderungsprozesse. Verschiedene Faktoren verstärken den Druck auf die Automobilhersteller:

- Nicht ausgelastete Kapazitäten
- Neue Wettbewerber aus „neuen" Automobilmärkten wie China oder Indien
- Kostenwettbewerb von Standorten und Ländern
- Neue Technologien
- Veränderte gesetzliche Vorgaben

Diese Faktoren in Verbindung mit veränderten ökonomischen Rahmenbedingungen bedeuten große Herausforderungen für eine Industrie, die aufgrund ihrer Kapitalintensität und ihrer langen Entwicklungs-/Investitionszyklen ein hohes Maß an Planbarkeit und Stabilität benötigt.

Seit jeher war die Automobilindustrie gezwungen, sich auf teilweise tiefgreifende Veränderungen der Rahmenbedingungen, der Technologie oder der Kundenpräferenzen einzustellen. Während diese Krisen sich früher auf organisatorische Aspekte bezogen (etwa in der Entwicklungs- und Produktionsprozesskrise 1992/93), stehen heute globalisierungsbedingte Anpassungsprozesse im Fokus. Wir haben es mit einer neuen Qualität der Herausforderungen zu tun. Es geht nicht mehr um isoliert betrachtete Elemente des Geschäftssystems. Vielmehr verändern sich gleichzeitig die technischen, politischen, ökonomischen und globalen Strukturen, auf denen die Automobilunternehmen ihre Geschäftssysteme gründen. Die traditionellen Spielregeln gelten nicht mehr.

Neue Märkte tun sich auf – Märkte, in denen sich rasant eine eigene Automobilindustrie entwickelt, die bereits im Weltmaßstab bedeutende Unternehmen hervorbringt, wie etwa das Beispiel Bharat Forge eindrucksvoll belegt. Diese Unternehmen scheinen die neuen Erfolgsfaktoren und Spielregeln gut – oft sogar besser – zu beherrschen als die traditionellen Hersteller und bedrängen die bisherigen Marktführer existenziell.

Industrielle Umbruchphasen verändern Branchen tiefgreifend – auch die Automobilindustrie wird dieses Schicksal teilen. Nicht allen Unternehmen wird es gelingen, mit den Chancen, aber auch den Risiken solcher Veränderungen umzugehen und sie sogar zu antizipieren. Nur wenige sind in der Lage, sich den neuen Rahmenbedingungen anzupassen und diese für Ihren Erfolg konsequent zu nutzen.

Erfolgsfaktoren von Top-Performern

Roland Berger Strategy Consultants hat in zahlreichen Projekten feststellen können, welche Faktoren bei den erfolgreichsten Unternehmen besonders ausgeprägt sind. Diese Top-Performer

- verfügen über fundiertes Wissen über ihre Kunden,
- haben klare unternehmerische Visionen und Ziele,
- entwickeln langfristige Perspektiven,
- legen großen Wert auf Kundenbindung,
- lösen das Leistungsversprechen „Value for Money" im Niedrigpreis- und im Premiumsegment konsequent ein,
- liefern konstant hohe Qualität,
- verfügen über globale Präsenz, aber regionale Orientierung,
- besitzen einen ausgeprägten Unternehmergeist.

Probleme der Low-Performer

Die Low-Performer tun sich schwer damit, diese Erfolgsfaktoren umzusetzen. Sie scheitern häufig an ähnlichen Problemen:

- Sie verpassen grundlegende Trends.
- Sie gestalten ihr Geschäftssystem nicht, zu spät oder nicht konsequent genug um.
- Ihnen fehlt eine nachhaltige Unternehmensstrategie.
- Visionen sind nicht oder nicht klar genug vorhanden.
- Ihre Profitorientierung ist kurzfristig angelegt.
- Sie besitzen kein eigenständiges Profil.
- Sie liefern keinen ausreichenden „Value for Money".
- Sie verfügen über keine konsequente Markenführung.
- Es fehlt ihnen an unternehmerischem Mut.
- Sie besitzen kein Frühwarnsystem.

Doch die Automobilindustrie hat die Herausforderungen angenommen. Endzeitprognosen wie die des Club of Rome oder Gewinner-Verlierer-Prognosen, wie sie im Buch „The

Machine That Changed The World" vorgestellt werden, wurden von der Wirklichkeit überholt.

Aber es gilt dennoch festzustellen: Die nächste Runde im „automobilen Powerplay" hat begonnen. In den nächsten ein bis zwei Jahren müssen die Automobilmanager die Basis für das Überleben und den künftigen Erfolg ihrer Unternehmen legen. Sie müssen die richtigen Antworten auf die entscheidenden Herausforderungen finden und in schlüssige Strategien und Geschäftssysteme umsetzen. Vier Handlungsfelder sind dabei von zentraler Bedeutung:

- Markt
- Globalisierung
- Vertrieb
- Wertschöpfung
- Technologie

Herausforderung Markt

Die automobilen Märkte haben sich stark verändert. Dabei ist nicht nur die Tatsache relevant, dass neue Märkte in sich entwickelnden Volkswirtschaften hinzukommen. Die tiefgreifenden Veränderungen im Verhalten der Kunden zwingen die Automobilindustrie auch, sich wesentlich intensiver als bisher mit ihren Kunden auseinander zu setzen und sie mit ihren Anforderungen neu zu verstehen.

Die Handlungsmaxime „Angebot schafft Nachfrage" gilt in der Automobilindustrie nicht mehr. Die Kundenpräferenzen haben sich stark verändert oder gar aufgelöst. Die Automobilindustrie hat dazu mit einem ausufernden Produktangebot selbst den Boden bereitet und muss nun die Konsequenzen tragen.

Klassische Prognosemodelle, die sich primär auf die Interpretation soziodemografischer Informationen stützen, funktionieren nicht mehr. Einkommen und sozialer Status leiten Kunden in einer Welt voller Nischenfahrzeuge und Lifestyle-Konzepte nicht mehr zu bestimmten Marken, Segmenten oder Produkten. Dies führt für die Automobilhersteller zu deutlich höheren Risiken, denn die Investitionen für die Entwicklung und Einführung neuer Fahrzeuge sind gewaltig. Verstärkt wird dieser Trend noch durch die abnehmende Anzahl produzierter Fahrzeuge der einzelnen Typen – der Tribut an die starke Ausdifferenzierung des Produktprogramms bei gleichzeitiger Verkürzung der Produktlebenszyklen.

Das Wachstum erfolgt in Europa und den USA nicht mehr nur im mittleren und im Premiumsegment – eine Situation, die für die Emerging Markets ohnehin nicht gilt –, sondern es bildet sich ein bedeutendes „Entry-Level-Segment" heraus: Dieses umfasst Fahrzeuge, die in Europa unter 10.000 Euro kosten, in Märkten wie China oder Indien noch erheblich weniger. Dort liegt der Einstiegspreis für die „individuelle Mobilität" bei circa 3.000 Euro für einen Neuwagen. Weltweit wachsen diese

Marktsegmente überproportional und zwingen die Automobilindustrie dazu, geeignete Markt-, Technologie- und Wertschöpfungsstrategien zu entwickeln. Neue Wettbewerber entstehen, die sich auf die Entry-Level-Angebote konzentrieren und deren Herkunft aus Billiglohnländern ihnen wichtige Vorteile im Kostenwettbewerb verschafft. Ein Umdenken und Umsteuern ist erforderlich!

Der Zugang zum Kunden über den Vertrieb wird vor diesem Hintergrund zunehmend zum zentralen Erfolgsfaktor. Die heutigen, in weiten Teilen noch starren und mehrstufigen Vertriebssysteme mit einer noch weitgehend unveränderten Hersteller-Händler-Beziehung tragen dieser Entwicklung nicht Rechnung, bieten aber noch viel Optimierungspotenzial. Entlang der gesamten vertrieblichen Wertschöpfungskette bestehen substanzielle Verbesserungsmöglichkeiten, um den Ertrag zu steigern und die Kundenbindung zu erhöhen.

Insgesamt nimmt der Innovationsdruck in der Automobilindustrie weiter stark zu und zwingt die Unternehmen, ihre Entwicklungsprozesse und Strukturen grundlegend neu auszurichten, um die Komplexität und Dynamik in der Produktentstehung beherrschbar zu halten. Modul- und Plattformstrategien sowie Standardisierung, oft über mehrere Automobilhersteller hinweg, sind geeignete Lösungsansätze, erfordern jedoch tiefgreifende strategische, prozessuale und kulturelle Veränderungen. Doch nicht nur das veränderte Kundenverhalten fordert die Automobilhersteller heraus, sondern auch eine substanzielle Verschiebung in der Bedeutung der Marktsegmente.

Die wichtigsten Ansatzpunkte für eine solche Neuausrichtung sind im Folgenden näher erläutert.

Kundenbedürfnisse systematisch identifizieren und verstehen

Wer Kundenbedürfnisse verstehen will, muss zunächst die zentrale Frage beantworten: Wer ist der Kunde? Eine trennscharfe Bestimmung der Zielgruppe und eine klare Definition von Markenposition und „Value Proposition“ sind zwingend notwendig, um das Produkt- und Serviceangebot konsequent auf die potenziellen Kunden auszurichten. Erst die schlüssige Umsetzung des Leistungsangebotes in durchgängig hoher oder differenzierender Qualität über alle Vertriebsstufen hinweg – von der Kundenansprache bis zum Point of Sale – führt zu einem umfassenden und konsistenten Markenerlebnis.

Es muss gelingen, über das bloße Produkt hinaus emotionalen und rationalen Mehrwert zu schaffen, um Kunden zu gewinnen, zu begeistern und an die Marke zu binden. Die Automobilindustrie hat große Anstrengungen unternommen und erhebliche Summen in Vertriebs- und Customer-Relationship-Management-Systeme/-Initiativen investiert – den großen Durchbruch hat sie jedoch auf diesem wichtigen Feld bislang noch nicht erreicht.

Grenzen der klassischen Vertriebsysteme überwinden

Automobile Vertriebsstrategien sind im Kern zu wenig bedürfnisorientiert. Statt sich möglichst genau dem Kundenbedürfnis zu nähern, werden zumeist Überkapazitäten mit Rabatten und aufwändigen Aktionen in die Märkte gepumpt.

Diese Aktionen führen nur zu kurzfristigen Erfolgen, wie die zahlreichen Beispiele wenig erfolgreicher Fahrzeughersteller zeigen. Neben Ertragskraft geht dabei auch Markenimage verloren, was zumeist sehr viel schwerer wiegt und auf lange Sicht die Erfolgsgrundlagen schädigt.

Die klassischen mehrstufigen Vertriebssysteme mit Importeuren/National Sales Companies (NSC) sind zu aufwändig, zu komplex und in der Konsequenz zu teuer. Zu viel Geld wird in Vertriebsstufen investiert, ohne Mehrwert an der Schnittstelle zum Kunden zu erzeugen – ein Vorgehen, das sich Automobilhersteller in den zunehmend härter umkämpften Märkten auf längere Sicht schlicht nicht mehr leisten können.

Eine Möglichkeit, diese strukturelle Komplexität und Überbestimmtheit zu überwinden, liegt darin, auf Landes- oder Regionalebene große Händler partnerschaftlich einzubinden. So hat Cadillac die Vertriebsverantwortung für sein Europa-Geschäft auf den Händler Kroymanns übertragen. Weitere Beispiele werden diesem Muster folgen.

Indem sie solche neuen Wege beschreiten, können Hersteller von der Grundregel „Ein Land = eine NSC“ abweichen und ihre Ressourcen erheblich effizienter einsetzen. In Verbindung mit einer konsequenten Netzbereinigung können sie somit die Chance zur ganzheitlichen Optimierung des Vertriebs durch Professionalisierung und Standardisierung nutzen.

Kontrolle im Vertriebskanal gewinnen

Die Konsolidierung im Automobilvertrieb ist nicht aufzuhalten. Die Kernfrage ist vielmehr die nach der Gestaltung. Dabei sind zwei Hauptrichtungen vorgezeichnet: Internationalisierung und Mehrmarkenvertrieb.

Große, oft multinational agierende Handelsgruppen stellen immer häufiger ein Gegengewicht zu den Fahrzeugherstellern dar. Sie sind aufgrund ihrer Mehrmarkenpolitik weniger abhängig als klassische Einmarkenhändler und zwingen die Fahrzeughersteller damit förmlich zur Kooperation sowie zur Ausgestaltung von Win-Win-Verhältnissen. Der Weg der Konfrontation zur Durchsetzung einseitiger Interessen ist versperrt. Diese Konstellation bietet die Chance, die bereits erwähnte Notwendigkeit zur Optimierung mit unternehmerischen Mitteln umzusetzen. Partnerschaftliche Zusammenarbeit führt dazu, dass die Potenziale am Markt bestmöglich genutzt werden, und bringt unternehmerischen Erfolg. Jeder der Partner kann sich dabei auf die Bereiche konzentrieren, die er am besten abdeckt.

Das Verhältnis zum Kunden sowie die Übertragung der Markenwerte in unverwechselbare Produkte und Leistungen sind elementare Kernkompetenz des Herstellers.

Diese Produkt- und Leistungskompetenz über die gesamte Vertriebskette konsistent umzusetzen, erfordert eine kompromisslose Kunden-, Verkaufs- und Serviceorientierung – klassische Kernkompetenzen des Händlers. Durch eine reibungslose Zusammenführung der komplementären Kompetenzen von Handel und Hersteller lässt sich echter Mehrwert schaffen.

Die Fokussierung der Hersteller auf ihre Kernkompetenzen sowie die Bildung größerer und professionellerer Handelspartner fördern diese Entwicklung. Die Zukunft liegt also in einer Abkehr von der wettbewerbsorientierten hin zu einer stark partnerschaftlich orientierten Zusammenarbeit zwischen Hersteller und Handel.

Wie in der Zusammenarbeit mit seinen Zulieferern verfolgt beispielsweise Toyota auch im Vertrieb einen solchen partnerschaftlichen Ansatz und ist damit weit erfolgreicher als viele Wettbewerber.

Herausforderung Globalisierung

Globalisierung hat in der Automobilindustrie Tradition. Getrieben von General Motors und der Ford Motor Company begann die Erschließung von Auslandsmärkten Anfang des 20. Jahrhunderts über die Gründung von Vertriebsgesellschaften in zahlreichen Ländern. In den Folgejahren wurden nach und nach Produktionsstandorte in Europa und Asien aufgebaut, um die oft fernen Absatzmärkte zu bedienen.

Die Globalisierung der Automobilindustrie hatte begonnen. Die Treiber waren damals wie heute dieselben:

- Erschließung von Absatzpotenzialen in wachsenden Märkten
- Ausschöpfen von Lohn- und Fixkostenvorteilen
- „Hebeln" der hohen Fixkosten in Entwicklung und Produktion

Seit den Anfängen der Globalisierung haben sich diese Treiber zwar nicht verändert, wohl aber das Kräftegleichgewicht und die Rolle der einzelnen Unternehmen in der Automobilindustrie.

Waren GM und Ford die Initiatoren der Globalisierung, die diese Entwicklung aus einer Position „unangreifbarer" Marktmacht einleiteten, so sind die Märkte heute wesentlich fragmentierter, und die Marktmacht einzelner Unternehmen ist geringer. Kein Unternehmen kann sich den grundlegenden Trends der Industrie entziehen: Für alle ist mittlerweile die Welt der Markt.

Globale Expansion verläuft in Wellen

Mit der steigenden Nachfrage nach Automobilen vor allem in Asien hat sich in den letzten Jahrzehnten auch das Kräfteverhältnis in der Automobilindustrie verschoben. Die Gewinner waren und sind vor allem die japanischen und zuletzt auch die koreanischen Hersteller. Ihnen gelang es, seit Anfang der achtziger Jahre in Nordamerika nicht nur Fuß zu fassen, sondern die lokalen Hersteller in größte Bedrängnis zu bringen. Die Basis ihres Erfolges waren preislich attraktive, qualitativ hochwertige und verbrauchsgünstige Fahrzeuge, die zu liefern die US-Hersteller nicht in der Lage waren.

Ihre Erfolge erreichen die asiatischen Hersteller aber längst nicht mehr über den Preis, wie es noch Anfang der neunziger Jahre der Fall war. Sukzessive nutzten sie den über das in Amerika extrem wichtige Qualitätsimage entstehenden Spielraum und hoben die Preise an. Die japanischen Hersteller können es sich heute leisten, an den existenzgefährdenden Rabattschlachten nicht teilzunehmen – dennoch gewinnen sie Marktanteile.

Nach dem erfolgreich vorgelebten Strategiemuster der Japaner traten die koreanischen Fahrzeughersteller in den US-Markt ein. Ihnen gelang es, die Lücke, die durch das „Upgrading" der japanischen Hersteller entstanden war, für sich zu nutzen und mit preisgünstigen Fahrzeugen im amerikanischen Markt Fuß zu fassen. Kia und Hyundai sind heute mit über 30 Prozent respektive über 10 Prozent CAGR im Zeitraum von 1994 bis 2004 die am schnellsten wachsenden Marken in den USA. Analog zu den japanischen Vorbildern betreiben auch sie ein konsequentes Upgrading und sind in Markenwahrnehmung und Preis bereits im unteren Mittelfeld angekommen.

Wieder tut sich am unteren Ende im Markt eine Lücke auf, die wiederum als „Einladung" für die im Aufbau befindlichen chinesischen Automobilunternehmen wirkt. Auch sie werden die erfolgreichen Strategien nachvollziehen. Der Ausgang ist klar und wird die Krisensituation der lokalen US-Hersteller noch verstärken.

„Déjà vu!"

Auch in Europa greifen die japanischen und koreanischen Marken auf breiter Front an. Kein Segment ist ausgenommen: Selbst für das Premiumsegment haben diese Hersteller erfolgversprechende Produkte und Strategien definiert. Die Entwicklung verläuft nach bewährtem Muster, vollzieht sich aber konsequenter und schneller als in den USA. Bereits heute beginnt sich im Entry-Level-Bereich des Markts eine Lücke aufzutun, die wieder als Einladung verstanden werden kann.

Die ersten chinesischen Fahrzeuge wurden bereits in Europa vorgestellt. Es ist nur eine Frage weniger Jahre, bis chinesische Fahrzeughersteller – dank der Technik ihrer Joint-Venture-Partner und der globalen Zulieferer – in der Lage sein werden, qualitativ marktfähige Produkte anzubieten und den Markt von unten her zu entwickeln. Wie in den USA werden auch in Europa die etablierten Hersteller unter Druck geraten.

Strategische Antworten – wie Anfang der neunziger Jahre, als die japanische Marktbearbeitung in Europa verstärkt einsetzte –, die in mehr und komplexerer Technik bestehen, werden nicht mehr helfen. Die Kundenpräferenzen in den Volumensegmenten haben sich aufgrund der Umweltbedingungen verändert. Es gilt nun, den

Wettbewerb auf den Feldern Kosten und Qualität in allen Segmenten anzunehmen; andernfalls droht substanzielle Gefahr.

Bereits jetzt sind die asiatischen Fahrzeughersteller eine feste Größe im europäischen Markt. Anders als die USA konnten die europäischen Hersteller deren Erfolg jedoch bremsen. Die Gründe dafür liegen in den Stärken der Europäer in diesem Wettlauf:

- Europa ist die „Home Base" der wichtigsten Premiumhersteller.
- Europa hat eine starke lokale Fahrzeugindustrie mit traditionell hoher Markenbindung und (noch) hoher Kundenloyalität.
- Die südeuropäischen Hersteller sind im Entry-Level-Segment stark vertreten.
- Technologie, Innovation und Prestige sind im Kaufentwicklungsprozess von großer Bedeutung.

Diese Stärken sind jedoch relativ. Sie gelten nur, solange Kunden aufgrund ihrer Gesamtsituation darauf Rücksicht nehmen können und müssen.

In ganz Europa führen die verlangsamte wirtschaftliche Entwicklung und die groß angelegten Reformen der Sozialsysteme in den wichtigsten Volkswirtschaften zu einer Veränderung im Konsumklima und im Konsumentenverhalten, welches mit hoher Sicherheit die Prioritäten bei der Kaufentscheidung hin zu günstigeren Angeboten verschieben wird. Das Argument „preiswert" steht nicht länger im Fokus der Kaufentscheidung, sondern mehr und mehr das Argument „billig". Die strategische Antwort darauf ist nicht weniger als eine Strukturverschiebung in der europäischen Automobilindustrie.

Die Produktportfolios der Fahrzeugkonzepte sowie die Wertschöpfungs- und Standortstrukturen müssen auf die neuen Herausforderungen im Heimatmarkt und die Chancen in den Emerging Markets ausgerichtet werden. Dies alles in einem vernetzten Geschäftssystem, in dem es darum geht, die komplementären Fähigkeiten und Vorteile von Partnern und Standorten so zu kombinieren, dass daraus global realisierbare Wettbewerbsvorteile entstehen. Nicht allen Fahrzeugherstellern wird dies gelingen. Einige sind zu klein, andere zu wenig beweglich. Das aktuelle Bild erfolgreicher und weniger erfolgreicher Unternehmen wird sich nachhaltig verändern; unter anderem auch deshalb, weil einige Akteure bisher noch nicht berücksichtigt werden. Diese sind gerade dabei, das globale Spielfeld zu betreten und haben einige Vorteile auf ihrer Seite.

Stellvertretend für diese Gruppe steht SAIC. Der größte chinesische Hersteller hat sich jüngst die wesentliche Technologie und die Marktrechte von Rover gesichert. Nanjing Automobile kaufte die Produktionsanlagen von Rover. Beide „Deals" zielen darauf ab, Unabhängigkeit von westlichen Joint-Venture-Partnern zu erreichen, welche die heutige chinesische Automobilindustrie prägen.

China wird es verstehen, in strategisch sinnvollen Schritten eine unabhängige Automobilindustrie zu entwickeln, die viel von ihren westlichen Partnern gelernt hat und dieses Wissen als bedeutendes Argument im Wettbewerb gegen die früheren Geschäftspartner einsetzt. Gegen ein schnelles Aufschließen der chinesischen Newcomer spricht auf den ersten Blick nur wenig – vor allem, wenn man sich die großen Fortschritte der letzten Jahre vor Augen führt und sich den Willen und die ökonomischen Möglichkeiten zum Aufstieg in eine bessere Zukunft vergegenwärtigt.

Andererseits ist der Wettbewerb noch nicht verloren. Viele ambitionierte Anbieter sind in der Vergangenheit mit ihren Expansionsstrategien gescheitert.

Es gilt nun, auf folgende Kernfragen Antworten zu finden:

- Wie können die etablierten Fahrzeughersteller die Chancen der Wachstumsmärkte nutzen, ohne dabei unliebsame Konkurrenten heranzuziehen?
- Welche Möglichkeiten haben etablierte Anbieter in Europa und den USA, den erweiterten Angriff asiatischer Hersteller auf ihren jeweiligen Heimatmärkten abzuwehren?
- Wie können etablierte Anbieter die neuen Märkte nutzen, um ihre Kosten und damit ihre Wettbewerbsposition im globalen Maßstab zu verbessern?

Den Wettbewerb annehmen

Klar ist, dass der automobile Wettbewerb durch die Auswirkungen der Globalisierung härter und oft existenzbedrohend wird. Wer sich aber angesichts dieser Perspektive nicht aufgefordert fühlt, konsequent zu handeln und die bewährten Geschäftssysteme infrage zu stellen, hat bereits verloren. Etablierte Hersteller müssen proaktiv und mit einer klaren Strategie auf die neuen Herausforderungen reagieren.

Der Aspekt der Verteidigung eigener Marktanteile ist für Hersteller mit klarer Premiumpositionierung mittelfristig von geringerer Bedeutung. Für sie geht es eher darum, die neuen Chancen aus diesen Märkten konsequent zu nutzen. Hersteller, denen eine solche Positionierung nicht oder nur unzureichend gelungen ist oder die signifikante Kostennachteile haben, müssen jedoch zuerst diese Defizite beseitigen. Gleichzeitig steigt durch den zunehmenden Wettbewerbsdruck auch die Notwendigkeit, zum Teil bereits bekannte Maßnahmen konsequent umzusetzen. Es ist daher wichtiger denn je, die eigene Wertschöpfung – auch und vor allem unter Nutzung der Möglichkeiten der neuen Märkte hinsichtlich attraktiverer Herstellungskosten – konsequent zu optimieren. Wie Beispiele erfolgreicher Hersteller zeigen, kann dies gelingen, wenn man die „richtigen" Partner auswählt und diese in den eigenen Entwicklungs- und Produktionsverbund integriert. Um die Chancen der neuen Märkte zu nutzen, ist ein tiefgreifendes Verständnis für aktuelle und künftige Marktbedürfnisse unumgänglich.

Eine Analyse von Roland Berger Strategy Consultants hat die wichtigsten Erfolgsfaktoren im globalen Wettbewerb identifiziert. Diese sind:

- Effizientere Produktionssysteme
- Modulare Fahrzeugkonzepte
- Globale Marktpräsenz mit hohen Stückzahlen auf globalen Plattformen
- Hohe Qualität durch bewährte Technik und stabile Produktion
- Enge und intensive Einbindung der Zulieferer in ein netzwerkorientiertes Geschäftssystem
- Kontinuierliche Verbesserung anstelle von Entwicklungssprüngen bei Generationswechseln
- Verständnis für lokale Marktbedürfnisse
- Fokussierter Aufbau von Low-Cost-Kompetenz
- Konsequente, langfristig orientierte Strategien und Strategieumsetzung

Das Bündel von Maßnahmen ist umfassend. Doch der Erfolg in einem globalen Markt wird sich nur mit Geschäftssystemen erreichen lassen, welche diese Aspekte berücksichtigen und vom Topmanagement mit großer Konsequenz umgesetzt werden.

Herausforderungen Vertrieb

Die Wertschöpfung in der Automobilindustrie entsteht nur zum Teil aus dem Geschäft mit der Entwicklung, der Herstellung und dem Vertrieb von Neufahrzeugen. Der „Aftermarket", also die Wertschöpfung aus Geschäften mit dem Fahrzeugbestand (Fahrzeugfinanzierung, Wartung, Reparatur, Rücklauf und Wiederverkauf von Gebrauchtwagen, Ersatzteilgroßhandel und Serviceleistungen) gewinnt erheblich an Bedeutung. Diese Bereiche sind profitabler als die Fahrzeugproduktion – 50 Prozent der Profite der Automobilhersteller stammen aus dem Aftermarket.

In der Automobilindustrie besteht eine klare Abhängigkeit zwischen den zu erzielenden Gewinnmargen in einzelnen Wertschöpfungsaktivitäten und der Nähe zum Endverbraucher. Es gilt häufig: Je näher am Kunden, desto profitabler das Geschäft.

Deshalb suchen Anbieter von Fahrzeugen, Teilen und Dienstleistungen diese Nähe. Sie versuchen, ihren Anteil an den individuellen „Mobilitätsbudgets" zu optimieren und darüber hinaus die Kundenbindung zu erhöhen. Dieser Antrieb führt dazu, dass klassische Spielregeln wie „Originalteile werden im OES-Kanal vertrieben, Nachbauteile im IAM-Kanal" oder „Die Ersatzteilpreise werden von OEMs festgesetzt und gelten als verbindliche Referenzwerte" zunehmend an Gültigkeit verlieren und sich neue Gesetzmäßigkeiten herausbilden, die von wichtigen Faktoren stark beeinflusst werden:

- Produkttechnologie und -vielfalt: Die fortschreitende Technologisierung etwa bei Elektronik, elektromechanischen Systemen und Systemintegration sowie die große Modell- und Markenvielfalt machen After-Sales-Aktivitäten komplizierter.
- Veränderungen im Fahrzeugbestand: Die Entwicklung des Fahrzeugbestands beeinflusst das Automobilgeschäft. Aufgrund längerer Modelllebenszyklen, Drittautos und hoher Adoptionsraten wird der Fahrzeugbestand immer größer und älter. So wächst der Bestand der über zehn Jahre alten Autos in Deutschland um jährlich 3 Prozent, jener der sieben bis neun Jahre alten Autos in Frankreich um 4 Prozent, in Spanien sogar um 10 Prozent.
- Entwicklung der Kundenbedürfnisse: Die Ansprüche an Servicequalität, Zuverlässigkeit und Kundenbeziehungen sind hoch und werden weiter steigen. Erfahrungen, welche die Kunden in anderen Branchen machen, verstärken diese Entwicklung noch.
- Veränderungen des Konsumentenverhaltens: Die wachsende Zahl geschäftlich genutzter Fahrzeuge, wie Firmenwagen und langfristig genutzte Mietwagen, in Verbindung mit einem steigenden und professionellen Gebrauchtwagenangebot verändert das Kaufverhalten der Kunden.
- Neue Verordnungen: Während die GVO vor allem in den Ersatzteilmarkt eingreift, bedroht Eurodesign Teile mit geschütztem Design.
- „Specialized Prescriber Group": Versicherungen und Verbände wie Thatcham sowie Rating-Agenturen wie Euro-NCAP und J. D. Power gewinnen an Einfluss.
- Europäisierung: Nach der Osterweiterung der Europäischen Union stehen die Anbieter unter anderem vor der Herausforderung, mit möglichst geringen Vertriebskosten in den zusätzlichen Ländern aktiv zu werden und graue Märkte zu vermeiden.
- Konsolidierung der Vertriebskanäle: Vor allem in Großbritannien und Frankreich halten Händlerketten große Marktanteile. Konsolidierte IAM-Großhändler, in Konzernen oder Netzwerken organisierte Reparaturbetriebe und große Fuhrparkunternehmen sind ebenfalls gut positioniert.
- Neue Marktteilnehmer: Zeitweise wurde mit dem Einsteig von Einzelhandelsketten in die Automobilbranche gerechnet, diese scheiterten jedoch an den hohen Markteintrittsbarrieren. Echte Neueinsteiger sind Banken und Finanzinstitute sowie Leasing- und Fuhrparkunternehmen, die nun versuchen, in diesem attraktiven Markt Fuß zu fassen.

In der Konsequenz stellen die veränderten Rahmenbedingungen die Geschäftsmodelle aller Anbieter infrage. Um sich einen attraktiven Anteil an der Wertschöpfung im Vertrieb und im Kundendienst zu sichern, müssen sie ihre Strategien und Organisation neu definieren.

Veränderte Nachfragestrukturen im Neuwagenmarkt

Fuhrparkmanager (professionelle Autokäufer, Mietwagenfirmen, Behörden, private Unternehmen) werden mehr und mehr zum Mittler zwischen OEMs und Endkunden. Ihre Bedeutung als Kunden für die Fahrzeughersteller nimmt erheblich zu. In der Folge wandelt sich das Geschäft vom Fahrzeugverkauf hin zum Verkauf von Mobilität.

Ihre erreichte Machbarkeit erlaubt es ihnen nicht nur, günstige Konditionen und Rabatte zu erzielen, sondern sie erbringen vielfach profitable Leistungen wie Finanzierung und Leasing selbst. Der Druck auf die Fahrzeughersteller nimmt dadurch in doppelter Hinsicht zu – sie verlieren Gewinne durch schlechtere Preise und entgangene Wertschöpfung.

Stellschraube Gebrauchtwagenmarkt

Der Absatz von jungen Gebrauchtwagen, also Fahrzeugen, die höchstens ein Jahr alt sind, steigt mit jährlich über 6 Prozent gut anderthalb mal so schnell wie der gesamte Gebrauchtwagenmarkt, der mit jährlich circa 4 Prozent ohnehin viel schneller wächst als der Markt für Neuwagen.

Dies lässt sich einerseits mit der steigenden Bedeutung von Fuhrparkunternehmen erklären, die relativ junge Gebrauchtwagen weiterverkaufen, zum anderen mit der gängigen Praxis von Tageszulassungen, mit denen Händler ihren offiziellen Marktanteil „schönen", indem sie Fahrzeuge selbst zulassen und anschließend als Gebrauchtwagen verkaufen. In Europa waren 2003 bereits 15 Prozent aller Fahrzeugzulassungen in diesem Bereich zu verzeichnen.

Hinzu kommen „Tageszulassungen", die als Instrument zur Verkaufssteigerung sehr offensiv eingesetzt werden. In Deutschland machen diese zeitweise 25 bis 30 Prozent der Zulassungen aus. Diese Menge an bewusst produzierten Gebrauchtwagen macht eine professionelle Gebrauchtwagenvermarktung unabdingbar. Neben der Notwendigkeit ist dieses Geschäft für die Händler aber auch höchst attraktiv, denn an Gebrauchtwagen lässt sich in der Regel erheblich mehr verdienen als an den rabattintensiven Neuwagen.

Diese Logik gilt jedoch nicht unbegrenzt. Die Flut von Fahrzeugen mit Tageszulassungen führt zu erheblichem Preisdruck auf echte Gebrauchtwagen, sodass die Ertragschancen sinken und sich die Systemprofitabilität über den gesamten Fahrzeuglebenszyklus erheblich verschlechtert. Mehrere Fahrzeughersteller haben sich durch diese Praxis in existenzielle Krisen manövriert. Als Lösungsansatz – neben begehrten Produkten, die sich mit weniger Rabatten als Neuwagen verkaufen lassen – bleibt den Fahrzeugherstellern nur, die Aktivitäten und Ströme im Gebrauchtwagenhandel stärker zu kontrollieren und zu steuern. Um Skaleneffekte zu erzielen und Synergien zu heben, müssen sie den Einfluss ihres europaweiten Netzwerkes gegenüber lokalen und regionalen Händlern geltend machen, Transparenz über das Angebot herstellen sowie

Preis- und Nachfrageunterschiede in den Gebrauchtwagenmärkten der einzelnen Länder aussteuern.

Verbesserter Service

Verbraucher haben sich durch ihre Erfahrung in anderen Lebensbereichen wie in der Tourismusindustrie, im Einzelhandel, in der Telekommunikation oder in der Finanzbranche an höhere Servicestandards gewöhnt. Service ist in einer Welt sehr vergleichbarer Produkte zum wichtigen, oft entscheidenden Differenzierungsfaktor geworden.

Im Kern geht es darum, die Kundenzufriedenheit zu steigern und in der Folge die Kunden zu loyalisieren. Trotz vielfältiger Programme hinkt die Automobilbranche in dieser Hinsicht anderen Branchen deutlich hinterher. Dabei mangelt es nicht an den Erkenntnissen, was zu tun ist und wie es zu tun ist, sondern vielmehr an einem professionellen Management der Serviceprozesse über die Schnittstellen Fahrzeughersteller, Händler und Kunde hinweg. Zu viele einzeloptimierte Aktivitäten verhindern heute noch ein durchgängig positives und sicher reproduzierbares Kundenerlebnis. Dieses Defizit nutzen die sich rasant entwickelnden „Fast-Fit"-Ketten konsequent für sich. Ihr Erfolg beruht auf exzellenter Servicequalität, standardisierten Abläufen, klaren Verhaltensregeln, terminlicher und inhaltlicher Flexibilität und einem guten Preis-Leistungs-Verhältnis.

Kundenzufriedenheit lässt sich also oft mit geringem Aufwand schaffen, erfordert aber konsequentes Management.

Originalersatzteile geraten unter Wettbewerbsdruck

In der Reparatur von Unfallwagen werden heute etwa drei Viertel aller Ersatzteile als Originalteile von Fahrzeugherstellern bezogen. Das restliche Viertel stammt aus dem „Independent-Aftermarket"-Kanal (IAM).

Da bei Reparaturen in über 60 Prozent der Fälle nur vier bis fünf Teile, die irreparabel beschädigt sind, ausgetauscht werden und sich auch im Bereich verschleißbedingter Reparaturen (Bremsbeläge/-scheiben, Auspuff, Kühler, Ölfilter und andere) der Bedarf auf verhältnismäßig wenige Teile konzentriert, sind IAM-Händler und -Teilehersteller sehr daran interessiert, ihren Anteil in der Versorgung der Werkstätten und Reparaturbetrieb auszuweiten.

Die Einführung der Eurodesign-Verordnung, die es Zulieferern gestattet, Originalteile ohne Zustimmung des Herstellers zu entwickeln, begünstigt diese Entwicklung. Die Verordnung ist bereits in Spanien und Großbritannien in Kraft, weitere Länder werden folgen.

Billigzulieferer von Nachbauteilen treten damit als Wettbewerber auf. Die etablierten Unternehmen sind gezwungen, neben dem Preis weitere werthaltige Serviceleistungen wie etwa Logistiksysteme anzubieten, die ihnen helfen, eine nachhaltige Bindung ihrer professionellen Kunden zu sichern.

Härterer Wettbewerb in den Werkstätten

Rund 60 Prozent der Kosten für Reparaturen sind Arbeitskosten. Dies zu beeinflussen, erfordert bessere Organisation, professionellere Strukturen und damit Größe. Kostenersparnis für den Kunden und auch Profit für den Betreiber der Werkstätte lassen sich am effektivsten erreichen, indem die Bearbeitungszeit verkürzt wird.

Die Anforderungen an Teilezulieferer (OEMs, OES oder Großhändler) steigen. Logistik, IT-Warenwirtschaftssysteme und umfassende Teileverfügbarkeit stehen im Vordergrund – Ersatzteilpreise werden dadurch aber nicht zweitrangig. Nur ganzheitlich optimierte Geschäftssysteme können zukünftig das Ersatzteilgeschäft absichern.

Finanzdienstleistungen als wichtige Ertragsquelle

Finanzdienstleistungen gehören nicht zum Kerngeschäft der Automobilhersteller, leisten jedoch beträchtliche und konstante Beiträge zu Gewinn und Umsatz. Ein wichtiger Erfolgsfaktor ist der Zugang zu den Kunden am Point of Sale. Somit sind Herstellerbanken im Vorteil. Mit wirkungsvollem Customer Relationship Management und attraktiven Finanzierungsangeboten leisten sie wichtige Beiträge zur Loyalisierung von Kunden und zur Akquisition von Neukunden.

Unter Druck kommt das etablierte System die durch steigende Zahl von Fuhrpark- und Mietwagenunternehmen sowie durch die zunehmende Anzahl kreditfinanzierter Gebrauchtwagenkäufe, die mit unabhängigen Finanzinstituten und Geschäftsbanken abgewickelt werden. Gängige Strategien weisen in zwei Richtungen: Zum einen weiten Herstellerbanken ihr Leistungsspektrum aus und agieren als Geschäftsbanken. Auf der anderen Seite drängen Geschäftsbanken in den Automobilmarkt, vor allem über die Zusammenarbeit mit großen und marktmächtigen Fuhrparkunternehmen. Der Erfolg dieser Strategien ist offen. Beide Wege sind plausibel, und es kommt wie häufig auf die professionelle und konsequente Umsetzung der Geschäftskonzepte an.

Händlergruppen werden immer bedeutender

Das Segment der Händlergruppen nimmt an Bedeutung stark zu. In einigen Regionen dominieren diese bereits den Markt.

Händlergruppen werden die Marktstrukturen in den nächsten Jahren stark verändern. Sie sind oft groß genug, um sich als regionale Mehrmarkenhändler zu etablieren, die Neu- und Gebrauchtwagen verschiedener Marken anbieten, darüber hinaus effiziente Werkstätten betreiben und Finanzdienstleistungen professionell abwickeln.

Ihre regionale Präsenz erlaubt es ihnen, enge Kundenbeziehungen aufzubauen und zu pflegen. Gegenüber den Fahrzeugherstellern haben die Händlergruppen eine Bedeutung, die sie auf die Ebene einer „echten" Partnerschaft hebt. Mit den Fahrzeugherstellern kann eine „Win-Win-Situation" im Sinne der Personalisierung aller Elemente des Vertriebs herbeigeführt werden – gleichzeitig sind diese Beziehungen multilateral; insbesondere Mehrmarken mit mehreren OEMs, die zueinander in hartem Wettbewerb stehen, müssen gemanagt werden. Dennoch können zunehmend nur noch die großen Handelsketten die vielfältigen Herausforderungen im Automobilvertrieb annehmen. Die aktuelle Konsolidierung der Vertriebsnetze durch die OEMs leistet dieser Entwicklung Vorschub. Die Fahrzeughersteller erhalten und entwickeln mündige Partner. Ein Paradigmenwechsel zeichnet sich ab.

Fahrzeughersteller sind unter Berücksichtigung aller relevanten Aspekte offensichtlich die einzigen Akteure, die die gesamte Wertschöpfung integriert abdecken können: vom Verkauf von Neuwagen, Rück- und Wiederverkauf von Gebrauchtwagen über Reparatur und Wartung, Ersatzteilgroßhandel und Finanzdienstleistungen. Außerdem haben sie auch den engsten Kontakt zum Endkunden. Sie haben also eigentlich alle Vorteile in ihrer Hand.

Dennoch zeigt der Erfolg der auf einzelne Wertschöpfungselemente konzentrierten Unternehmen, dass bestehende Strukturen keineswegs Bestand haben müssen. Es wird wesentlich von der Entwicklung noch besser integrierter Geschäftsmodelle abhängen, ob sie den Erfolg langfristig absichern können.

Zentrales Element muss eine über alle Ebenen angepasste Vertriebsorganisation sein. Viele Verkaufs- und Marketingprozesse können auf europäischer Ebene angesiedelt werden, wie etwa die Preisbildung bei Gebraucht- und Neuwagen sowie das Marketing. Eine bessere Vertriebskontrolle ist nur durch stärkere Integration möglich, also durch eine Verringerung der Zahl unabhängiger nationaler Vertriebgesellschaften oder durch eine Stärkung von Allianzen und Konzernunternehmen. Die Vertriebsstrukturen müssen insgesamt verschlankt und die traditionellen Länderorganisationen der erweiterten EU in diese Strukturen eingepasst werden, um die Vertriebskosten zu optimieren. Schlankere Strukturen könnten in diesem Zusammenhang auch die regionale Bündelung von Geschäftsbereichen beinhalten. Für viele Bereiche, vom Call-Center bis hin zur Gehaltsabrechnung, bietet sich Outsourcing an.

Herausforderung Wertschöpfung

Kosten- und Leistungsdruck auf die automobile Wertschöpfungskette haben sich in den letzten Jahren permanent verstärkt. Autohersteller und Zulieferer waren gezwungen, ihre Wertschöpfungsprozesse regelmäßig anzupassen. Waren in der Vergangenheit Initiativen zur Effizienzsteigerung in den einzelnen Elementen des Wertschöpfungssystems ausreichend, so ist es heute damit nicht mehr getan.

Um trotz stagnierender Märkte wachsen zu können und um den immer individuelleren Kundenwünschen gerecht zu werden, haben die Hersteller ihre Modellpaletten drastisch erweitert. Die Anzahl der angebotenen Modelle der europäischen Hersteller hat sich innerhalb von nur zehn Jahren mehr als verdoppelt. Bei stark gestiegener technischer Fahrzeugkomplexität haben sich die Entwicklungszeiten zudem um 10 bis 20 Prozent reduziert.

Die aktuelle Erfahrung zeigt jedoch, dass Mehrkosten aus der Entwicklung nicht mehr über höhere Produktpreise ausgeglichen werden können, wie dies noch vor wenigen Jahren möglich war. Die Produkte werden technologie- und ausstattungsbereinigt günstiger. Der Kostendruck nimmt zu, und in der Konsequenz müssen die Hersteller alle Möglichkeiten zur Effizienzsteigerung nutzen. Das automobile Wertschöpfungssystem bietet hierzu bei grundlegender Neugestaltung erhebliche Potenziale in drei Bereichen:

Wertschöpfungsverteilung

Die Rollen aller im Wertschöpfungsverbund Beteiligten – Hersteller, Zulieferer, Entwicklungsdienstleister, Produktionsdienstleister – müssen im Zusammenspiel neu gestaltet werden.

Obwohl die Wertschöpfung sich immer mehr von den Fahrzeugherstellern auf ihre Zulieferer verlagert, ist die bisherige Art der Zusammenarbeit nicht optimal. Zu oft werden gleiche Kompetenzen und Ressourcen an beiden Enden vorgehalten, oder die Verlagerung wird zu weit getrieben. In der Folge werden die immer komplexeren Systeme nur unzureichend beherrscht.

Die Fahrzeughersteller müssen eine zentrale Frage beantworten: Welche Kompetenzen müssen in welcher Tiefe selbst abgedeckt werden, und in welchen Bereichen will oder muss man sich zukünftig noch stärker auf externe Partner und Zulieferer verlassen? Zulieferer, Entwicklungsdienstleister und Produktionsdienstleister dagegen müssen ein klares Verständnis davon gewinnen, wo ihre zukünftigen Geschäftschancen liegen, welche Kompetenzen sie dafür benötigen und welche Strategie sie verfolgen wollen.

Getrieben wird diese Entwicklung unter anderem durch den Zwang zum effizienteren Kapitaleinsatz entlang der markenprägenden Bereiche. Dieser ist erforderlich, um knappe Finanzmittel zur Finanzierung des Wachstums in neuen Produkten, Technologien, Märkten freizuspielen.

Zumeist werden aber noch Make-or-buy-Entscheidungen isoliert voneinander getroffen. Zu oft fehlt das Gesamtkonzept, wie die künftige Wertschöpfung genau aussehen soll. Hersteller müssen ihre gesamte eigene Wertschöpfung systematisch prüfen und klar definieren, auf welche Leistungen sie sich konzentrieren wollen. Für Zulieferer bedeutet dies, die Wertschöpfungsstrategien ihrer OEM-Kunden im Detail zu verstehen und ihre eigenen Geschäftssysteme korrespondierend aufzustellen.

In der Konsequenz ergeben sich attraktive Wachstumschancen für Modul- und Systemzulieferer und große Herausforderungen für Entwicklungs- und Produktionsdienstleister: Die verstärkte Konzentration der Fahrzeughersteller auf markenrelevante Kompetenzen lässt den Anteil der Zulieferer an der Gesamtwertschöpfung um circa 10 Prozent steigen, während Entwicklungs- und Produktionsdienstleister schwierigeren Zeiten entgegensehen. Da sie meist Geschäftsfelder bedienen, die näher an den Kernkompetenzen der Hersteller liegen, sind sie von deren Insourcing-Tendenzen stärker betroffen.

Physische Leistungserbringung

Es ist zwingend erforderlich, die physischen Entwicklungs-, Beschaffungs-, und Produktionsnetzwerke der Fahrzeughersteller in Verbindung mit ihren Zulieferern zu optimieren.

Die Investitionsschwerpunkte der Automobilindustrie haben sich in den letzten Jahren drastisch in neue Wachstumsregionen (Asien, Osteuropa) verschoben. Die Triademärkte stehen erheblich unter Druck. Viele Unternehmen müssen schon deshalb Niedriglohnstandorte aufbauen, um zu überleben. Fakt ist, dass trotz geringerer Arbeitsproduktivität in den Niedriglohnstandorten dauerhaft bis zu 75 Prozent der Personalkosten eingespart werden können. Bei einem Personalkostenanteil von 25 bis 30 Prozent an den Produktionskosten bedeutet dies – unter Berücksichtigung aller gegenläufigen Effekte – eine Reduzierung der Gesamtkosten von 10 bis 15 Prozent. Eine Größenordnung, die im wettbewerbsintensiven Zuliefergeschäft über das Überleben entscheidet. Der Trend, die Wertschöpfung in Niedriglohnländer zu verlagern, wird sich daher in den nächsten Jahren nicht nur fortsetzen, sondern sogar beschleunigen.

Welche Lösungen bieten sich nun aber für die Standorte in Hochlohnländern? Das Haupt-Handlungsfeld liegt darin, die beeinflussbaren Kosten rigoros den Gegebenheiten anzupassen. Je weiter dabei insbesondere die Personalkosten reduziert werden können – etwa durch längere Arbeitszeiten oder die Streichung von Zuschlägen –, desto geringer wird entsprechend die Kostenersparnis, die sich mit einer Verlagerung erreichen ließe. Oft ist sie dann so gering, dass sich die Verlagerung nicht mehr lohnt. Genau hierin liegt die – wohl einzige – Chance für die Standorte in Hochlohnländern.

Geschäftsmodell

In der verstärkten Kooperation und der bewussten Gestaltung der Kooperationsmodelle zwischen allen Beteiligten der Wertschöpfungskette liegen erhebliche, noch nicht erschlossene Potenziale.

Einer der wichtigsten Hebel zur Optimierung der automobilen Wertschöpfungskette ist eine engere Vernetzung und eine verbesserte Zusammenarbeit zwischen allen

Beteiligten. Entgegen der Erfordernis haben sich die Beziehungen zwischen Fahrzeugherstellern und Zulieferern in den letzten Jahren erheblich verschlechtert. Bedenkt man, wie abhängig die Wertschöpfungspartner voneinander sind, ist der von Misstrauen und Druck geprägte Umgang miteinander alles andere als angemessen. Denn nur in enger Kooperation können sie die Wertschöpfungsverteilung optimieren und die physische Leistungserbringung neu ausrichten, um so die Potenziale voll auszuschöpfen. Die Formen der Zusammenarbeit werden sich grundlegend ändern müssen. Intensive Kooperation ist erforderlich, aber dabei sind einige wichtige Spielregeln zu beachten:

- Das gemeinsame Vorhaben benötigt eine klare Zielsetzung.
- Homogene Unternehmenskulturen und „Fit" der handelnden Personen sind unabdingbar.
- Es muss eine klare und kompetenzorientierte Aufgabenverteilung definiert sein.
- Chancen und Risiken sollten fair verteilt sein.
- Regeln zur Konfliktlösung müssen klar definiert und vertraglich fixiert sein.

Fazit: Nur diejenigen Unternehmen, denen es gelingt, ihre zukünftigen Kernkompetenzen marktgerecht festzulegen und ihre Standortnetzwerke kostenoptimal zu gestalten, werden überlebensfähig sein. Der Schlüssel hierzu ist ein Mehr an bewusst gestalteter Kooperation.

Herausforderung Technologie

Der technologische Fortschritt ist einer der stärksten Treiber für die Entwicklung der Automobilindustrie seit ihren Anfängen vor mehr als 100 Jahren. Das machbare Mehr an Leistung, Komfort, Sicherheit, Lebensdauer und Fahrspaß bei gleichzeitiger Kontrolle über die ungewünschten Nebeneffekte wie Verbrauch und Emission halten das Karussell von Neuentwicklung und Neukauf von Fahrzeugen in Gang. Technologiekompetenz ist also der Kern eines jeden Automobilunternehmens, sei es Fahrzeughersteller oder Zulieferer. Auf diesem Feld konnte die Automobilindustrie in den letzten Jahrzehnten enorme Fortschritte erreichen. Eine Verlangsamung der Entwicklung ist nicht absehbar. Heute verfügen Mittelklasse-Fahrzeuge über Fahrleistungen, die früher Rennwagen vorbehalten waren, und die Standard-Sicherheitsausstattung konnte noch nicht einmal in Luxus-Fahrzeugen für viel Geld geordert werden.

Durch die parallel zum technischen Fortschritt ablaufende Verschiebung der Wertschöpfungsstrukturen in Richtung der Zulieferer und die wachsende Bedeutung spezialisierter Entwicklungsdienstleister ist der Zugang zu maßgeblicher Technologie für alle Fahrzeughersteller – unabhängig von ihrer ursprünglichen Kompetenz – möglich geworden und hat zu einem weitgehend angeglichenen, sehr hohen Technologieniveau bei fast allen Marken geführt.

Technologie als primäres Differenzierungskriterium, wie über die letzten Jahrzehnte möglich, ist alleine jedoch nicht mehr ausreichend. Nur noch wenige Technologiefelder erlauben es den Fahrzeugherstellern und ihren Zulieferern, sich eine nachhaltige Differenzierung zu erarbeiten. Themen wie Sicherheit, Kraftstoffeffizienz, Umweltverträglichkeit, aber auch Fahrspaß sind solche Differenzierungsfelder.

Neben aller Technologie-Euphorie muss aber auch festgestellt werden, dass die Kunden der Automobilindustrie in ihrem Fortschrittsstreben klare Grenzen aufgezeigt haben. Längst stößt nicht mehr alles, was technisch machbar ist, auf Akzeptanz und die Bereitschaft, dafür mehr zu bezahlen. Die Fahrzeughersteller mussten unter Schmerzen lernen, dass weniger oft mehr ist. Ein bedeutender Teil dieser Schmerzen wurde von der selbst erschaffenen Komplexität der technischen Systeme – vor allem ihrer Integration in das Gesamtsystem Fahrzeug – verursacht. Auch hier wurde unter Zwang umgedacht und umgesteuert.

Die Automobilindustrie ist dabei, sich zu polarisieren. Im Top-Segment entstehen Fahrzeuge mit 1.000 PS und mehr, am unteren Ende der Skala ist ein starkes Anwachsen des Segments der Entry-Level-Fahrzeuge zu erkennen, die primär auf die Grundfunktionen der Mobilität reduziert sind und diese robust und günstig abdecken. Der stark ansteigende Bedarf an solchen Fahrzeugen wird durch die Öffnung großer Märkte (China, Indien, Russland) und deren rasantes Wirtschaftswachstum getrieben. Doch nicht nur in den Emerging Markets spielen Entry-Level-Fahrzeuge eine Rolle. Viele Kunden in reifen Fahrzeugmärkten erkennen – oft unter wirtschaftlichem Druck – den hohen Nutzen dieser Konzepte und entscheiden sich bewusst zum Kauf eines solchen Fahrzeugs.

Wichtig ist festzustellen, dass diese Fahrzeuge trotz geringem Preis keine veraltete Technologie beinhalten. Oft sind die Anforderungen an Sicherheit, Leistung, Verbrauch und Variabilität nur mit hohen technologischen Anstrengungen zu meistern. Trotz einer heute deutlich realistischeren Sicht auf das Thema Technologieentwicklung läuft in der Automobilindustrie die Entwicklungsmaschinerie deshalb auf Hochtouren. Es gilt, das Auto immer wieder an die sich schnell verändernden ökonomischen, ökologischen und rechtlichen Rahmenbedingungen anzupassen, ohne dabei die Kundenakzeptanz aus dem Auge zu verlieren.

Automobilhersteller sind also gezwungen, sich am Wettlauf um möglichst führende Lösungen bei Verbrauch, Gewicht, Sicherheit, Komfort, Leistung, Emissionen, Kosten und alternativen Antriebsenergien/-konzepten zu beteiligen und einen stetig hohen Aufwand zu treiben. Wer zurücksteckt oder aufgibt, der verliert. Dabei heißt „mitmachen" aber nicht „alles selbst machen". Nur in intelligent gestalteten Partnerschaften und Netzwerken kann diese komplexe Welt beherrschbar und bezahlbar gehalten werden.

Technologiestrategie als Königsdisziplin

Ein entscheidender Erfolgsfaktor ist dabei die Fähigkeit zu verstehen, auf welchen Feldern – aus der Kundenwahrnehmung der Marke heraus – technologische Innovationen zur Differenzierung von den Kunden erwartet werden und deshalb zum Pflichtprogramm gehören und auf welchen Feldern es ausreicht, den Industriestandard zu halten. Ferner müssen die Fahrzeughersteller erkennen, welche Kompetenzen sie zur Umsetzung der definierten Technologiestrategie selbst benötigen und welche sie an Wertschöpfungspartner auslagern können. Ohne eine solche Betrachtung und eine in der Konsequenz daraus formulierte Technologie-/Ressourcenstrategie ist der Spagat zwischen Funktion und Kosten nicht mehr zu meistern.

Die Entwicklung geeigneter Technologiestrategien wird damit zur Königsdisziplin. Die Kunden geben dabei den Fahrzeugherstellern durchaus nennenswerte Freiheitsgrade. Sie setzen nicht voraus, dass 100 Prozent des technischen Inhalts eines Fahrzeugs von einer Marke stammen. Sie haben eine fokussierte Wahrnehmung auf die ihnen wichtigen Elemente oder Funktionen. Dies schafft den erforderlichen Raum für Kooperationen und für die Konzentration auf markenprägende Technologien.

Dabei muss auch der Aspekt globaler Märkte und Anforderungen berücksichtigt werden. Fahrzeughersteller sind gezwungen, die oft erheblich unterschiedlichen Anforderungen einzelner Märkte – auch der Emerging Markets mit Entry-Level-Konzepten – mit ihren Geschäftssystemen in Einklang zu bringen, also einen Global Scale unter Ausnutzung der Möglichkeiten und Erfordernisse in lokalen Märkten zu erreichen. Dafür sind dezentrale Entwicklungszentren und -partner sowie lokale Produktion und Zulieferpartnerschaften unabdingbar. Lokalisierte Produkte (Funktion, Kosten, Design) mit einer starken globalen Marke sind die Grundlage des Erfolgs in einer globalisierten Industrie.

Zwang zur Vereinfachung

Die Vielfalt im Fahrzeugangebot bei allen Fahrzeugherstellern hat über das letzte Jahrzehnt erheblich zugenommen und tut dies weiterhin. Jede denkbare Nische wird besetzt, und bald streiten sich die Anbieter um jedes noch so geringe Marktpotenzial. In der Folge sind sie gezwungen, die Entwicklungsprozesse zu vereinfachen und zu beschleunigen und die Entwicklungskosten deutlich zu reduzieren, da die Aufwände nun über viel weniger Fahrzeuge je Typ umgelegt und eingespielt werden können. Als Lösung aus diesen Zwängen arbeiten einige Fahrzeughersteller sehr systematisch und intensiv daran, ihre Entwicklungsstrukturen, -prozesse und -strategien anzupassen und/oder neu zu gestalten. Plattform- und Modulstrategien stehen oft als Synonym für diese Ansätze.

Neben der Beherrschung der Technologie an sich wird die Organisation der Technologie- und Fahrzeugentwicklung zur Kernkompetenz und oft zum entscheidenden Erfolgsfaktor. Schlüssige Konzepte sind hier starke Hebel für den wirtschaftlichen Erfolg der Unternehmen.

Technologischen Fortschritt managen

Die Automobilität in ihrer heutigen Form, das heißt mit konventionellen Verbrennungsmotoren, gerät an ihre Grenzen. Die Vorräte an fossilen Brennstoffen werden in absehbarer Zeit zur Neige gehen. Dadurch sind die Grundlagen der Industrie insgesamt stark gefährdet, und Gesetzgeber und Automobilindustrie geraten unter erheblichen Druck.

Die Industrie ist gefordert, Technologien zu entwickeln, die perspektivisch als Lösung des „Brennstoff-Dilemmas" dienen können. Mit Überzeugung haben die großen Automobilhersteller akzeptiert, dass sie zu Innovationen gezwungen sind, weil sie nur so den Fortbestand der Automobilindustrie sichern können. Darüber hinaus haben einzelne Fahrzeughersteller schnell erkannt, dass solch substanzielle technologische Brüche Potenzial zur Differenzierung beinhalten. Sie sind deshalb zum Beispiel mit Hybridantriebs-Konzepten vorgeprescht und konnten so eine hohe und positive Wahrnehmung der Öffentlichkeit erreichen, die sich in hohen Verkaufszahlen niederschlägt. Damit aber war der entscheidende Punkt erreicht. Die Automobilindustrie in ihrer Gesamtheit hat begriffen, dass diese Entwicklungen bereits heute in starkem Maße von der durch hohe Energiepreise sensibilisierten Öffentlichkeit verfolgt werden und dass sie der Schlüssel für eine bessere Markenpositionierung und größeren Erfolg sind.

Der Wettbewerb um bessere Lösungen ist in vollem Gange. Hybrid, BlueTec®, Brennstoffzellen, Wasserstoff – es gibt viele Möglichkeiten, erhebliche Verbesserungen bei Verbrauch und Emissionen zu erreichen. Diese müssen nun technologisch fortentwickelt werden. Die Automobilindustrie arbeitet mit Hochdruck daran, die Folgen der Automobilität gesellschaftlich akzeptabel und dabei umweltverträglicher zu gestalten. Sie wird in der Lage sein, diesen Meilenstein zu erreichen.

Technologie als Chance

Das Wahrnehmen und Verstehen von Technologie muss weit über die Entwicklung hinausreichen. Technologie ist ein essenzieller Faktor in der Positionierung einer Marke, denn aus ihr lassen sich neben den bereits beschriebenen fokussierten Technologiestrategien immer häufiger Produkt- und Markenstrategien ableiten.

Das Beispiel der Neupositionierung von Lexus in Europa mit seiner Innovatorenrolle in der Hybridtechnologie, verbunden mit lokalisiertem Design und maßgeschneiderten

Vertriebs- und Marketinginitiativen, zeigt deutlich, welche Chancen darin stecken. Als weiteres Beispiel kann Mercedes-Benz dienen.

Die Marke ist seit ihren Anfängen ein Vorreiter in Sachen „schnell laufender Dieselantrieb". Mercedes-Benz engagiert sich demzufolge sehr stark in der Forcierung der Diesel-Antriebstechnologie in den USA. Die Mercedes BlueTec®-Technologie mit überlegenem Verbrauchs- und Emissions-Verhalten steht im Kern der Initiative. Sie schafft die Voraussetzung, die extremen Grenzwerte einzelner US-Staaten sogar zu unterbieten und damit dem Diesel zu helfen, Akzeptanz zu finden. Mercedes als Marke wird davon profitieren.

Wie beide Beispiele zeigen, sind konzertierte Bemühungen aller Bereiche über das gesamte Untenehmen hinweg erforderlich. Die Gestaltung dieser Prozesse entscheidet oft über den Erfolg der Technologie und des Unternehmens. Technologiemanagement ist Marken- und Wertschöpfungsmanagement. Es basiert auf einem fundierten Verständnis der Kunden und ihrer Erwartungen. All dies zusammenzubringen, gelingt nur, wenn Technologie als prioritäres Thema für das Topmanagement verstanden und als integraler Bestandteil der Bereichsstrategien verankert wird.